U0300415

PLASTICS TESTING TECHNOLOGY

塑料测试技术

温变英　等编著

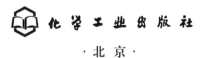
化学工业出版社
·北京·

该书对塑料性能的测试技术进行了系统、详细的论述，主要包括高分子材料的基本物理性能、力学性能、热性能、流变性能、光学性能、燃烧性能、老化性能、耐化学性能、光降解和生物降解性能、电性能、电磁屏蔽效能等的测试标准和方法；从结构表征的角度介绍了聚合物取向度、结晶度、接枝率、交联度、支链长度等的测试方法；还介绍了偏光显微镜、扫描电镜及 EDS 能谱、透射电镜、扫描探针显微镜、X 射线光电子能谱、接触角和表面粗糙度等形态表征及表面分析的常用方法。

本书既可以供相关测试人员和专业工程技术人员参考，也可作为高分子材料与工程专业的专业课或选修课教材。

图书在版编目（CIP）数据

塑料测试技术/温变英等编著. —北京：化学工业
出版社，2019.9
ISBN 978-7-122-34612-4

Ⅰ.①塑… Ⅱ.①温… Ⅲ.①塑料制品-测试技术
Ⅳ.①TQ320.77

中国版本图书馆 CIP 数据核字（2019）第 111298 号

责任编辑：赵卫娟　仇志刚　　　　文字编辑：向　东
责任校对：王素芹　　　　　　　　装帧设计：韩　飞

出版发行：化学工业出版社（北京市东城区青年湖南街 13 号　邮政编码 100011）
印　　装：三河市航远印刷有限公司
787mm×1092mm　1/16　印张 26¼　字数 666 千字　　2019 年 11 月北京第 1 版第 1 次印刷

购书咨询：010-64518888　　　　　售后服务：010-64518899
网　　址：http：//www.cip.com.cn
凡购买本书，如有缺损质量问题，本社销售中心负责调换。

定　　价：128.00 元

▶ 前 言

高分子材料日新月异的发展给工业技术和人民生活带来了极大的改变。伴随着科学技术的进步，塑料在各行各业的应用越来越广泛，对塑料及其性能进行测试和评估变得越来越重要，而准确、规范地测试对塑料原材料及其制品的性能评价和质量控制具有重要意义。

本书从塑料测试的基础知识出发，较为详细地介绍了此类高分子材料的基本物理性能、力学性能、热性能、流变性能、光学性能、燃烧性能、老化性能、耐化学性能、光降解和生物降解性能、电性能、电磁屏蔽效能等的测试标准和方法，并且从结构表征的角度介绍了聚合物取向度、结晶度、接枝率、交联度、支链长度等的测试方法；此外，还介绍了偏光显微镜、扫描电镜及 EDS 能谱、透射电镜、扫描探针显微镜、X 射线光电子能谱、接触角和表面粗糙度等形态表征及表面分析的常用方法。

本书第 1 章、第 2 章、第 6 章由靳玉娟编写，第 3 章由许丽丹、温变英编写，第 4 章由张彩丽编写，第 5 章由温变英编写，第 7 章由辛菲编写，第 8 章、第 9 章由张敏、翁云宣和张彩丽编写，第 10 章、第 12 章由张扬编写，第 11 章由张扬、张彩丽编写，全书内容由温变英教授审定。

由于我们的编写经验不足及水平所限，书中难免有疏漏、不妥之处，敬请读者批评指正。

本书既可以供相关测试人员和专业工程技术人员参考，也可作为高分子材料与工程专业的专业课或选修课教材。

编著者

2019.10

▶ 目录

第 3 章　力学性能 36

第6章 光学性能 169

第8章　塑料老化和耐化学性能　243

第9章　塑料的光降解和生物降解性能　285

第10章　电性能　309

第 11 章　结构测试　352

第 12 章　形态及表面分析　　368

第1章

塑料测试基础知识

1.1 塑料及其性能特点

塑料是一种以合成或天然高分子（树脂）为主要成分，加入各种添加剂，在一定温度和压力条件下，可塑制成一定形状，当外力解除后，在常温下仍能保持形状不变的材料。塑料的主要成分是树脂，占塑料总量的 $40\% \sim 100\%$。

与其他材料相比，塑料的主要性能特点有：

① 大多数塑料质轻且坚固，化学性质稳定，不会锈蚀。

塑料的密度在 $0.9 \sim 2.0 g/cm^3$ 之间，很多塑料可以浮在水面上，最有代表性的是发泡塑料，它的密度还不到 $0.1 g/cm^3$。这意味着在同等体积时，采用塑料制品比采用金属制品重量大幅度减轻，可应用到航天飞行器、飞机、导弹、火箭和弹药等这类对重量要求十分苛刻的武器装备上。塑料对酸、碱等化学物质有良好的抗腐蚀性能，特别是聚四氟乙烯，它的化学稳定性比黄金还要好，放在"王水"中十几个小时也不会被腐蚀，因此被称为"塑料王"。这种特性使之可用于制备化工机械设备、船舶设备以及在高温、盐雾条件下使用的设备。

② 抗冲击性能好。

塑料的冲击强度在工程应用上是一项重要的性能指标，它反映不同材料抵抗高速冲击的能力。目前增塑剂、稳定剂和冲击改性剂的应用改善了塑料的抗冲击性能，使塑料得到了极广泛的应用。

③ 具有一定的光泽，部分透明或半透明。

塑料的透明性和其结晶性有很大关系，一般结晶性塑料不透明，结晶的粒径变小时，可以提高光学性能。此外，非结晶性塑料透明度较高，降低其结晶度有利于提高塑料的透明度。

④ 大部分为良好绝缘体。

塑料的表面电阻（同一表面上两电极之间所测得的电阻值）以及体积电阻（通过材料厚度的电阻值）都很大，它优越的电绝缘性能可以媲美陶瓷和橡胶。正因为此，塑料被大范围用于电子产业，用于制备电机、电器、电线电缆绝缘层等。

⑤ 一般塑料容易加工、着色性好，加工成本低。

相比于金属加工，塑料制品的制作效率很高，能从模具中脱模，即使是几何形状非常复杂的制品,也比较容易制作,且加工成本低。此外,由于塑料着色性好,因此商业价值很高。

1.2 塑料基本测试方法

塑料的基本测试方法主要包括以下三个方面。

① 性能测试。

性能测试包括对塑料的物理性能、力学性能、热性能、流变性能、电性能、光学性能、燃烧性能、降解性能和耐老化、耐化学性能等方面的测试,可以在宏观层面上通过分析塑料的性能来决定它的用途。

② 结构测试。

结构测试是对塑料内部的分子结构进行分析,微观分析其结构对性能的影响。如:结晶度会影响塑料的力学性能,结晶度增大会使之变脆,韧性降低,延展性变差。了解结构与性能之间的关系可以深入探求其性能,以便为进一步的开发利用提供便利。

③ 形态测试。

塑料制品的结构形态影响并决定制品的性能,如高分子开孔型材料,它有优良的吸收和穿透性能,另外还有质轻、机械强度高等特点;填充塑料中界面区的存在是导致复合材料具有特殊复合效应的重要原因之一。从形态测试得到的照片可以清晰反映开孔材料或者界面区的形态,并在研究中发挥重要作用。

1.3 试验条件

塑料测试中,材料的种类与结构(如:分子形态、分子量及其分布等)是决定其性能的主要方面,但外界因素(如:成型条件、试样形态、环境温度、湿度、测试条件等)对塑料测试的影响也是不容忽视的。当塑料的种类与结构确定之后,外界因素则成为决定塑料性能测试结果的主要方面。原因在于,外界因素会对塑料的密度、结晶度、结晶形态、取向性等结构特征产生影响。环境温度和湿度是最为重要的两个因素,同时试样的形状、变形速率及测试设备状况的影响也不容忽视。

1.3.1 温度

对于不同类型的塑料,温度对测试结果的影响程度不同。一般来说,相对于热固性塑料,温度对热塑性塑料影响更大;而在热塑性塑料中,对耐热性低的塑料的影响又大过对耐热性高的塑料。图1-1为聚乙烯的拉伸强度、断裂伸长率与测试温度的关系图,从中可看出,拉伸强度和断裂伸长率都随测试温度有明显改变,其中拉伸强度出现随温度升高逐渐降低的现象,如温度由10℃升至30℃时拉伸强度约下降15%,而断裂伸长率出现随温度升高逐渐增大的现象。

塑料内部存在高分子链的热运动,这种分子运动受环境温度的影响。组成热塑性塑料的高分子链在高温条件下更容易发生大分子的热运动,随温度升高,高分子内部分子间距变大,分子间作用力减小,出现强度降低而断裂伸长率增加的现象。此外,温度还影响其取向度、结晶度和密度。如温度升高能使成型过程中产生的应力逐渐消除，分子链的取向程度可能减弱，结晶度可能增加，密度也会发生变化。因此测试温度对性能的影响在测试过程中应予以注意。我国曾采用 20℃、25℃作为环境标准温度，为与国际标准保持一致，现规定 23℃为塑料测试的标准温度。

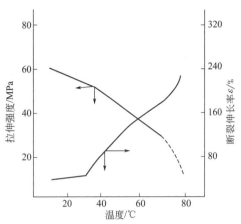

图 1-1　聚氯乙烯拉伸强度、断裂伸长率与测试温度的关系

1.3.2　湿度

试样在存放过程中，与空气接触，水分子会在大气与试样内部之间不停地运动，这是普遍存在的水分子扩散现象。这种扩散作用使试样内部水分与空气中水分达到动态平衡。环境湿度会影响这种动态平衡，而试样内部的湿度会影响试样的力学性能以及电学性能。对于不同种类的塑料，试样的湿度对其影响程度也不相同。一般来说，热塑性塑料比热固性塑料更敏感，极性分子塑料比非极性塑料敏感。因此，试样应该分散放置在均匀而稳定的标准环境中进行测试。

1.3.3　试样的预处理及试验标准环境

在塑料性能测试中，试样的制备方法（如：注射试样、机加工试样以及压制成型试样等）要根据不同的试验中使用的试样以及要求不同而改变；试样制备后存放的环境与时间不同，试验时试样的状态不同，这些都会对试样测试结果产生不同程度的影响。

为了消除试样在制备与存放过程中各条件对试样的影响，需要使试样与所处的温度、湿度环境建立某种"平衡"。试样必须经过预处理（状态调节），即把试样在规定条件下放置一段时间。

我国参照 ISO 标准制定了国家标准 GB/T 2918—1998《塑料试样状态调节和试验的标准环境》。

表 1-1 列出了国家标准要求的塑料试样状态调节的条件。在进行塑料性能测试时，按此条件对试样进行预处理。如有特殊规定，应按特殊规定对试样进行预处理。

表 1-1　我国标准要求的塑料试样状态调节条件

状态调节级别	标准代号	温度/℃	相对湿度/%	气压/kPa
一般要求	23/50	23±2 27±2	50±10 65±10	86～106
严格要求	27/65	23±1 27±1	50±5 65±5	86～106

注：标准代号 23/50 表示"温度 23℃/相对湿度 50%"。

通常，"室温"是指空气温度范围为 18～28℃，应称作"18～28℃的室温"。

状态调节周期应在材料的相关标准中规定。当在相应标准中未规定状态调节周期时，应采用下列周期：

  ① 对于标准环境 23/50 和 27/65，不少于 8h；

  ② 对于 18～28℃ 的室温，不少于 4h。

  注意：对于具体试验和已知很快或很慢才能达到温度及湿度平衡的塑料或试样，可以在相应的标准中规定一个较短或较长的状态调节周期。一般在标准环境 23/50 中调节该试样，直至达到平衡。或者按照有关各方商定的标准及周期调节，但应在试验报告中写明。

  当温度及湿度对所测试样的性能没有任何显著影响时，温度和湿度都不必控制，预处理可以在室温下进行并且处理时间不少于 4h。

  注意：塑料试样测试的环境与状态调节的环境要求相同。

1.4 试样及其制备

  塑料性能测试离不开试样，试样是反映材料或制品性能的"代表"。

  测试试样的制备有两种途径：一种是直接从塑料制品上合理裁取后，经机械加工成标准试样；另一种是用模塑成型方法制备试样。模塑成型方法又分为压塑成型和注塑成型两种工艺。

  由于试样的制备方法、加工工艺条件、模具的结构等都会影响测试的结果，因此如果试样制备不当，所有的测试工作都是徒劳。为此，一般的产品测试标准对试样的制备都有严格的规定。各国也对每个产品的试样制备提出了一些指导性的通则，制定了试样制备方面的标准。目前我国已制定的试样制备方法标准有：

  ① GB/T 17037.1—1997《热塑性塑料材料注塑试样的制备 第 1 部分：一般原理及多用途试样和长条试样的制备》；

  ② GB/T 17037.3—2003《塑料 热塑性塑料材料注塑试样的制备 第 3 部分：小方试片》；

  ③ GB/T 9352—2008《塑料 热塑性塑料材料试样的压塑》；

  ④ GB/T 5471—2008《塑料 热固性塑料试样的压塑》；

  ⑤ GB/T 11997—2008《塑料 多用途试样》。

1.4.1 热塑性塑料注塑试样的制备

  塑料的注射成型又称为注射模塑成型，简称注塑，是指将固态聚合物材料（粒料或粉料）加热塑化成熔融状态，在高压作用下，高速注射入模具中，赋予熔体模腔的形状，经冷却（对于热塑性塑料）、加热交联（对于热固性塑料）或热压硫化（对于橡胶）而使聚合物固化，然后开启模具，取出制品。

  热塑性塑料材料注塑试样制备一般按塑料材料的产品标准进行，若没有规定，可以采用GB/T 17037.1—1997《热塑性塑料材料注塑试样的制备 第 1 部分：一般原理及多用途试样和长条试样的制备》标准。

  在试样制备过程中，影响试样性能的因素很多，如：注塑机类型、加料口尺寸、模具结构、流道及浇口的尺寸和形状、料筒及模具各部位的温度、注塑过程的压力及成型周期等。其中温度条件与成型周期影响试样的结晶度；而压力条件及模具流道、浇口尺寸与形状主要影响试样内分子、填料的取向程度，特别是纤维增强塑料的注塑成型。图 1-2 是塑料材料性能与试样注射过程中影响因素的关系图。因此，必须使用统一规定的设备（包括模具和注塑成型机），并在实验报告中标明材料注塑成型工艺条件。

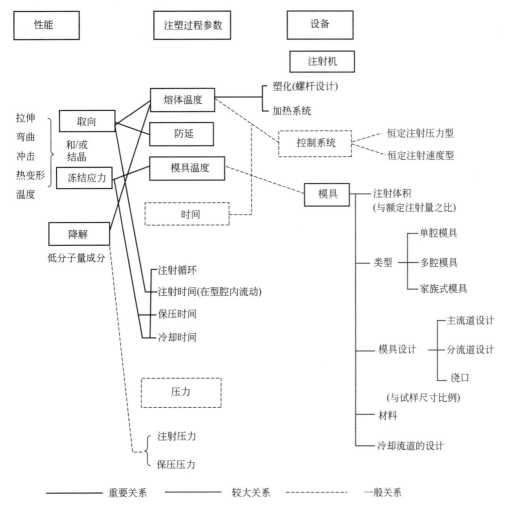

图 1-2　塑料材料性能与试样注射过程中影响因素的关系

（1）模具

通常使用的模具有三个基本类型：单腔型模具、多腔型模具和家族型模具。其腔型形状见表 1-2。

表 1-2　模具基本类型的型腔板图

模具类型	型腔板图
单腔型模具	(a) S_P (b) S_P

续表

模具类型	型腔板图
多腔型模具	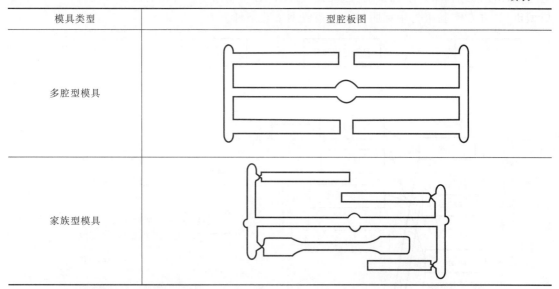
家族型模具	

注：1. 主流道（Sp）垂直于模塑试片。

2. 主流道与分型面平行（弯曲的流道预防喷射）。

单型腔模具的型腔可以是哑铃形、圆形和其他形状。一般情况下，在测定某些性能时，单型腔模具制备的试样与标准模具制备的试样测定值不同，这种差异可能是由于单型腔模具的型腔体积与模塑体积之比和标准模具不同。同时，单型腔模具的注塑体积较小，不符合模塑体积与注塑机最大注射量之比在 20%～80% 之间的条件，由此产生错误的性能测定值。

多型腔模具中包含两个或多个相同且与流动方向平行排列的型腔，其具有的相同几何形状的流道和对称的型腔位置能保证一次注塑的所有试样性能相同。

家族型模具中包含一个以上并具有不同几何尺寸的型腔。一个家族型模具可以同时制备矩形、哑铃形和圆形等式样，只有当注塑成型的试样和标准模具注塑成型的试样性能一致时，才能使用家族型模具。在多数情况下，一个家族型模具中不同形状的型腔在不同的注塑条件下连续、同时注满是不可能的。因此，这种模具不适用于制备标准试样。

为了制备具有可比性和再现性的试样，标准还规定了两个标准模具（A 型和 B 型），分别见图 1-3 和图 1-4。在有争议的情况下应使用标准模具。对于这两个标准模具，标准中还规定了很多设计方面的要求，在此不再详细介绍。

（2）注塑机

因为试样应具有可比性和再现性，这样测试结果才可以比较，所以使用往复式螺杆注塑机，并且配备了必要的设备来控制注塑条件。图 1-5 为一典型塑料注塑机。

注塑机要求模塑体积与注塑机最大注射量之比在 20%～80%。只有当有关材料的标准规定或制造厂家推荐时，才可以使用较高比例的注塑机。注塑机的控制系统应该能够使操作条件保持在下列允许的偏差内。注射时间，±0.1s；模具温度：±3℃（≤80℃时），±5℃（>80℃时）；保压压力：±5%；保压时间：±5%；模具件质量：±2%；熔体温度：±3℃。可以配备必要的设备控制注塑条件，以保证试样的微观结构和性能的基本一致。

（3）注塑条件

塑性塑料材料的粒料应按材料的要求，在注塑前进行状态调节。应避免使温度明显低于室温的物料暴露在空气中，以防止湿气在物料上冷凝。吸湿性强的塑料，在试样制备前，必

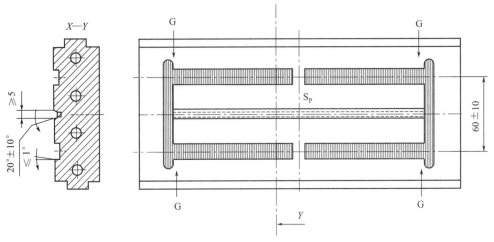

图 1-3　A 型标准模具型腔板图

S_P—主流道；模塑体积 $V_M \approx 30000 \text{mm}^3$；G—浇口；投影面积 $A_r \approx 6300 \text{mm}^2$

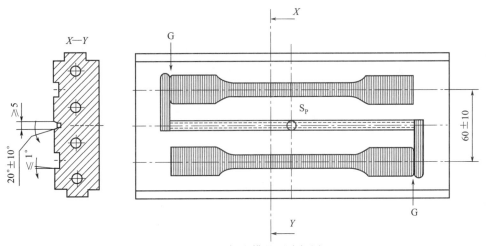

图 1-4　B 型标准模具型腔板图

S_P—主流道；模塑体积 $V_M \approx 30000 \text{mm}^3$；G—浇口；投影面积 $A_r \approx 6500 \text{mm}^2$

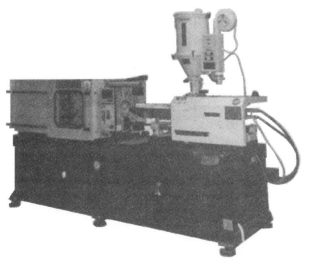

图 1-5　典型塑料注塑机

须经过干燥处理，使其中的水分含量限制在允许范围内，干燥过的塑料，在试样制备过程中应予以保温，防止重新吸湿。

根据有关材料的标准的规定设定注塑机的操作条件。如果没有相应标准则可按供需双方商定的条件。注塑时应尽可能减少注塑速度的变化。保压压力是一个需要调整的参数，调整按下述方法进行：从开始逐渐增加熔体压力，直到样条没有凹痕、空洞和其他可见的缺陷，允许有最小限度的溢料，用此压力作为保压压力。应维持保压压力的恒定，直到塑料材料在浇口处凝固。弃掉注塑机达到稳定前的试样。物料变化时，应该彻底、仔细地清理注塑机。使用新材料注射试样时，在收集前应至少弃去 10 模试样。

为了避免各个试样处理的差异，脱模后的试样可放在实验室内逐渐冷却到实验室的环境温度。对大气暴露敏感的热塑性塑料试样应保存在加入干燥剂的密闭容器中。

1.4.2　热塑性塑料注塑试样——小方试片的制备

有些试验中会用到注塑小方试片，可参照国家标准 GB/T 17037.3—2003《塑料 热塑性塑料材料注塑试样的制备 第 3 部分：小方试片》。

这部分规定了 D1 型和 D2 型两个两型腔的标准模具，用于注塑 60mm×60mm 的小方试片，试片厚度分别为 1mm（D1 型）和 2mm（D2 型）。试片可用于多种测试。如 D1 型标准模具特别适用于制备测定电性能的试样、测定吸水性的试样以及测定动态力学性能的试样。D2 型标准模具作为推荐使用，适用于制备测定多轴冲击性能的试样，用于测定模塑收缩率和光学性能的试样以及测定有色塑料试样等。

（1）模具及试片尺寸

图 1-6 为 D1 型和 D2 型标准模具型腔板图，为两型腔模具，其模具详图如图 1-7 所示。

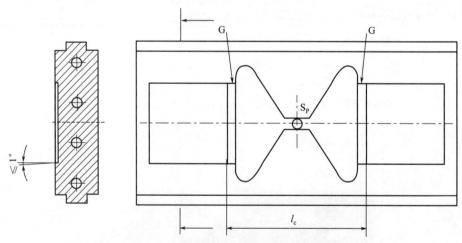

图 1-6　D1 型和 D2 型标准模具型腔板图

S_P—主流道；G—浇口；l_c—试片与流道分离的两切断线间距离

模塑体积 $V_M \approx 23000mm^3$（2mm 厚试片）；投影面积 $A_r \approx 11000mm^2$

D1 型和 D2 型标准模具模塑试片的尺寸见表 1-3 和图 1-7。图 1-7 中模具型腔的主要尺寸为：

长度：60～62mm；

宽度：60～62mm；

高度：D1 型模具 1.0～1.1mm；D2 型模具 2.0～2.1mm。

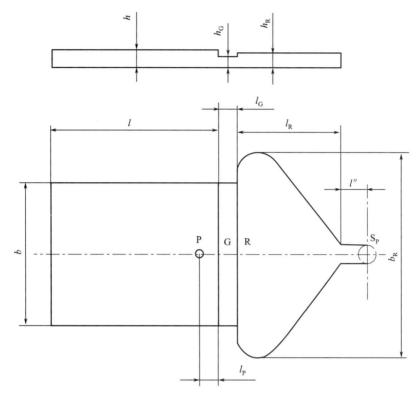

图 1-7　D1 型和 D2 型标准模具详图

S_P—主流道；G—浇口；R—分流道；P—压力传感器

表 1-3　用 D1 型和 D2 型标准模具模塑试片的尺寸

代号	名　称		尺寸
l	试片长度		60 ± 2[①]
b	试片宽度		60 ± 2[①]
h	试片厚	D1 型模具 D2 型模具	1.0 ± 0.1 2.0 ± 0.1[①]
l_G	浇口长度		4.0 ± 0.1[②]
h_G	浇口高度		$(0.75\pm0.05)\times h$[③]
l_R	分流道长度		$25\sim30$[④]
b_R	分流道在浇口处的宽度		$\geqslant(b+6)$
h_R	分流道高度		h
l''	未规定距离		—
l_P	浇口至压力传感器距离		5 ± 2 $l_P+r_P\leqslant10$[⑤] $l_P-r_P\geqslant0$

① 这些尺寸是 ISO 6603 中试样的优先尺寸。

② 见 GB/T 17037.3—2003 的 4.1 中注 2 和注 3。

③ 见 GB/T 17037.3—2003 的 4.1 中注 1 和注 2。

④ 见 GB/T 17037.3—2003 的 4.1 中注 4。

⑤ r_P 是压力传感器的半径。

注：因为收缩使最终制件尺寸小于模尺寸，所以此表中给出的试片尺寸不同于 GB/T 17037.3—2003 的 4.1 中 g)
给出的型腔尺寸。

（2）注塑机

注塑机应符合国家标准 GB/T 17037.1—1997《**热塑性塑料材料注塑试样的制备 第 1 部分：一般原理及多用途试样和长条试样的制备**》，但推荐 D1 型和 D2 型标准模具使用的最小锁模力 $F_M \geq 11000 \times p_{max} \times 10^{-3}$，例如，$p_{max} = 80MPa$ 时，$F_M \geq 880kN$。

（3）注塑条件

注塑用粒料应按有关材料的标准规定，或按生产厂家推荐的条件进行状态调节。吸湿性强的塑料，在试样制备前，必须经过干燥处理，使其水分含量限制在允许范围内，干燥过的塑料在试样制备过程中应予保温，防止重新吸湿。而为了避免各个试样处理的差异，试样可放在实验室内逐渐冷却到实验室的环境温度。对大气暴露敏感的热塑性塑料试样应保存在加入干燥剂的密闭容器内。

注塑过程中要准确测量模具温度和塑料熔体温度。

根据有关材料标准的规定设定注塑机的操作条件，对于 D1 型和 D2 型标准模具，选择合适的注射时间，注射速度的适用范围是（200±100）mm/s。

保压压力是一个需要调整的参数，调整按下述方法进行：从开始逐渐增加熔体压力，直到样条没有凹痕、空洞和其他可见的缺陷，允许有最小限度的溢料，用此压力作为保压压力。应维持保压压力的恒定，直到塑料材料在浇口处凝固。弃掉注塑机达到稳定前的试样，当达到稳定条件后，记录操作条件，开始收集试样。物料变化时，应该彻底、仔细地清理注塑机。使用新材料注射试样时，在收集前应至少弃去 10 模试样。

1.4.3 热塑性塑料压塑试样的制备

热塑性塑料的测试试样也可用压制成型的方法制备。如要评价硬质 PVC 的配方设计，需要测定电缆护套塑料的电性能，以及由于各种原因，无法由注塑成型试样时，需要以压制方法制备试样。

热塑性塑料压塑试样制备方法可以按 GB/T 9352—2008《塑料 热塑性塑料材料试样的压塑》方法标准进行。

（1）主要试验设备

模压机要求能够提供 10MPa 的合模压力，压板温度 240℃，并能提供急冷、缓冷等几种冷却方式。模具一般分溢料式模具（见图 1-8）和非溢料式模具（见图 1-9）。溢料式模具适合制备厚度相似或具有可比性的低内应力的试样及片料。非溢料式模具适合制备表面坚固平整、内部没有孔隙的试样。模具材料要求能够耐模塑温度及压力。与模塑材料接触的模具表面需要抛光或镀铬。为了防止粘模具，可在模板上覆一层铝箔或聚酯膜，但不允许使用脱模剂。

图 1-8　溢料式模具

（2）压制方法

① 按有关标准的规定或材料提供者的说明进行干燥，若无规定，则应在（70±2）℃的烘箱内干燥 24h。②通常塑料材料直接模塑能得到平整均匀的片料。如果塑料需要均匀塑化，可以用热熔辊或混炼的预成型方法使之均匀塑化。混炼时物料的熔融状态时间不要超过

5min。③调节压板或模具的温度至规定温度，并恒温。向模具型腔加入称量过的物料，把模具置于模压机的压板上。闭合压板，在接触压力下对材料预热 5min，然后施加全压 2min，随即按要求冷却（冷却方法见表 1-4）后脱模。④取出压制的试样，检查外观与尺寸，把

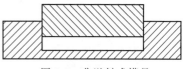

图 1-9　非溢料式模具

有缩痕、收缩孔、变色的试样舍弃。同时，还要按有关标准的规定，确认材料没有降解或交联现象。

表 1-4　冷却方法

冷却方法	平均冷却速率/(℃/min)	冷却速率/(℃/h)	备注
A	10±5		
B	15±5		
C	60±30		急冷
D		5±0.5	缓冷

1.4.4　热固性塑料的压制成型试样制备

热固性塑料试样一般采用压塑成型方法制备，可以按 GB/T 5471—2008《塑料热固性塑料试样的压塑》标准或产品标准进行。

在这里，热固性塑料主要指以酚醛树脂、氨基树脂、三聚氰胺/酚醛、环氧树脂及不饱和聚酯树脂为基料的热固性粉状模塑料（PMCs）。

（1）主要设备

压机要求在整个模塑期间，能对模塑塑料施加并保持规定的压力。最好使用有两种闭模速度的压机。为了避免模塑料在闭模前开始固化，采用快速闭模（150～300mm/s）可以防止空气及挥发分气体包入材料中，后期采用慢速闭模（5mm/s）。

模具用能承受模塑温度和压力的钢材制备，模具结构采用能使压力传递给模塑料而无明显损失的形式，脱模斜度一般小于 3°。

模具可以是单腔模或多腔模，全压式或半压式，为了保证模具所需要的最佳温度，应设置有效的加热、测温、控温装置。全压式的模具应在模具的阴、阳模靠近处，半压式的模具应在模套中部开测温孔。模具应有足够将模塑料一次装入的模腔，模腔的大小为模塑试样体积的 2～10 倍。

模具表面不能存在任何损伤或污染，而且其粗糙度 Ra 应在 0.4～0.8μm 之间，模具不一定镀铬，但镀铬可以防止粘连。两块金属制成的试样定型板，其面积与试样相同，用于试样脱模后的冷却定型。

（2）试样的制备

模塑料必须储存于密闭容器中，或按产品标准的规定进行。

当模塑料体积大大超过模具装料室的容积时，允许将模塑料预压成锭。压锭的条件可以由试验决定或按产品标准规定。

模塑用酚醛、氨基模塑料试样，可按下列条件预热：酚醛模塑料（90±3）℃、15min，氨基模塑料（90±3）℃、30min。将模塑料铺成薄层，预热后立即模塑。

酚醛和氨基模塑料也可采用高频预热以缩短固化时间。

若没有专门标准，热固性模塑料试样的模塑温度和压力以及交联时间或固化时间等模塑条件应采用国家标准或国际标准中对材料给出的规定。

按工艺要求预热模具到规定的温度后，将已经称量好的模塑料加进模具的型腔里，立即合模，加热加压。当压力达到规定的模塑压力值时，开始计时。固化结束后，卸压、脱模、立即取出试样置于试样的定型板上冷却。

为了防止加入的模塑料在模具内过早固化而影响充模，加料后必须迅速闭模。一般加料时间不应超过 20s。有些模塑料在压塑过程中还需要卸压排气。

压制的试样，应检查是否完全固化，充模是否完整，外观是否合格，包括有无空隙、颜色有无变化，是否有飞边或翘曲等。对不符合质量要求的试样要重新制备。

1.4.5　机械加工方法制备试样

为了测定塑料板、片、膜、棒等制品的性能，要从这些产品上截取样品块，并经过机械加工制备标准试样。对压制的热塑性、热固性的片材取样，也需要用机械加工的方法制成标准试样。

机械加工的方法要根据材料选取。对软性的片材、薄膜可以直接用锋利的冲模切割器和配套的压机切割。较硬或厚的材料则先用锯切割成矩形的坯料，再选用车、铣、磨等加工工艺。机械加工时，刀具的刃口、切削的线速度要按标准执行，要适当冷却，避免过热引起试样的性能改变。

塑料性能测试的项目很多，测试所用的试样类型也很多。但是因为试样的制备条件对性能有影响，所以应该用同一模塑条件制备试样来消除试样制备条件对测试结果的影响。应按照 GB/T 11997—2008《塑料 多用途试样》国家标准进行制备。按照这个标准制备的多用途试样，直接或经过简单机械加工即可用于多种性能试验。其主要优点在于使多种试验的全部试样均由同一模塑条件制备，消除了试样制备条件对测试结果的影响。多用途试样适合于测定多种力学性能及热性能。

（1）试样尺寸

A 型和 B 型多用途试样尺寸如图 1-10 所示。

本标准推荐的多用途试样是 A 型样。由于试样窄部平行部分的长度 l_1 为（80±2)mm，通过简单的切割就能制成适用于其他各种试验用试样。

（2）试样制备

试验时为确保一组试验的全部试样实际状态相同，应严格控制试样制备条件。试样的表面应保证无裂纹、划痕和其他缺陷。

A 型和 B 型试样加工成试验试样时，应按 ISO 2818：1994 或有关双方的商定协议进行：

① 试样中间平行部分应保持原始标准状态。

② 宽度为 10mm 的试样，应该从多用途试样的中间平行部分对称切割。

试样中间平行部分的表面应保持模塑状态；试样机械加工部位的宽度不应小于试样中间平行部分的宽度，但最多不宜超过后者宽度 0.2mm；机械加工操作时，应注意避免损伤中间部分的模塑表面。

③ 对于长度超过 80mm 的试样，应将 A 型多用途试样（或长度超过 60mm，用 B 型试样）的宽端加工至中间平行部分的宽度。

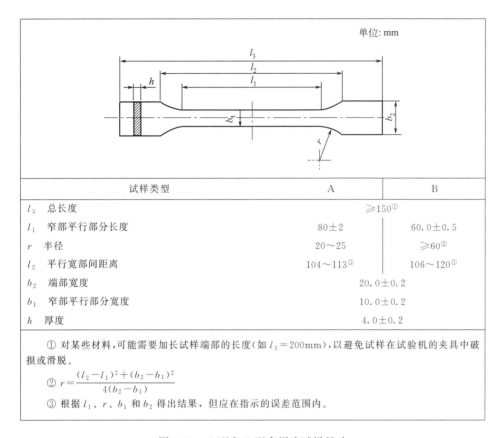

试样类型	A	B
l_3　总长度	$\geqslant 150$①	
l_1　窄部平行部分长度	80 ± 2	60.0 ± 0.5
r　半径	$20\sim25$	$\geqslant 60$②
l_2　平行宽部间距离	$104\sim113$③	$106\sim120$③
b_2　端部宽度	20.0 ± 0.2	
b_1　窄部平行部分宽度	10.0 ± 0.2	
h　厚度	4.0 ± 0.2	

① 对某些材料,可能需要加长试样端部的长度(如 $l_3=200\text{mm}$),以避免试样在试验机的夹具中破损或滑脱。

② $r=\dfrac{(l_2-l_1)^2+(b_2-b_1)^2}{4(b_2-b_1)}$

③ 根据 l_1、r、b_1 和 b_2 得出结果,但应在指示的误差范围内。

图 1-10　A 型和 B 型多用途试样尺寸

1.5　数据处理及误差分析

1.5.1　数据处理

试验数据是用有限的试样进行有限次试验得到的。但是由试验得到的数据都存在系统误差和不明原因以及人为操作等造成的误差,甚至有的误差还相当大。对试验数据进行严格的分析处理是一项非常复杂的过程,在实际工作中,通常采用算术平均值来进行取值。

通常所做的塑料性能试验往往是破坏性试验,所以不可能将生产出来的所有产品(在此称为总体)都进行破坏性试验。只能从中抽取部分产品(子样),然后按试验标准方法制备几组试样,对试样逐一进行相应试验。在分析试验数据时,根据从不同总体中随机抽出的子样的特点及子样的数据平均值($\overline{x}$)来表征总体的数据趋势和标准偏差(S)。

(1)平均值

如果从总体中随机抽取一个大小为 n 的子样,将这 n 个试样进行试验,可以得到 n 个试验数据 x_1,x_2,…,x_n,则这几个数据的算术平均值就称为子样平均值,用 $\overline{x}$ 表示,即:$\overline{x}=\dfrac{x_1+x_2+\cdots+x_n}{n}=\dfrac{\sum x_i}{n}$。

子样平均值反映数据的平均性质,表征这些数据的集中状况。各个试验数据,可看作是围绕着这个平均值的分布。

（2）标准偏差

标准偏差是表征试验数据分散性的一个特征值。几个试验数据 x_1、x_2、$\cdots$、x_n，它们的平均值为 $\overline{x}$，每一个试验值 x_i 与平均值 $\overline{x}$ 之差，称偏差，即 $U_i = x_i - \overline{x}(i=1,2,\cdots,n)$，偏差表示各试验值偏离平均值的大小。各偏差的绝对值越大，表示数据越分散。

所有偏差的总和等于零。即 $U_1 + U_2 + \cdots + U_n = 0$。标准偏差用 S 表示，其计算公式为：

$$S = \sqrt{\frac{\sum(x_i - \overline{x})^2}{n-1}}$$

在分析试验数据时，常常采用子样标准偏差 S 作为评价分散性的标准。S 越大，表示试验数据越分散；S 越小，分散性就越小。

（3）异常值

在一组试验数据中，有时会出现个别的数据比其他数据大很多或小很多。这个数据称为试验的异常值。出现异常值时，首先要从技术上找原因，是试验过失误差还是其他什么原因造成的。如果是试验操作过失原因，通常将异常值剔除。

（4）有效数字

有效数字指的是能够测得的数字，包括确定数字和可疑数字两部分，可疑数字是有效数字中有不确定性的最后一位数字。

在分析测定中，有效数字应遵循下列规则。

① 有效数字的位数必须与分析方法和使用仪器的准确度一致。

② 有效数字位数的多少，不仅表示其数值的大小，而且还表示测定的准确度。

③ 有效数字的位数是从数据左边第一个非"0"数字开始算起，到最后一个数字结束。

数字"0"在数据中不同位置代表不同的意义，在数据前边时，并不计入有效数字位数，在中间和末尾时需要计入有效数字位数，"0"在末尾时，一定不能随意舍去，如：某试样的质量记为"0.340g"，有效数字三位，说明"4"是准确的，"0"是估读的。但若是记为"0.34g"，则有效数字两位，"4"是估读的。数据的精确度会降低。

注意，当改变数据的单位时，不能改变有效数字位数，必要时采用科学记数法记数。如：某试样质量为80.0g，有效数字是三位，当单位变为 mg 时，应记为 8.00×10^4 mg，有效数字仍为三位。

（5）数值修约

过去，人们为了在计算时方便，数据常常需要经过修约再代入计算。目前数据修约时采用"四舍六入五留双"的规则。"四舍""六入"都比较好理解，"五留双"指的是，如果需要从数字"5"处修约，在"5"之后没有数字，或数字都是 0 的前提下，如果"5"之前的数字是奇数，那么进位，如果"5"之前的数字是偶数，那么不进位。如果"5"之后有不为 0 的数字，那么一律进位。

（6）数据的运算

① 加减法。

将小数位数较多的数字修约，只比小数位数最小的数据多保留一位即可。然后进行加减法，最后将得到的结果与最小的数据小数位数相同。

② 乘除法。

将有效数字位数较多的数字修约，比最小的有效数字位数多保留一位即可。然后进行乘除法，最后将得到的结果修约到最小的有效数字位数。

③ 乘方开方。

运算后有效数字位数与原数据有效数字位数相同，得到的平均值的有效数字位数可以多取一位。

注：进行多步运算时，中间步骤计算的结果，所保留数字位数都要比上述运算得到的数据多保留一位。

1.5.2　误差分析

"实验的结果都存在误差，误差自始至终存在于一切科学实验中"——误差公理。

定量分析的任务是测定试样中的组分含量，它要求测得的结果必须达到一定的准确度。显然，不准确的分析结果会导致资源的浪费、事故的发生，甚至在科学上得出错误的结论。

但在分析测试过程中，无论测量仪器多么精密，观测多么仔细，测量结果总是存在差异，彼此不相等。因此，人们在进行定量分析时，不仅要得到被测组分的准确含量，而且必须对分析结果进行评价，判断分析结果的可靠性，检查产生误差的原因，以便采取相应的措施减少误差，使分析结果尽量接近客观真实值。

（1）误差的定义

定量分析的误差为测量值与真实值之差，是衡量测量值不准确性的尺度。用绝对误差和相对误差表示。

绝对误差：

$$E = \overline{x} - T$$

$$\overline{x} = \frac{x_1 + x_2 + \cdots + x_n}{n} = \frac{\sum x_i}{n}$$

式中，$\overline{x}$ 为测量结果的算术平均值；T 为真实值。

相对误差：$RE = \dfrac{E}{T} \times 100\%$

相对误差表示误差在测量结果中所占的百分数，更具有实际意义。

（2）误差产生的原因及分类

根据误差产生的原因及其性质的差异，可将其分为系统误差和随机误差两类。

① 系统误差。

系统误差是指在重复性条件下，对同一被测量进行无限多次测量所得结果的平均值与被测量真值之差。系统误差决定了检测的正确度，系统误差越小，检测结果的正确度就越高。

系统误差的特点是在多次测量中重复出现，数值大小比较恒定，这主要是因为它的诱因是分析过程中某些确定的、经常性的因素。因此，系统误差有三个特性：重现性、单向性和可测性。

重现性：误差在重复测定时会一直出现。

单向性：误差的正负、大小有一定的规律。

可测性：通过找出出现误差的原因，并测出其大小，就可以找到校正的办法，减少误差甚至消除误差。

产生系统误差的原因有多方面，主要原因有以下几种。

a.方法误差。测量方法不当引起的误差。例如：在滴定分析中，由于反应进行得不完全，指示剂终点与化学计量点不符以及副反应的发生等，都会造成实验结果不准确。

b. 仪器误差。测量仪器结构上的不完善而引起的误差，为仪表本身所固有。如：容量器皿刻度不准又没有经过校正；电源噪声对电子仪器的干扰；天平砝码因为锈蚀而质量不准等。

c. 环境误差。测量环境变化或测量条件与正常条件不同而引起的误差。如：由实验室的环境温度、湿度、空气清洁度以及试剂或蒸馏水的纯度不能达到试验要求而引起的误差。

d. 操作者误差。测量人员本身的习惯和偏向，以及由于人的感觉器官不完善造成的误差。如：记录某一信号的时间会延迟，判定终点颜色时由于对颜色敏感度不同而偏深或偏浅。

② 随机误差（偶然误差）。

随机误差又叫偶然误差。当在同一条件下对同一对象反复进行测量时，在消除系统误差的影响后，每次测量的结果还出现误差，这时产生的误差就叫随机误差。随机误差影响测量数据的精密度，随机误差小则精密度高。

引起随机误差的原因有很多，这些原因难以控制并且随机发生。例如：试样的不均匀性、不稳定性；操作不可能达到没有分毫差异；试验环境条件（温度、湿度、压力）的变动等。

虽然单次测量时没有规律，但若进行多次测量，它会呈现正态分布。因此，随机误差具有以下规律：

a. 单峰性。绝对值小的误差出现的概率大，绝对值大的误差出现的概率小。误差分布曲线只有一个峰值，误差明显集中。

b. 对称性。绝对值相等的正误差和负误差出现的概率相等。

c. 抵偿性。在一定测量条件下，测量值误差的算术平均值随着测量次数的增加而趋于零。

d. 有界性。绝对值很大的误差出现的概率非常小，如果出现了很大的误差，那么很可能是由于其他的过失误差造成的。

③ 过失误差。

除了上述两种误差以外还有一种不应该出现的误差被称为过失误差。

过失误差又称粗大误差，是指一种显然偏离实际值的误差。它没有任何规律可循，纯属偶然引起。如检测时，由于分析者工作疏忽，不遵守实验操作规程而出现的器皿不洁净、试液丢失、加错试剂、读错、记错及计算错误等造成测量值的变化。过失误差不属于客观存在的误差，只要认真注意是可以避免的。因此，分析者必须严格遵守实验操作规程，养成良好的实验习惯。

◆ 参考文献 ◆

[1] 杨中文. 实用塑料测试技术. 北京: 印刷工业出版社, 2011.

[2] 高炜斌, 林春雪. 塑料分析与测试技术. 北京: 化学工业出版社, 2012.

[3] 余忠珍. 塑料性能测试. 北京: 中国轻工业出版社, 2009.

[4] 周维祥, 塑料测试技术. 北京: 化学工业出版社, 1997.

[5] 马玉珍, 塑料性能测试. 北京: 化学工业出版社, 1993.

[6] 维苏珊, 塑料测试技术手册. 北京: 中国石化出版社, 1991.

[7] GB/T 2918—1998 塑料　试样状态调节和试验的标准环境.

［8］　GB/T 17037.1—1997 热塑性塑料材料注塑试样的制备　第 1 部分：一般原理及多用途试样和长条试样的制备.

［9］　GB/T 17037.3—2003 塑料　热塑性塑料材料注塑试样的制备　第 3 部分：小方试片.

［10］　GB/T 9352—2008 塑料　热塑性塑料材料试样的压塑.

［11］　GB/T 5471—2008 塑料　热固性塑料试样的压塑.

［12］　GB/T 11997—2008 塑料　多用途试样.

第2章

基本物理性能测试

当今塑料行业迅速发展，原料品种多，新产品层出不穷。原料和新产品进入生产和流通领域前，都要对其质量进行检验，以保证满足合同要求和确定其使用范围及安全性能等。

在不同场合使用的塑料制品，要考虑的性能有所不同。通常根据使用目的的不同要考虑塑料制品的力学性能、热性能、电性能、耐老化性能、光学性能、燃烧性能以及降解性能等，还必须有符合要求的基本物理性能。塑料的基本物理性能常包括密度、吸水性、收缩率、透气性和透湿性等。在质量检验中，密度是很重要的常数。

2.1 密度

在物理学中，把某种物质单位体积的质量叫作这种物质的密度。符号 ρ，单位为 kg/m^3 或 g/cm^3。密度随温度变化而变化，故引用密度时必须指明温度。一般塑料密度为 $0.80\sim2.30g/cm^3$。

真密度（true density）指材料在绝对密实的状态下单位体积的固体物质的实际质量，即去除内部孔隙或者颗粒间的空隙后的密度。

根据国标 GB/T 1033.1—2008《塑料 非泡沫塑料密度的测定 第 1 部分：浸渍法、液体比重瓶法和滴定法》，泡沫塑料以外的塑料密度测试方法有三种，即浸渍法、液体比重法和滴定法。本节将对其逐一进行介绍。

2.1.1 浸渍法

浸渍法是基于阿基米德定律，将体积的测量转换为浮力的测量，即只要测得该物体全浸没在已知密度的浸渍液中的浮力，就能计算出该物体的体积，进而计算出测量物体的密度。

(1) 试验仪器以及对浸渍液、试样的要求

a. 分析天平：精确度为 0.1mg，量程 200g。

b. 浸渍容器：适于盛放浸渍液的大口径容器，如烧杯。

c. 固定支架：能够将浸渍容器支放在水平面板上，如容器支架。

d. 温度计：最小分度值为 0.1℃，范围为 0~30℃。

e. 金属丝：直径不超过 0.5mm 且具有耐腐蚀性，如铜丝。

f. 重锤：具有适当质量，使密度小于浸渍液的试样完全浸在浸渍液中。

g. 比重瓶：用来测定不是水的浸渍液的密度。

h. 水浴：温度恒温在±0.5℃范围内。

i. 浸渍液：对试样无影响的新鲜蒸馏水、去离子水，或其他适宜液体，当浸渍液中有气泡时，可以加入少量润湿剂（在浸渍液中含量小于0.1%）除去。温度范围在（23±0.5）℃或（27±0.5）℃之间。

j. 试样：除粉料以外的任何无气孔材料，且表面平整光滑、清洁、无裂隙。为了能在样品和浸渍液容器之间留下足够间隙，应选择合适的尺寸。质量不小于1g，若质量在1～10g之间，精确到0.1mg；若质量在10g以上，精确到1mg。

（2）操作步骤

① 测量浸渍液密度ρ_j。

a. 称量比重瓶质量m_1；b. 称量充满蒸馏水或去离子水后的比重瓶质量m_2；c. 称量充满浸渍液的比重瓶质量m_3。

$$\rho_j = \frac{m_2 - m_1}{m_3 - m_1} \times \rho_w \tag{2-1}$$

式中，ρ_w为蒸馏水或去离子水的密度。

② 称量试样，在空气中称量用金属丝悬挂的试样质量m_4，并记录。

③ 测量试样密度ρ_s

将细金属丝悬挂的试样浸在浸渍液中，用细金属丝除去附着在试样上的气泡，称量此时试样的质量m_5，精确到0.1mg。

$$\rho_s = \frac{m_4 \times \rho_j}{m_4 - m_5} \tag{2-2}$$

如果试样密度小于浸渍液密度，那么需要用重锤挂在金属丝上，随试样一起沉在液面下。需要测出重锤质量m_6。此时：

$$\rho_s = \frac{m_4 \times \rho_j}{m_4 - (m_5 - m_6)} \tag{2-3}$$

（3）注意事项

① 测量时，环境温度以及液体温度都在（23±0.5）℃或（27±0.5）℃之间；

② 对于每个试样的密度，至少进行三次测量，实验结果取平均值，结果保留到第三位；

③ 金属丝不能太细也不能太粗，否则影响在浸渍液中称的试样质量；

④ 试样浸在浸渍液中时，上端距离液面不少于10mm。

2.1.2　液体比重瓶法

（1）试验仪器以及对浸渍液、试样的要求

a. 天平：精确到0.1mg。

b. 固定支架：能够将浸渍容器支放在水平面板上，如容器支架。

c. 比重瓶：用来测定不是水的浸渍液的密度。

d. 水浴：温度在±0.5℃范围内波动。

e. 干燥器：与真空体系相连。

f. 试样：粉料、颗粒或片状材料，试样质量在1～5g之间。

（2）测试步骤

① 称量得干燥的空比重瓶质量 m_1，称量得装有适量试样的比重瓶质量 m_2。在比重瓶中注入浸渍液直到液面浸过试样，然后将比重瓶放在干燥器中，抽真空后将比重瓶注满浸渍液，放在恒温水浴中恒温，再将浸渍液充满至比重瓶容量所能容纳的极限处。称量得擦干后的装有试样和浸渍液的比重瓶质量 m_3。

② 将比重瓶倒空清洁后烘干，再装入浸渍液，然后按上述方法抽真空，称量此时的质量 m_3。

③ 当浸渍液不是水时，按照浸渍法中测量浸渍液密度的方法测量浸渍液密度 ρ_j，则：

$$\rho_s = \frac{m_2 - m_1}{m_3 - m_2} \times \rho_j \tag{2-4}$$

2.1.3 滴定法

（1）试验仪器以及对浸渍液、试样的要求

a. 液浴。

b. 玻璃量筒：容量为 250mL。

c. 温度计：分度值为 0.1℃，量程适合测试时需要的温度。

d. 容量瓶：容积 100mL。

e. 平头玻璃搅拌棒。

f. 滴定管：容量为 25mL，分度值 0.1mL，可以放置在液浴中。

g. 浸渍液：两种能够互溶并且密度不同的液体，一种液体密度低于被测试样密度，另一种液体密度高于被测试样的密度。表 2-1 给出了几种液体体系的密度供参考。

h. 试样：具有合适形状且没有气泡的固体。

表 2-1 滴定法的液体体系

体系	密度范围/(g/cm³)	体系	密度范围/(g/cm³)
甲醇/苯甲醇	0.79～1.05	乙醇/氯化锌水溶液②	0.79～1.70
异丙醇/水	0.79～1.00	四氯化碳/1,3-二溴丙烷	1.60～1.99
异丙醇/二甘醇	0.79～1.11	1,3-二溴丙烷/溴化乙烯	1.99～2.18
乙醇/水	0.79～1.00	溴化乙烯/溴仿	2.18～2.89
甲苯/四氯化碳	0.87～1.60	四氯化碳/溴仿	1.60～2.89
水/溴化钠水溶液①	1.00～1.41	异丙醇/甲基乙二醇乙酸酯	0.79～1.00
水/硝酸钙水溶液	1.00～1.60		

① 质量分数为 40%的溴化钠溶液的密度为 1.41g/cm³。

② 质量分数为 67%的氯化锌溶液的密度为 1.70g/cm³。

（2）操作步骤

① 用 100mL 容量瓶称量较低密度的浸渍液，倒入已经干燥过的 250mL 量筒中。随后将量筒放入水浴中。

② 将试样放入量筒中，因为浸渍液密度小于试样，故试样会沉入底部，注意在试样表面不要附着气泡。

③ 当液体温度稳定在 （23±0.5）℃[（27±0.5）℃] 时，用滴管每次量取 1mL 密度大的

浸渍液加入量筒中，为了防止产生气泡，应用玻璃棒竖直搅拌浸渍液。注意，刚开始加入密度大的浸渍液时，试样迅速沉底，随着浸渍液加入的量增加，试样沉底速度变小，那么适当减少浸渍液加入的量。

当出现试样在液体中悬浮，且能保持 1min 稳定时，就可得到被测试样密度的最低密度，就是混合液的密度。记录下密度大的浸渍液用量。继续加浸渍液，当所有试样都悬浮，且能保持 1min 稳定时，就可测得被测试样密度的最高值，即此时混合液的密度。

则
$$\rho_s = \frac{V_小 \times \rho_小 + V_大 \times \rho_大}{V_小 + V_大} \tag{2-5}$$

式中　　$V_小$——密度小的浸渍液体积；

　　　　$V_大$——密度大的浸渍液体积；

　　　　$\rho_小$——密度小的浸渍液密度；

　　　　$\rho_大$——密度大的浸渍液密度。

2.2　吸水性

塑料的吸水性是指塑料吸收水分的能力。由于塑料中即使含有极少量水分也能显著影响其某些主要性能，如力学性能、电性能或光学性能，因此绝不能忽视塑料的吸水性。吸水性是塑料的重要指标之一。了解吸水性，为合理选择材料，制订加工工艺，确定使用范围提供重要的依据。特别是在制订加工工艺时，对吸水性强的塑料材料，加工前都必须进行严格的干燥处理。因此在塑料生产中和制品使用过程中对吸水指标都有要求。

塑料的吸水性很大程度上取决于材料的基本类型和最终组成。只含有氢和碳的材料，例如聚乙烯和聚苯乙烯，都很耐水；而含有氧或氢氧基团的材料则很容易吸水，醋酸纤维素和尼龙是强吸水性塑料的典型例子。含有氯、溴或氟的材料具有防水性，氟碳化合物如聚四氟乙烯就是防水材料之一。加入填料、玻璃纤维和增塑剂后，这些添加剂会改变塑料的吸水性。

2.2.1　试验原理

将试样完全浸入水中或置于相对湿度为 50％的空气中，在规定温度下一定时间后，测定试样在试验之前和之后的质量差异，吸水性用质量差异和初始质量的百分数表示。在生产中，也可以通过测定干燥除水后试样的质量变化即失水量来表示。

2.2.2　试验方法

塑料的吸水性试验参照国标 GB/T 1034—2008《塑料 吸水性的测定》来进行测定，这里介绍最常用的两种方法，分别为："23℃水中吸水量的测定"和"相对湿度 50％环境中吸水量的测定"。

2.2.3　试样及仪器

（1）试样

每种材料至少需要用到三个试样，它们既可以通过模塑加工制备，也可以通过机械加工方法制备。试样需要满足平整、洁净、光滑、无裂痕的条件。若试样表面被影响吸水性的材料污染时，需要用对塑料尤其是塑料吸水性能没有影响的清洁剂擦拭。清洁后需要经过进一步处理才能进行试验。表 2-2 是对不同类型试样的尺寸要求。

表 2-2　对不同类型试样的尺寸要求

试样类型	试样尺寸要求	试样要求
模塑方形塑料	除非相关方有其他规定，方形试样的尺寸和公差应按照 GB/T 17037.3—2003，注塑 (60 ± 2)mm$\times(60\pm2)$mm 的小方试片，厚度 (1.0 ± 0.1)mm	一些材料具有模塑收缩性，如果这些材料的模塑试样尺寸在 GB/T 17037—2003 的下限，最后试样的尺寸可能超过本标准规定的方差，应在试验报告中说明
各向异性增强塑料试样	$\omega\leqslant100d$，ω 为标称边长，mm；d 为标称厚度，mm	为使试样边缘的吸水性最小，用不锈钢箔或铝箔片粘在 100mm$\times$100mm 方形板边缘
管材试样	(1) 内径小于等于 76mm 管材，沿垂直于管材中心轴的平面切取试样。长：(25 ± 1)mm (2) 内径大于 76mm 的管材，沿垂直于管材中心轴的平面切取试样。长：(76 ± 1)mm；宽 (25 ± 1)mm	切取的试样边缘应光滑、无裂缝
棒材试样	(1) 直径小于等于 26mm 的棒材，沿垂直于棒材长轴方向切取试样。长：(5 ± 1)mm (2) 直径大于 26mm 的棒材，沿垂直于棒材长轴方向切取试样，长：(13 ± 1)mm	棒材的直径为试样的直径
取自成品、挤出物、薄片或层压片的试样	从产品中切取一小片： (1) 满足方形试片要求； (2) 被测材料的长宽均为 (61 ± 1)mm，一组试样有相同大的形状（厚度和曲面）	如果标称厚度大于 1.1mm，如果没有特殊要求，仅在一面机械加工试样的厚度至 $1.0\sim1.1$mm，当加工层压板的表面对吸水性影响较大时，试验结果无效，应按照试样的原始厚度和尺寸进行切样

（2）仪器

a. 天平：精度为 ±0.1mg。

b. 烘箱：具有强制对流或真空系统，控温精度为 (50.0 ± 2.0)℃。

c. 干燥器：内装干燥剂（如 P_2O_5 或 $CaCl_2$）。

d. 恒温水浴，控制精度为 ±0.1℃。

e. 测定试样尺寸的量具，精度为 ±0.1mm。

2.2.4　试验步骤

（1）23℃水中吸水量的测定

① 将试样放入 (50.0 ± 2.0)℃烘箱中干燥至少 24h，确切时间依赖于试样厚度，之后在干燥器内冷却至室温，称量每个试样的质量 m_1，精确至 0.1mg，重复测量至试样质量变化稳定在 ±0.1mg 内；

② 将试样放入装有蒸馏水的容器中，按照相关标准规定，水温应控制在 (23.0 ± 1.0)℃或 (23.0 ± 2.0)℃。浸泡 (24 ± 1)h 后，取出试样，用清洁干布或滤纸迅速擦去试样表面所有的水，再次称量每个试样，精确至 0.1mg（质量 m_2），从水中取出试样后，剩余操作应在 1min 内完成。

注：若考虑材料中可能含有水溶物，在完成上述步骤后，可以重复测量干燥试样的步骤，直到试样的质量 m_3 恒定。

（2）相对湿度 50％环境中吸水量的测定

① 将试样放入（50.0±2.0）℃烘箱中干燥至少 24h，确切时间需要依赖于试样厚度，之后在干燥器内冷却至室温，称量每个试样的质量 m_1，精确至 0.1mg，重复测量至试样质量变化稳定在±0.1mg 内。

② 将试样放入相对湿度为（50±5）％的容器或房间内，温度应控制在（23.0±1.0）℃或（23.0±2.0）℃。放置（24±1）h 后，称量每个试样，精确至 0.1mg（质量 m_2），从相对湿度为（50±5）％的容器或房间内取出试样后，剩余操作应在 1min 内完成。

2.2.5　结果处理

吸水率用试样相对于初始质量的吸水质量分数表示：

$$W_m = \frac{m_2 - m_1}{m_1} \times 100\% \tag{2-6}$$

或

$$W_m = \frac{m_2 - m_3}{m_1} \times 100\% \tag{2-7}$$

某些情况下，需要用试样相对于最终干燥后的质量表示：

$$W_m = \frac{m_2 - m_3}{m_3} \times 100\% \tag{2-8}$$

2.2.6　影响因素

（1）试样的尺寸和形状

水分通过与塑料表面接触进入塑料，因此试样的尺寸和形状是影响塑料吸水性的重要因素，因此标准规定每一类型的材料有统一尺寸和取材方法，如：薄膜、管材、片、棒直接在产品中截取；压制、注射等采用模具加工制成。

（2）试样的环境条件

要求尽可能在标准环境中进行，否则结果不准确，如：试样浸水再擦干后再次称量时，如果温度过高，湿度过低，那么称量时因为水分蒸发，质量会不断减轻，使结果偏低。

（3）水温及浸水时间要求

浸泡时的水温和浸水时间会影响吸水性，通常水温提高，浸水时间延长，吸水性会增大。因此，为了保证结果可靠有效，需要严格控制水温及浸水时间。

2.3　收缩率

塑料的收缩率是指塑料制件在成型温度下尺寸与从模具中取出冷却至室温后尺寸之差的百分比。它反映的是塑料制件从模具中取出冷却后尺寸缩减的程度。影响塑料收缩率的因素有：塑料品种、成型条件、模具结构等。不同高分子材料的收缩率各不相同。其次，塑料的收缩率还与塑件的形状、内部结构的复杂程度、是否有嵌件等有很大的关系。

热塑性塑料材料收缩率测定参照国标 GB/T 17037.4—2003《塑料 热塑性塑料材料注塑试样的制备 第 4 部分：模塑收缩率的测定》进行。

2.3.1 定义

（1）模塑收缩率（moulding shrinkage）S_M

试验室温度下测量的干燥试样和模塑它的模具型腔之间的尺寸差异。

（2）模塑后收缩率（post-moulding shrinkage）S_P

试验室温度下经模塑收缩率测定后又经后处理的试样在后处理前后的尺寸差异。

（3）总收缩率（total shrinkage）S_T

试验室温度下测量的模塑处理之后的试样与模塑它的模具型腔之间的尺寸差异。

2.3.2 设备

（1）D2 型标准模具

D2 型标准模具应符合 GB/T 17037.3 中的规定，用于制备 60mm×60mm×2mm 的试片。

为了便于用光学法测量试样尺寸，可以在模具型腔内刻上参考标记。参考标记应在距离模具型腔边缘（4±1）mm 处。为确保在任何方向都不限制收缩，建议标记的最大深度为 5μm。为了保证试片长度和宽度的收缩率为正值，模具型腔需要有足够的硬度，确保保压期间模塑试片厚度不会超过型腔厚度。

（2）注塑机

注塑机应符合 GB/T 17037.3 中的规定，但应在 GB/T 17037.1 中给出的操作条件内增加下述内容：型腔压力 p_c 的允许偏差为±5%。

（3）测量设备

测量设备量程能达到试样长度以及其对应的型腔长度和宽度，精度至 0.02mm。测量在对边的中心之间、对边之间或参考标记之间进行。测量试样长度时，注意试样末端浇口处 0.5mm 高的台阶。如果使用机械测量仪，注意测量系统的触头不能划出刻痕。

图 2-1 是试样的透视图，阴影为浇口末端台阶与流道切割处的剖面。

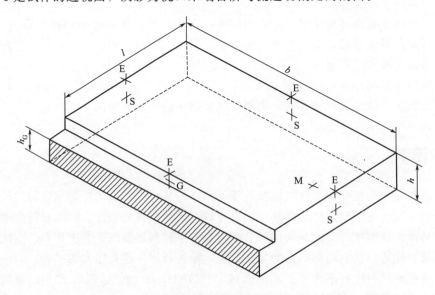

图 2-1　试样透视图

用机械测量仪测量长度 l_1 和 l_2，宽度 b_1 和 b_2，试样三对模塑面的中心 S 和台阶中心 G 是合适的参考点。

用光学测量仪测量时，可用试样边棱的中点 E 或距边棱 4mm 处型腔板上预制的标记 M 作为参考点（图 2-1 中仅显示了一个这样的标记）。

只要采用相同的参考点测量试样和型腔，每对参考点间的高度差就不会对收缩率产生显著的影响，参考点的一致可避免试样的倾角和不同类型的参考点产生的影响。例如，一面的"机械"参考点 S 和与之相对的"光学"参考点 E 或 M 相结合。

（4）恒温箱

当有关双方同意进行模塑后收缩率测定时，才需要恒温箱。

2.3.3 试验步骤

（1）材料状态调节

热塑性塑料的粒子或颗粒，应按有关材料标准的规定，在注塑前进行状态调节。如果标准没有提到，也可按生产厂推荐的条件进行状态调节。应避免使温度明显低于室温的物料暴露在空气中，以防止湿气在物料上冷凝。

（2）注塑

制备测定模塑收缩率的试样时，保压时的型腔压力 p_{CH}（注射结束后 1s 时的型腔压力）最好在 20MPa、40MPa 和 60MPa 中选择一个或多个值。测定保压压力 p_H，保证其与选定的 p_{CH} 相同。

在每一个压力下模塑试样时注意：

① 仔细找出注射和保压的转换点，避免注塑过程中型腔时间-压力曲线（见图 2-2）出现凹陷的情况（曲线 c），同时也要在转换点后 1s 内避免峰值超出保压时的型腔压力的 10%（曲线 b）。

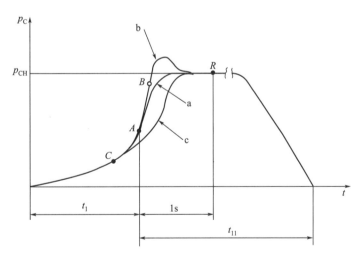

图 2-2 注塑过程中型腔压力-时间曲线图

曲线 a—注射时间（接近 A 点）合适；曲线 b—注射时间（B 点）过长；曲线 c—注射时间（C 点）过短

② 保压期间保持压力恒定，直到保压期间型腔内压力减小为零，表明此时浇口里的材料已经充分凝固，不再向型腔内流动。

③ 选择试样从模具中移出不变形的最短冷却时间，因为材料的冷却速率与厚度平方的

倒数成正比，所以对于浇口高度与试片厚度为 3：4 的情况，型腔的最短冷却时间约为保压时间的 1.8 倍。

④ 在注塑过程中，应该使用合适的方法维持稳定的注塑条件，如：检查模塑件的质量。

（3）测量模具温度

当系统达到热平衡后，打开模具并立即测量模具温度。做法是在模具至少进行十次开模循环后，用表面温度计测量动、定模相对应的型腔表面上几个点的温度，记录每个测量值，计算平均值作为模具温度。

（4）测量熔体温度

当达到热平衡或稳定温度状态后，将至少 30cm 对空注射的塑料熔体射入一个适当大小的非金属容器内，立刻将一个反应灵敏且经预热接近被测熔体温度的温度计的针形探头插入熔体中心并轻轻移动直到温度计读数达到最大值。

（5）脱模后试样的处理

脱模后立即将试样与流道分开，切割时，注意不能损伤尺寸测量所用的边。

可以把试样平放在低导热的表面上冷却到室温。冷却后，试样在 (23±2)℃ 温度下，放置 16～24h。假如环境湿度对收缩率有明显影响，则应把它放在干燥环境中。

（6）模塑收缩率的测定

① 测试之前先将试样放在一个平面上或靠在一个直边上以检查试样是否变形，废弃变形高度超过 2mm 的试样。

② 比较试片厚度和型腔高度，特别是接近浇口中间位置，检验模具型腔板是否有足够硬度。

③ 在 (23±2)℃ 温度下测量模具对边的参考点处型腔长度 l_0 和宽度 b_0，在与型腔尺寸测量相对应的位置测量试样长度 l_1 和宽度 b_1。精确到 0.02mm。

（7）模塑收缩率测定后试样的处理

模塑收缩率测定后至模塑后收缩率测定前试样的处理条件（温度、湿度或其他环境）采用相关材料标准的规定或者按双方商定的条件（可以是储存或者使用时的条件）。

按照（7）中的要求处理和测量试样，结果精确到 0.02mm。

2.3.4 结果处理

（1）模塑收缩率

$$S_{MP} = 100(l_0 - l_1)/l_0 \tag{2-9}$$
$$S_{Mn} = 100(b_0 - b_1)/b_0 \tag{2-10}$$

式中，S_{MP} 为平行于熔体流动方向的模塑收缩率；S_{Mn} 为垂直于熔体流动方向的模塑收缩率；l_0 为型腔长度，mm；l_1 为试样长度，mm；b_0 为型腔宽度，mm；b_1 为试样宽度，mm。

（2）模塑后收缩率

$$S_{pP} = 100(l_1 - l_2)/l_1 \tag{2-11}$$
$$S_{pn} = 100(b_1 - b_2)/b_1 \tag{2-12}$$

式中，S_{pP} 为平行于熔体流动方向的模塑后收缩率；S_{pn} 为垂直于熔体流动方向的模塑后收缩率；l_1 为试样长度，mm；l_2 为试样经过模塑后处理过的长度，mm；b_1 为试样宽度，mm；b_2 为试样经过模塑后处理过的宽度，mm。

（3）总收缩率

$$S_{TP} = 100(l_0 - l_2)/l_0 \qquad (2\text{-}13)$$

$$S_{Tn} = 100(b_0 - b_2)/b_0 \qquad (2\text{-}14)$$

式中，S_{TP} 为平行于熔体流动方向的总收缩率；S_{Tn} 为垂直于熔体流动方向的总收缩率；l_0 为型腔长度，mm；l_2 为试样经模塑后处理过的长度，mm；b_0 为型腔宽度，mm；b_2 为试样经过模塑后处理的宽度，mm。

模塑收缩率、模塑后收缩率和总收缩率之间的相互关系如下式：

$$S_T = S_M + S_P - S_P S_M / 100 \qquad (2\text{-}15)$$

模塑收缩率和模塑后收缩率表示的百分数不是用相同的起始尺寸，因此总收缩率并不是二者之和。但是式(2-15)的最后一项通常可以忽略。

2.4 透气性和透湿性

塑料透气性是聚合物的重要性能之一，没有一种聚合物能阻挡水蒸气分子和气体的渗透。而对于不同用途的高分子聚合物制成的薄膜和薄片，会有不同的透气性要求。有时要求对水蒸气和各种气体有良好的阻隔性，比如薄膜用作食品包装时，需要同时对气体和水蒸气有阻隔性；有时又要求有良好的气体透过性，比如用于农作物保湿时，要求对水蒸气有良好的阻隔性，而对氧气和二氧化碳有良好的透过性，而对于充气轮胎的内胎和输送气体的胶管，都要求对气体有良好的阻隔性。

塑料的透气性能随着塑料种类不同有很大差别，比如透气性较好的硅橡胶和阻隔性较好的聚偏氯乙烯，气体透过系数相差 100 万倍，因此为达到各种塑料物尽其用的目的，对塑料的透气性和透湿性测定是很重要的。

2.4.1 透气性测定

通常用气体透过量和气体透过系数来表征塑料薄膜的透气性。薄膜透气性的测定参照国标 GB/T 1038—2000《塑料薄膜和薄片气体透过性试验方法 压差法》进行。

2.4.1.1 定义

（1）气体透过量 P_g

在恒定温度和单位压力差下，在稳定透过时，单位时间内透过试样单位体积的气体体积，以标准温度和压力下的体积值表示，单位为 $cm^3/(m^2 \cdot d \cdot Pa)$。

（2）气体透过系数 Q_g

在恒定温度和单位压力差下，在稳定透过时，单位时间内透过试样单位厚度、单位面积的气体的体积。以标准温度和压力下的体积值表示，单位为 $cm^3 \cdot cm/(cm^2 \cdot s \cdot Pa)$。

2.4.1.2 原理

塑料薄膜或薄片将低压室和高压室分开，高压室内充有约 10^5 Pa 的试验气体，低压室的体积已知，试样封闭后用真空泵将低压室内空气抽到接近零值。用测压计测量低压室内压力增量 Δp，可确定试验气体由高压室透过膜（片）到低压室的以时间为函数的气体量，但应排除气体透过速度随时间变化的初始阶段。

气体透过量和气体透过系数可由仪器所带的计算机按规定程序计算后输出到软盘或打印在记录纸上，也可按测定值经计算得到。

2.4.1.3 试样

试样应具有代表性，且至少有三个，没有痕迹或者可见的缺陷。一般形状为圆形，直径根据所用仪器来定。应在 GB/T 2918 中规定的（23±2）℃环境下，将试样放在干燥器中进行 48h 以上状态调节或者直接按照产品标准规定处理。

2.4.1.4 仪器

透气仪的部分结构示意见图 2-3。

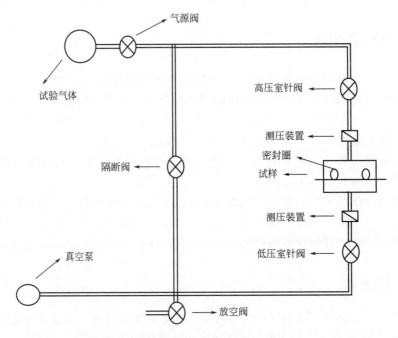

图 2-3 透气仪的部分结构示意

透气仪由三部分组成：透气室、测压装置和真空泵。

① 透气室：由上下两部分组成。当装入试样时，用于存放试验气体。下部为低压室，用于储存透过的气体并测定透气过程前后压差，以计算试样的气体透过量。上下两部分都装有试验气体的进出管。低压室由一个中央带空穴的试验台和装在空穴中的穿孔圆盘组成。根据试样透气性的不同，穿孔圆盘下部空穴的体积也不同，试验时应在试样和穿孔圆盘之间嵌入一张滤纸以支撑试样。

② 测压装置：高、低压室应分别装有测压装置，低压室测压装置的准确度应不低于 6Pa。

③ 真空泵：应能使低压室中的压力不大于 10Pa。

2.4.1.5 试验步骤

① 按照 GB/T 6672 测量试样厚度，即按照等分试样长度的方法来确定测量厚度的位置，按照试样长度的不同，取不同数目的位置点。当试样长度小于等于 300mm 时，测 10

点；当试样长度在 300~1500mm 之间时，测 20 点；当试样长度大于 1500mm 时，至少测 30 点。对于未经裁边的试样，应从距边缘 50mm 处开始测量。本试验中至少测 5 点，取算术平均值。

② 在试验台上涂一层真空油脂，若油脂涂在空穴中的圆盘中，应仔细擦净；若滤纸边缘有油脂，应更换滤纸。

③ 关闭透气室各针阀，开启真空泵。

④ 在试验台中的圆盘上放上滤纸后，再放上状态调节后的试样。试样应保持平整，不得有皱褶，轻轻按压使试样与试验台上的真空油脂良好接触。开启低压室真空阀，试样在真空下应紧密贴合在滤纸上。在上盖的凹槽内放置 O 形圈，盖上盖并紧固。

⑤ 打开高压室针阀及隔断阀，开始抽真空直至 27Pa 以下，并继续脱气 3h 以上，以排除试样所吸附的气体和水蒸气。

⑥ 关闭隔断阀，打开试验气瓶和气源开关向高压室充试验气体，高压室的气体压力在 $(1.0~1.1) \times 10^5$ Pa 之间，压力过高时，应开启隔断阀排出。

⑦ 对携带运算器的仪器，应首先打开主机电源开关及计算机电源开关，通过键盘分别输入各试验台样品名称、厚度、低压室体积参数和试验名称等准备试验。

⑧ 关闭高、低压室排气针阀，开始透气试验。

⑨ 为剔除开始试验时的非线性阶段，应进行 10min 的预透气试验。随后正式开始透气试验，记录低气压室的压力变化值和试验时间。

⑩ 继续试验直到相同的时间间隔内压差的变化保持恒定，达到稳定透过。至少取 3 个连续时间间隔的压差值，求其算数平均值，以此计算该试样的气体透过量及气体透过率。

2.4.1.6 结果处理

$$P_g = \frac{\Delta p}{\Delta t} \times \frac{V}{A} \times \frac{IT_0}{p_0 T} \times \frac{1}{p_1 - p_2} \tag{2-16}$$

$$Q_g = \frac{\Delta p}{\Delta t} \times \frac{V}{A} \times \frac{T_0}{p_0 T} \times \frac{24}{p_1 - p_2} \tag{2-17}$$

式中，P_g 为透气系数；Q_g 为透气量，是稳定渗透时，单位时间内低压室气体压力变化的算术平均值，Pa/s；A 为薄膜面积，m^2；I 为薄膜厚度，m；T 为试验温度，K；V 为低压室体积，m^3；$p_1 - p_2$ 为两室压差，Pa；T_0、p_0 为标准状态下的温度（K）和压力（Pa）。

2.4.2 透湿性测定

表征塑料薄膜的透湿性，常用透湿量（水蒸气透过量）和透湿系数（水蒸气透过系数）两个量。

2.4.2.1 定义

水蒸气透过量（WVT）是指在规定温度、相对湿度、一定的水蒸气压差和一定厚度的条件下，$1m^2$ 的试样在 24h 内透过的水蒸气量，单位为 $g/(m^2 \cdot 24h)$。

水蒸气透过系数（P_V）是指在规定温度、相对湿度环境中，单位时间内、单位水蒸气压差下，透过单位厚度、单位面积试样的水蒸气量，单位为 $g \cdot cm/(m^2 \cdot s \cdot Pa)$。

2.4.2.2　测试原理

水蒸气透过薄膜的过程和气体透过的过程类似，水蒸气分子先溶解于薄膜中，然后不断向低浓度扩散，最后从薄膜的另一端被蒸发。根据扩散过程，我们可以在规定温度、相对湿度条件下，试样两侧保持一定的水蒸气压差，测量透过试样的水蒸气量，计算水蒸气透过量和水蒸气透过系数。

2.4.2.3　测量方法

塑料薄膜的透湿性测试参照 GB 1037—1988《塑料薄膜和片材透水蒸气性试验方法　杯式法》进行。杯式法，又叫称重法，是最常用的透湿性测试方法。杯式法可分为渗透进入水杯的"增重法"和"减重法"两种测试方法。增重法的透湿杯中放有干燥剂，可认为透湿杯内部相对湿度为 0％，试验环境为 38℃、相对湿度 90％；而在减重法中透湿杯内盛有蒸馏水或饱和盐溶液，如果盛的是蒸馏水可认为透湿杯内部相对湿度为 100％，试验环境为 38℃、相对湿度 10％。

增重法早期使用较多，现在仍有一定应用，是利用干燥剂在透湿杯内吸湿，同时将透湿杯放在恒温恒湿环境中使杯内外保持恒定相对湿度差的测试方法。可是它对所使用的透湿杯及干燥剂都有一些限制，如各相关标准中明确要求透湿杯中应有足够的空间使得操作者在每次称量后都能轻微振动杯中的干燥剂使其上下混合，使其干燥效用减弱，而且在干燥剂干燥效用明显减弱之前必须完成试验。

在实际中，温度一定，透过面积一定，试样两侧压力一定，一定时间内水蒸气透过量都可以由杯式法直接测定。

2.4.2.4　试剂、仪器和试样

（1）试剂

① 密封蜡：要求在温度 38℃、相对湿度 90％条件下暴露不会软化变形，若暴露表面积为 $50cm^2$，则在 24h 内变化不能超过 1mg。密封蜡可以由 85％石蜡和 15％蜂蜡制成，也可以由 80％石蜡和 20％黏稠聚异丁烯组成。

② 干燥剂：粒度为 0.60～2.36mm 的无水氯化钙，使用前在（200±2）℃烘箱中干燥 2h。

（2）仪器

① 恒温恒湿箱：要求温度精度为 ±0.6℃，相对湿度精度为 ±2％，风速为 0.5～2.5m/s，恒温恒湿箱在关闭门之后，15min 内能重新达到规定的湿度、温度。

② 透湿杯及定位装置：要求由质轻、耐腐蚀、不透水、不透气的材料制成，有效面积至少为 $25cm^2$。透湿杯的具体结构如图 2-4 所示。

③ 干燥器

④ 量具：要求测量薄膜厚度精度为 0.001mm，测量片材厚度精度为 0.01mm。

⑤ 分析天平：要求感量为 0.1mg。

（3）试样

试样应平整，均匀，不得有孔洞、皱褶、针眼、划伤等缺陷，且试样大小和透湿杯的尺寸相对应。每组至少取三个试样，如果样品两表面材质不同，在正反面各取一组试样。对于低透湿量或者精度要求高的样品，取一个或两个试样进行空白试验。

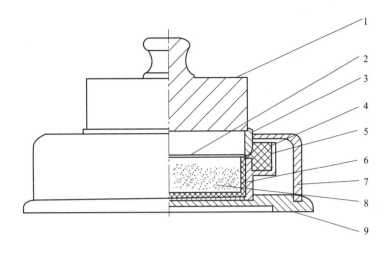

图 2-4　透湿杯结构图

1—压盖（黄铜）；2—试样；3—杯环（铝）；4—密封蜡；5—杯子（铝）；6—杯皿（玻璃）；

7—导正环（黄铜）；8—干燥剂；9—杯台（黄铜）

注：空白试验系指除了杯中不加干燥剂外，其他试验步骤与其他试样相同。

2.4.2.5　试验条件

① 条件 A：温度（38±0.6）℃，相对湿度（90±2)%。

② 条件 B：温度（23±0.6）℃，相对湿度（90±2)%。

2.4.2.6　试验步骤

将干燥剂放入清洁的玻璃皿中，干燥剂距试样表面约 3mm 为宜。然后将玻璃杯放入透湿杯中，再将透湿杯放在杯台上，试样放在杯子正中，加上杯环后，用导正环固定好试样，再加上压盖。小心取下导正环，将熔融的密封蜡浇灌在杯子的凹槽中，注意密封蜡凝固后不允许出现裂纹和气泡。

待密封蜡凝固后，取下压盖和杯台，并清除粘在透湿杯边缘和底部的密封蜡。称量封好的透湿杯。

将透湿杯放入已经调好温度、湿度的恒温恒湿箱中，16h 后从箱中取出，放于处在（23±2)℃环境下的干燥器中，平衡 30min 后称量此时透湿杯的质量，称量后将透湿杯重新放入恒温恒湿箱中，以后每两次称量的时间间隔为 24h、48h 或 96h。

注意：每次称量之前都应进行平衡步骤。

当前后两次质量增量相差小于等于 5% 时，可以认为稳定透过，再重复测量一次，就可以结束试验。

2.4.2.7　结果处理

$$\mathrm{WVT}=\frac{24\Delta m}{At}$$

（2-18）

式中，WVT 为水蒸气透过量，g/(m^2 · 24h)；t 为质量增量稳定后的两次时间间隔，h；Δm 为 t 时间内质量增量，g；A 为试样透水蒸气的面积，m^2。

$$P_v = \frac{d \Delta m}{At \Delta p}$$

式中，P_v 为水蒸气透过系数，$g \cdot cm/(cm^2 \cdot s \cdot Pa)$；$d$ 为试样厚度，cm；Δp 为试样两侧的水蒸气压差，Pa。

注意：试验结果以每组试样的算术平均值表示，取两位有效数字。

2.4.2.8 影响因素

影响气体和各种蒸气透过性的主要因素有以下几个方面：

（1）膜暴露面积大小和厚度

在恒定状态下，气体透过速率与膜暴露的面积成正比，与膜的厚度成反比。

（2）材料本身的性质以及分子结构

对气体的阻隔性与聚合物的品种结构有很大关系，一般聚合物越疏松，扩散系数越大；反之若结构紧密，扩散系数就比较小。若在聚合物材料中加入颜料或填料，会破坏材料的结构紧密性，因而扩散系数增大；若结晶度增大，会使材料的紧密度增加，因而透气性随着结晶度的增大而减小。除此之外，分子结构对材料的透水性也有很大影响，若分子结构比较对称，那么扩散系数就比较小；若分子极性较小，或者说材料中含有极性基团的分子很少，那么因为其亲水性差，相应的吸水性就低。反之，则吸水性高。

（3）扩散气体和蒸气的性质

气体与膜的相溶性越大，气体在膜中的溶解度越高；气体越易冷凝，对膜的渗透性越强。

（4）仪器精度和测量方法

传统杯式法测量精度会受到分析天平精度的影响。"减重法"和"增重法"的不同之处在于，减重法透湿杯内盛有蒸馏水或者饱和盐溶液，而不是干燥剂。通过在试样上方鼓以快速气流把渗透出的水蒸气带走，这样在称量透湿杯时，就能得到透湿杯重量的减少量。减重法的优点是可以长时间保持透湿杯内部环境相对湿度为 100%，而增重法对透湿杯和干燥剂有一定的限制，比如需要操作者在每次测量后都轻轻振动干燥剂，使其上下混合，以免因为上层干燥剂使用过度使干燥效用减弱。

2.5 分子量

高聚物平均分子量的大小及其分散性，对高聚物的物理性能与加工性能都有重要的影响。

高聚物的分子量只有达到某一数值后，才能表现出一定的物理性能。当大到一定程度后，分子量再增加，除其他性能继续再增加外，机械强度变化不大。随着分子量的增加，聚合物分子间的作用力也相应增加，使聚合物高温流动黏度也增加。对塑料而言，塑料的分子量依据产品的要求，变动范围较大，但窄分布对加工和性能都有利，因为少量低分子量级分子的存在能起内增塑的作用。

本书测定聚合物分子量主要参照 GB/T 27843—2011《化学品 聚合物低分子量组分含量测定 凝胶渗透色谱法（GPC）》。

2.5.1 术语和定义

（1）聚合物的数均分子量 M_n 和重均分子量 M_w

$$M_n = \frac{\sum\limits_{i=1}^{n} H_i}{\sum\limits_{i=1}^{n} H_i / M_i} \qquad M_w = \frac{\sum\limits_{i=1}^{n} H_i \times M_i}{\sum\limits_{i=1}^{n} H_i} \qquad (2\text{-}19)$$

式中，H_i 为洗脱体积为 V_i 的基线到检测信号的高度；M_i 为洗脱体积为 V_i 的聚合物的分子量；n 为所测数据的个数。

注：洗脱时间是指从加样开始到检测器检测出峰所经过的时间。在这期间流出的洗脱液体积称为洗脱体积。

（2）分子量分布宽度

聚合物分子量分散程度的度量，由重均分子量和数均分子量的比值 M_w/M_n 表示。

（3）低分子量

分子量小于 1000Da（$1Da = 1u = 1.66054 \times 10^{-27} kg$）。

2.5.2 参照物质

凝胶渗透色谱法（GPC）测定聚合物平均分子量是一种相对方法，需要用到校正曲线进行校正。通常用已知数均分子量 M_n 和重均分子量 M_w 的窄分子量分布的线型聚苯乙烯作为标准物质进行校正。因为洗脱体积和分子量的转化关系只在特定的试验条件下存在对应关系，因此未知样品的测定试验条件必须和得到线型聚苯乙烯校正曲线保持相同的试验条件，这些条件包括：温度、溶剂色谱系统条件和分离柱或色谱柱。由于样品和标准物质的结构和化学组成的差异，测出的分子量值与绝对值存在着或多或少的差异，如使用其他标准物质，如聚乙二醇、聚环氧乙烷、聚甲基丙烯酸甲酯和聚丙烯酸，需要提供理由。

2.5.3 原理

GPC 是一种特殊的液相色谱，样品分离基于单独组分的流体力学体积。当样品通过填充有多孔材料（通常为有机凝胶）的分离柱时，小分子可以进入孔内，而大分子被排除在孔外，所以大分子的路径较小分子要短而先被淋出。中等尺寸的分子进入一些孔中，稍后淋出；最小的分子由于平均流体力学半径小于凝胶的孔径，所以它可以进入所有的孔，最后被淋出。

2.5.4 仪器

（1）凝胶渗透色谱仪

它包含下列几部分：溶剂储存器；溶剂脱气过滤装置；泵；压力缓冲器；进样系统；色谱柱；检测器；流量计；数据采集与处理系统；废液槽。

（2）进样和溶剂输送系统

一定量的样品溶液通过精确计量的自动进样器或手动进样输送到色谱柱中形成尖锐带。手动进样时，快速抽吸注射器可能引起分子量分布明显变化。溶液输送系统应尽可能保持无脉动，理想状态下应安装脉动阻尼器。流速为 1.0mL/min。

（3）色谱柱

根据聚合物样品特性选择使用单根色谱柱或多根色谱柱联用。根据样品性质（如流体力学体积、分子量分布）及特定的分离条件（如溶剂、温度和流速）决定。

（4）理论塔板数

色谱柱或联用色谱柱的分离能力应用理论塔板数表示。色谱柱的理论塔板数测定方法，是用溶剂（如 THF）作流动相，在已知长度的色谱柱中注入一定量的乙苯或其他非极性溶剂，理论塔板数由下式表示：

$$N = 5.54 \left(\frac{V_e}{W_{1/2}}\right)^2 \quad \text{或} \quad N = 16 \left(\frac{V_e}{W}\right)^2 \tag{2-20}$$

式中，N 为理论塔板数；V_e 为最大峰的洗脱面积；W 为峰底的基线宽度；$W_{1/2}$ 为半峰宽。

（5）分离效率

① 色谱的分离效率。

$$\frac{V_{eM_x} - V_{e(10Me)}}{A_e} \geqslant 6.0 \tag{2-21}$$

式中，V_{eM_x} 为分子量为 M_x 的聚苯乙烯的洗脱体积；$V_{e(10Me)}$ 为 10 倍于聚苯乙烯分子量的洗脱体积；A_e 为柱横截面积。

② 系统的分离度。

$$R_{1,2} = 2 \times \frac{V_{e1} - V_{e2}}{W_1 + W_2} \times \frac{1}{\lg\left(\frac{M_2}{M_1}\right)} \tag{2-22}$$

式中，V_{e1} 和 V_{e2} 为两种聚苯乙烯标准品峰位的洗脱体积；W_1 和 W_2 为两种聚苯乙烯标准品峰位的基线宽度；M_1 和 M_2 为两种聚苯乙烯标准品的峰位分子量。

注意：色谱柱系统的 R 值应大于 1.7。

（6）溶剂

所有溶剂应是高纯度溶剂（如纯度大于 99.5％的四氢呋喃），溶剂储存器应有足够容量，可完成色谱柱校正和样品分析。溶剂应在通过泵传运至色谱之前脱气。

（7）检测器

检测器用来定量记录从色谱柱洗脱出的样品浓度。为了避免不必要的峰加宽效应，应尽可能减小检测室体积。通常使用微分析折射计，如果样品特性或洗脱剂有特殊需要，也可使用其他类型的检测器，如紫外/可见、示差折射、黏度检测器等。

2.5.5 试验步骤

（1）标准聚苯乙烯溶液的配制

用淋洗液为溶剂溶解聚苯乙烯标准样品，按照标准样品生产商的说明进行标准样品溶液浓度的配制。标准样品溶液浓度的选择需要考虑不同因素，如进样体积、溶液黏度、检测器的灵敏度。最大进样量应与色谱柱长度相适应，注意防止色谱柱过载。使用 GPC 分析在使用 30cm×7.8mm 的柱子时通常的进样体积为 40～100μL，最高不要超过 250μL。进样量与溶液浓度的比例关系应在柱子校正前确定。

（2）对杂质及添加剂含量的校准

大体上和标准样品溶液的配制要求相同，样品溶在合适的溶剂中，如四氢呋喃，小心振荡，充分溶解，在任何情况下不能使用超声溶解。为了防止样品溶液中的大颗粒或微凝胶在色谱柱中堵塞，样品溶液需要先通过一个孔径为 0.2～2μm 的膜过滤。

（3）对杂质及添加剂含量的校准

有必要对于聚合物中分子量低于 1000 的非聚合物组分（如杂质或添加剂）进行校准，只有当这些组分含量低于 1% 时才不需要校准。对分子量低于 1000 的非聚合物组分的分析，可以通过对聚合物溶液直接分析得到结果，也可以分析 GPC 洗脱液级分。如果色谱柱洗脱液级分中低分子量组分浓度太低，需进一步分析时，就需将其浓缩。方法是将洗脱液蒸干，再重新溶解。但要确保洗脱液成分在蒸发过程中不发生变化。对 GPC 洗脱液级分的浓缩处理方法取决于下一步所用的定量分析方法。

2.5.6　结果处理

① 有关数据采集与数据处理的要求及相关的评价标准见 DIN 55672-1：2007。

② 每个要测试的样品，应分别进行两次试验，并单独分析。

③ 需要明确指出测量值是与使用标准品的分子量相当的相对值。

④ 确保测定空白样品，并且空白样品的处理方法与被测样品相同。

⑤ 测定洗脱体积或保留时间后，以 $\lg M_p$ 值（M_p 是标准样品的峰位分子量）对上述数值中的一个作图。每 10 倍级差的分子量至少需要两个校正点，整个校正曲线至少需要五个校正点，覆盖预计的样品分子量范围。校正曲线低分子量端点由正己苯或其他适宜的非极性溶质界定。曲线中分子量低于 1000 的对应部分用作杂质和添加剂的测定时，有必要进行校准。

⑥ 如果有不溶解的聚合物（分子量一般都大于可溶解部分）在色谱柱中保留，通过测定或计算聚合物溶液浓度的折射率增量就可以计算聚合物溶液流经色谱柱造成的质量损失。这可以用已知浓度和 dn/dc 的外部标准物质采用外部校正方法来校正示差折射仪的响应值。

⑦ 分布曲线应以表格方式或图表（微分频率或百分比总和对 $\lg M$）得出。在绘图表示时，一个 10 倍分子量级差通常应宽 4cm，最大峰高为 8cm。积分分布曲线在纵坐标上的差异，从 0% 到 100% 应大约为 10cm。

◆ 参考文献 ◆

[1]　杨中文. 实用塑料测试技术. 北京: 印刷工业出版社, 2011.

[2]　高炜斌, 林春雪. 塑料分析与测试技术. 北京: 化学工业出版社, 2012.

[3]　余忠珍. 塑料性能测试. 北京: 中国轻工业出版社, 2009.

[4]　周维祥. 塑料测试技术. 北京: 化学工业出版社, 1997.

[5]　马玉珍. 塑料性能测试. 北京: 化学工业出版社, 1993.

[6]　维苏珊. 塑料测试技术手册. 北京: 中国石化出版社, 1991.

[7]　GB/T 1033.1—2008 塑料　非泡沫塑料密度的测定　第 1 部分：浸渍法、液体比重瓶法和滴定法.

[8]　GB/T 1034—2008 塑料　吸水性的测定.

[9]　GB/T 17037.4—2003 塑料　热塑性塑料材料注塑试样的制备　第 4 部分：模塑收缩率的测定.

[10]　GB/T 1038—2000 塑料薄膜和薄片气体透过性试验方法　压差法.

[11]　GB/T 1037—1988 塑料薄膜和片材透水蒸气性试验方法　杯式法.

[12]　GB/T 27843—2011 化学品　聚合物低分子量组分含量测定　凝胶渗透色谱法（GPC）.

第3章

力 学 性 能

在塑料的所有性能中，力学性能常常是最基础和最重要的。由于各种塑料材料的分子结构特点不同，决定了它们的力学性能各不相同。例如，聚苯乙烯制品很脆，而聚酰胺制品却很坚韧，不易变形。随着塑料材料应用范围的不断扩大，人们只有掌握了其力学性能的一般规律和特点，才能选择所需要的塑料材料，正确控制加工工艺及加工条件，以获得所需要的力学性能，并合理地使用，同时为生产企业产品质量验收提供可靠的依据。

根据塑料材料变形及破坏所需的时间长短，塑料力学性能测试可分为短期、长期及表面类。短期如拉伸试验、压缩试验、弯曲试验、剪切试验、冲击试验等；长期如蠕变、应力松弛、疲劳等；表面如硬度、磨耗等。

3.1 拉伸性能

塑料的拉伸性能是力学性能中最重要、最基本的性能之一。几乎所有的塑料都要考核拉伸性能的各项指标，这些指标的大小很大程度上决定了该种塑料的使用场合。拉伸性能的好坏，通过拉伸试验来检验。

塑料拉伸性能试验可采用 GB/T 1040.1—2006《塑料拉伸性能的测定　第1部分：总则》、GB/T 1040.2—2006《塑料拉伸性能的测定 第2部分：模塑和挤塑塑料的试验条件》、GB/T 1040.3—2006《塑料拉伸性能的测定　第3部分：薄膜和薄片的试验条件》、GB/T 1040.4—2006《塑料拉伸性能的测定　第4部分：各向同性和正交各向异性纤维增强复合材料的试验条件》、GB/T 1040.5—2008《塑料拉伸性能的测定　第5部分：单向纤维增强复合材料的试验条件》。

3.1.1　测试原理

拉伸试验时沿试样纵向主轴恒速拉伸，直到断裂应力（负荷）或应变（伸长）达到某一预定值，测量在这一过程中试样承受的负荷及其伸长。

3.1.2　试验仪器

3.1.2.1　试验机

拉伸性能大多采用电子拉力试验机，试验机应包括夹具、负荷指示装置、引伸计等基本结构装置。

（1）夹具

用于夹持试样的夹具与试验机相连，使试样的长轴与通过夹具中心线的拉力方向重合，通常通过夹具上的对中销来达到。夹持试样时用力要适度，既不能将试样夹得太紧，引起试样在夹具处过早破坏，也不能夹持得太松，防止夹持试样在夹具上滑动。

（2）负荷指示装置

带有能显示试样所承受的总拉伸负荷的装置。该装置在规定的试验速度下应无惯性滞后，指示负荷的准确度至少为实际值的 1%。

（3）引伸计

应能测量试验过程中任何时刻试样标距的相对变化。最好能自动记录这种变化，精度应为对应值的 1% 或更优。当引伸计连接在试样上时，要小心操作使试样产生的变形和损坏最小。引伸计和试样之间基本无滑动。

3.1.2.2　测量试样宽度和厚度的仪器

对于硬质材料应使用读数精度至少为 0.02mm 的测微计或等效的仪器测量试样的宽度和厚度。

对于软质材料应使用读数精度至少为 0.02mm 的度盘式测微器来测量试样厚度，其压头应带有圆形平面，同时在测量时能施加 (20±3)kPa 的压力。

3.1.2.3　试验速度

试验所用试验机应能达到表 3-1 所规定的试验速度。

表 3-1　推荐的试验速度

试验速度/(mm/min)	允许偏差/%	试验速度/(mm/min)	允许偏差/%
1	±20	50	±10
2	±20	100	±10
5	±20	200	±10
10	±20	500	±10
20	±10		

3.1.3　试样要求

塑料拉伸试验用的试样有四种类型：模塑和挤塑塑料的试样（GB/T 1040.2—2006）、薄膜和薄片的试样（GB/T 1040.3—2006）、各向同性和正交各向异性纤维增强复合材料的试样（GB/T 1040.4—2006）和单向纤维增强复合材料的试样（GB/T 1040.5—2008）。这里仅介绍模塑和挤塑塑料的试样及薄膜和薄片的试样。

3.1.3.1　模塑和挤塑塑料的试样形状和尺寸

模塑和挤塑塑料的试样应为如图 3-1 所示的 1A 型和 1B 型的哑铃形试样，直接模塑的多用途试样选用 1A 型，机加工试样选用 1B 型。1A 型和 1B 型的哑铃形试样的尺寸见表 3-2。如不能使用 1 型标准试样，可使用如图 3-2 所示的 1BA 型、1BB 型和图 3-3 所示 5A 或 5B 型的小试样，1BA 型、1BB 型试样的尺寸见表 3-3，5A 或 5B 型试样的尺寸见表 3-4。

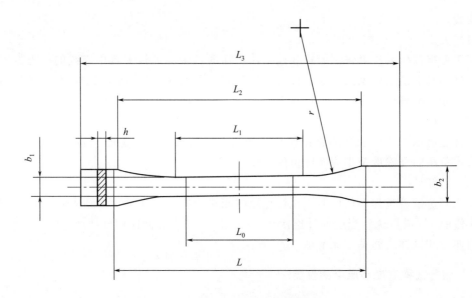

图 3-1　1A 型和 1B 型的哑铃形试样

表 3-2　1A 型和 1B 型的哑铃形试样的尺寸　　　　　　　　　　　　单位：mm

符号	名称	1A 型	1B 型
L	夹具间的初始距离	115 ± 1	$(L_2)_0^{+5}$
L_0	标距	50.0 ± 0.5	
L_1	窄平行部分的长度	80 ± 2	60.0 ± 0.5
L_2	宽平行部分的长度	$104\sim113$	$106\sim120$
L_3	总长度	$\geqslant150$	
b_1	窄平行部分宽度	10.0 ± 0.2	
b_2	端部宽度	20.0 ± 0.2	
r	半径	$20\sim25$	$\geqslant60$
h	厚度	4.0 ± 0.2	

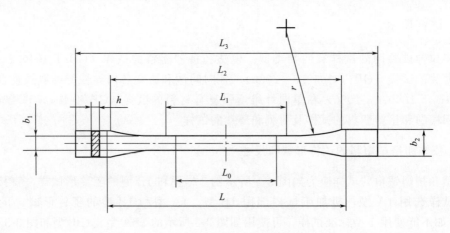

图 3-2　1BA 型和 1BB 型试样

表 3-3 1BA 型和 1BB 型试样的尺寸 单位：mm

符号	名称	1A 型	1B 型
L	夹具间的初始距离	$(L_2)_0^{+2}$	$(L_2)_0^{+1}$
L_0	标距	25 ± 0.5	10 ± 0.2
L_1	窄平行部分的长度	30 ± 0.5	12 ± 0.5
L_2	宽平行部分间的距离	58 ± 2	23 ± 2
L_3	总长度	$\geqslant75$	$\geqslant30$
b_1	窄平行部分宽度	5 ± 0.5	2 ± 0.2
b_2	端部宽度	10 ± 0.5	4 ± 0.2
r	半径	$\geqslant30$	$\geqslant12$
h	厚度	$\geqslant2$	

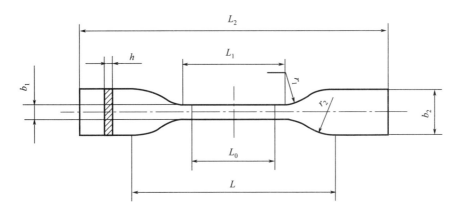

图 3-3 5A 或 5B 型试样

表 3-4 5A 或 5B 型试样的尺寸 单位：mm

符号	名称	1A 型	1B 型
L	夹具间的初始距离	50 ± 2	20 ± 2
L_0	标距	20 ± 0.5	10 ± 0.2
L_1	窄平行部分的长度	25 ± 1	12 ± 0.5
L_2	宽平行部分间的距离	58 ± 2	23 ± 2
b_1	窄平行部分宽度	4 ± 0.1	2 ± 0.1
b_2	端部宽度	12.5 ± 1	6 ± 0.5
r_1	小半径	8 ± 0.5	3 ± 0.1
r_2	大半径	12.5 ± 1	3 ± 0.1
h	厚度	$\geqslant2$	$\geqslant1$

模塑和挤塑塑料的试样可由粒料直接压塑或注塑制备，或由压塑或注塑板材经机加工制备。由制件机加工制备试样时应取平面或曲率最小的区域。对于增强塑料试样不宜使用机加工来减少厚度。表面经过机加工的试样与未经机加工的试样试验结果不能相互比较。

试样所有表面应无可见裂痕、划痕或其他缺陷。如果模塑试样存在毛刺应去掉，注意不要损伤模塑表面。

3.1.3.2 薄膜和薄片的试样形状和尺寸

薄膜和薄片的试样应优先选用宽度为 10～25mm、长度不小于 150mm 的 2 型长条试样，如图 3-4 所示，试样中部应有间隔为 50mm 的两条平行标线。有些薄膜材料断裂时有很高的伸长量，可能超过试验机的行程限度，可以把夹具间的初始距离减少到 50mm。

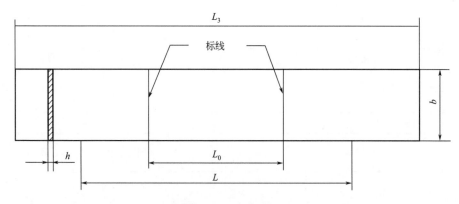

图 3-4　2 型试样

当受试材料规范或常规质量控制试验有规定时，可使用如图 3-5～图 3-7 所示的 5 型、1B 型和 4 型哑铃形试样。

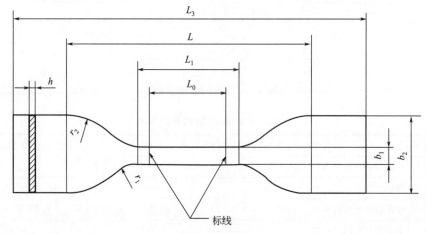

图 3-5　5 型试样

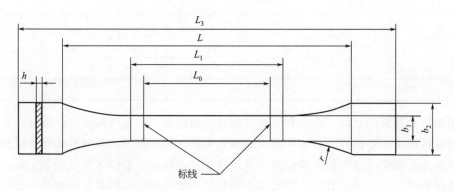

图 3-6　1B 型试样

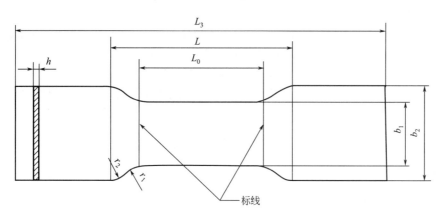

图 3-7　4 型试样

各试样的类型、尺寸（1B 型形状见表 3-2）及适用范围见表 3-5 和表 3-6。

表 3-5　2 型试样的尺寸　　　　　　　　　　　　单位：mm

符号	名称	2 型	符号	名称	2 型
L	夹具间的初始距离	100 ± 5	b	宽度	10 ± 25
L_0	标距长度	50 ± 0.5	h	厚度	$\leqslant1$
L_3	总长度				

表 3-6　薄膜和薄片试样类型、尺寸及适用范围　　　单位：mm

符号	名称	2 型	5 型	1B 型	4 型
L	夹具间的初始距离	100 ± 5	80 ± 5	115 ± 5	98
L_0	标距长度	50 ± 0.5	25 ± 0.25	50 ± 0.5	50 ± 0.5
L_1	窄平行部分的长度	—	33 ± 2	60 ± 0.5	—
L_2	宽平行部分间的距离	—	—	—	—
L_3	总长度	$\geqslant150$	$\geqslant115$	$\geqslant150$	152
b	宽度	10 ± 25			
b_1	窄平行部分宽度	—	6 ± 0.4	10 ± 0.2	25.4 ± 0.1
b_2	端部宽度	—	25 ± 1	20 ± 0.5	38
r	半径	—	—	$\geqslant60$，推荐 60 ± 0.5	—
r_1	小半径	—	14 ± 1	—	22
r_2	大半径	—	25 ± 2	—	25.4
h	厚度	$\leqslant1$	$\leqslant1$	$\leqslant1$	$\leqslant1$
	适用范围	优先选用	断裂应变很高的薄膜和薄片	硬质片材	其他类型的软质热塑性片材

薄膜和薄片试样制备时，可使用冲切方法制备，应保证冲刀锋利，并使用适当的衬垫材料，确保试样边缘光滑无缺口；对于 2 型试样还可使用切割方法（如剃刀刀片、适宜的切纸刀、手术刀或其他切割工具），使宽度合适、边缘平整，两边平行且无可见缺陷。

试验前按每种试样的类型及尺寸须在试样上进行标线。标线要非常轻，不能刻线、冲刻或压印在试样上，以免损坏受试材料，标线应对受试材料无影响，而且所画的相互平行的每条标线要尽量窄。

注意：在试样上标线时，如果使用光学引伸计，特别是对于薄膜和薄片，应在试样上标出规定的标线，标线与试样的中点距离应大致相等，两标线间距离的测量精度应达到1%或更优。

试样应无扭曲，可使用直尺、直角尺、平板比对，保证相邻的平面间互相垂直。表面和边缘应无划痕、空洞、凹陷和毛刺。发现试样有一项或几项不合要求的，要舍弃或机加工到合适的尺寸和形状。

每个受试方向和每项性能（拉伸模量、拉伸强度等）的试样数量不少于5个。

3.1.4 状态调节及试验环境

应按有关材料标准规定对试样进行状态调节，如果没有规定，最好选择 GB/T 2918—1998 中适当的条件进行试样状态调节。应在试样状态调节相同环境下进行试验。如有其他规定的状态，则在其他规定环境下进行试验。

3.1.5 操作要点

① 在每个试样中间平行部分作标线，示明标距。此标线应对测试结果没有影响。

② 每个试样中部距离标距每端 5mm 以内测量宽度和厚度。宽度精确至 0.1mm，厚度精确至 0.2mm。记录每个试样宽度和厚度的最大值和最小值，要确保其值在相应材料标准的允差范围内。测量 3 点，计算每个试样宽度和厚度的算术平均值。

③ 将试样放到夹具中，使试样纵轴与上、下夹具中心线重合，且松紧要适宜。防止试样滑脱或断在夹具内。

④ 根据受试材料和试样类型选择合适的试验速度。模塑和挤塑塑料的试样在测量弹性模量时，1A 型和 1B 型试样的试验速度应为 1mm/min。通常薄膜和薄片的试验速度为：5mm/min、50mm/min、100mm/min、200mm/min、300mm/min 或 500mm/min。对于厚度大于 1mm 的片材，拉伸试验速度应按 GB/T 1040.2—2006 的规定进行。

⑤ 根据材料强度的高低选用不同预应力的试验机，使示值在满应力值的 10%～90% 范围内，示值误差应在 ±1% 之内，并进行定期校准。

⑥ 记录屈服时的负荷，或断裂负荷及标距间伸长。若试样断裂在中间平行部分之外，此试验作废，应另取试样补做。

⑦ 每组试样不少于 5 个。

3.1.6 结果表示

（1）应力计算

根据试样的原始横截面积按公式(3-1)计算相应的应力值：

$$\sigma = \frac{F}{A} = \frac{F}{bh} \tag{3-1}$$

式中，σ 为拉伸应力，MPa；F 为所测得对应负荷，N；A 为试样原始横截面积，mm^2；b 为试样宽度，mm；h 为试样厚度，mm。

（2）应变计算

根据标距由公式(3-2)或公式(3-3)计算相应的应变值：

$$\varepsilon = \frac{\Delta L_0}{L_0} \tag{3-2}$$

$$\varepsilon(\%) = \frac{\Delta L_0}{L_0} \times 100 \tag{3-3}$$

式中，ε 为应变，用比值或百分数表示；L_0 为试样的标距，mm；ΔL_0 为试样标记间长度的增量，mm。

根据夹具间的初始距离由公式(3-4)或公式(3-5)计算拉伸标称应变值：

$$\varepsilon_t = \frac{\Delta L}{L} \tag{3-4}$$

$$\varepsilon_t(\%) = \frac{\Delta L}{L} \times 100 \tag{3-5}$$

式中　ε_t——应变，用比值或百分数表示；

　　　L——试样的标距，mm；

　　　ΔL——试样标记间长度的增量，mm。

（3）模量计算

根据两个规定的应变值按公式(3-6)计算拉伸弹性模量：

$$E_t = \frac{\sigma_2 - \sigma_1}{\varepsilon_2 - \varepsilon_1} \tag{3-6}$$

式中　E_t——拉伸弹性模量，MPa；

　　　σ_1——应变值 $\varepsilon_1 = 0.0005$ 时测量的应力，MPa；

　　　σ_2——应变值 $\varepsilon_2 = 0.0025$ 时测量的应力，MPa。

注：借助计算机，可以用这些监测点间曲线部分的线性回归代替用两个不同的应力/应变点来测量模量 E_t。

（4）泊松比

根据两个相互垂直方向的应变值按公式(3-7)计算泊松比：

$$\mu_n = -\frac{\varepsilon_n}{\varepsilon} \tag{3-7}$$

式中　μ_n——泊松比，以法向 $n = b$（宽度）或 h（厚度）上的无量纲比值表示；

　　　ε——纵向应变；

　　　ε_n——$n = b$（宽度）或 h（厚度）时的法向应变。

（5）计算结果以算术平均值表示，应力和模量保留三位有效数字，应变和泊松比保留两位有效数字。

3.1.7　影响因素

拉伸试验使用标准形状的试样，在规定的标准化状态下测定塑料的拉伸性能。标准化状态包括：试样制备、状态调节、试验环境和试验条件等因素。此外，试验用的试验机的特性、试验人员操作熟练程度等也会对测试结果产生一定影响。

（1）试样尺寸

同一种塑料所取试样的尺寸不同，其拉伸强度会有所不同。试样越厚，其拉伸强度越低。试样越宽，拉伸强度和断裂标称应变越低。因此在试样制备时应保证在标准规定的范围内。对于薄膜等软材料，在进行试验时，裁取试样用的裁刀应锋利，无缺口，保证刀刃锋线均匀、细直、平行，如稍有缺陷应更换裁刀重新裁样。同时，试样应选取无缺陷的制品进行裁取，因为试样受力破坏时，首先是在最危险的缺陷处发生。

（2）拉伸速度

塑料属于黏弹性材料，变形速度改变，塑料的力学行为也会改变。一般情况下，拉伸速度快，拉伸强度增大，断裂标称应变降低。而不同品种的塑料对拉伸速度的敏感程度不同。硬而脆的塑料对拉伸强度比较敏感，一般采用较低的拉伸速度。韧性塑料采用较高的拉伸速度，以缩短试验周期，提高效率。

（3）温度和湿度

塑料的力学松弛过程与温度有很大关系，随着温度的升高，拉伸强度降低，断裂标称应变增大。

试验环境的相对湿度对拉伸试样也有一定的影响。对于吸湿性小的塑料，湿度的影响不大显著。而对吸水性强的材料，如聚酰胺，湿度提高，塑性增加，强度会降低。

因此，试验时应保证试样在均匀而稳定的标准环境下，温度和湿度的上下波动也应在所规定的范围。

3.1.8　塑料制品拉伸性能试验方法

塑料管材拉伸性能试验可采用 GB/T 8804.1—2003《热塑性塑料管材 拉伸性能测定 第1部分：试验方法总则》、GB/T 8804.2—2003《热塑性塑料管材 拉伸性能测定 第2部分：硬聚氯乙烯（PVC-U）、氯化聚氯乙烯（PVC-C）和高抗冲聚氯乙烯（PVC-HI）管材》、GB/T 8804.3—2003《热塑性塑料管材 拉伸性能测定 第3部分：聚烯烃管材》。

泡沫塑料拉伸性能试验可采用 GB/T 9641—1988《硬质泡沫塑料拉伸性能试验方法》、GB/T 6344—2008《软质泡沫聚合材料 拉伸强度和断裂伸长率的测定》。

3.2　冲击性能

冲击性能试验是在冲击负荷作用下测定材料的冲击强度，用来衡量塑料材料在经受高速冲击状态下的韧性或对断裂的抵抗能力。因此，冲击强度也称冲击韧性。塑料此类的冲击强度在工程应用上是一项很重要的性能指标，可以反映不同材料抵抗高速冲击而致破坏的能力。

冲击试验的方法很多，常用的有三种：①摆锤式冲击试验，摆锤式冲击试验是让重锤摆动冲击标准试样，测量摆锤冲断试样所消耗的功，它又分为简支梁式和悬臂梁式两种。②落锤式冲击试验，一般是使球形或镖形重物等从一定高处落下使试样产生裂痕或破坏，从重锤的重量和下落高度计算使试样破坏所需的能量。③拉伸冲击试验，测定试样在较高形变速率下的拉伸冲击强度和永久断裂伸长率。不同材料或不同用途可选择不同的冲击试验方法，并得到不同的冲击试验结果，这些结果并不能进行比较。因此，冲击性能试验得不到表征该材料特征的固定参数。

相应的方法标准有 GB/T 1043.1—2008《塑料 简支梁冲击性能的测定 第1部分：非仪器化冲击试验》、GB/T 1843—2008《塑料 悬臂梁冲击强度的测定》和 GB/T 13525—1992《塑料拉伸冲击性能试验方法》。

3.2.1　简支梁冲击试验

简支梁冲击试验可采用 GB/T 1043.1—2008 标准进行，用于硬质热塑性模塑和挤塑材料、硬质热固性模塑材料，纤维单向或多向增强热固性和热塑性复合材料等塑料材料在规定条件下简支梁冲击强度的测定。同时可以对这些塑料材料进行无缺口、单缺口和双缺口材料冲击强度测试。

3.2.1.1　简支梁冲击测试原理

摆锤升至固定高度，以恒定的速度单次冲击支撑成水平梁的试样，冲击线位于两支座间的中点。缺口试样侧向冲击时，冲击线正对单缺口（见图 3-8）。以冲击前后摆锤的能量差确定试样在破坏时吸收的能量，并用试样的单位横截面积所吸收的冲击能表示冲击强度。

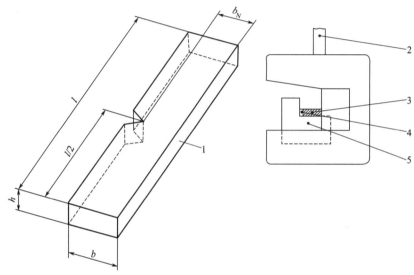

图 3-8　1 型单缺口试样的简支梁侧向冲击

1—冲击方向；2—摆杆；3—试样；4—缺口；5—支座；

l—试样长度；b—试样宽度；h—试样厚度；b_N—缺口底部剩余宽度

3.2.1.2　简支梁冲击试验仪器

（1）试验机

简支梁冲击试验采用简支梁冲击试验机，基本组成部分有摆锤、机架和能量指示装置。根据测试结果显示方式不同，可分为指针式和液晶电子屏数显式。试验机一般配有一套可替换的摆锤，以保证吸收的能量在摆锤容量范围内，要求测试值在摆锤容量 10%～80% 的范围内不得超过允许误差。符合要求的摆锤不止一个时，应使用具有最大能量的摆锤。

（2）测微计和量规

用测微计和量规测量试样尺寸，精确至 0.02mm。测量缺口试样 b_N 时测微计应装有 2～3mm 宽的测量头，其外形应适合缺口的形状。

3.2.1.3　试样要求

制备简支梁冲击试验的试样可直接由材料压塑或注塑成型，也可用压塑或注塑成型的板材经机加工制得。

试样应无扭曲，并具有相互垂直的平行表面。表面和边缘无划痕、麻点、凹痕和飞边。可借助直尺、矩尺和平板目视检查试样，并用千分尺测量是否符合要求。

模塑和挤塑材料应采用 1 型试样，优选 A 型缺口，缺口位于试样的中心。

对于大多数材料的无缺口试样或 A 型单缺口试样，宜采用侧向冲击。如果 A 型缺口试样在试验中不破坏，应采用 C 型缺口试样。研究表面效应可用贯层冲击对无缺口或双缺口试样进行试验。

试样的类型、尺寸和跨距规定见表 3-7，三种缺口类型如图 3-9 所示。

表 3-7 试样的类型、尺寸和跨距

单位：mm

试样类型	长度[①]l	宽度[①]b	厚度[①]h	跨距 L
1	80 ± 2	10.0 ± 0.2	4.0 ± 0.2	$62^{+0.5}_{-0.0}$
2[②]	$25h$	10 或 15[③]	3[④]	$20h$
3[②]	$11h$ 或 $13h$			$6h$ 或 $8h$

① 试样尺寸（厚度 h、宽度 b 和长度 l）应符合 $h \leqslant b < l$ 的规定。

② 2 型和 3 型试样仅用于有层间剪切破坏的材料，如长纤维增强的材料。

③ 精细结构的增强材料用 10mm，粗粒结构或不规整结构的增强材料用 15mm。

④ 优选厚度。试样由片材或板材切出时，h 应等于片材或板材的厚度，最大 10.2mm。

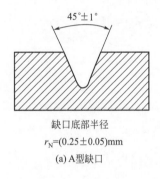
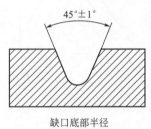

缺口底部半径
$r_N=(0.25\pm0.05)$mm
(a) A型缺口

缺口底部半径
$r_N=(1.00\pm0.05)$mm
(b) B型缺口

缺口底部半径
$r_N=(0.10\pm0.02)$mm
(c) C型缺口

图 3-9 三种缺口类型

每组试验至少测试 10 个试样。如果要在垂直和平行方向试验层压材料，每个方向应测试 10 个试样。

3.2.1.4 状态调节和试验环境

试验前试样应在温度 23℃和相对湿度 50%的条件下调节 16h 以上，或按有关各方协商的条件对试样进行状态调节。缺口试样应在缺口加工后计算调节时间。

3.2.1.5 操作要点

① 测量每个试样中部的厚度 h 和宽度 b，精确至 0.02mm。对于缺口试样，应仔细地测量剩余宽度 b_N，精确至 0.02mm。

② 根据试样破坏时所需的能量选择摆锤，使消耗的能量在摆锤总能量的 10%～80%。如果符合这一能量范围的不止一个摆锤，应选用最大能量的摆锤。

③ 调节能量度盘指针零点，使它在摆锤处于原始位置时与主动针接触。进行空白试验，测定摩擦损失和修正的吸收能量，从而对试验机进行校正。

④ 抬起并锁住摆锤，把试样按规定放置在试验机支座上，使冲刃正对试样的打击中心。小心安放缺口试样，使缺口中央正好位于冲击平面上。

⑤ 平稳释放摆锤，从度盘上读取试样吸收的冲击能量。

⑥ 试样被击断后，观察切断面，因有缺陷而被击穿的试样应作废。每个试样只能做一次冲击，如试样没被冲断，不可取值，应更换试样再用较大能量的摆锤重新进行试验。试样须完全断裂或部分断裂时才可以取值。

对于模塑和挤塑材料，可用下列代号字母命名四种形式的破坏，并在试验报告中标明：试样断裂成两片或多片时，用 C 表示完全破坏；试样未完全断裂成两部分，外部仅靠一薄层以铰链的形式连在一起时，用 H 表示铰链破坏；不符合铰链断裂定义的不完全断裂时，用 P 表示部分破坏；试样未断裂，仅弯曲并穿过支座，可能兼有应力发白时，用 N 表示不破坏。

3.2.1.6　结果表示

（1）无缺口试样

无缺口试样简支梁冲击强度 a_{cU} 按公式（3-8）计算，单位为千焦每平方米（kJ/m^2）：

$$a_{cU} = \frac{E_c}{hb} \times 10^3 \tag{3-8}$$

式中　E_c——已修正的试样破坏时吸收的能量，J；

$\quad\quad h$——试样厚度，mm；

$\quad\quad b$——试样宽度，mm。

（2）缺口试样

缺口试样简支梁冲击强度 a_{cN}，按公式（3-9）计算，缺口为 A、B 或 C 型，单位为千焦每平方米（kJ/m^2）；

$$a_{cN} = \frac{E_c}{hb_N} \times 10^3 \tag{3-9}$$

式中　E_c——已修正的试样破坏时吸收的能量，J；

$\quad\quad h$——试样厚度，mm；

$\quad\quad b_N$——试样剩余宽度，mm。

当一组试样出现不同类型的破坏，应给出相应的试样数量并计算平均值。冲击试验结果以每组 10 个试样的算术平均值表示，并取两位有效数字。

3.2.2　悬臂梁冲击试验

悬臂梁冲击试验采用 GB/T 1843—2008 标准进行。该方法可用于硬质热塑性模塑和挤塑材料、硬质热固性模塑材料、纤维增强热固性和热塑性复合材料等在规定条件下悬臂梁冲击强度的测定。可用来评估试样在试验条件下的脆性和韧性，为企业调整生产工艺条件、制品质量性能指标提供数据依据。

3.2.2.1　悬臂梁冲击测试原理

由已知能量的摆锤一次冲击支撑成垂直悬臂梁的试样，测量试样破坏时所吸收的能量。冲击线到试样夹具为固定距离，对于缺口试样，冲击线到缺口中心线为固定距离，见图 3-10。

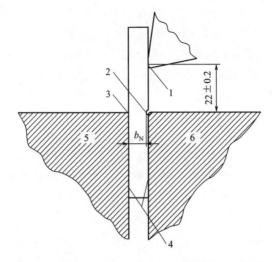

图 3-10　夹具、试样（缺口）和冲击刃冲击示意

1—冲击刃（半径见 GB/T 21189—2007）；2—缺口；3—夹具棱圆角（半径见 GB/T 21189—2007）；

4—与试样接触的夹具面；5—固定夹具；6—活动夹具；b_N—缺口底部剩余宽度（8mm±0.2mm）

3.2.2.2　悬臂梁冲击试验仪器

（1）试验机

悬臂梁冲击试验所用设备与简支梁冲击试验机相似，主要是试样、试样夹有所区别。某些塑料对夹持力很敏感，当试验这类材料时，应以标准化的夹持力方式，并在试验报告中注明夹持力的大小。可采用经校准的转矩扳手或在虎钳夹紧的螺丝上配以启动或液压装置来控制夹持力。

悬臂梁冲击试验机应具有刚性结构，能测量破坏试样所吸收的冲击能量，其值为摆锤初始能量与摆锤在破坏试样之后剩余的能量差。应对该值进行摩擦和风阻损失的校正。

（2）测微计和量规

用精度 0.02mm 的测微计或量规测量试样主要尺寸，测量缺口试样 b_N 时测微计应装有 2～3mm 宽的测量头，其外形应适合缺口的形状。

3.2.2.3　试样要求

试样可直接由材料压塑或注塑成型，也可用压塑或注塑成型的板材经机加工制得。

试样不应翘曲，相对表面应互相平行，相邻表面应相互垂直。所有表面和边缘应无刮痕、麻点、凹陷和飞边。借用直尺、直角尺和平板目测或用测微计测量试样是否符合要求。试样尺寸见表 3-8，缺口类型见图 3-11。

表 3-8　试样尺寸　　　　　　　　　　　　　　　　　　单位：mm

长度 l	宽度 b	厚度 h
80±2	10.0±0.2	4.0±0.2

模塑和挤塑材料优选 A 型缺口，缺口应处于试样的中间。

每组试验至少测试 10 个试样。如果要在垂直和平行方向试验层压材料，每个方向应测试 10 个试样。

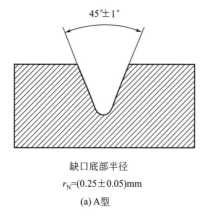

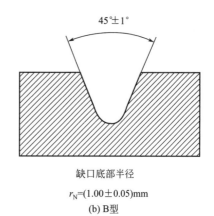

缺口底部半径
$r_N=(0.25\pm0.05)mm$

(a) A型

缺口底部半径
$r_N=(1.00\pm0.05)mm$

(b) B型

图 3-11 缺口类型

3.2.2.4 状态调节和试验环境

试验前试样应在温度 23℃ 和相对湿度 50％ 的条件下调节 16h 以上，或按有关各方协商的条件对试样进行状态调节。缺口试样应在缺口加工后计算调节时间。

3.2.2.5 操作要点

① 测量每个试样中部的厚度 h 和宽度 b 或缺口试样的剩余宽度 b_N，精确至 0.02mm。

② 检查试验机是否有规定的冲击速度和合适的能量范围，冲断试样吸收的能量应在摆锤标称能量的 10％～80％ 范围内。如果符合这一能量范围的不止一个摆锤，应选用能量最大的摆锤。

③ 进行空白试验，测定摩擦损失和修正的吸收能量，从而对试验机进行校正。

④ 抬起并锁住摆锤，把试样放在虎钳中，按图 3-10 的要求夹住试样。测试缺口试样时，缺口应在摆锤冲击刀刃的一侧。

⑤ 释放摆锤，记录试样吸收的冲击能，并对其摩擦损失等进行修正。

⑥ 试样可能会有四种破坏类型，可用下列代号字母命名：试样断开成两段或多段，属于完全破坏，用 C 表示；试样没有完全破坏，以很薄的表皮连在一起的一种不完全破坏，称为铰链破坏，用 H 表示；除铰链破坏外的不完全破坏（部分破坏），用 P 表示；未发生破坏，只是弯曲变形，可能有应力发白的现象产生，用 N 表示。

3.2.2.6 结果表示

（1）无缺口试样

无缺口试样悬臂梁冲击强度 a_{iU} 按公式（3-10）计算，单位为千焦每平方米（kJ/m^2）：

$$a_{iU}=\frac{E_c}{hb}\times10^3 \qquad (3-10)$$

式中 E_c——已修正的试样断裂吸收能量，J；

　　h——试样厚度，mm；

　　b——试样宽度，mm。

（2）缺口试样

缺口试样悬臂梁冲击强度 a_{iN}，按公式（3-11）计算，缺口为 A、B 或 C 型，单位为千焦每平方米（kJ/m²）；

$$a_{iN} = \frac{E_c}{h b_N} \times 10^3 \tag{3-11}$$

式中 E_c——已修正的试样破坏时吸收的能量，J；

  h——试样厚度，mm；

  b_N——试样剩余宽度，mm。

当一组试样出现不同类型的破坏时，应给出相应类型的试样数目及计算各类型的平均值。冲击试验结果以每组 10 个试样的算术平均值表示，取两位有效数字。

3.2.2.7 影响因素

由于简支梁冲击试验与悬臂梁冲击试验均属于摆锤式冲击试验，虽然仪器简单，操作也很方便，但影响试验结果的因素却多而复杂。

（1）冲击过程的能量消耗

冲击过程实际上是一个能量吸收过程，当达到产生裂纹和裂纹扩展所需要的能量时，试样便开始破裂直到完全断裂。在冲击试验过程中有以下几种能量消耗：

① 使试样发生弹性和塑性变形所需的能量；

② 使试样产生裂纹和裂纹扩展所需的能量；

③ 试样断裂后飞出所需的能量；

④ 摆锤和支架轴、摆锤刀口和试样相互摩擦损失的能量；

⑤ 摆锤运动时试验机固有的能量损失，如空气阻尼、机械振动、指针回转的摩擦等。

其中①、②两项是试验中需要测得的；④、⑤两项属于系统误差，只要对试验机进行很好的维护和校正，工程试验中可以忽略；第③项能量反映在刻度盘上，有时占相当大的比例，对同一跨度来说，试样越厚，飞出功越大。因此，常要对这部分能量进行修正。特别是对消耗冲击能量小的脆性材料更需要进行修正。

（2）温度和湿度

塑料材料的冲击性能特别依赖于温度。在低温下，冲击强度急剧降低。在接近玻璃化转变温度时，冲击强度的降低则更明显。相反，在较高的测试温度下，冲击强度有明显的提高。通常，标准试验方法均规定了冲击试验的标准环境温度。

湿度对有些塑料材料的冲击强度也有影响，如聚酰胺塑料在湿度较大时，其冲击强度大大增加，在绝对干燥的状态下冲击强度很低。因此，在试样加工和测试过程中都需要严格控制环境温度。

（3）试样尺寸

使用同一配方和同一成型条件而厚度不同的材料做冲击试验时，所得的冲击强度不同。只有相同厚度的试样并在大致相同的跨度上做冲击试验，所得的结果才能进行比较。

（4）缺口加工方式

采用不同缺口加工方式的试样，缺口对其冲击强度有很大影响，测得的冲击强度数值不可比。使用模塑方法一次性直接成型时，由于材料的收缩率不同，脱模后试样缺口的实际外形尺寸会发生不同程度的改变，特别是缺口底部曲率半径变化较大，难以保证缺口各部分符合标准规定的要求，从而影响其冲击强度值。而使用机械加工方法加工缺口，则可以提高缺口尺寸的精度要求，如果使用经过严格检查的刀具，可以达到标准要求，因此，标准试验方法推荐使用机械加工方式加工试样缺口，以减少对结果的影响。

3.2.3　拉伸冲击试验

塑料拉伸冲击试验按照 GB/T 13525—1992 方法进行。可以测定试样在较高形变速率下拉伸冲击强度和永久断裂伸长率。拉断试样所做的功与受冲击破坏时试样吸收的能量相当。拉伸冲击试验适用于因太软或太薄而不能进行简支梁或悬臂梁冲击试验的塑料材料，也适用于硬质塑料材料。

3.2.3.1　拉伸冲击测试原理

将试样一端固定在摆锤式冲击试验机的夹具上，另一端固定在丁字头上，由摆锤的单程摆动提供能量，冲击丁字头，使试样在较高拉伸形变速率下破坏，丁字头与试样的一部分一起被抛出，测定摆锤消耗的能量及试样破坏前后的标距，经校正、计算得到试样的拉伸冲击强度和永久断裂伸长率。

3.2.3.2　拉伸冲击试验机仪器

① 拉伸冲击试验使用带有拉伸冲击所需装置的摆锤式冲击试验机。

② 试验机的摆锤必须为刚性摆锤，对 2mm 厚的试样，冲击时必须使摆锤的物理碰撞中心与试样厚度中心重合。

③ 试验机的夹具不得使试样被夹破裂和在试验中滑动，夹爪可有锉刀样的齿，齿的尺寸可因试样而异。

④ 丁字头应由轻质和极低弹性的材料制成，在受冲击时不得发生塑性形变。

3.2.3.3　试样要求

① 拉伸冲击试样由注塑或机械加工而成，在制样过程中不得出现试样过热现象，如在机加工中使用冷却剂，应不影响试样性能。

② 薄膜或薄片试样可用冲刀裁取。

③ 试样应表面无损伤，内部无缺陷，厚度均匀。试样的标记应不影响试样性能。硬质材料试样不得扭曲。

④ 如被测材料各方向表现出不同的拉伸冲击性能，应在不同方向上分别取样。

⑤ 试样的形状和尺寸见图 3-12 所示的 A、B、C、D、E 五种类型。

试样厚度优先选用 1mm。由产品裁取的试样，保留原厚度；厚度大于 4mm 的试样应机械加工为 4mm。对于很薄的薄膜，可以使用多层试样，但应重叠良好。

每组试验至少测试 5 个试样，或按产品标准的规定。

3.2.3.4　状态调节及试验环境

按 GB/T 2918—1998 规定的标准环境正常偏差对试样状态调节 8h 以上，并在相同环境下进行试验。

3.2.3.5　操作要点

① 选择合适的摆锤使冲击能量读数在试验机的有效范围内。

② 参照表 3-9，在能夹紧试样的前提下尽量选择质量小的丁字头。

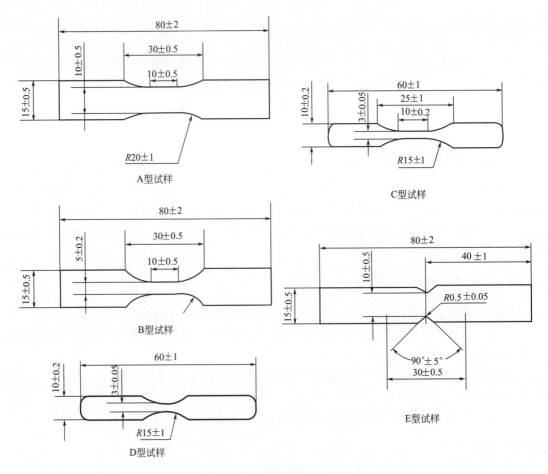

图 3-12　拉伸冲击试样形状和尺寸

表 3-9　摆锤冲击能量和丁字头质量的关系

摆锤冲击能量/J	丁字头质量/g	摆锤冲击能量/J	丁字头质量/g
0.5	15±1	7.5	30±1 或 60±1
1.0	15±1	15.0	30±1 或 60±1
2.0	15±1 或 30±1	25.0	60±1 或 120±1
4.0	15±1 或 30±1	50.0	60±1 或 120±1

③ 将未夹试样的丁字头放在试验时的位置上，释放摆锤，冲击丁字头，记录能量读数。取 5 次读数的平均值作为空打丁字头所消耗的能量 W_q。

④ 测量试样最窄处的宽度，精确到 0.02mm。

⑤ 测量试样厚度，多层试样的厚度应分别测量，以各层厚度之和作为试样厚度。

⑥ 对于要测试永久断裂伸长率的试样，测量试样的标距 L_0，精确到 0.1mm。

⑦ 将试样的一端夹持在试验机夹具上，另一端夹在丁字头上。调节试验机夹具位置，使试样刚好伸直。

⑧ 释放摆锤，使其冲击在夹有试样的丁字头上，记录能量读数 W_s。如要测试永久断裂伸长率，在试样冲断后 1min 时，测量准确拼好断口的试样标距 L，精确到 0.1mm。

3.2.3.6 结果表示

① 校正的试样破坏所消耗的能量 W 按公式(3-12)计算：

$$W = \frac{W' + W''}{2} \tag{3-12}$$

式中 W——校正的试样破坏所消耗的能量，J；

      W'——弹性碰撞时试样破坏所消耗的能量，J；

      W''——非弹性碰撞时试样破坏所消耗的能量，J。

② 弹性碰撞时试样破坏所消耗的能量 W' 按公式(3-13)计算：

$$W' = (W_s - W_q)\frac{W_o}{W_o - W_q} \tag{3-13}$$

式中 W'——弹性碰撞时试样破坏所消耗的能量，J；

      W_o——所用摆锤的冲击能量，J；

      W_s——试验机所显示的冲击能，J；

      W_q——空打丁字头所消耗的能量，J。

③ 非弹性碰撞时试样破坏所消耗的能量 W'' 按公式(3-14)计算：

$$W'' = W_s - \frac{(W_o - W_s)m_q}{m_p} \tag{3-14}$$

式中 W''——非弹性碰撞时试样破坏所消耗的能量，J；

      W_o——所用摆锤的冲击能量，J；

      W_s——试验机所显示的冲击能，J；

      m_q——丁字头质量，g；

      m_p——摆锤折合质量，g。

④ 拉伸冲击强度 E 按公式(3-15)计算：

$$E = \frac{W}{dh} \times 1000 \tag{3-15}$$

式中 E——拉伸冲击强度，kJ/m^2；

      W——校正的试样破坏所消耗的能量，J；

      d——试样厚度，mm；

      h——试样宽度，mm。

试验结果以每组试样拉伸冲击强度的算术平均值表示，取三位有效数字。

⑤ 必要时，按公式(3-16)计算拉伸冲击强度的标准偏差 S_E：

$$S_E = \sqrt{\frac{\sum(E_i - \overline{E})^2}{n - 1}} \tag{3-16}$$

式中 S_E——拉伸冲击强度的标准偏差，kJ/m^2；

      E_i——第 i 个试样的拉伸冲击强度，kJ/m^2；

      $\overline{E}$——拉伸冲击强度的算术平均值，kJ/m^2；

      n——试样个数。

⑥ 永久断裂伸长率按公式(3-17)计算：

$$\varepsilon = \frac{L - L_o}{L_o} \times 100 \tag{3-17}$$

式中 ε——永久断裂伸长率，%；

L_0——试验前试样标距，mm；

L——试验后1min时拼好断口的试样标距，mm。

试验结果以每组试样永久断裂伸长率的算术平均值表示，取2位有效数字。

⑦ 必要时，按公式(3-18)计算永久断裂伸长率的标准偏差 S_t：

$$S_t = \sqrt{\frac{\sum(\varepsilon_i - \overline{\varepsilon})^2}{n-1}} \qquad (3-18)$$

式中 S_t——永久断裂伸长率的标准偏差，%；

ε_i——第 i 个试样的永久断裂伸长率，%；

$\overline{\varepsilon}$——永久断裂伸长率的算术平均值，%；

n——试样个数。

3.2.4 塑料制品冲击性能试验方法

对于一些塑料制品，如薄膜、片材和管材等，可以按照以下方法进行试验，考核制品本身的抗冲击性能。如 GB/T 8809—2015《塑料薄膜抗摆锤冲击试验方法》、GB/T 9639.1—2008《塑料薄膜和薄片 抗冲击性能试验方法 自由落镖法 第1部分：梯级法》、GB/T 11548—1989《硬质塑料板材耐冲击性能试验方法（落锤法）》、GB/T 14153—1993《硬质塑料落锤冲击试验方法 通则》、GB/T 14152—2001《热塑性塑料管材耐外冲击性能 试验方法 时针旋转法》、GB/T 18743—2002《流体输送用热塑性塑料管材 简支梁冲击试验方法》。

3.3 压缩性能

与拉伸、冲击性能一样，塑料材料的压缩性能也是基本的力学性能，广泛应用于生产过程的质量控制和作为工程设计的依据。

压缩试验是描述材料在压缩载荷和均匀加载速率下行为的试验方法。通过压缩试验，可得到一系列有关压缩性能的数据，如弹性模量、屈服应力、压缩强度、压缩应变等。

塑料的压缩性能试验按 GB/T 1041—2008 标准方法进行。

3.3.1 测试原理

压缩试验时沿着试样主轴方向，以恒定的速度压缩试样，直至试样发生破坏或达到某一负荷或试样长度的减少值达到预定值，测定试样在此过程的负荷。

3.3.2 试验仪器

3.3.2.1 试验机

压缩试验机主要由压缩器具、负荷指示器和应变仪等组成。

① 压缩器具。对试样施加变形负荷的两块硬化钢制压缩板应能对试样轴向加荷，与轴向偏差在 1∶1000 之内，同时通过抛光的压板表面传递负荷，这些板面的平整度在

0.025mm 以内，两板彼此平行且垂直于加荷轴。

②　负荷指示器。能指示试样承受的压缩负荷，在规定的试验速度内没有惯性滞后，所指示的总值精确度应为指示值的至少±1%。

③　应变仪。用于测定试样相应部分长度的变化。应变仪在规定的试样速度下不应有滞后，其精确度为指示值的至少±1%。

3.3.2.2　测量试样尺寸的仪器

对于硬质材料，应使用测微计或等效的仪器测量试样厚度、宽度和长度，精确到 0.01mm。

对于半硬质材料，应使用带有能对试样施加（20±3）kPa 压力的平面圆形压脚测微计或等效的仪器测量试样厚度，精确至 0.01mm。

3.3.2.3　试验速度

试验所用试验机应能达到表 3-10 所规定的试验速度。

表 3-10　推荐的试验速度

试验速度 v/(mm/min)	公差/%	试验速度 v/(mm/min)	公差/%
1	±20	10	±20
2	±20	20	±10
5	±20		

若采用其他速度，在速度低于 20mm/min 时，试验机的速度公差应在±20% 之内；而速度大于 20mm/min 时，试验机的速度公差应在±10% 之内。

3.3.3　试样要求

塑料压缩试验所用试样应为棱柱、圆柱或管状。试样的尺寸应满足公式（3-19）的不等式：

$$\varepsilon_c^* \leqslant 0.4 \frac{x^2}{l^2} \tag{3-19}$$

式中　ε_c^*——试验时发生的最大压缩标称应变，以比值表示；

　　　x——取决于试样的形状，圆柱的直径、管的外径或棱柱的厚度（横截面积的最小侧）；

　　　l——平行于压缩力轴测量的试样厚度。

公式（3-19）是基于被测材料的应力-应变行为是线性而得出的。随着材料韧性和压缩应变的增加，应选择 ε_c^* 值高于最大应变的 2～3 倍。

优选试样可由多用途试样进行切取（参见 GB/T 11997—2008），试样尺寸如表 3-11 所示。

表 3-11　优选类型和试样尺寸　　　　　　　　单位：mm

类型	测量	长度 l	宽度 b	厚度 h
A	模量	50±2	10±0.2	4±0.2
B	强度	10±0.2		

当缺乏材料或因受试产品特殊几何形状的限制不能使用优选试样时，在这种情况下允许使用小试样进行试验，小试样的标称尺寸如表 3-12 所示。

表 3-12　小试样的标称尺寸 单位：mm

尺寸	1 型	2 型
厚度	3	3
宽度	5	5
长度	6	35

注：2 型试样仅用于作压缩模量的测定，在这种情况下，推荐使用 15mm 的标距以便测量。

需要注意的是，用小试样所得结果与用标准尺寸试样所得结果不同。使用小试样需经有关各方商定，并在试验报告中注明。

压缩试验的试样可用模塑、注塑成型制作或机械加工制备。采用机械加工制备时，特别要注意机械加工应保证试样的端面平整光滑、边缘锐利清晰，端面垂直于试样的纵轴，其垂直度在 0.025mm 以内。试样的最终表面推荐使用车床或铣床加工。

试样应无翘曲，所有表面和边缘应无划伤、麻点、缩痕、飞边或其他可能产生影响的可见缺陷。朝向压板的两个表面应平行并与纵轴成直角。

对于各向同性的材料，每组至少取 5 个试样；对于各向异性的材料，每组至少取 10 个试样，垂直和平行于各向异性的主轴方向各取 5 个试样。

3.3.4　状态调节及试验环境

试样应按有关材料的标准规定进行状态调节，如果没有规定，应按 GB/T 2918—1998 规定的条件进行，优选温度为 23℃，相对湿度 50%，并在相同环境下进行试验。如果已知材料的压缩性能对湿度不敏感，可不控制湿度。

3.3.5　操作要点

① 沿着试样的长度测量其宽度、厚度和直径三点，并计算横截面积的平均值。测量每个试样的长度应准确至 1%。

② 把试样放在试验机两压板之间，使试样中心线与两压板中心连线一致，应确保试样端面与压板表面相平行。调整试验机使压板表面刚好与试样端面接触，并把此时定为测定变形的零点。

为得到更精准的试验结果，可以在试样各端面用适当的润滑剂以促进滑动；或者在试样和压板之间垫上细砂纸，防止滑动。无论采用何种方法，都应在试验报告中注明。

③ 根据材料的标准规定调整试验速度。若没有规定，则调整速度为 1mm/min。对于优选试样，试验速度为：

1mm/min（$l=50$mm），用于模量的测量；

1mm/min（$l=10$mm），用于屈服前就破坏的材料强度的测量；

5mm/min（$l=10$mm），用于具有屈服的材料的强度测量。

④ 开动试验机并记录下列各项：

a. 记录适当应变间隔时的负荷及相应的压缩应变。

b. 试样破裂瞬间所承受的负荷，单位为 N。

c. 如试样不破裂，记录在屈服或偏置屈服点及规定应变值为 25％时的压缩负荷，单位为 N。

d. 在测定压缩模量时，应在试验过程中以适当间隔读取施加的负荷值和对应的变形值，并以负荷为纵坐标、形变为横坐标绘出负荷-形变曲线。

e. 在试验过程中，测定试样的力（应力）和相应的压缩量（应变），最好使用自动记录系统获得一条完整的应力-应变曲线系统，然后由初始直线部分的斜率求得压缩模量。

3.3.6　结果表示

① 压缩应力按公式(3-20)计算：

$$\sigma = \frac{F}{A} \tag{3-20}$$

式中　σ——压缩应力，MPa；

F——测出的力，N；

A——试样的原始面积，mm^2。

② 压缩应变按公式(3-21)或公式(3-22)计算：

$$\varepsilon = \frac{\Delta L_0}{L_0} \tag{3-21}$$

$$\varepsilon = 100\% \times \frac{\Delta L_0}{L_0} \tag{3-22}$$

式中　ε——压缩应变，为比值或百分数（％）；

ΔL_0——试样标距间长度的减量，mm；

L_0——试样的标距，mm。

③ 压缩模量按公式(3-23)计算；

$$E_c = \frac{\sigma_2 - \sigma_1}{\varepsilon_2 - \varepsilon_1} \tag{3-23}$$

式中　E_c——压缩模量，MPa；

σ_1——应变值 $\varepsilon_1 = 0.0005$ 时测量的应力值，MPa；

σ_2——应变值 $\varepsilon_2 = 0.0025$ 时测量的应力值，MPa。

以上结果均以每组 5 个试样的算术平均值表示，压缩应力和压缩模量精确到三位有效数字，压缩应变精确到两位有效数字。

3.3.7　影响因素

影响压缩试验结果的因素很多，有来自试样自身的因素，也有试验条件对结果的影响。

（1）试样尺寸

无论是热塑性塑料还是热固性塑料，随试样高度的增加，其总形变值增加，而压缩强度和相对应变值减小。这是由于试样受压缩时，其上下端面与压机压板之间产生较大的摩擦力，从而阻碍试样上下两端面的横向变形，试样高度越小，其影响就越明显。

（2）摩擦力

为了验证试样的端面与试验机上下压板之间的摩擦力对压缩强度的影响，可在试样的端面上涂以润滑剂，并与未涂润滑剂的试样作比较。可以看出，涂润滑剂的试样由于减少了试样端面与压机压板间的摩擦力，压缩强度有所下降；涂润滑剂的试样在接近破坏负荷时才出现裂纹，而未涂润滑剂的试样在距破坏负荷较远时就已经出现裂纹。

（3）试验速度

随着试验速度的增加，压缩强度与压缩应变值均有所增加。其中试验速度在 $1\sim5$mm/min 之间时变化较小；速度大于 10mm/min 时变化较大。因此同一试验试样必须在同一试验速度下进行，否则会得到不同的结果。

（4）试样平行度

当试样两端面不平行时，试验过程中将不能使试样沿轴线均匀受压，形成局部应力过大而过早产生裂纹和破坏，压缩强度必将降低。因此规定，试样端面个点的高度差应不大于0.1mm，否则将影响试验结果。

3.3.8 塑料制品压缩性能试验方法

泡沫塑料的压缩性能可以按照以下方法标准进行，GB/T 6669—2008《软质泡沫聚合材料 压缩永久变形的测定》、GB/T 8813—2008《硬质泡沫塑料压缩性能的测定》、GB/T 10653—2001《高聚物多孔弹性材料 压缩永久变形的测定》。

3.4 弯曲性能

弯曲试验主要用来检验材料在经受弯曲负荷作用时的性能。生产中常用弯曲试验来评定材料的弯曲强度和塑性变形的大小，是产品质量控制和制品使用性能的重要指标。

塑料弯曲性能试验采用 GB/T 9341—2008《塑料 弯曲性能的测定》，可在规定条件下研究硬质和半硬质塑料材料的弯曲特性，测定弯曲强度、弯曲模量和弯曲应力-应变的关系，通常使用的是两端自由支撑、中央加荷的三点式弯曲试验方法。

3.4.1 测试原理

把试样支撑成横梁，使其在跨度中心以恒定速度弯曲，直到试样断裂或变形达到预定值，测量该过程中对试样施加的压力。

3.4.2 试验仪器

任何一种可做弯曲试验的设备都可用来进行测试，多数采用电子万能材料试验机，配上支座和压头。两个支座和中心压头的位置情况如图 3-13 所示，在试样宽度方向上，支座和压头之间的平行度应在 ±0.2mm 以内。力值和挠度的示值误差不应超过实际值的 1%。

压头半径 R_1 和支座半径 R_2 尺寸如下：

$R_1=(5.0\pm0.1)$mm；

$R_2=(2.0\pm0.2)$mm，试样厚度$\leqslant$3mm；

$R_2=(5.0\pm0.2)$mm，试样厚度$>$3mm；

跨度 L 应可调节。

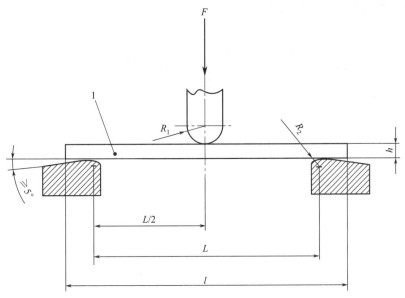

图 3-13　试验开始时的试样位置

1—试样；h—试样厚度；F—施加力；l—试样长度；

R_1—压头半径；R_2—支座半径；L—支座间跨距的长度

试验机应具有表 3-13 所规定的试验速度，厚度在 $1\sim3.5\text{mm}$ 之间的试样，用最低速度 1mm/min。

表 3-13　试验速度的推荐值

速度 $v/(\text{mm/min})$	允差/%	速度 $v/(\text{mm/min})$	允差/%
1	±20	50	±10
2	±20	100	±10
5	±20	200	±10
10	±20	500	±10
20	±10		

3.4.3　试样要求

弯曲试验试样可采用注塑、模塑或由板材经机械加工制得。

试样截面应是矩形且无倒角。试样不可扭曲，相对的表面应互相平行，相邻的表面应互相垂直。所有的表面和边缘应无刮痕、麻点、凹陷和飞边。可借助直尺、规尺和平板，目视检查试样是否符合要求，并用游标卡尺测量。

在每一试验方向上至少应测试五个试样，试样在跨度中部 1/3 外断裂的试验结果应作废，重新取样进行试验。

标准推荐试样尺寸如下：长度 l（80±2）mm；宽度 b（10.0±0.2）mm；厚度 h（4.0±0.2）mm。

注意：对于任一试样，其中部 1/3 的长度内各处厚度与厚度平均值的偏差不应大于 2%，宽度与平均值的偏差应不大于 3%。

对于其他尺寸试样，应符合以下要求：

① 试样长度和厚度之比应为 $l/h = 20 \pm 1$；

② 试样宽度应采用表 3-14 给出的规定值。

表 3-14　与试样厚度 h 相关的宽度值 b　　　　　单位：mm

公称厚度 h	宽度 b	公称厚度 h	宽度 b
$1 < h \leqslant 3$	25.0 ± 0.5	$10 < h \leqslant 20$	20.0 ± 0.5
$3 < h \leqslant 5$	10.0 ± 0.5	$20 < h \leqslant 35$	35.0 ± 0.5
$5 < h \leqslant 10$	15.0 ± 0.5	$35 < h \leqslant 50$	50.0 ± 0.5

3.4.4　状态调节及试验环境

除高温或低温试验外，试样应按相关材料标准的规定进行状态调节，如果没有相关标准，应在 GB/T 2918—1998 推荐的温度 23℃、相对湿度 50％ 的环境下进行状态调节，并在该环境中进行试验。只有知道材料的弯曲性能不受湿度影响时，才不需要控制湿度。

3.4.5　操作要点

① 测量试样中部的宽度 b，精确到 0.1mm，厚度 h，精确到 0.01mm，计算一组试样厚度的平均值 $\bar{h}$。剔除厚度超过平均厚度允差 $\pm 2\%$ 的试样，并用随机选取的试样来代替。

② 调节跨度 L 使其符合 $L = (16 \pm 1)\bar{h}$，并测量调节好的跨度，精确到 0.5％。

③ 设置好合适的试验速度，使弯曲应变速度尽可能接近 1％/min。对于推荐试样，试验速度为 2mm/min。

④ 把试样对称地放在两个支座上，并于跨度中心施加力。

⑤ 在压头与试样接触的瞬间，开始计时。

⑥ 记录试验过程中施加的力和相应的挠度，并绘制出应力-应变曲线图。

⑦ 根据力-挠度或应力-挠度曲线来确定相关的应力、挠度和应变值。

⑧ 观察试样断面，确定试样内部是否有气孔、杂质等内部缺陷，如有缺陷，试样作废，重新补做。试样在跨度中部 1/3 以外断裂时，试验结果作废，并重新取样进行试验。

⑨ 试样结果以每组 5 个试样的算术平均值表示。

3.4.6　结果表示

① 弯曲应力按公式(3-24)计算：

$$\sigma_{\mathrm{f}} = \frac{3FL}{2bh^2} \tag{3-24}$$

式中　σ_{f}——弯曲应力，MPa；

　　　F——施加的力，N；

　　　L——跨度，mm；

　　　b——试样宽度，mm；

　　　h——试样厚度，mm。

② 弯曲应变按公式(3-25)或公式(3-26)计算：

$$\varepsilon_f = \frac{6sh}{L^2} \tag{3-25}$$

$$\varepsilon_f = \frac{600sh}{L^2}\% \tag{3-26}$$

式中　ε_f——弯曲应变，用无量纲的比或百分数表示；

　　　s——挠度，mm；

　　　h——试样厚度，mm；

　　　L——跨度，mm。

　　③ 挠度按公式(3-27) 计算：

$$s_i = \frac{\varepsilon_{f_i} L^2}{6h} \quad (i=1,2) \tag{3-27}$$

式中　s_i——单个挠度，mm；

　　　ε_{f_i}——相应的弯曲应变，$\varepsilon_{f_1}=0.0005$，$\varepsilon_{f_2}=0.0025$；

　　　L——跨度，mm；

　　　h——试样厚度，mm。

　　④ 弯曲模量按公式(3-28) 计算：

$$E_f = \frac{(\sigma_{f_2} - \sigma_{f_1})}{(\varepsilon_{f_2} - \varepsilon_{f_1})} \tag{3-28}$$

$$\varepsilon_{f_1} = 0.0005, \varepsilon_{f_2} = 0.0025$$

式中　E_f——弯曲模量，MPa；

　　　σ_{f_1}——挠度为 s_1 时的弯曲应力，MPa；

　　　σ_{f_2}——挠度为 s_2 时的弯曲应力，MPa。

弯曲应力和弯曲模量精确到三位有效数字，挠度精确到两位有效数字。

3.4.7　影响因素

（1）试样尺寸

横梁抵抗弯曲形变的能力与跨度和横截面积有很大关系，尤其是厚度对挠度的影响更大。同样，弯曲试验如果跨度相同但试样的横截面积不同，则结果是有差别的。所以标准方法中特别强调（规定）了试样跨度比、厚度和试验速度等几方面的关系，目的是使不同厚度的试样外部形变速率相同或相近，从而使各种厚度之间的结果有一定的可比性。

（2）试样的机加工

有必要时尽量采用单面加工的方法来制作。试验时加工面对着加载压头，使未加工面受拉伸，加工面受压缩。

（3）加载压头圆弧半径和制作圆弧半径

加载压头圆弧半径是为了防止剪切力和对试样产生明显压痕而设定的。一般只要不是过大或过小，对结果的影响较小。但支座圆弧半径的大小，要保证支座与试样接触为一条线（较窄的面）。如果表面接触过宽，则不能保证试样跨度的准确。

（4）应变速率

试样受力弯曲变形时，横截面上部边缘处有最大的压缩变形，下部边缘处有最大的拉伸变形。所谓应变速率是指在单位时间内，外层相对形变的改变量，以每分钟形变百分数表示，试验中可控制加载速度来控制应变速率。随着应变速率和加载速度的增加，弯曲强度也增加，为了消除其影响，在试验方法中对试验速度作出了统一的规定。符合推荐试样的试验速度为 2mm/min。一般说来，应变速率较低时，其弯曲强度偏低。

试验速度一般都比较低，因为塑料在常温下均属黏弹性材料，只有在较慢的试验速度下，才能使试样在外力作用下近似地反映其松弛性能和试样材料自身存在不均匀或其他缺陷的客观真实性。

（5）试验跨度

现行弯曲试验大多采用"三点式"方式进行。这种方式在受力过程中，除受弯矩作用外，还受剪力的作用。剪力效应对试样弯曲强度的影响随着试样所采用跨度与试样厚度比值的增大而减小。但是，跨度太大则挠度也增大，且试样两个支撑点的滑移也影响试验结果。因此选择跨度比时必须综合考虑剪力、支座水平推力以及压头压痕等综合影响因素。

（6）环境温度

和其他力学性能一样，弯曲强度也与温度有关。试验温度对塑料的抗弯曲性能有很大影响，特别是对耐热性较差的热塑性塑料。一般地，各种材料的弯曲强度都是随着温度的升高而下降，但下降的程度各有不同。

（7）试样表面

试样不可扭曲，表面应相互垂直或平行，表面和棱角上应无刮痕、麻点。

从弯曲试验过程来看，影响其结果的因素是多方面的，应严格把握好试验的每个步骤。

3.5　硬度测试

塑料材料抵抗其他硬物体压入的能力称为塑料硬度。通过对塑料硬度测量可间接了解塑料材料的其他力学性能，如磨耗性能、拉伸强度等。对于纤维增强塑料，可用硬度估计热固性树脂基体的固化程度。硬度试验简单、迅速，不损坏试样，有的可在施工现场进行，所以硬度作为质量检验和工艺指标而获得广泛应用。

塑料硬度测试的仪器和方法很多，硬度的数据与硬度计类型、试样的形状以及测试条件有关，为了得到可以比较的硬度值，必须使用同一类型的硬度计和相同条件下的试验方法，否则就无比较意义。

常用的塑料硬度测试方法有 GB/T 2411—2008《塑料和硬橡胶　使用硬度计测定压痕硬度（邵氏硬度）》、GB/T 3398.1—2008《塑料　硬度测定　第 1 部分：球压痕法》、GB/T 3398.2—2008《塑料　硬度测定　第 2 部分：洛氏硬度》。

3.5.1　邵氏硬度试验方法

GB/T 2411—2008 规定了两种型号的硬度计测定塑料和硬橡胶压痕硬度的方法，其中A 型用于软材料，D 型用于硬材料。该法不适用于测定泡沫塑料的硬度。

3.5.1.1　测试原理

在规定的测试条件下，将规定形状的压针压入试验材料，测量垂直压入的深度。

在邵氏硬度计上，标准的弹簧压力下，在严格的规定时间内，将规定形状的压针压入试样的深度转换为硬度值，表示该试样材料的硬度等级，直接从硬度计的指示表上读取。指示表为 100 个分度,每一个分度即为一个邵氏硬度值。

3.5.1.2 试验仪器

邵氏硬度计分为 A 型或 D 型,主要由读数装置、压针、压座及对压针施加压力的弹簧组成,A 型硬度计压针见图 3-14,B 型硬度计压针见图 3-15。

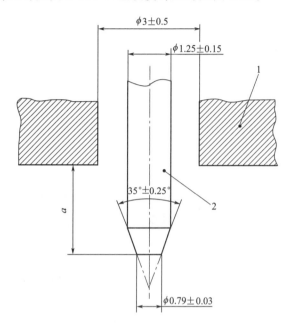

图 3-14 A 型硬度计压针

1—压座;2—压针

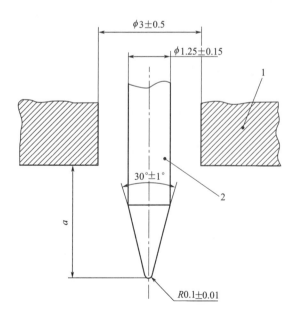

图 3-15 D 型硬度计压针

1—压座;2—压针

硬度计在使用过程中压针的形状、尺寸以及弹簧的性能都会发生变化，应定期校准。推荐使用邵氏硬度计检定仪校准弹簧力，A 型硬度计在 3.9mN 以内，D 型硬度计在 19.6mN 以内。没有检定仪也可用天平校准，测得的力值与公式(3-29) 计算的力值之差应在 ±75mN 以内，或与公式(3-30) 计算的力值之差在 ±445mN 以内。

$$F = 550 + 75 H_A \qquad (3\text{-}29)$$

式中　F——施加的力，mN；

　　　H_A——A 型硬度计硬度读数。

$$F = 550 + 75 H_D \qquad (3\text{-}30)$$

式中　F——施加的力，mN；

　　　H_D——D 型硬度计硬度读数。

3.5.1.3　试样要求

试样的厚度至少为 4mm，可以用较薄的基层叠合成所需的厚度。试样应有足够大的尺寸，以保证压尖顶端离任一边缘至少 9mm，除非已知离边缘较小的距离进行测量所得结果相同。试样表面应光滑、平整，压座与试样接触时覆盖的区域至少离压针顶端有 6mm 的半径。应避免在弯曲、不平或粗糙的表面上测量硬度。

3.5.1.4　状态调节及试验环境

对于硬度与相对湿度有关的材料，试样应按 GB/T 2918—1998 或按相应的材料标准进行状态调节。当材料的硬度与相对湿度无关时，硬度计和试样应在试验温度下状态调节 1h 以上。

除非相关材料标准中另有规定，否则试验应在 GB/T 2918—1998 规定的一种标准环境下进行。

3.5.1.5　操作要点

① 试验时应先校正零点，硬度计校正后，可进行试验。

② 将试样放在一个硬的、坚固稳定的水平平面上，握住硬度计，使其处于垂直位置，同时使压针顶端离试样任一边缘至少 9mm。然后沿压针垂直方向上加上规定的负荷（A 型加 1kg 砝码，D 型加 5kg 砝码），压下时读数盘上的指针应指在"100"处，卸荷时指针应指在"0"处。

③ 缓慢均匀地在规定重量的重锤作用下，使压针压在试样上，下压板与试样完全接触 (15±1)s 后立即读数。如果要求瞬间读数，也可以在下压板与试样完全接触后于 1s 内读取硬度计的最大值。该读数即为该测点的硬度值。

在同一试样上至少相隔 6mm 测量五个点的硬度值，并计算其平均值。

注意：邵氏硬度计的测定范围为 20～90。当用 A 型硬度计测量试样硬度值大于 90 时，改用邵氏 D 型硬度计测量。用 D 型硬度计测量试样硬度值低于 20 时，改用 A 型硬度计测量，以避免上下端值可能带来的误差。

3.5.1.6　结果表示

每一试样应按规定间距测量 5 个点，然后取其算术平均值。如果使用 A 型硬度计并在压针与试样接触 15s 后读数值为 45，则该点的邵氏硬度用 $H_A/15$：45 表示；同样，使用 D

型硬度计并在压针与试样接触 1s 内瞬间读数为 60，则该点的邵氏硬度用 $H_D/1:60$ 表示。

3.5.1.7　影响因素

（1）试样厚度

邵氏硬度值是由压针压入试样的深度来测定的，因此试样厚度会直接影响试验结果。试样受到压力后产生变形，受到压力的部分变薄，压针就受到承托试样的玻璃板的影响，使硬度值增大。如果试样厚度增加，这种影响会相应减小。因此，试样厚度小硬度值大，试样厚度大硬度值小。

（2）压针端部形状

邵氏硬度计的压针端部在长期作用下会造成磨损，使其几何尺寸改变，影响试验结果。磨损后的端部直径变大，其单位面积的压强变小，所测硬度值偏大，反之偏小。

（3）温度

塑料的硬度随着温度的升高而降低。热塑性塑料比热固性塑料更明显。

（4）读数时间

在邵氏硬度测量时，读数时间对试验结果影响很大。压针与试样受压后立即读数，硬度值偏高，而试样受压指针稳定后再读数，硬度值偏低。这是由于塑料受压后产生蠕变，随着时间延长，形变继续发展。因此试验时选择不同时间读数，所得结果有一定的差别。

3.5.2　球压痕硬度试验方法

GB/T 3398.1—2008 中规定的球压痕硬度是指以规定直径的钢球，在试验负荷作用下，垂直压入试样表面，保持一定时间后单位压痕面积上所承受的压力，单位为 N/mm^2。

3.5.2.1　测试原理

将钢球以规定的负荷压入试样表面，在加荷下测量压入深度，由其深度计算压入的表面积，由以下关系式计算球压痕硬度：

$$球压痕硬度 = 施加的负荷/压入的表面积$$

3.5.2.2　试验仪器

球压痕硬度试验机主要由机架、压头、加荷装置、压痕深度、指示仪表和计时装置等构成。

机架上带有可升降的工作台。压头为淬火抛光的钢球，直径为 $(5.0\pm0.05)mm$，加载装置包括加荷杠杆、砝码和缓冲器，通过调整砝码可对压头施加负荷。缓冲器应使压头对试样能平稳而无冲击地加荷，并控制加荷时间在 2～3s 以内。压痕深度指示仪表为测量压头压入深度的装置，在 0～0.5mm 测量段内，精度为 0.005mm。计时装置指示试验负荷全部加入后读取压痕深度的时间，计时量程不小于 60s。计时器准确至 ±0.1s。

3.5.2.3　试样要求

试样厚度应均匀，表面光滑、平整、无气泡、无机械损伤及杂质等，试样大小应保证每个测量点中心与试样边缘距离不小于 10mm，各测量点中心之间的距离不小于 10mm，试样的两表面应平行，推荐试样厚度为 4mm。如果试样厚度小于 4mm，可以叠放几个试样。但要注意叠加的试样上得到的硬度值和同样厚度单片试样所得到的值会有差异。

3.5.2.4 状态调节及试验环境

试样应按 GB/T 2918—1998 或按相应的材料标准进行状态调节并进行试验。

3.5.2.5 操作要点

① 定期测定各级负荷下的机架变形量 h_2，测定时卸下压头，升起工作台使其与主轴接触，把一块至少 6mm 的软铜板放在支撑板上，同时施加初负荷 F_0，值为（9.8±0.1）N，调节深度指示仪表为零，再加上试验负荷 F_m，保持试验负荷直到深度指示器稳定，直接由压痕深度指示仪表中读取相应负荷下的机架变形量 h_2，用 $h=h_1-h_2$ 修正压入深度 h。

② 有四个试验负荷值 F_m：49N、132N、358N、961N，误差±1%。根据材料硬度选择适宜的试验负荷值 F_m。使上述修正框架变形后的压入深度在 0.15～0.35mm 的范围内。

③ 装上压头，并把试样放在工作台上，使测试表面与加荷方向垂直接触，在离试样边缘不小于 10mm 处的某一点上加上初负荷 F_0，值为（9.8±0.1）N，调整深度指示装置至零点，然后在 2～3s 的时间内平稳地施加试验负荷 F_m，保持负荷 30s（或按产品标准规定），立即读取压痕深度 h_1。

④ 保证压痕深度在 0.15～0.35mm 的范围内。若压痕深度不在规定的范围内，则应改变试验负荷，使达到规定的深度范围。

⑤ 每组试样不少于 2 块，压痕深度的测量点数不少于 10 个。

3.5.2.6 结果表示

① 按公式(3-31)计算折合试验负荷 F_r：

$$F_r = F_m \times \frac{a}{h-h_r+a} = F_m \times \frac{0.21}{h-0.25+0.21} \tag{3-31}$$

式中　F_r——折合试验负荷，N；

　　　F_m——压痕器上的负荷，N；

　　　h_r——压入的折合深度（$h_r=0.25$mm）；

　　　h——机架变形修正后的压入深度（h_1-h_2），mm；

　　　h_1——压痕器在试验负荷下的压痕深度，mm；

　　　h_2——在试验负荷下试验装置的变形量，mm；

　　　a——常数（$a=0.21$）。

② 球压痕硬度按公式(3-32)计算：

$$HB = \frac{F_r}{\pi d h_r} \tag{3-32}$$

式中　HB——球压痕硬度值，N/mm²；

　　　F_r——折合试验负荷，N；

　　　h_r——压入的折合深度（$h_r=0.25$mm）；

　　　d——钢球的直径（$d=5$mm）。

计算结果以一组试样的算术平均值表示，并取三位有效数字。

HB 低于 250N/mm²，修约至 1N/mm²；HB 值大于 250N/mm²，修约至 10N/mm² 的倍数。

3.5.2.7　影响因素

（1）硬度计偏差产生的影响

① 硬度值随着初负荷的增加而增加。

② 在保持初负荷不变的条件下，硬度值随着试验负荷的增加而降低。

③ 在维持初负荷和试验负荷不变的条件下，硬度值随着钢球直径的增大而增大。

④ 在同一试验负荷下，如果机架变形量相同，压痕深度越小，硬度的相对误差越大；而在相同压痕深度时，试验负荷越小，机架变形的影响越大。

⑤ 压痕深度测量装置误差对硬度值的影响非常显著，是主要的误差来源。所以应定期进行校准，以提高球压痕硬度的测定精度。

（2）测试条件和测试操作的影响

① 试样厚度的影响。大多数试样材料的硬度值都随着试样厚度的增加而降低，试样太薄时硬度值不够稳定，厚度大于 4mm 的数据较为稳定。

② 读数时间的影响。大多数材料试样的硬度均随读数时间的增加而下降。球压痕硬度在 30s 以前下降较明显。因此，球压痕硬度试验规定保荷时间为 30s。

③ 测点距试样边缘距离的影响。试样在成型加工过程中，边缘部分与中间部分受力、受热以及表面平整度等均不相同，测点太靠近试样边缘，将导致硬度值测试偏差，造成边缘效应。为了消除边缘效应的影响，规定球压痕硬度测量点距试样边缘的距离不少于 10mm。

④ 测点间距离的影响。测点间的距离应有一定大小，否则会因第二测量点处于第一测量点的变形区域内而造成结果的不准确。因此，球压痕硬度规定测量点间距不少于 10mm。

3.5.3　洛氏硬度试验方法

洛氏硬度采用测量压入深度的方式直接读出硬度值。GB/T 3398.2—2008 规定了用洛氏硬度计 M、L 及 R 标尺测定塑料材料压痕硬度的方法，洛氏硬度值越高，材料就越硬。试验时由于洛氏硬度标尺间的部分重叠，同一种材料采用两个不同标尺可能得到不同的洛氏硬度值，而这两个值在技术上都可能是正确的。对于具有高蠕变性和高弹性的材料，其主负荷和初负荷的时间因素对测试结果有很大的影响。

3.5.3.1　测试原理

测定洛氏硬度的方法是在规定的加荷时间内，在受试材料上面的钢球上施加一个恒定的初负荷，随后施加主负荷，然后再恢复到相同的初负荷。测量结果是由压入总深度减去卸去主负荷后规定时间内的弹性回复以及初负荷引起的压入深度。

3.5.3.2　试验仪器

洛氏硬度计主要由机架、压头、加力装置、硬度指示器和计时装置组成。

机架为刚性结构，在最大试验力作用下，机架变形和试样支撑结构位移对洛氏硬度的影响不得大于 0.5 洛氏硬度分度值。压头为可在轴套中自由滚动的硬质抛光钢球，钢球在试验中不应有变形，试验后不应有损伤。加力装置包括负荷杠杆、砝码和缓冲器，可对压头施加试验力。缓冲器应使压头对试样能平稳而无冲击地施加试验力，并控制加荷时间在 4～5s 以内。硬度指示器能测量压头压入深度精确到 0.01mm，每一分度值等于 0.002mm。计时装置能指示初负荷、主负荷全部加上时及卸除主负荷后，到读取硬度值时，总负荷的保持时间，计时量程不大于60s，准确度为±2％。

注意：在操作硬度计之前，应参阅厂家的仪器使用手册，调整加荷速度极为重要。

各种洛氏硬度标尺的初负荷、主负荷及压头直径见表3-15。

表3-15　洛氏硬度标尺的初负荷、主负荷及压头直径

洛氏硬度标尺	初负荷/N	主负荷/N	压头直径/mm
R	98.07	588.4	12.7±0.015
L	98.07	588.4	6.35±0.015
M	98.07	980.7	6.35±0.015
E	98.07	980.7	3.175±0.015

3.5.3.3　试样要求

试样厚度应均匀，表面光滑、平整、无气泡、无机械损伤及杂质等，标准试样是厚度至少为6mm的平板。如果试样无法达到规定的最小厚度值，可用相同厚度的较薄试样叠成，每片试样表面都应紧密接触，不能被凹陷痕迹或毛边等表面缺陷分开。叠合层不得多于三层，且其结果也不能与非叠合层试样进行比较。

试样不一定为正方形，试样大小应保证能在试样的同一表面上进行5个点的测量，每个测点中心距以及到边缘距离均不得小于10mm。一般试样尺寸为50mm×50mm×6mm。

测量洛氏硬度只需一个试样，对各向同性的材料，每一试样至少应测量5次。对各向异性材料，应规定压痕的方向与各向异性轴的关系。当需要测定不止一个方向上的硬度值时，则应制备足够的试样，以使每个方向上至少可以测定5个洛氏硬度值。测试表面采用非平面或其他形状的试样时，试样尺寸见有关产品标准的规定。

试验中如果试样出现压痕裂纹或试样背面有痕迹时，数据无效，应另取试样试验。

3.5.3.4　状态调节及试验环境

试样应按GB/T 2918—1998或按相应的材料标准进行状态调节并进行试验。

3.5.3.5　操作要点

① 根据材料的软硬程度选择适宜的标尺，尽可能使洛氏硬度值处于50～115之间，超出此范围的值是不准确的，应用邻近的标尺重新测定。相同材料应选用同一标尺。校对主负荷、初负荷及压头直径是否与所用洛氏标尺相符合。

② 按试样形状、大小挑选及安装工作台，把试样置于工作台上，旋转丝杠手轮，使试样慢慢无冲击地与压头接触，直至硬度指示器短针指于零点，长指针垂直向上指向B30（C0）处，此时已施加98.07N的初试验力。长针偏移不得超过±5个分度值。若超过此范围不得倒转，应改换测点位置重做。

③ 调节指示器，使长针对准B30，再于10s内平稳地施加主负荷并保持15s，然后平稳地卸除主负荷，经15s后读取长指针所指的B标尺数据，准确到标尺的分度值。

④ 反方向旋转升降丝杠手轮，使工作台下降，更换测试点。重复上述操作，每一个试样的同一表面上做5次测量。每一测量点应离试样边缘10mm以上。任何两测量点的间隔至少10mm。

3.5.3.6　结果表示

① 洛氏硬度值用前缀字母标尺及数字表示。如：HRM80 表示用 M 标尺测定的洛氏硬度值为 80。

② 当洛氏硬度计是直接硬度数分度时，则在每次试验后记录洛氏硬度值；如果需要计算洛氏硬度值，可按公式（3-33）计算。

$$HR = 130 - e = 130 - \frac{h}{C} \tag{3-33}$$

式中　HR——洛氏硬度值；

　　　e——主负荷卸除后的压入深度，以 0.002mm 为单位的数值；

　　　h——卸除主负荷后，在初负荷下压痕深度（$h = h_3 - h_1$），mm；

　　　h_1——施加初负荷时，压头压入试样的压痕深度，mm；

　　　h_3——卸除主负荷，只保留初负荷，试样弹性回复后形成的压痕深度，mm；

　　　C——常数，其值规定为 0.002mm。

注意：公式（3-33）仅适用于 E、M、L 和 R 标尺。

试验结果以 5 个测定值的算术平均值表示，取三位有效数字。

3.5.3.7　影响因素

（1）试验仪器

硬度计自身存在的缺陷有：机架的变形量超过规定标准值；主轴倾斜；压头夹持方式不正常；加荷不平稳以及压头轴线偏移等。

（2）测试温度

随着测试温度的上升，各种塑料材料的洛氏硬度值都将下降，尤其对热塑性塑料的影响更明显。

（3）试样厚度

与邵氏硬度和球压痕硬度一样，试样的厚度对洛氏硬度值也有一定的影响，试样厚度小于 6mm 时，对硬度值的影响较大；而试样厚度大于 6mm 时对硬度值的影响较小。因此，试验规定试样厚度不得小于 6mm。

（4）主负荷保持时间

塑料属于黏弹性材料，在试验载荷作用下，试样的压痕深度必定会随加荷时间的增加而增加，因此主负荷保持时间越长，其硬度值越低。主负荷保持时间对低硬度材料的影响比对高硬度材料的影响更明显。

（5）读数时间

主负荷卸除后，试样压痕将产生弹性回复，有一定时间，其速度是先快后慢，最终趋于稳定，因此卸荷后距读数时间越长，压痕的弹性回复时间也越长，测得的硬度值应当偏高。

（6）标尺的选择

试验时应合理选择标尺，使测得的硬度值在规定的 50～115 范围内。

3.6　剪切性能

剪切强度是指材料承受剪切力的能力，当外力与材料轴线垂直，对材料呈剪切作用时的强度极限。剪切强度由剪切该试样所需的力除以剪切范围内的面积来确定，单位为MPa。尤其是复合材料，典型的弱点就是抗剪性能差。因此，准确测定剪切性能是至关重要的。

针对剪切性能，至少有 10 多种试验方法。常用的剪切强度试验方法有 HG/T 3839—2006《塑料剪切强度试验方法　穿孔法》、GB/T 1450.1—2005《纤维增强塑料层间剪切强度试验方法》、GB/T 1450.2—2005《纤维增强塑料冲压式剪切强度试验方法》、GB/T 3355—2014《聚合物基复合材料纵横剪切试验方法》、GB/T 10007—2008《硬质泡沫塑料剪切强度试验方法》。

3.6.1　穿孔剪切试验

HG/T 3839—2006 规定穿孔剪切试验时采用圆形穿孔器，以压缩穿孔方式测定塑料的剪切强度。该方法适用于硬质热塑性塑料和热固性塑料，但不适用于泡沫塑料。

3.6.1.1　测试原理

采用圆形穿孔器用压缩剪切的方式，将剪切负荷施加于试样，使试样产生剪切变形或破坏，以测定材料的剪切强度。

3.6.1.2　试验仪器

任何一种能使十字头恒速运动，有自动对中、变形测量装置，可做压缩试验的试验机均可使用。主要由负荷指示计、变形测量装置、剪切夹具和测微计等构成。

负荷指示计应能指示试验过程中任一时刻施加于试样的剪切负荷，精度为指示值的 $\pm 1\%$。变形测量装置应能测量试验过程中任一时刻穿孔器压入试样的深度，准确到 0.01mm。剪切夹具可将剪切负荷施加于试样，由穿孔器和压模构成。应能把试样正确地固定在夹具的穿孔器和压模上，并能将负荷均匀地施加于试样，其形状和尺寸见表 3-16 和图 3-16。测微计应能测定试样厚度，精度为 0.01mm。

表 3-16　剪切夹具关键部位的尺寸　　　　　　　　　　单位：mm

压模内径 d	25.40
穿孔器直径 D	25.37
压模内径 d 与穿孔器直径 D 之差	0.03

3.6.1.3　试样要求

试样厚度应均匀，表面光洁、平整、无机械损伤及杂质。

试样是边长为 50mm 的正方形或直径为 50mm 的板，厚度为 1.0~12.5mm，中心有一直径为 11mm 的孔（见图 3-17）。仲裁试样厚度为 3~4mm。

试样可按有关标准采用注塑、压制或挤出成型等方法制取，也可用机械加工方法从成型板材上切取。不同加工方法所测结果不能相互比较。每组试样不少于 5 个。

3.6.1.4　状态调节及试验环境

试样应按 GB/T 2918—1998 的规定调节试验环境，状态调节时间至少 40h。

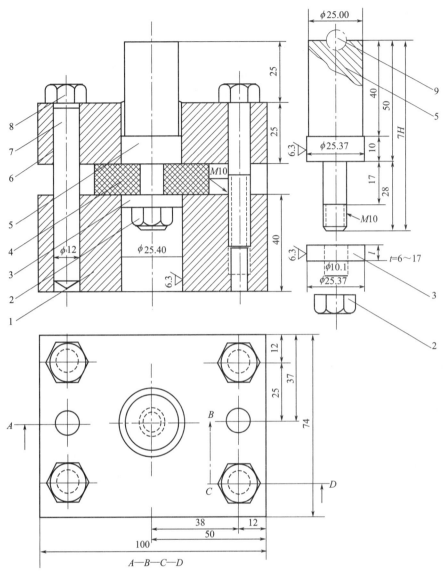

图 3-16 剪切夹具

1—下模；2—螺母；3—垫片；4—试片；5—穿孔器；6—上模；7—模具导柱；8—螺栓；9—淬火钢球

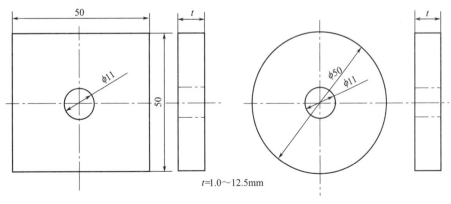

t=1.0～12.5mm

图 3-17 剪切试样

3.6.1.5 操作要点

① 在试样受剪切部位均匀取四点测量厚度，精确至 0.01mm，取平均值为试样厚度。

② 设置试验速度为（1±50%）mm/min。

③ 将穿孔器插入试样的圆孔中，放上垫圈用螺帽固定。然后把穿孔器装在夹具中，再将夹具用四个螺栓均匀固定，以使试样在试验过程中不产生弯曲。

④ 安装夹具时，应使剪切夹具的中心线与试验机的中心线重合。

⑤ 启动试验机，对穿孔器施加压力，记录最大负荷（或破坏负荷、屈服负荷、规定变形率负荷）。需要时刻记录变形，然后卸去压力取出试样。

3.6.1.6 结果表示

① 剪切强度按式(3-34)计算：

$$\sigma_\tau = \frac{P}{\pi D t} \tag{3-34}$$

式中　σ_τ——剪切强度（或破坏剪切强度、屈服剪切强度、规定变形率剪切强度），MPa；

P——剪切负荷，N；

π——圆周率；

D——穿孔器直径，mm；

t——试样厚度，mm。

② 测定剪切强度时，P 为最大负荷；测定破坏剪切强度时，P 为破坏负荷；测定屈服剪切强度时，P 为屈服负荷；测定规定变形率剪切强度时，P 为规定变形率时的剪切负荷。

试验结果以算术平均值表示，取三位有效数字。

3.6.2 层间剪切试验

层间剪切强度试验是衡量层和复合材料的层间特性的试验方法，从应用的角度反映复合材料基体与增强体之间的界面强弱。

国家标准 GB/T 1450.1—2005 规定的试验方法也称为品字梁剪切试验法，是一种单面剪切试验法，适用于测定织物增强塑料的层间剪切强度。在试验中要求试样安放平稳，夹具调节适当，防止试样侧滑。试验机压头要和试验片被压端面接触，避免点或线接触，否则对试验结果影响较大。

3.6.2.1 测试原理

对品字梁形状的试样匀速加载载荷，载荷方向与试样层间方向一致，使试样在规定的受剪面内剪切破坏，以测定层间剪切强度。

3.6.2.2 试验仪器

试验机应符合 GB/T 1446—2005《纤维增强塑料性能试验方法总则》中试验设备的规定。

层间剪切夹具见图 3-18。

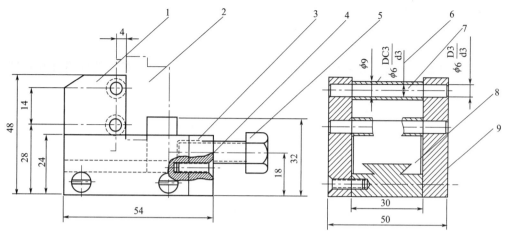

图 3-18　层间剪切夹具

1—前盖板；2—试样；3—侧盖板；4—螺钉 M4×14；5—螺栓 M8×30；6—轴套；7—轴；8—滑块；9—底座

3.6.2.3　试样要求

层间剪切强度试样可通过机械加工或模塑制得。采用机加工制样时，应按各向异性材料的两个主方向切割试样，取样区需要距板材边缘 30mm 以上，避开气泡、分层、褶皱、翘曲等缺陷。试样形状和尺寸见图 3-19。

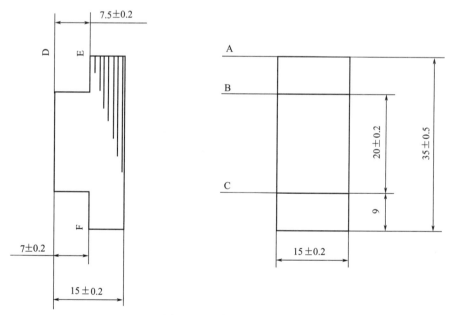

图 3-19　试样形状和尺寸

试样 A、B、C 三面应相互平行，且与织物层垂直。D 面为加工面，且 D、E、F 面与织物层平行。受力面 A、C 应平整光滑。

试样数量每组不少于 5 个，如有缺陷和不符合尺寸及制备要求的，应作废重新制样。

3.6.2.4　状态调节及试验环境

试样应在温度为（23±2）℃、相对湿度为（50±10）％的实验室标准环境条件下或干燥器内至少放置 24h 再开始试验。

3.6.2.5 操作要点

① 将试样编号，用精度为 0.01mm 的量具测量试样受剪面任意三处的高度和宽度，取算术平均值。

② 将试样放入层间剪切夹具中，A 面向上，夹持时以试样能上下滑动为宜，不可过紧。然后把夹具放在试验机上，使受力面 A 的中心对准试验机上压板中心。压板的表面必须平整光滑。

③ 设置试验加载速度为 5~15mm/min，仲裁时的试验加载速度为 10mm/min。

④ 对试样施加均匀、连续的载荷，直至破坏。记录破坏载荷。

⑤ 有明显内部缺陷或不沿剪切面破坏的试样，应予作废。同批有效试样不足 5 个时，应重做试验。

3.6.2.6 结果表示

层间剪切强度 τ_s 按式(3-35) 计算：

$$\tau_s = \frac{P_b}{bh} \tag{3-35}$$

式中 τ_s——层间剪切强度，MPa；

       P_b——破坏或最大载荷，N；

       h——试样受剪面高度，mm；

       b——试样受剪面宽度，mm。

试验结果以算术平均值表示，取三位有效数字。

3.6.3 冲压式剪切试验

冲压式剪切强度是纤维增强塑料的重要力学性能指标，是通过将所承受载荷分割到各个被剪切区域边缘计算出来的。冲压式剪切强度越高，说明垂直于纤维增强塑料铺层方向的抗剪切能力越强。一般情况下，冲压式剪切强度试样可参照 GB/T 1450.2—2005 规定的方法进行。

3.6.3.1 测试原理

试样由上压块和底座压紧，圆柱冲头与上压块为间隙配合，圆柱冲头和底座边缘保持锋利，由冲头向下匀速加载，使试样沿厚度方向剪切破坏，测定冲压式剪切强度。测定断纹剪切强度时，也可以使用方柱压头剪切装置。

3.6.3.2 试验仪器

试验机应符合 GB/T 1446—2005《纤维增强塑料性能试验方法总则》中试验设备的规定。

圆柱冲头剪切夹具见图 3-20，圆柱冲头与上压块为间隙配合，底座有矩形槽。圆柱冲头和底座边缘应保持锋利。

测定断纹剪切强度时，也可采用方柱冲头剪切夹具，方柱冲头剪切夹具见图 3-21。

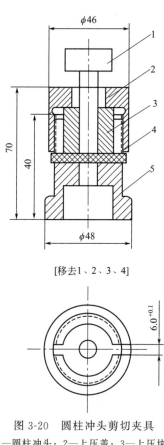

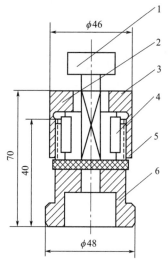

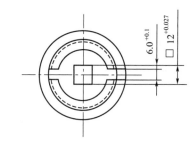

[移去1、2、3、4]

[移去1、2、3、4、5]

图 3-20　圆柱冲头剪切夹具

1—圆柱冲头；2—上压盖；3—上压块；
4—试样；5—底座

图 3-21　方柱冲头剪切夹具

1—方柱冲头；2—上压块；3—上压盖；
4—键；5—试样；6—底座

3.6.3.3　试样要求

纤维增强塑料板材剪切试样形状和尺寸见图 3-22。试样采用机械加工法制备。当板厚大于 6mm 时，单面加工至（6±0.1）mm。

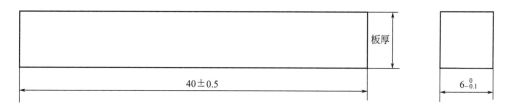

图 3-22　纤维增强塑料板材剪切试样

短切纤维增强塑料剪切试样形状和尺寸见图 3-23。试样可直接模塑或从与试样同厚度的模塑板材上加工。短切纤维增强塑料剪切伸裁试样的厚度为 4mm。

试样数量每组不少于 5 个，如有缺陷和不符合尺寸及制备要求的，应作废重新制样。

3.6.3.4　状态调节及试验环境

试样应在温度为（23±2）℃、相对湿度为（50±10）％的实验室标准环境条件下或干燥

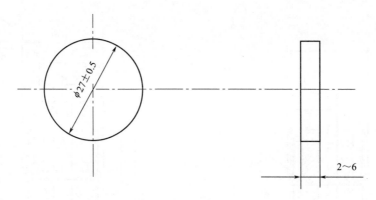

图 3-23　短切纤维增强塑料板材剪切试样

器内至少放置 24h 再开始试验。

3.6.3.5　操作要点

① 将试样编号，对矩形试样，用精度为 0.01mm 的量具测量试样受剪面两处的宽度和厚度，取算术平均值；对圆形试样，测量受剪面三处的厚度，取算术平均值。

② 将试样放入剪切夹具的底座中，装上压块，拧紧上压盖，确保试样与其接触的上压块及底座之间没有间隙，最后安上冲头。

③ 将安装好试样的剪切夹具放在试验机上，使冲头的中心对准试验机上压板的中心。压板的表面必须平整光滑。

④ 设置试验加载速度为 1.5～5mm/min，仲裁时的试验加载速度为 2mm/min。

⑤ 通过冲头对试样施加均匀、连续的载荷，直至破坏。记录破坏载荷。

⑥ 有明显内部缺陷或不沿剪切面破坏的试样，应予作废。同批有效试样不足 5 个时，应重做试验。

⑦ 记录试验过程中的载荷、破坏形式。

3.6.3.6　结果表示

① 断纹剪切强度按式(3-36) 计算：

$$\tau_s = \frac{P_b}{2bhK} \tag{3-36}$$

式中　τ_s——断纹剪切强度，MPa；

　　　P_b——破坏载荷，N；

　　　b——试样受剪面宽度，mm。

　　　h——试样受剪面厚度，mm；

　　　K——曲面换算系数，$K=1.047$。

② 短切纤维增强塑料剪切强度按式(3-37) 计算：

$$\tau_s = \frac{P_b}{\pi Dh} \tag{3-37}$$

式中　τ_s——剪切强度，MPa；

　　　P_b——破坏载荷，N；

　　　h——试样受剪面厚度，mm；

D——圆柱冲头直径（$D=12\text{mm}$），mm。

试验结果以算术平均值表示，取三位有效数字。

3.7 疲劳性能

疲劳是指材料在周期性交变载荷作用下发生的性能变化。疲劳寿命即试样在给定的交变应力或应变作用下断裂时的循环次数。在疲劳载荷作用下，材料内部产生不可逆的能耗过程，导致其强度性能不断下降，在材料内部产生错位、滑移、空洞等缺陷，并最终导致材料失效。疲劳破坏是塑料制件最为常见的失效方式，占其全部失效的 $50\%\sim90\%$。可以说疲劳强度是衡量塑料耐久性的一个重要指标。因此，对高分子材料的疲劳寿命进行研究和预测具有十分重要的意义。

目前疲劳寿命预测主要有两种方法，即 S-N 曲线方法和疲劳累积损伤理论。其中 S-N 曲线方法是表征疲劳性能的重要方法。塑料不像金属那样有明显的疲劳极限，一般用条件疲劳极限表征。条件疲劳极限是指循环寿命为 5×10^6 次或 10^7 次时，试验不发生破坏的最大应力值。可参考的标准有 GB/T 35465.3—2017《聚合物基复合材料疲劳性能测试方法　第 3 部分 拉-拉疲劳》、QB/T 2819—2006《软质泡沫材料长期疲劳性能的测定》。这里只介绍连续纤维单向、正交和多向对称铺层增强塑料层合板的拉-拉疲劳试验方法。

3.7.1 测试原理

以恒定的应力幅、应力比和频率对试样施加交变拉伸应力，持续至试样失效。拉-拉疲劳是指最大应力和最小应力均为拉伸应力时的疲劳。

3.7.2 试验仪器

凡载荷范围、波形和频率能满足试验要求并经校准的轴向疲劳试验机均可使用，其静载负荷示值误差应在 $\pm1\%$ 范围内；动载负荷示值误差应在 $\pm3\%$ 范围内。试验机应能设定循环次数且循环次数不小于 10^8 次。

试验波形一般为正弦波，工作频率推荐 15Hz，使用高频疲劳试验机时工作频率不大于 60Hz。

3.7.3 试样要求

试样分为直条形和哑铃形两种，其试样的形状和尺寸分别见图 3-24、表 3-17 和图 3-25。单向层合板采用直条形试样，正交铺层及多向对称铺层层合板可采用直条形或哑铃形试样。

表 3-17　直条形试样尺寸

试样铺层	L/mm	B/mm	h/mm	D/mm	θ/(°)
0°	200	10 ± 0.5	1~2	50	15°
0°/90°	200	15 ± 0.5	2~4	50	15°

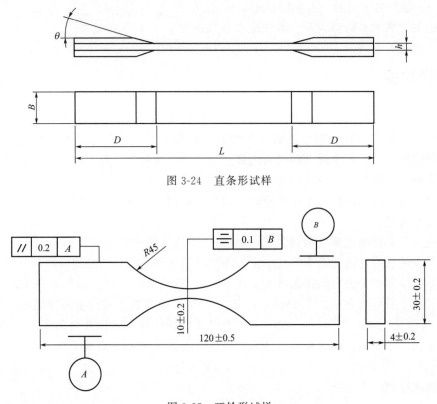

图 3-24　直条形试样

图 3-25　哑铃形试样

试样加工时需保证试样的轴向与所要求的纤维方向一致，哑铃形试样加工时应保证两圆弧的对称性。

每个应力等级不少于 5 根有效试样。

3.7.4　状态调节及试验环境

试样应在温度为（23±2）℃、相对湿度为（50±10）％的实验室标准环境条件下或干燥器内至少放置 24h 再开始试验。

3.7.5　操作要点

① 对试样编号，直条形试样测量工作段内任三点的厚度和宽度，取其平均值。哑铃形试样测量最小截面处宽度和厚度，三次测量后取其平均值，尺寸测量精确至 0.01mm。

② 根据 GB/T 3354—2014 测定试样的静拉伸强度。加载速度为 1～6mm/min；仲裁试验加载速度为 2mm/min。

③ 按试验目的确定平均应力和应力幅。应力比不宜小于 0.1。

④ 测定中值 S-N 曲线时，至少选取 4 个应力水平，推荐使用 80％、55％、40％、25％的静拉伸强度作为分级的最大应力。按试验目的可增加多个应力水平，选取应力水平的方式见 HB/Z 112—1986。各应力水平应使用相同频率和应力比。

⑤ 按试验要求调整试验机的载荷范围、波形和试验频率。

⑥ 装夹试样，使试样的中心线与上下夹头中心线一致。

⑦ 若试样表面温度超过 35℃，应启用吹风散热装置以减少温度干扰。

⑧ 试验过程中随时检查设备状态，观察试样的变化，记录温度、异常现象。

⑨ 试样不能维持其所给定的应力水平或达到协定失效条件，可视为疲劳失效，结束试验。

⑩ 试验完成后，应保护好试样断口。

3.7.6　结果表示

① 按照 HB/Z 112—1986 计算处理数据。

② 给出每个应力水平下的中值疲劳寿命，通常取对数寿命。

③ 绘制中值 S-N 曲线。

④ 给出条件疲劳极限。

3.8　耐撕裂性能

塑料薄膜、薄片的耐撕裂性能是检测薄膜物理性能比较重要的指标之一，耐撕裂性能过小容易使包装发生破损，不利于运输和储藏；耐撕裂性能过大不便于开启包装，例如一些肉制品包装用的 PVDC 肠衣膜。塑料薄膜和薄片的耐撕裂性能的试验方法很多，如 GB/T 16578.1—2008《塑料　薄膜和薄片　耐撕裂性能的测定　第 1 部分：裤形撕裂法》、GB/T 16578.2—2009《塑料　薄膜和薄片　耐撕裂性能的测定　第 2 部分：埃莱门多夫（Elmendor）法》和 QB/T 1130—1991《塑料直角撕裂性能试验方法》，另外，针对泡沫塑料制品可采用 GB/T 10808—2006《高聚物多孔弹性材料　撕裂强度的测定》。

3.8.1　裤形撕裂法

GB/T 16578.1—2008 中规定的裤形撕裂法适用于厚度在 1mm 以下的软质和硬质材料的薄膜和薄片，试验时材料不应发生脆性破坏，或材料的不可逆变形引起的两裤腿变形所耗能量不应影响撕裂所耗能量。

3.8.1.1　测试原理

在试样长轴方向上切缝至 1/2 处，使其切口所形成的两"裤腿"上经受拉伸试验，测试沿长轴方向撕裂试样所需的平均力，计算材料的撕裂强度。

3.8.1.2　试验仪器

试验仪器主要包括非摆锤式的电力驱动式拉力试验机、夹具和测厚仪，拉力试验机要配备能自动绘图的记录仪，以记录负荷随时间变化的曲线图。夹具应装有能牢固地夹住试样"裤腿"不打滑的钳口，钳口宽度应大于试样宽度，试验过程中两钳口应相互平行，不应装在可旋转的接头上。

3.8.1.3　试样要求

试样尺寸为长 150mm、宽 75mm，中央切缝长（75±1）mm。试样形状如图 3-26 所示。

试样应裁切得边缘光滑，无缺口，建议使用低倍显微镜检查有无刻痕，要特别注意试样中央切口的顶端。

对于某些类型的薄膜和薄片，其耐撕裂性能可能随膜面的方向而变化（各向异性）。在这种情况下，需要从受试材料的纵向和横向上制备两组试样。

在每一要求的方向上至少试验 5 个试样。凡撕裂不成直线而使裂口偏到试样另一端时，此试样应舍弃并另取试样重新试验。

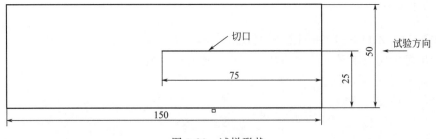

图 3-26 试样形状

3.8.1.4 状态调节及试验环境

试样应在温度为 23℃、相对湿度为 50％的实验室标准环境条件下进行状态调节和试验，若受试材料对湿度不敏感，可不必控制环境的相对湿度。

3.8.1.5 操作要点

① 按 GB/T 6672—2001 规定的方法测量厚度时，在试样切口顶端至试样另一端之间等距离的三个点上测量，取其算术平均值；对于很薄或压花薄膜，则按 GB/T 20220—2006 规定的方法测量，取平均厚度作为试样的厚度。

② 调整两夹具起始距离为 75mm，安装好试样的两裤腿，使试样主轴与夹具的连线中心重合，将试样夹牢。

③ 设定试验速度为 (200±20)mm/min 或 (250±25)mm/min。

④ 启动试验机并记录使裂口扩展过试样无切口长度所需的负荷。若撕裂线偏离中心线到试样另一边，此试样应舍弃并另取试样重新试验。

3.8.1.6 结果表示

① 对于具有如图 3-27 所示的负荷-时间曲线图形特征的薄膜和薄片的平均撕裂力，先舍弃撕裂时无切口长度的前 20mm 和最后 5mm 的负荷值，取剩下的中间 50mm 长度上撕裂负荷的平均值。当图形的这部分为波浪形平台时，通过波浪形曲线划一条平行于横轴的中线，读取这一中线所对应的负荷，记作试样的撕裂力。

② 由式(3-38) 计算试样的撕裂强度：

$$\sigma = \frac{F_t}{d} \tag{3-38}$$

式中 σ——试样的撕裂强度，kN/m；

F_t——平均撕裂力，N；

d——试样厚度，mm。

计算每组试样的算术平均值，取三位有效数字。

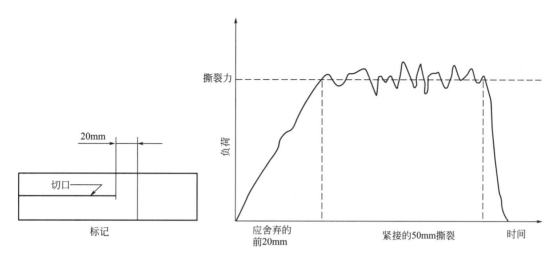

图 3-27　曲线平稳部分的负荷-时间图

3.8.2　埃莱门多夫（Elmendor）法

GB/T 16578.2—2009 规定的方法适用于柔软的聚氯乙烯（PVC）和聚烯烃薄膜等材料，由于变化的伸长和倾斜的撕裂会使伸长较大的薄膜的试验重复性很差，因此不适用于检测硬质聚氯乙烯、聚酰胺和聚酯薄膜等较硬的材料。该方法是在一定负荷条件下，在薄而软的塑料片材或薄膜的试样上切出规定的切口，测定切口撕裂扩展至规定距离所需的力。

3.8.2.1　测试原理

埃莱门多夫法的测试原理是将预先切口的试样承受规定大小的摆锤贮存的能量所产生的撕裂力，以撕裂试样所消耗的能量来测定材料的耐撕裂性能。

3.8.2.2　试验仪器

埃莱门多夫撕裂试验机由试验夹具、摆锤、摆释放系统、刻度盘、指针几部分组成，如图 3-28 所示。

固定夹具应与安装在摆锤上的可动夹具对齐，每个夹具的夹持面在水平方向应不少于 25mm（图 3-28 尺寸 b），垂直方向应不少于 15mm（图 3-28 尺寸 c）。每个夹具紧固部分的厚度（图 3-28 尺寸 a）应该在 9～13mm 之间。

摆锤最好为扇形摆，并绕滚珠轴承或其他无摩擦的轴承做自由摆动。试验时可根据试样撕裂力的大小来选择不同的摆。

摆释放系统是由金属弹簧组成的装置，当摆抬高时，簧片挡住摆锤，试验时按下簧片，摆能无任何振动地释放。

刻度盘在扇形摆上，为弧形。每个摆上的刻度盘各有 100 个刻度，分别代表不同的撕裂力值。刻度盘在 20％～80％之间使用，超出这个区间，需要换合适的扇形摆，或改变试样的层数来进行试验。

指针套在扇形摆的转动轴上，通过回零器可将指针调零。

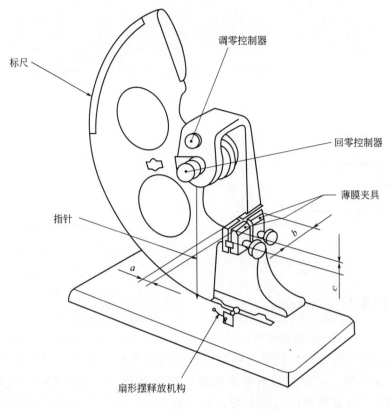

图 3-28　埃莱门多夫撕裂试验机

3.8.2.3　试样要求

试样具有两种形状和尺寸，分别见图 3-29 和图 3-30。仪器配有切样机。应仔细切出 (20±0.5)mm 的切口，该切口应光滑无刻痕。用恒定半径试样进行试验，具有很好的重复性，因此一般较精确的试验、仲裁试验等选用该试样。矩形试样便于切制，一般性试验多选用矩形试样。

除非受试材料另有规定，否则应在薄膜样品的每个主方向上试验 5 个试样或 5 组试样，5 个试样的裁切应均匀分布在样品的宽度方向上。沿机加工方向（纵向）试验薄膜时，试样的宽度应沿纵向切取。同样，测定横向撕裂强度的试样，应沿横向切取其宽度。

3.8.2.4　状态调节及试验环境

试样应在温度为 23℃、相对湿度为 50％的实验室标准环境条件下进行状态调节和试验，若已知材料对湿度不敏感，可不必控制环境的相对湿度。

3.8.2.5　操作要点

① 按 GB/T 6672—2001 规定的方法测量厚度；对于很薄的试样或压花薄膜，则按 GB/T 20220—2006 规定的方法进行测量。

② 检查仪器是否水平，抬起并锁住摆锤，将指针调至零点，轻轻释放摆锤，检查指针是否指零。

③ 根据材料情况选择扇形摆或摆锤和试样层数，使摆或摆锤在撕裂过程中吸收的能量

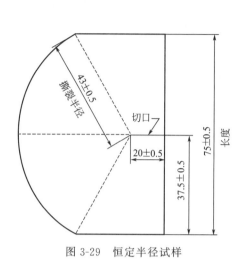

图 3-29 恒定半径试样

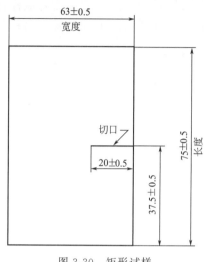

图 3-30 矩形试样

位于摆总能量的 20%～80% 之间。

④ 抬起并锁住摆锤，将指针调至零点。将试样或试样组夹在夹具中，使切口在试验机固定夹具和可动夹具的同一中心线上。

⑤ 释放摆锤，记录刻度盘上撕裂试样或试样组所消耗的力，即为撕裂力。

⑥ 当使用恒定半径的试样试验时，应废弃撕裂线偏离恒定半径区域的试样，并补充试样重新试验。当使用矩形试样试验时，应废弃撕裂线偏离切口线 10mm 以上的试样，并补充试样重新试验。当撕裂沿着压花图案的纹路进行时除外。撕裂线始终都偏离 10mm 时，改用恒定半径的试样试验。

3.8.2.6 结果表示

由刻度盘读数确定撕裂每个试样所需的力，单位为 N。用这个力值表示试样或每组试样（采用多层试样时，应注明试样层数）的耐撕裂性，单位为 N。

计算薄膜或薄片每个主方向撕裂力的算术平均值。

3.8.2.7 影响因素

影响塑料薄膜撕裂性能试验的因素是试验温度和速度，试验温度低，显示撕裂强度增大，反之减小；试验速度提高，显示撕裂强度增大，反之减小。因此正确的试验条件应按国标规定，具体可参照 GB/T 16578.1—2008《塑料 薄膜和薄片 耐撕裂性能的测定 第 1 部分：裤形撕裂法》。

撕裂强度受试样形状、厚度、压延方向（纹理方向）、割口深度、测定温度以及撕裂速度的影响。

3.8.3 直角撕裂性能

QB/T 1130—1991《塑料直角撕裂性能试验方法》适用于薄膜、薄片及其他类似的塑料材料。试验方法是将试样裁成带有 90°直角口的试样，将试样夹在拉伸试验机的夹具上，试样的受力方向与试样方向垂直。用一定速度进行拉伸，以撕裂过程中的最大力值作为直角撕裂负荷。试样如果太薄，可将多片试样叠合起来进行试验。但是，单片和叠合试样的结果不可比较。叠合试样不适用于泡沫塑料片。

3.8.3.1 测试原理

对标准试样施加拉伸负荷，使试样在直角口处撕裂，测定试样的撕裂负荷或撕裂强度。

3.8.3.2 试验仪器

能满足试验速度要求的拉伸试验机和测厚仪。

3.8.3.3 试样要求

试样的形状和尺寸见图 3-31。

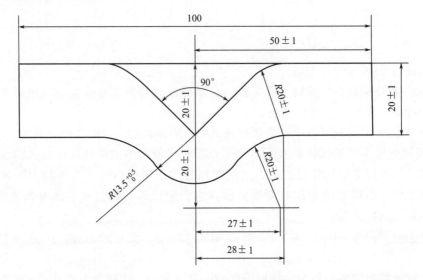

图 3-31 试样的形状和尺寸

试样直角口处应无裂缝和伤痕。纵横方向的试样各不少于 5 个。在受拉伸试验机量程限制的情况下允许采用叠合试样进行试验，此时试样不少于 3 组，每组 5 片。

3.8.3.4 状态调节及试验环境

按 GB 2918 规定的标准环境正常偏差范围进行，状态调节时间至少 4h，并在同样条件下进行试验。

3.8.3.5 操作要点

① 按 GB/T 6672 规定的方法测量试样或叠合试样组直角口处的厚度作为试样厚度。
② 将试样夹在试验机夹具上，夹入部分不大于 22mm，并使其受力方向与试样方向垂直。
③ 设置试验速度为（200±20)mm/min，进行试验，记录试验过程中的最大负荷值。

3.8.3.6 结果表示

① 以试样撕裂过程中的最大负荷值作为直角撕裂负荷，单位为 N。
② 直角撕裂强度按式(3-39) 计算：

$$\sigma_{tr} = \frac{P}{d} \tag{3-39}$$

式中　σ_{tr}——直角撕裂强度，kN/m；

　　　P——撕裂负荷，N；

　　　d——试样厚度，mm。

试样结果以所有试样直角撕裂负荷或直角撕裂强度的算术平均值表示。结果保留两位有效数字。

3.9　摩擦和磨损性能

摩擦学特性是机械部件的重要特性之一，摩擦系数则是摩擦学特性的主要表征参数。摩擦、磨损性能不是材料的固有特性，而是材料在摩擦学系统的特征表现。

摩擦：两个相互接触的物体在外力作用下发生相对运动（或具有相对运动趋势）时，在其界面上的切向阻力称为摩擦力，这种切向阻抗现象称为摩擦。

磨损：伴随摩擦过程导致的某一物体接触表面上材料的损耗，即为该物体的磨损。磨损是摩擦产生的结果。磨损是摩擦副相对运动时，在摩擦力的作用下，材料表面物质不断损失或产生残余变形和断裂的现象。

塑料摩擦的分类方法很多，按运动状态可分为动摩擦、静摩擦和不完全静摩擦；按运动形式可分为滑动摩擦、滚动摩擦和滑-滚摩擦；按材料配合与运动综合分类，可分为塑料在金属上滑动、金属在塑料上滑动、塑料在金属上滚动等。

目前摩擦和磨损性能的试验方法有 GB 10006—1988《塑料薄膜和薄片摩擦系数测定方法》、GB/T 3960—2016《塑料　滑动摩擦磨损试验方法》、GB/T 5478—2008《塑料　滚动磨损试验方法》。

3.9.1　摩擦系数

GB/T 10006—1988 规定了厚度小于 0.2mm 的非黏性塑料薄膜和薄片在自身或其他材料表面滑动时静摩擦系数和动摩擦系数的测定方法。

静摩擦系数是指两接触表面在相对移动开始时的最大阻力与垂直施加于两个接触表面的法向力之比。动摩擦系数是指两接触表面以一定速度相对移动时的阻力与垂直施加于两个接触表面的法向力之比。

3.9.1.1　测试原理

试验是将两试验表面平放在一起，在一定的接触压力下，使两表面相对移动，测得试样开始相对移动时的力和匀速移动时的力。通过计算得出试样的摩擦系数。

3.9.1.2　试验仪器

试验装置由水平试验台、滑块、测力系统和使水平试验台上两试验表面相对移动的驱动机构等组成。试验装置可由不同方式组成，图 3-32 为试验台水平运动的装置示例；图 3-33 为利用拉伸试验机的装置示例，在这种情况下，力通过滑轮转为垂直方向。由图形记录仪或等效的电子数据处理装置记录力值。

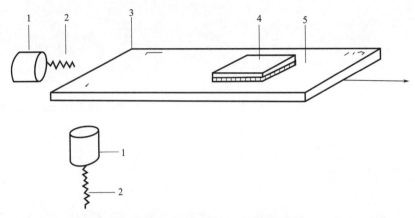

图 3-32　试验台水平运动的装置示例
1—测力系统的负荷传感器；2—调节弹性系数的弹簧；3—水平试验台；
4—滑块；5—水平试验台上的试样

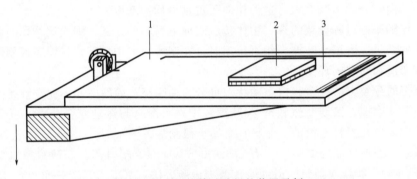

图 3-33　利用拉伸试验机的装置示例
1—水平试验台；2—滑块；3—水平试验台上的试样

水平试验台由非磁性材料制成，表面应平滑。

滑块为面积 $40cm^2$ 的正方形，底面应覆盖弹性材料（如毡、泡沫橡胶等），弹性材料不得使试样产生压纹。包括试样在内的滑块总质量应为 $(200\pm2)g$，以保证法向力为 $(1.96\pm0.02)N$。

驱动机构应无振动，使两试验表面以 $(100\pm10)mm/min$ 的速度相对移动。

整个测力系统的总误差应小于 $\pm2\%$，其变换时间 $T_{99\%}$ 应不超过 0.5s。牵引方向应与摩擦滑动方向平行。

测量静摩擦力时，测力系统的弹性系数应通过适当的弹簧调节到 $(2\pm1)N/cm$。在黏滑情况下测量动摩擦力时，则应取消这个弹簧，直接连接滑块和负荷传感器。

3.9.1.3　试样要求

每次测量一般需要两个 $8cm\times20cm$ 的试样，如果样品较厚或刚性较大，固定到滑块上必须用双面胶带时，一个试样的尺寸应与滑块底面尺寸（$63mm\times63mm$）一样。

试样应在样品整个宽度和圆周（管膜时）均匀裁取。

如果样品的正反面或不同方向的摩擦性质不同，应分别进行试验。通常，试样的长度方向（即试验方向）应平行于样品的纵向（机械加工方向）。

试样应平整、无皱纹和可能改变摩擦性质的伤痕。试样边缘应圆滑。

试样表面应无灰尘、指纹和任何可能影响表面性质的外来物质。

每次试验至少测量三对试样。

3.9.1.4　状态调节和试验环境

试样应在 GB 2918 规定的标准环境下至少进行 16h 状态调节，然后在同样的环境下进行试验。

3.9.1.5　操作要点

① 测量薄膜（片）对薄膜（片）时，将一个试样的试验表面向上，平整地固定在水平试验台上。试样与试验台的长度方向平行。

② 将另一试样的试验表面向下，包住滑块，用胶带在滑块前沿和上表面固定试样。

③ 若试样较厚或刚性较大，有可能产生弯曲力矩使压力分布不匀时，应使用 $63mm \times 63mm$ 试样。在滑块底面和试样非试验表面间用双面胶带固定试样。

④ 固定好的两试样的试验表面应平整，无皱纹、伤痕、灰尘、指纹和任何可能影响表面性质的外来物质。

⑤ 将固定有试样的滑块无冲击地放在第一个试样中央，并使两试样的试验方向与滑动方向平行且测力系统不受力。

两试样接触后保持 15s。启动仪器使两试样相对移动。

力的第一个峰值为静摩擦力 F_s。两试样相对移动 6cm 内的力的平均值（不包括静摩擦力）为动摩擦力 F_d。

⑥ 如果在静摩擦力之后出现力值振荡，则不能测量动摩擦力。此时应取消滑块和负荷传感器间的弹簧，单独测量动摩擦力，由于惯性误差，这种测量不适用于静摩擦力。

注：测定塑料薄膜（片）对其他材料表面的摩擦性能时，应将塑料薄膜（片）固定在滑块上，其他材料的试样固定在水平试验上，其他步骤一样。

3.9.1.6　结果表示

（1）静摩擦系数

静摩擦系数由公式(3-40) 计算：

$$\mu_s = \frac{F_s}{F_p} \tag{3-40}$$

式中　μ_s——静摩擦系数；

F_s——静摩擦力，N；

F_p——法向力，N。

（2）动摩擦系数

动摩擦系数由公式(3-41) 计算：

$$\mu_d = \frac{F_d}{F_p} \tag{3-41}$$

式中　μ_d——静摩擦系数；

F_d——静摩擦力，N；

F_p——法向力，N。

分别计算静摩擦系数和动摩擦系数的算术平均值，结果取三位有效数字。

3.9.2 滑动摩擦磨损

GB/T 3960—2016 中规定的滑动摩擦磨损试验方法适用于测定塑料及聚合物基复合材料的滑动摩擦磨损性能。

3.9.2.1 测试原理

在磨损试验机上，在一定负荷作用下，利用产生的摩擦力使材料表面的物质不断损失，通过测量损失物质的量来评估其磨耗。

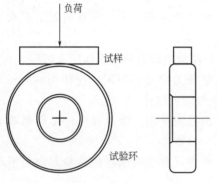

图 3-34　试验示意图

3.9.2.2 试样仪器

磨损试验机主要包括以下系统。

传动系统：用来带动圆环以给定的转速旋转，精确到 5% 以内，并要求圆环安装部位轴的径向跳动小于 0.01mm。

加载系统：可对试样和圆环施加法向力，精确到 5% 以内。

测定和记录摩擦力矩系统，精确到 5% 以内。

记录圆环转数的计数器或计时器，精确到 1% 以内。

试验示意图见图 3-34。

圆环的材质对塑料磨损试验结果影响很大，其外形和尺寸见图 3-35。

材料为 45 钢，圆环要整体淬火，热处理 HRC 40~45，表面粗糙度 Ra 0.4μm，倒角均为 0.5×45°，外圆表面与内圆同心度偏差小于 0.01。

圆环可以反复使用，每次试验后，需重新磨削。当外径小于 36mm 时就不能再用。做仲裁试验时必须用 ϕ40mm 的圆环。

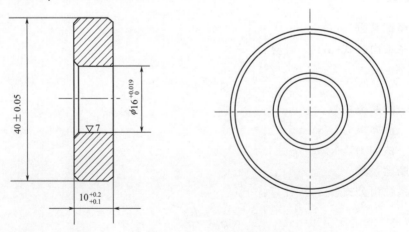

图 3-35　圆环的外形和尺寸

3.9.2.3 试样要求

试样表面平整，无气泡、裂纹、分层、明显杂质和加工损伤等缺陷。每组试样不少于 3

个。试样尺寸见图 3-36。

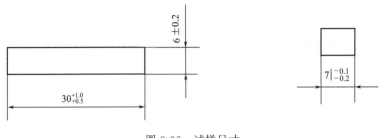

图 3-36 试样尺寸

3.9.2.4 状态调节和试验环境

按 GB 2918 规定，在温度（23±2）℃、相对湿度（50±10)％的环境下进行状态调节，并在此环境下进行试验。

3.9.2.5 操作要点

① 清除圆环上的油污，储存在干燥器内防止生锈。

② 试样经状态调节后用感量为 0.1mg 的天平称取其质量（m_1）。

③ 把试样装进夹具，摩擦面用角尺校正并使它与圆环的交线处于试样正中。装好摩擦力矩记录纸，开机校好零点。

④ 再次用乙醇、丙酮等不与塑料起作用的溶剂仔细清除试样和圆环上的油污，此后不准再用手接触试样和圆环的表面。

⑤ 平稳地加载至选定的负荷值。

⑥ 对磨 2h 后停机卸载，取下试样和圆环，清理试样表面后，用精度不低于 0.02mm 的量具测量磨痕宽度，或在试验环境下存放 1h 后称取试样质量（m_2）。

⑦ 读取摩擦力矩值。

3.9.2.6 结果表示

（1）磨损量

该方法用磨痕宽度来表征磨损量。测量三点，取平均值，各点之差不得大于 1mm。

磨损量也可以由式(3-42)计算体积磨损来表示。

$$V = \frac{m_1 - m_2}{\rho} \tag{3-42}$$

式中　V——体积磨损，cm^3；

$\quad m_1$——试验前试样的质量，g；

$\quad m_2$——试验后试样的质量，g；

$\quad \rho$——试样在 23℃ 时的密度，g/cm^3。

（2）摩擦系数 μ

可由公式(3-43)计算：

$$\mu = \frac{M}{rF} \tag{3-43}$$

式中　μ——摩擦系数；

M——趋向稳定的摩擦力矩，N·cm；

r——圆环半径，cm；

F——试验负荷，N。

分别计算磨痕宽度或体积磨损及摩擦系数的算术平均值，结果取两位有效数字。

3.9.3 滚动磨损

GB/T 5478—2008 规定的方法适用于测定塑料板、片材试样的滚动磨损性能。不适用于泡沫材料或涂料。

3.9.3.1 测试原理

在两个磨轮上施加定量的负荷并使其与试样接触，试样经过规定次数的摩擦后，产生磨损，再以适宜的方法进行评价（例如：质量磨损、体积磨损、光学性能的变化等）。

3.9.3.2 试验仪器

测定滚动磨损的设备包括滚动磨损试验仪、用于校准磨轮磨耗性的标准锌板、对磨轮施加负荷的砝码、修整磨轮外圆的修磨仪以及评定磨耗的仪器。

3.9.3.3 试样要求

试样可模塑或机加工制得，表面光滑、平整，无气泡，无机械损伤及杂质等。试样为直径 100mm 的圆形，当不使用环形夹具时，可用边长 100mm 的正方形支撑八边形试样。

每组试样不少于三个，试样厚度应均匀且在 0.5～10mm 之间。

试样表面可用适宜的中性挥发溶剂或中性洗涤液来清洗，可按相关材料或产品标准或相关各方约定来选用。

3.9.3.4 状态调节及试验环境

状态调节按相关材料或产品标准要求或 GB/T 2918—2018 进行，温度为（23±2）℃，相对湿度为 50%±10%，调节时间不少于 48h，并在此条件下进行试验。

3.9.3.5 操作要点

① 每个试样都要按照相关的材料或产品标准测量原始数据，例如试验前试样的厚度、质量、光泽度等。然后将试样安放在转动原盘上。注意在以上操作过程中不要污染样品表面，比如手指接触油后又接触样品表面。

② 将磨轮安装到仪器上，避免接触磨耗区。放下安装臂，并轻轻将磨轮放置在试样上。定期校准磨轮（砂轮或砂纸）的磨耗性。使用砂轮时，应在使用修磨仪修磨完表面后进行校验。

③ 加荷砝码调节磨轮负荷到指定值，指定值是由相关材料或产品标准规定的。

④ 调节吸尘装置位置。

⑤ 设定转数值。打开转台开关，使试样转动，同时打开吸尘装置。

⑥ 当达到规定转数时，停止设备，取出试样并按相关材料或产品标准测量。

⑦ 当使用砂轮时，试验前都应用修磨仪修磨砂轮，确保磨面是圆柱形且磨面和侧面的

边是锐利的，没有任何曲率半径。当使用砂纸时，每运转 500 转后，填塞或摩擦能力损失，砂纸都应被替换。砂纸填塞是由于试样材料依附在砂纸上造成的。当试样为软质材料、蜡状材料时，每 25 转观察一次砂纸；在其他情况下，每 50 转或 100 转观察一次砂纸。砂轮应每 50～100 转检查一次。

3.9.3.6　结果表示

试验结果应用下列方式中的一种来表示。

① 当达到规定转数后，以试样一种性能的变化来表示，例如，厚度的改变、质量的改变、光泽度的变化。在这种情况下，应计算试样平均值。

② 达到特定表面损坏的转数，试验旋转量以 25 转最接近的倍数来表示。

③ 在特定的条件下测试密度相近的材料时，以质量损失表示，单位以 kg/1000 转表示。

④ 当比较不同密度的材料时，可以用体积损失表示，单位以 mm³/1000 转表示。

◆ 参考文献 ◆

［1］　GB/T 1040. 1—2006 塑料拉伸性能的测定　第 1 部分：总则 .

［2］　GB/T 1040. 2—2006 塑料拉伸性能的测定　第 2 部分：模塑和挤塑塑料的试验条件.

［3］　GB/T 1040. 3—2006 塑料拉伸性能的测定　第 3 部分：薄膜和薄片的试验条件.

［4］　GB/T 1040. 4—2006 塑料　拉伸性能的测定　第 4 部分：各向同性和正交各向异性纤维增强复合材料的试验条件.

［5］　GB/T 1040. 5—2008 塑料　拉伸性能的测定　第 5 部分：单向纤维增强复合材料的试验条件.

［6］　GBT 9341—2008 塑料弯曲性能的测定.

［7］　GBT 1041—2008 塑料压缩性能的测定.

［8］　GB/T 2411—2008 塑料和硬橡胶　使用硬度计测定压痕硬度（邵氏硬度）.

［9］　GB/T 3398. 1—2008 塑料　硬度测定　第 1 部分：球压痕法.

［10］　GB/T 3960—2016 塑料滑动摩擦磨损试验方法.

第4章

热性能

塑料的热性能与力学性能一样重要。与金属材料不同，塑料对温度的变化很敏感。塑料的力学性能、电性能和化学性能不能在不考虑温度的情况下进行检测。当温度增加时，塑料的物理性能，如蠕变、模量、拉伸性能和韧性都受影响。因此，设计时必须了解制品的使用温度范围。不管任何时候制品都必须满足在使用温度范围内的正常使用。

4.1 耐热性

塑料的耐热性能，通常是指它在温度升高时保持其物理及力学性能的能力。耐热性是评价塑料性能的主要标准之一。根据不同的用途，对塑料的耐热性有不同的要求。例如，塑料在实际使用过程中，不仅要求在室温下具有好的力学性能，而且要求在较高温度下也具有良好的力学性能。此外，塑料在使用时要承受外力的作用。因此，塑料的耐热温度是指在一定外力作用下，材料到达某一规定形变值时的温度。表征塑料随着温度变化的性能参数主要有负荷热变形温度（HDT）、维卡软化温度、马丁耐热温度、热分解温度、热不稳定指数、线膨胀系数等。

4.1.1 负荷热变形温度（HDT）

处于玻璃态或结晶状态的塑料，随着温度的升高，聚合物侧基和主链的运动能量提高，在外力作用下因其定向运动而导致形变的能力增加，即材料抵抗外力的能力随温度升高而下降。塑料负荷热变形温度只作为鉴定新产品热性能的一个指标，但不是最高使用温度，最高使用温度应根据制品的受力情况及使用要求等因素来确定。

塑料负荷热变形温度的测试方法可采用 GB/T 1634.1—2004《塑料　负荷变形温度的测定　第 1 部分：通用试验方法》、GB/T 1634.2—2004《塑料　负荷变形温度的测定　第 2 部分：塑料、硬橡胶和长纤维增强复合材料》、GB/T 1634.3—2004《塑料　负荷变形温度的测定　第 3 部分：高强度热固性层压材料》。

4.1.1.1 测试原理

负荷热变形温度是将塑料标准试样浸在等速升温的液体传热介质中，以平放或侧立方式承受三点弯曲恒定负荷，使其产生规定的弯曲应力。在匀速升温条件下，测量达到与规定的弯曲应变增量相对应的标准挠度时的温度为该材料的热变形温度。

4.1.1.2　测试设备

测定负荷热变形温度所用的设备为热变形维卡软化试验机，如图 4-1 所示。设备主要由试样支架、负荷压头、砝码、中点形变测定仪、温度计及能恒速升温的加热浴箱组成，其基本结构如图 4-2 所示。

试样支架由两个金属条构成，其与试样的接触面为圆柱面，与试样的两条接触线位于同一水平面上。试样支架两支点的距离为（100±2）mm，负荷压头位于支架的中央，支架及负荷压头与试样接触的部位是半径（3.0±0.2)mm 的圆角。

加热装置为热浴，浴槽内装有在试验过程中不会造成试样溶胀、软化、开裂等的液体传热介质，如硅油、变压器油、液体石蜡或乙二醇等。对于大部分塑料，选用硅油较合适。浴槽内设有搅拌器。

温度测量仪的精度应达到 0.5℃ 或更精确，形变测量仪的精度应达到 0.01mm。温度测量仪和形变测量仪应定期进行校正。

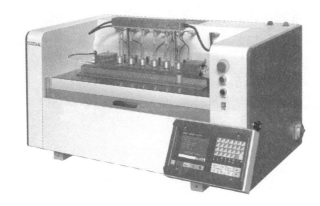

图 4-1　维卡软化试验机

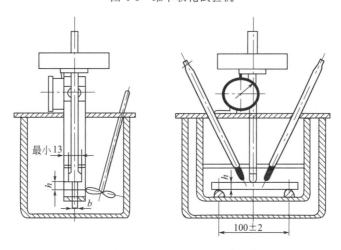

图 4-2　负荷热变形温度测定设备结构图

4.1.1.3　试样

测试试样应符合标准 GB/T 1634 中的要求。所有试样都不应有因厚度不对称所造成的翘曲现象。

（1）形状和尺寸

试样横截面为矩形的样条，其长度 l、宽度 b、厚度 h 应满足 $l > b > h$。每个试样中间部分（占长度的 1/3）的厚度和宽度，任何地方都不能偏离平均值的 2% 以上。根据试样放置方法不同，对试样具体尺寸的要求也不同。

（2）试样要求

试样应该厚度一致，表面平整无扭曲，所有切割面都尽可能平滑，其相邻表面互相垂直。所有表面和棱边应无划痕、麻点、凹痕和飞边等。

GB/T 1634 允许使用两种方式放置试样：水平方式（见图 4-3）和侧立方式（见图 4-4）。

图 4-3　水平方式放置试样

图 4-4　侧立方式放置试样

（3）试样数量

为降低翘曲变形的影响，应使试样不同面朝着加荷压头进行试验，因此至少需要试验两个试样。

（4）状态调节

状态调节和试验环境应符合 GB/T 2918 中的规定。

4.1.1.4　测试

（1）施加力的计算

此试验方法的最大特点是试样尺寸可以在一定范围内变化，因此在测定之前，首先要精确测量试样的尺寸，再根据试样实际的尺寸计算出负荷力的大小，计算公式见式(4-1)。

$$F = \frac{2\sigma bh^2}{3L} \tag{4-1}$$

式中　F——负荷力，N；

　　　b——试样宽度，mm；

　　　h——试样厚度，mm；

　　　L——试样与支座接触线间的距离（跨度），mm；

　　　σ——试样表面承受的弯曲应力，1.81N/mm^2 或 0.45N/mm^2。

根据计算出来的力，调节试样的负荷，试验设备中的负荷杆及变形测量装置的附加力都应计入总负荷之中。

（2）温度

确定加热装置的起始温度。每次试验开始时，加热装置的温度应低于27℃。

（3）测量

① 将试样居中放置在跨度定位杆上，用夹具夹住试样。

② 把装好试样的支架小心放入热浴中，对试样施加计算得到的负荷，使试样表面产生弯曲应力。让力作用5min后调节变形测量装置，使之为零。

③ 匀速升高热浴的温度，记录样条初始挠度净增加量达到标准挠度时的温度，此温度为试样在相应最大弯曲正应力条件下的热变形温度。

④ 标准挠度为高度、跨度和弯曲应变增量的函数，其计算公式为：

$$\Delta s = \frac{L^2 \Delta \varepsilon_f}{600h} \tag{4-2}$$

式中　Δs——标准挠度，mm；

　　　$\Delta \varepsilon_f$——弯曲应变增量，%；

　　　h——试样厚度，mm；

　　　L——试样与支座接触线间的距离（跨度），mm。

（4）结果表示

以受试试样负荷变形温度的算术平均值表示受试材料的负荷变形温度，单位为℃。如果各向异性塑料的单个试验结果相差2℃以上，或部分结晶材料的单个结果相差5℃以上，则应重新进行试验。试验记录及报告中一定要注明所采用的负荷大小。

4.1.1.5　影响因素

① 在测定过程中，负荷的大小对负荷热变形温度的影响较大，很明显，当试样受到的弯曲应力大时，所测得的热变形温度就低，反之则高。因此在测量试样尺寸时必须精确，要求准确至0.02mm，这样才能保证计算出来的负荷力准确。

② 升温速度的快慢直接影响试样本身的温度状况，升温速度快，则试样本身的温度滞后于介质温度较多，即试样本身的温度比介质的温度低得多，因此获得的热变形温度也就偏高，反之偏低。试验方法标准中规定的升温速率为120℃/h，为了保证在整个试验期间均匀升温，在具体操作时，必须采用12℃/6min的升温速率，以消除测试过程中不同阶段的不同升温速率所带来的影响。

③ 对于某些材料，采用模塑方法制备试样，其模塑条件应按标准规定执行，模塑条件的不同对其测试结果影响较大。试样是否进行退火处理对测试结果影响也较大，试样进行退火处理后，可以消除试样在加工过程中所产生的内应力，可使测试结果有较好的重现性。对于某些材料，退火处理后其热变形温度有所提高，如聚苯乙烯，进行试样退火处理后，其热变形温度可提高10℃左右。

4.1.2　维卡软化温度

维卡软化温度也是评价塑料耐热性的指标之一。它始于1894年，到1910年被德国正式用作标准试验方法。我国于1979年正式发布国家标准GB 1633—1979，并于2000年对此标准进行了修订。材料到达维卡软化温度时，已处在软化可塑状态，所以曾有人把它和"热机械曲线"上的玻璃化转变温度相联系，并在实测的基础上提出了一个经验公式，把维卡软化温度和玻璃化转变温度用一个简单的公式建立了换算关系。

塑料维卡软化温度的测试可采用 GB/T 1633—2000《热塑性塑料维卡软化温度（VST）的测定》中的四种不同方法：

A_{50}法——使用 10N 的力，加热速率为 50℃/h；

B_{50}法——使用 50N 的力，加热速率为 50℃/h；

A_{120}法——使用 10N 的力，加热速率为 120℃/h；

B_{120}法——使用 50N 的力，加热速率为 120℃/h。

4.1.2.1 测试原理

维卡软化温度是测定热塑性塑料于特定液体传热介质中，在一定的负荷、一定的等速升温条件下，试样被 $1mm^2$ 针头压入 1mm 时的温度。本方法仅适用于大多数硬质和半硬质的热塑性塑料。它可以用于聚合物材料的开发、表征和质量控制，并可用于不同热塑性聚合物耐热性能的相对比较，但不代表材料的使用温度。

4.1.2.2 测试设备

本试验采用的维卡温度测定仪与上一节中测定负荷热变形温度的为同一台仪器（图 4-5），但测试过程中用到的夹具是不一样的。维卡软化温度测试装置示意如图 4-6 所示。

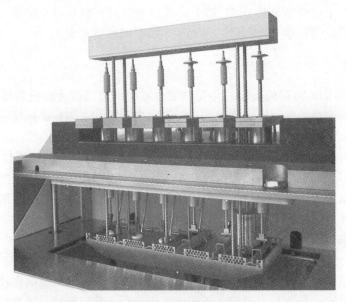

图 4-5 维卡软化温度测定仪

① 负载杆，装有负荷板，固定在刚性金属架上，能在垂直方向上自由移动，金属架底座用于支撑负载杆末端压针头下的试样。负载杆和金属框架一定要选用热膨胀系数小的、相同的金属，以减少试验误差。必要时，可以做空白试验来修正这一误差。

② 压针头最好为硬质钢制成的长为 3mm、横截面积为 $(1\pm0.015)mm^2$ 的圆柱体。固定在负载杆的底部，压针头的下表面应平整，垂直于负载杆的轴线，并且无毛刺。

③ 加热设备，盛有液体的加热浴或带有强制鼓风式氮气循环的烘箱。加热设备应装有控制器，能按要求以 (50 ± 5)℃/h 或 (120 ± 10)℃/h 的加热速率匀速升温。在试验期间，每隔 6min 温度变化分别为 (5 ± 0.5)℃ 或 (12 ± 1)℃。

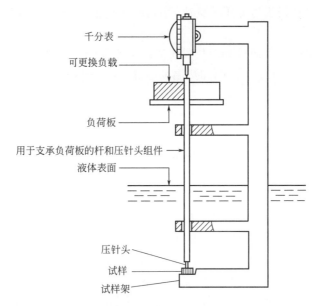

千分表

可更换负载

负荷板

用于支承负荷板的杆和压针头组件

液体表面

压针头

试样

试样架

图 4-6　维卡软化温度测试装置示意

④ 加热浴，盛有试样浸入的液体，并装有高效搅拌器，试样浸入深度至少为 35mm；确定选择的液体在使用温度下是稳定的，对受试材料没有影响，例如膨胀或开裂等现象。

4.1.2.3　试样

① 试样厚度应为 3～6.5mm，边长 10mm 的正方形或直径 10mm 的圆形，试样的两面平行，表面平整光滑，无气泡、锯齿、凹痕或裂痕等缺陷。

② 如果是模塑材料（粉料或粒料），应按照受试材料的有关规定模塑成厚度为 3～6.5mm 的试样。按照 GB/T 9352、GB/T 17037.1 或 GB/T 11997 模塑试样。

③ 对于板材，试样厚度应等于原板材厚度，但下述除外。

a. 如果试样厚度超过 6.5mm，应根据 ISO 2818 要求的通过单面机械加工使试样厚度减小到 3～6.5mm，另一表面保留原样。试验表面应是原始表面。

b. 如果板材厚度小于 3mm，将至多三片试样直接叠合在一起，使其总厚度在 3～6.5mm 之间，上片厚度至少为 1.5mm。厚度较小的片材叠合不一定能测得相同的试验结果。

④ 试样应按 GB/T 2918 进行状态调节。

⑤ 每组试样为 2 个。

4.1.2.4　测试

① 将试样水平放在未加负荷的压针头下。压针头离试样边缘不得少于 3mm，与仪器底座接触的试样表面应平整。

② 将组合件放入加热装置中，启动搅拌器，在每项试验开始时，加热装置的温度应为 20～23℃。

③ 5min 后，压针头处于静止位置，将足量砝码加到负荷板上，以使加在试样上的总推力对于 A_{50} 和 A_{120} 为 $(10\pm0.2)N$，对于 B_{50} 和 B_{120} 为 $(50\pm1)N$。将千分表的度数调为零。

④ 以 $(50\pm5)℃/h$ 或 $(120\pm10)℃/h$ 的速度匀速升高加热装置的温度。

⑤ 当变形测量装置指示压针压入量达到 1mm 时，记下传感器测得的油浴温度即为试样的维卡软化温度。

⑥ 一次试验结束后，可通过冷却装置使浴温迅速下降。当达到低于预计测定值的 50℃ 以下时，可以开始新的一次试验。当加热温度超过 100℃ 时，要注意通冷却水时防止蒸汽喷出伤人。

4.1.2.5 影响因素

① 试样的制备方法：同一材料制成相同厚度的试样，一般注塑的试样比模压的试样测量结果低，这可能是由于注塑试样的内应力较大。可见，不同制样方法对测量结果是有影响的。

② 试样状态调节：将模压和注塑试样进行退火，其退火温度一般较软化点低 20℃ 左右。退火时间 2～3h。经退火处理后的试样的测试结果都比原试样测试结果有不同程度的提高。这可能是冻结的高分子链得到局部调整，内应力得到进一步消除的原因。

③ 升温速率的影响：由于塑料的传热效果不好，升温过快，会导致材料内部温度滞后。

④ 试样尺寸的影响：试样的厚度过大，易造成温度滞后；厚度过小，易刺破试样。试验结果证明，试样厚度在 3～4mm 时测定值的重复性比较好。除聚氯乙烯以外，厚度达到 6mm 时，分散性尚在允许范围以内。在横向尺寸方面，应保证压入点能远离边缘 2mm 以上，这样不会发生开裂等现象。

⑤ 负荷的影响：负荷过大，易造成数据偏低。

4.1.2.6 负荷热变形温度与维卡软化温度的区别

负荷热变形温度和维卡软化温度的测试方法具有很明显的区别，负荷热变形温度的测试是样条弯曲一定尺寸的温度，维卡软化点测试的是采用一个针状探头刺入样条一定深度的温度。负荷热变形温度与维卡软化温度可在同一台仪器测量，只是压头与载荷不同。维卡测试方式的压头是面积为 $1mm^2$ 的针头，热变形测试方式采用的是具有一定圆弧的斧形压头。

4.1.3 马丁耐热温度

马丁耐热温度测试也是检验塑料耐热性的方法之一。1924 年由马丁提出，1928 年正式用于德国的酚醛塑料检验。1970 年我国发布了该试验方法的国家标准 GB/T 1035—1970《塑料耐热性（马丁）试验方法》。后来，硬质橡胶也使用马丁耐热表征其耐热性能。

由于马丁耐热温度的测量是施加悬臂梁式弯曲力矩，操作不太方便，且施加的弯曲力矩数值较大，使很多塑料在加载后的初始挠度就十分可观，因而适用范围受到限制。另外，它使用空气作为传热介质，箱体温度分布不均，对试样的传热慢，因而升温速率不宜过快。因此，这一方法在许多国家没有被采用。目前国内对热固性塑料如酚醛塑料，以及一些增强塑料如布基层压材料，作此项检验。

4.1.3.1 测试原理

试样在一定静弯曲力矩作用下，在一定等速升温环境中发生弯曲变形，达到规定变形量时的温度，称为马丁耐热温度，并以之作为评价塑料高温变形趋势的方法。

测定马丁耐热温度的装置如图 4-7 所示。

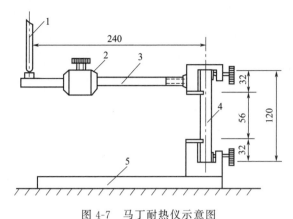

图 4-7　马丁耐热仪示意图

1—变形指示器；2—重锤；3—横杆；4—试样；5—底座

4.1.3.2　测试设备

马丁耐热试验仪主要由加热装置和加载装置构成。仪器装置应符合下列要求：

① 加热箱必须具有鼓风装置，保证箱内温度分布均匀，加热箱内各点温度差：≤2℃；

② 等速升温速率为：(50±3)℃/h 和 (10±2)℃/12min；

③ 温度计精度：1℃；

④ 试验负荷：(5±0.5)MPa；

⑤ 试验起始温度：(30±10)℃；

⑥ 试样弯曲有效长度：(56±1)mm。

4.1.3.3　试样

① 试样尺寸：(120±1)mm×(15±0.2)mm×(10±0.2)mm 的条形试样。

② 试样的两面平行，表面平整光滑，无气泡、锯齿、凹痕或裂痕等缺陷。

③ 每组试样为 3 个。

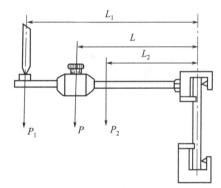

图 4-8　重锤的调节

4.1.3.4　测试

① 测量试样的尺寸，计算并调节重锤位置，重锤的调节如图 4-8 所示，重锤位置 L (cm) 的调节按式(4-3) 计算：

$$L = \frac{\dfrac{bd^2}{6}\sigma_t - P_1 L_1 - P_2 L_2}{P} \tag{4-3}$$

式中　L——重锤质心到试样中心的距离，cm；

　　　σ_t——弯曲应力，5.0MPa；

　　　P——重锤的质量，kg；

　　　P_1——指示器的质量，kg；

　　　P_2——横杆的质量，kg；

　　　L_1——指示器中心到试样中心的距离，cm；

L_2——横杆质心到试样中心的距离，cm；

b——试样宽度，cm；

d——试样厚度，cm。

② 试样安装在夹具上。

③ 要求试样垂直，横杆水平，试样弯曲有效长度为 (56±1)mm。

④ 调整变形指示器的零位置，使指示点与横杆距离恰为 6mm。

⑤ 选择升温速率为 (50±3)℃/h，试验起始温度为 (30±10)℃。

⑥ 接通电源，使鼓风、加热和警报系统等开关处于工作位置。

⑦ 当指示灯亮和警报器响时，立即记下此时的温度。同时断开该警报开关，至三个试样全部测完后关闭电源。

⑧ 如发现变形指示器异常，试样开裂、起泡等，该试样作废，应重新取样试验。

⑨ 试验结果以每组试样的算术平均值表示，数据处理按产品标准规定。

4.1.3.5 影响因素

（1）升温速率的影响

升温速率对试验结果会有明显影响，升温速率偏高，试验结果亦会偏高。一方面是由于升温快，传热过程导致试样升温跟不上和箱体内温度分布不均；另一方面是缩短了整个试验过程，从而减少了蠕变引起的弯曲变形量。所以，各国标准都规定了升温速率和允许的偏差量。例如。德国标准规定是 (5±1)℃/6min。我国标准则规定为 (50±3)℃/h 和 (10±2)℃/12min。但是，在使用中还是应该定期做空白的校正试验，以保证等速升温系统的正常工作。

（2）弯曲应力的影响

马丁耐热温度实际上就是当温度升高时，材料的弯曲弹性模量下降，致使在规定弯曲应力作用下的试样弯曲变形量增大到某一规定值时的温度。因此，若施加的弯曲应力值偏大，当然会使测得的结果偏低。为了保证设备在使用过程中不出偏差，定期检查重锤在横杆上的位置是必要的。试验方法上规定其施加的弯曲应力值应为 5.0MPa，其正负的偏差量为 0.02MPa。

（3）起始温度的影响

一般热固性和硬质热塑性材料的起始温度选在室温下是不会对结果造成影响的。但是，有时在连续使用时往往会发生为了缩短等待时间而急于进行下一组试验的情形。特别是箱体在开门冷却时，当温度计读数接近室温时，操作者就装样关门进行下一组试验。这时，由于箱体、支架、重锤等的余温尚高，从而使箱内空气温度迅速上升，这就将使这一组试验的最终结果偏高。

（4）变形零点的调整

试样加上弯曲力矩以后就会产生一定的弯曲变形，从而使变形指示器出现初读数。有些较韧的材料甚至会发生明显的蠕变，而使初读数不断增大。因此，应规定加上弯曲力矩后一分钟，调整好变形指示器的零点，然后立即开始试验。室温下弯曲弹性模量较低的材料，或者加上规定弯曲力矩后蠕变量太大而难以很好调零的材料，是不适合做该项检验的。

有些试样在试验进行过程中随着温度升高，变形指示器出现"反弹"现象。这可能是由于温度升高时材料出现退火，从而使模量出现短时升高。也可能是随着温度升高，试样的线膨胀系数较大，造成变形指示器的"反弹"。不管什么原因，此类材料以不做马丁耐热试验为好。除非在产品标准中有明确规定需要进行这一检验。

（5）仪器鼓风与不鼓风的影响

同一试验材料，鼓风情况下比不鼓风的测定值要低。有的材料可以达到 5℃以上。究其原因，鼓风的情况下箱体温度分布均匀，流动的热空气有利于向试样传热。所以试验方法规定使用带鼓风的箱体是合理的。

4.1.3.6 三种不同耐热性测试方法对比

如上所述，可以通过负荷热变形温度、维卡软化温度及马丁耐热温度三种不同的测试方法来衡量同一种塑料的耐热性能。经过试验对比发现，对于同一种塑料，三个温度之间的关系为：维卡软化温度＞负荷热变形温度＞马丁耐热温度。常见塑料的三种不同耐热性能如表 4-1 所示。

表 4-1 常见塑料的耐热性能

聚合物	负荷热变形温度/℃	维卡软化温度/℃	马丁耐热温度/℃
LDPE	50	95	—
PA1010	55	159	44
PA6	58	180	48
PA66	60	217	50
EVA		64	—
PBT	66	177	49
PET	70	—	80
HDPE	80	120	—
PS	85	105	—
ABS	86	160	75
POM	98	141	55
PMMA	100	120	—
PP	102	110	—
PC	134	153	112
PPO	172	—	110
PSF	185	180	150
PPS	240	—	102
PTFE	260	110	—
LCP	315	315	—
PI	360	300	—

4.1.3.7 塑料耐热性分类

不同的塑料品种有不同的耐热性能，耐热塑料一般指热变形温度在 200℃以上的塑料。按照塑料的耐热性，一般分为以下四类。

（1）低耐热类塑料

指热变形温度＜100℃的一类树脂。主要代表有 PE、PS、PVC、PET、PBT、ABS 等。

（2）中耐热类塑料

指热变形温度在 100～200℃的一类树脂。主要品种有 PP、聚乙烯醇缩甲醛（PVF）、聚偏二氯乙烯（PVDC）、聚砜（PSF）、聚苯醚（PPO）、PC 等。

（3）高耐热类塑料

指热变形温度在 200～300℃ 的一类塑料。主要品种有聚苯硫醚（PPS，HDT 可达 240℃）、聚芳砜（PAR，HDT 可达 280℃）、聚醚醚酮（PEEK，HDT 可达 230℃）、酚醛树脂（PF，HDT 可达 200℃）、聚四氟乙烯（PTFE，HDT 可达 260℃）。

（4）超高耐热类塑料

指热变形温度＞300℃ 的一类树脂。主要的品种有聚苯酯（HDT 可达 310℃）、聚苯并咪唑（PBI，HDT 可达 435℃）、不溶聚酰亚胺（PI，HDT 可达 360℃）、聚硼二苯基硅氧烷（PBP，HDT 可达 450℃）。

4.1.4 热分解温度

聚合物分子链在高温下可以发生两种反应，即降解和交联。降解是指高分子主链的断裂，导致分子量下降，使高聚物的物理及力学性能降低。热降解的研究可以了解各种高聚物的热稳定性，从而确定其成型加工及使用温度范围，同时采取一定的措施改善其热性能，并且利用热降解的碎片可分析确定高聚物的化学结构。此外，高聚物的热降解还是回收废塑料制品的重要手段，例如，甲基丙烯酸甲酯单体就可以通过热降解有机玻璃废料来回收，具有很大的经济价值。塑料的热分解温度可按国际标准 ISO 11358-1：2014《塑料　聚合物的热重分析法（TG）一般原理》、ASTM E2550：2007《热重分析法测定热稳定性的标准试验方法》进行测试。

4.1.4.1 测试原理

热分解温度是在加热条件下，高聚物材料开始发生交联、降解等化学变化的温度。它是高分子材料成型加工时的最高温度，因此，黏流态的加工区间在黏流温度与热分解温度之间。

4.1.4.2 测试设备

热分解温度的测定采用热重分析法（TGA）。热重分析法的检测装置为热重仪，其工作原理如图 4-9 所示。热重仪由温度程序控制系统、检测系统和记录系统三部分组成。其中热天平是检测系统的重要组成部分。热天平的发展经历了机械式和电磁式，现在均为电子式。组成电子式热天平的基本单元主要包括微量电子天平、炉子、温度程序器、气氛控制器和数据采集与处理系统。在加热过程中试样无质量变化时天平能保持初始平衡状态；而有质量变化时，天平就失去平衡，并立即由传感器检测并输出天平失衡信号。这一信号经测重系统放大用以自动改变平衡复位器中的电流。通过平衡复位器中电圈的电流与试样质量变化成正比。因此，记录电流的变化即能得到加热过程中试样质量连续变化的信息。而试验温度同时由测温热电偶测定并记录。于是得到试样质量与温度（或时间）关系的曲线，如图 4-10 所示，该曲线表征物质的热稳定性。横坐标为温度 T 或时间 t，纵坐标为样品保留质量的分数，所得到的质量-温度（时间）曲线成阶梯状。有的聚合物受热时不止一次失重，每次失重的百分数可由该失重平台所对应的纵坐标数值直接得到。一般选取外推始点温度（T_{ei}）为热分解温度。外推始点温度为热失重曲线的基线延长线与最大斜率点切线的交点的温度。

① 始点温度：材料开始失重的温度，偏离基线的温度点 T_i。

② 外推始点温度：TGA 曲线的基线延长线与最大斜率点切线的交点的温度 T_{ei}。

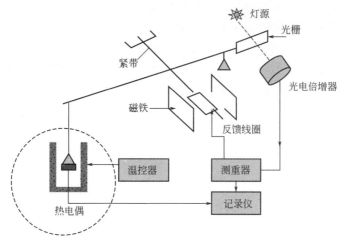

图 4-9　热重仪工作原理示意图

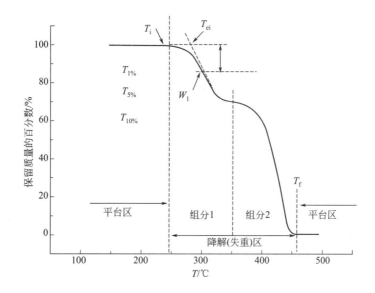

图 4-10　热失重曲线及其代表的特征温度

③ 定失重量温度：规定一个失重百分数，求材料在该失重量下对应的温度，如 1％、5％、10％、50％的温度。

④ 终止温度：材料结束失重的温度 T_f。

⑤ 平台区：不发生质量变化的区域平台。

⑥ 降解区：发生质量变化的区域。

4.1.4.3　试样

热重分析样品制备比较复杂，需要考虑很多因素，下面是一些常见的样品制备过程需要考虑的因素。

① 制备过程中，样品不应受到污染。

② 样品量：如果想获得足够的精确度，应有足够的样品量。特别是物质挥发成分非常小或者物质不均匀时，更应该加入足够的样品量，方能测量准确。但是试样量越大，整个试

样的温度梯度也会越大，尤其是导热较差的试样更甚。而且反应产生气体向外扩散的速率与试样量有关，试样量越大，气体越不容易扩散。

③ 样品形态：制备过程中，需考虑样品形态的影响。样品的形状和颗粒大小不同，对热重分析的气体产物扩散的影响亦不同。一般来说，大片状的试样的分解温度比颗粒状的分解温度高，粗颗粒的分解温度比细颗粒的分解温度高。

④ 试样装填方法：试样装填越紧密，试样间接触越好，热传导性就越好。这会让温度滞后现象变小。但是装填紧密不利于气氛与颗粒接触，阻碍分解气体扩散或逸出。因此可以将试样放入坩埚之后，轻轻敲一敲，使之形成均匀薄层。

4.1.4.4　测试

热重测试步骤如下。

① 质量校准：在无任何气流穿过热天平（防止浮力和/或对流效应产生任何干扰）时，使用 10mg 至 100mg 范围内的校准砝码对热天平进行校准。

② 温度校准：通常使用热电偶对温度传感器进行定位，以便提供试样温度最为精确的读数。

③ 称量试样：调整热天平的零点，将盛有试样的样品座置于热天平上，然后启动气流并记录初始质量。为了在严格惰性气氛下进行调查，应在记录质量之前使用一种真空泵抽空热天平并充入惰性气体，亦可长时段注满高流速的惰性气体。

④ 设置参考标准指定遵循的温度程序。该程序应包括初始和最终温度、这些温度所处的等温面以及程序升温之间的加热率。

⑤ 启动升温程序并记录热重曲线。

4.1.4.5　影响因素

（1）试样量

热重法测定，试样量要少，一般 2～5mg。一方面是因为仪器天平灵敏度很高（可达 0.1μg），另一方面如果试样量多，传质阻力大，试样内部温度梯度大，甚至试样产生热效应会使试样温度偏离线性程序升温，使热失重曲线发生变化。粒度也是越细越好，尽可能将试样铺平，如粒度大，会使分解反应移向高温。

（2）试样皿的材质

要求试样皿材质耐高温，对试样、中间产物、最终产物和气氛都是惰性的，即不能有反应活性和催化活性。通常用的试样皿有铂金、陶瓷、石英、玻璃、铝等。特别要注意，不同的样品要采用不同材质的试样皿，否则会损坏试样皿。

（3）升温速率

升温速率越快，温度滞后越严重，如聚苯乙烯在 N_2 中分解，当分解程度都取失重 10% 时，用 1℃/min 测定为 357℃，用 5℃/min 测定为 394℃，相差 37℃。升温速率快，使曲线的分辨力下降，会丢失某些中间产物的信息。

（4）气氛影响

热天平周围气氛的改变对热失重曲线影响显著。聚丙烯在空气中，150～180℃下会有明显增重，这是聚丙烯氧化的结果，在 N_2 中就没有增重。

（5）挥发物冷凝

分解产物从样品中挥发出来，往往会在低温处再冷凝，如果冷凝在试样皿上会造成测得的失重结果偏低。而当温度进一步升高，冷凝物再次挥发会产生假失重，使 TG 曲线变形。解决的办法一般是加大气体的流速，使挥发物立即离开试样皿。

（6）浮力

浮力变化是由于升温使样品周围的气体产生热膨胀，从而相对密度下降，浮力减小，使样品表观增重。一般 300℃时的浮力可降低到常温时浮力的一半，900℃时可降低到约 1/4。

4.1.5　热不稳定指数（TII）

热不稳定指数目前主要用来评价聚四氟乙烯等氟塑料，是塑料在长期受热后，评价分子量降低的一种量度。由于这类树脂的特性，既不能按纯热塑性树脂如聚乙烯那样加工，也不能像热固性树脂那样加工。因此，在评价其受热后稳定情况时可用此指数间接地反映出其分子量变动情况，从而评价这类树脂的性能。热不稳定指数的试样制备可参考 ISO 12086-1：2006《塑料　含氟聚合物分散体模塑和挤塑材料　第 1 部分：命名系统和基本规范》、ISO 12086-2：2006《塑料　含氟聚合物分散体模塑和挤塑材料　第 2 部分：试样制备和性能测定质料》。

4.1.5.1　测试原理

按测定相对密度的方法分别测出试样的广义相对密度和标准相对密度，再根据两者差值评价氟塑料的热不稳定性指数（TII）。

（1）标准相对密度

按标准制样条件所制试样的相对密度。

（2）广义相对密度

保温时间远大于标准制样条件时所制试样的相对密度。

4.1.5.2　制样

① 模具的内径宽28.6mm、高度至少为76.2mm，带有可拆卸的底部插入件和活塞。活塞与模具壁之间的缝隙应能保证压缩过程中产生的气体释放出去。模具内部衬入厚度为0.13mm、直径为 28.6mm 的平整光滑铝箔。

② 压制试样之前确保树脂的温度接近室温。称取（12.0±0.1)g 的树脂倒入模具内（有时需要先过孔径 0.9mm 的标准筛），然后将模具放入压机中逐渐加压至所需压强。根据所选含氟材料类型的不同，压强应该选取 15～70MPa 之间的数值，升压速率应为 3.5MPa/min，直到达到所需压强为止。保压 2min 后卸压并拿出预压试样。

③ 按表 4-2 列出的条件进行烧结。

④ 模塑得到的试样应按 GB/T 2918 进行状态调节。

表 4-2　用于测定广义相对密度及标准相对密度试样的烧结条件

试样用途	起始温度/℃	加热速率/(℃/h)	保温温度/℃	保温时间/min	冷却速率（至294℃）/(℃/h)	第二次保温温度/℃	第二次保温时间/min	冷却至室温时间/min
标准相对密度	290	120±10	380±6	30_0^{+2}	60±5	294±6	$24_0^{+0.5}$	>30
广义相对密度	290	120±10	380±6	360±5	60±5	294±6	$24_0^{+0.5}$	>30

4.1.5.3 测试方法

① 相对密度的测量可用浸渍法或比重瓶法,参照标准 GB/T 1033.1—2008《塑料 非泡沫塑料密度的测定 第 1 部分 浸渍法、液体比重瓶法和滴定法》。

② 热不稳定指数(TII)结果的计算按式(4-4):

$$TII＝(ESG－SSG)×1000 \qquad (4-4)$$

式中 ESG——广义相对密度;

SSG——标准相对密度。

4.1.5.4 影响因素

制样过程中烧结工艺必须严格控制,否则将造成结果的分散性。

4.1.6 线膨胀系数

与其他材料相似,当温度发生变化时,塑料制品各维的长度和体积都会发生变化,符合一般的热胀冷缩规律。温度升高时,各维长度伸长,温度降低时则相反。但不同种类的塑料热胀冷缩性能不同,一般用线膨胀系数来表示塑料膨胀或收缩的程度。

线膨胀系数分为某一温度点的线膨胀系数和某一温度区间的线膨胀系数,后者称为平均线膨胀系数。线膨胀系数是单位长度的试样温度每升高 1℃时长度变化的百分数,平均线膨胀系数是单位长度的试样在某一温度区间,每升高 1℃时长度变化的平均百分数,单位为 1/℃。

测量线膨胀系数使用连续升温法,测量平均线膨胀系数使用两端点温度法或连续升温法,按照国标 GB/T 1036—2008《塑料 －30～30℃线膨胀系数的测定 石英膨胀计法》测量塑料的线膨胀系数。测量线膨胀系数对了解塑料适用范围和鉴定产品质量都有重要意义。

4.1.6.1 测试原理

将已测量原始长度的塑料试样装入石英膨胀计中,然后将膨胀计先后插入不同温度的恒温浴内,待试样温度与恒温浴温度平衡,测量长度变化的仪器指示值稳定后,记录读数,由试样膨胀值和收缩值,即可计算试样的线膨胀系数。

4.1.6.2 测试仪器

① 石英膨胀计:如图 4-11 所示,内管与外管之间的距离大约在 1mm 内。

② 测量长度变化的仪器:将其固定在夹具上,使其位置能够随所安装的试样长度的变化而变化。

③ 卡尺:测量试样的初始长度。

④ 可控温环境:为测试样品提供恒温环境。

⑤ 使用温度计或热电偶测量液体浴的温度。

4.1.6.3 试样

① 应在尽可能造成最小应变或各向异性的条件下用机加工、模塑或浇铸方法制备试样。

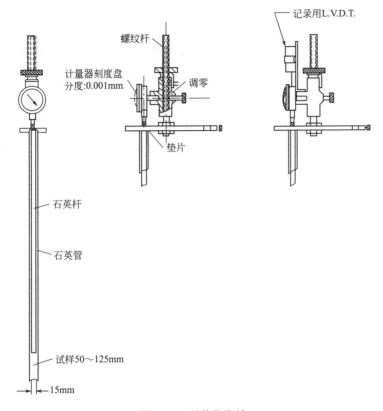

图 4-11　石英膨胀计

如果试样是从各向异性的样品上切下，则须沿各向异性的主轴方向切割，并须对每组试样的线膨胀系数进行测定。

② 试样的长度在 $50\sim125\mathrm{mm}$。

③ 试样的横截面可以是圆的、方的或长方形的，只要能很方便地进入膨胀计内，不会在其内摇动或发生摩擦即可，试样的横截面必须比较大，以使其不会发生弯曲或扭变现象。比较合适的试样横截面尺寸如下：$12.5\mathrm{mm}\times6.3\mathrm{mm}$，$12.5\mathrm{mm}\times3\mathrm{mm}$，直径为 $12.5\mathrm{mm}$ 或 $6.3\mathrm{mm}$。如果有些较薄的试样装入管内后发生摇摆现象，则可附上其他物体以填满空处。

④ 在试样两端垂直于试样长轴方向切平整。如果试样在膨胀计中收缩，则需要平滑的、薄的铁或者铝金属片粘牢试样，帮助其在膨胀计中定位。金属片的厚度为 $0.3\sim0.5\mathrm{mm}$。

4.1.6.4　测试及结果计算

① 在室温下测量试样长度。

② 将试样装入膨胀计，使试样和石英内管处于同一轴线上。

③ 膨胀计先后置于低温（$-30\mathrm{℃}$）、高温（$30\mathrm{℃}$）恒温器中，在每一个恒温器中待指示表指针稳定后，$5\sim10\mathrm{min}$ 后记录实测温度和测量仪读数。

④ 试样的平均每摄氏度的线膨胀系数按公式（4-5）计算：

$$\alpha=\frac{\Delta L}{L_0\times\Delta T} \tag{4-5}$$

式中　α——平均每摄氏度的线膨胀系数，$1/\mathrm{℃}$；

　　　L_0——试样在室温下的原始长度，m；

ΔL——加热或冷却时试样的膨胀和收缩值，m；

ΔT——测试试样的两个恒温浴的差值，℃。

表 4-3 列出了典型的线膨胀系数值，但并未分牌号，由于牌号和填料的不同，树脂的线膨胀系数会有变化。

表 4-3 典型的线膨胀系数值

材料	线膨胀系数/℃×10^{-5}	线膨胀系数/℉×10^{-5}
ABS	7.2	4.0
聚甲醛	8.5	4.8
丙烯酸树脂	6.8	3.8
尼龙	8.1	4.5
聚碳酸酯	6.5	3.6
聚乙烯	13.0	7.2
聚丙烯	8.6	4.8
聚丙硫醚	3.6	2.0
热塑性聚酯	12.4	6.9
ABS（GR）	3.1	1.7
聚甲醛（GR）	4.0	2.2
液晶（GR）	0.6	0.3
尼龙（GR）	2.3	1.3
聚碳酸酯（GR）	2.2	1.2
聚丙烯（GR）	3.2	1.8
热塑性聚酯（GR）	2.5	1.4
环氧树脂	5.4	3.0
环氧树脂（GR）	3.6	2.0
铝	2.2	1.2
黄铜	1.8	1.0
青铜	1.8	1.0
紫铜	1.6	0.9
钢	1.1	0.6
玻璃	0.7	0.4

注：GR 表示增强的塑料。

4.1.6.5 影响因素

① 状态调节：塑料受热膨胀受冷收缩是固有的特性，但同时受环境条件的影响，如吸湿性大的材料，就会在相对湿度大的环境吸收较多的水分，从而对膨胀系数测量产生影响。所以对这种材料，在测试前要放在标准环境进行状态调节。

② 试样受力：试样在测量时，受热膨胀，其膨胀量须传送给测量元件，测量元件必然会给试样以作用力，当作用力太大时，会使试样发生弯曲或在力的作用点处发生凹陷，影响测量结果。

③ 试验温度：连续升温法是求不同的各温度点的线膨胀系数，只要描绘出 Δl-T 曲线就可。但两端点温度法涉及两端点温度的选取，选取的原则根据塑料的使用温度确定。

4.2 热转变

聚合物的结构是决定其性能的基础。不同结构的聚合物具有不同的物理及力学性能，而性能又必须通过分子运动才能表现出来。同一结构的聚合物，环境改变，分子运动方式不同，可以显示出完全不同的性能。也就是说，聚合物的分子运动是微观结构和宏观性能的桥梁。聚合物的热转变主要包括非晶态聚合物的玻璃-橡胶转变和半晶态聚合物的晶态-熔融态转变。

4.2.1 低温脆化温度

塑料的刚性随所处环境温度的变化而变化，在标准环境温度下表现为柔性的塑料，当环境温度向低温方向变化而达到某一低温区域时，就呈现出刚性，继而变成脆性。脆化温度的测定，就是塑料试样在规定的受力及变形的条件下，测出其试样显示脆性破坏时的温度。塑料低温脆化温度按国标 GB/T 5470—2008《塑料　冲击法脆化温度的测定》进行测试。

4.2.1.1 测试原理

将一组试样以悬臂的形式固定在仪器的夹具上，并置于精确控制温度的低温介质中恒温，当达到某一预定的温度后，用规定的试验速度冲击试样，使试样沿规定半径的夹具下钳口圆弧弯曲成 90°，而后观察记录整组试样破坏的百分数。通常把一组试样破损率为 50% 时的温度称为脆化温度，用 T_{50} 表示。

4.2.1.2 测试设备

低温脆化试验机主要由低温浴、搅拌器、试样架装置、试样夹具和冲头构成，如图 4-12 所示。

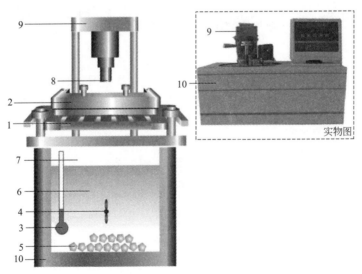

图 4-12　低温脆化试验机及其主要部件和结构

1—试样；2—夹具；3—温度计；4—搅拌器；5—干冰；6—传热介质；7—浴槽；
8—冲头；9—试验机；10—绝热箱体

① 图 4-13 为 A 型试验机冲头和夹具组件的尺寸关系，图 4-14 为安装上试样的 A 型样品夹具。A 型试验机的主要技术条件：冲头半径为 (1.6±0.1)mm；钳口半径为 (4.0±0.1)mm；冲头的外侧与夹具间隙为 (2.0±0.1)mm；冲头中心线与夹具之间相距为 (3.6±0.1)mm；冲击时试验速度应达到 (200±20)cm/s，冲头行程至少达 5.0mm。

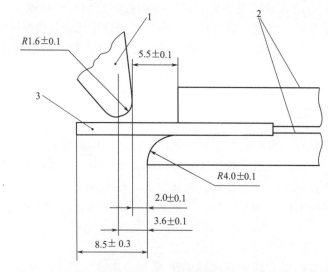

图 4-13　A 型试验机冲头和夹具组件的尺寸关系

1—冲头；2—夹具；3—试样

图 4-14　安装上试样的 A 型样品夹具

② 图 4-15 为 B 型试验机冲头和夹具组件的尺寸关系，图 4-16 为 B 型样品夹具。B 型试验机的主要技术条件：冲头半径为 (1.6 ± 0.1)mm；冲头的外侧与夹具间隙为 (6.35 ± 0.25)mm；冲头中心线与夹具之间相距为 (7.87 ± 0.25)mm；冲击时试验速度应达到 (200 ± 20)cm/s，冲头行程至少达 6.4mm。

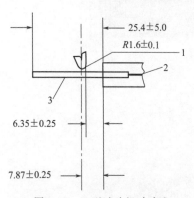

图 4-15　B 型试验机冲头和
夹具组件的尺寸关系

1—冲头半径；2—夹具；3—试样

4.2.1.3　试样

① 试样制备采用试样切割机，试样表面应平坦、光滑，无气泡、裂纹和其他明显可见的缺陷。

② A 型试样长 (20.00 ± 0.25)mm、宽 (2.50 ± 0.05)mm、厚 (2.00 ± 0.10)mm。可以从宽 (20.0 ± 0.25)mm 和要求厚度的长条样片上采用自动冲切机切成规定尺寸的试样。

③ B 型试样长 (31.75 ± 6.35)mm、宽 (6.35 ± 0.51)mm、厚 (1.91 ± 0.13)mm。可以从宽 (20.0 ± 0.25)mm 和要求厚度的长条样片上采用自动冲切机切成规定尺寸的试样。

④ 试样按照 GB/T 2918 进行状态调节。

图 4-16　B 型样品夹具

4.2.1.4　测试

测定一种材料的脆化温度时，推荐在预期能达到 50％破损率的温度条件下进行试验。如果试样全部破损，浴槽的温度升高 10℃，取新试样重新进行试验；如果试样全部不破损，浴槽的温度降低 10℃，取新试样重新进行试验；如果不知道大致的脆化温度，起始温度则任意选择。

① 开动试验机的搅拌器，在低温浴内加入适量制冷剂和液体传热介质，使浴温达到所需试验温度的±0.5℃范围内。

② 将试样固定在夹具中，然后置于试验机的试样架上固定。注意：切口试样，使试样侧面正中的切口位于与夹具下钳口圆弧相切的位置上。

③ 将试样架装置浸没在控制到所需试验温度的液体传热介质中保温 3min。

④ 启动试验机的冲锤，冲击试样。

⑤ 从低温浴中取出试样，记录破坏试样数目，以试样冲成两段记为破坏。

⑥ 在 10％～90％破损范围内进行四个或更多温度点的试验。

4.2.1.5　结果计算

（1）计算法

用每个试验温度下的试验破坏数目计算试样破坏百分数，然后按下式求取脆化温度：

$$T_b = T_h + \Delta T \left(\frac{S}{100} - \frac{1}{2} \right) \tag{4-6}$$

式中　T_b——脆化温度，℃；

　　　T_h——所有试样全部破坏时的温度，℃；

　　　ΔT——两次试验间相同的适当温度增量，℃；

　　　S——每个温度点破损百分数的总和（从没有发生断裂现象的温度开始下降直至包括 T_h）。

（2）图解法

在概率坐标纸上以每个试验温度点的温度与对应的破坏百分数作图，并通过各点画一条最佳直线，取50％破坏百分率与直线相交点所对应的温度作为脆化温度（图4-17）。图中不包含0％和100％破损时的温度点。

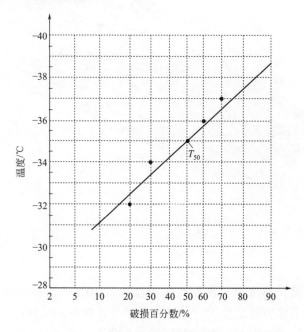

图 4-17　图解法测定脆化温度 T_{50} 实例

4.2.1.6　影响因素

① 试样的模塑条件和制备方法对试验结果有很大的影响，尤其对于聚烯烃，试样制备过程中的冷却或退火条件的不同会导致试样结晶度的不一样，这样也就使脆化温度有变化。因此，必须按标准规定的条件制备试样。当用刀片切取试样时，应保证被切割的两侧面光滑，试样表面有微小的划伤或不光滑，都使脆化温度提高。试样厚度较厚时，也使脆化温度提高。

② 冲击速度：冲击速度越高，测得的脆化温度越高。低温易使冲头转轴冻卡住，使冲击速度降低，测得的脆化温度会偏低。

4.2.2　玻璃化转变温度

所有线型聚合物在低温时都是玻璃态。当温度升高达到某个温度，聚合物由玻璃态变为高弹态，这个转变温度就是玻璃化转变温度（T_g）。玻璃化转变代表几乎所有线型聚合物从玻璃态到高弹态或柔顺的热塑性状态时发生的相当尖锐的变化。玻璃化转变温度随着主链原子类型、侧基类型、侧基的空间排布不同而不同。在很大程度上，聚合物的实际用途和不同的性质很大程度取决于它们的玻璃化转变温度。

4.2.2.1　测试原理

玻璃化转变前后聚合物的几乎所有性质都会发生转折或突变。链段运动需要更大的体积，故样品体积或比容发生转折，热膨胀系数发生突变；链段运动导致较大形变的发生，故会发生模量的剧烈下降；链段运动需要更高的热能，故材料的热熔发生转折，等压热容发生突变。此外，光学性质、电学性质等也发生明显的变化。所有这些发生转折或突变的性质都可以用来表征聚合物的玻璃化转变温度。

4.2.2.2　测试方法

把各种测定玻璃化转变温度的方法分成 4 种类型：体积的变化、热学性质及力学性质的变化和电磁效应。测定体积的变化包括膨胀计法、折射率测定法等；测定热学性质的方法包括差热分析法（DTA）和差示扫描量热法（DSC）等；测定力学性质变化的方法包括动态力学分析法（DMA）、应力松弛法等，还有动态力学松弛法等测量法，如测定动态模量或内耗等；电磁效应包括介电松弛法、核磁共振松弛法。DSC 法可根据 GB/T 19466.1—2004《塑料　差示扫描量热法（DSC）　第 1 部分：通则》和 GB/T 19466.2—2004《塑料　差示扫描量热法（DSC）　第 2 部分：玻璃化转变温度的测定》进行测试，DMA 法可根据 ASTM D7028—2007《用动态力学分析法（DMA）测定聚合物基复合材料的玻璃化转变温度的标准试验方法》进行测试。

（1）差示扫描量热法（DSC）

① 仪器。

差热分析（DTA）和差示扫描量热法（DSC）是测量玻璃化转变温度最常用的方法。DTA 法需要以恒定的升温速率加热少量聚合物样品。将聚合物的温度变化与参比物质如氧化铝的温度相比较，参比物在扫描的温度范围内应当没有任何转变。聚合物和参比物之间的温度差是两种物质不同比热容的函数。聚合物的比热容在转变区域迅速变化，用来研究以放热为特征的玻璃化转变。DTA 法的两个优点是用样量少和测量快速。而且，转变温度可以准确至 1℃或 2℃内。缺点是高度结晶的聚合物可能只表现出弱的放热峰，从而难以测定。

DSC 与 DTA 原理上只有轻微的区别。两个小的金属器皿，一个放聚合物样品，另一个放参比物，分别用独立的电加热器加热。器皿的温度分别用热传感器监控。如果样品在转变过程中突然吸热，这种转变会被热传感器检测出来，从而开始增大通过加热器的电流来补偿损失的热。因此，样品的吸热引起较大的电流。由于电流的改变可以精确地监控，这提供了测量转变温度的一种灵敏的方法。

DSC 既代表这种方法，又代表所使用的仪器——差示扫描量热仪。聚合物在玻璃化转变时，虽然没有吸热和放热现象，但其比热容发生了突变，在 DSC 曲线上表现为基线向吸热方向偏移，产生了一个台阶，图 4-18 为典型的 DSC 升温、降温曲线示意图。

差示扫描量热仪主要性能如下。

a. 能以 50～200℃/min 的速率等速升温或降温；

b. 能保持试验温度恒定在 ±0.5℃内至少 60min；

c. 能够进行分段程序升温或其他模式的升温；

d. 气体流动速率范围在 10～50mL/min，偏差控制在 ±10% 范围内；

e. 温度信号分辨能力在 0.1℃内，噪声低于 0.5℃；

f. 为便于校准和使用，试样量最小应为 1mg（特殊情况下，试样量可以更小）；

g. 仪器能够自动记录 DSC 曲线，并能对曲线和准基线间的面积进行积分，偏差小于 2%；

h. 配有一个或多个样品支持器的样品架组件。

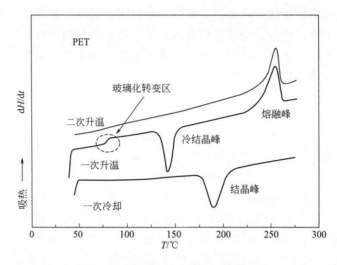

图 4-18　典型的 DSC 升温、降温曲线

② 试样。

试样可以是固态或液态。固态试样可为粉末、颗粒、细粒或从样品上切下的碎片状。从样片上切取试样时应小心，以防止聚合物受热重新取向或其他可能改变其性能的现象发生。对粒料或粉料样品，应取两个或更多的试样。建议按照 GB/T 2918—1998 的规定对试样进行状态调节。

③ 测试。

a. 打开仪器。试验前，接通仪器电源至少 1h，使电器元件温度平衡。将具有相同质量的两个空样品皿放置在样品支持器上，调节到实际测量的条件。在要求的温度范围内，DSC 曲线应是一条直线。

b. 将试样放在样品皿内。称量试样，试样量 5～20mg，精确到 0.01mg。对于半结晶材料，使用接近上限的试样量。样品皿的底部应平整，且皿和试样支持器之间接触良好。不能用手直接处理试样或样品皿，要用镊子或戴手套处理试样。

c. 把样品皿放入仪器内。用镊子或其他合适的工具将样品皿放入样品支持器中，确保试样和皿之间、皿和支持器之间接触良好。盖上样品支持器的盖。

d. 以 20℃/min 的速率开始升温并记录。将试样皿加热到足够高的温度，以消除试验材料以前的热历史；保温 5min；将温度骤冷到比预期的玻璃化转变温度低约 50℃；保温 5min；以 20℃/min 的速率进行第 2 次升温并记录，加热到比外推终止温度 T_{efg} 高约 30℃。

e. 测试结束后，冷却仪器，取出样品皿。

④ 数据分析。

转变温度的测定曲线如图 4-19 所示。通常两条基线不是平行的。在这种情况下，T_{mg} 就是两条外推基线间的中线与曲线的交点。也可以把测定的拐点本身作为玻璃化转变特征温度。它可通过测定微分 DSC 信号最大值或转变区域斜率最大处对应的温度而得到。

图 4-19 中玻璃化转变区特征温度的文字描述：

T_{ig}：玻璃化转变的起始温度，低温区偏离基线的温度；

T_{eig}：玻璃化转变的外推起始温度，低温区基线的温度与通过 DSC 曲线转折处斜率最大点切线的交点温度；

T_{mg}：玻璃化转变的中点温度；

T_{efg}：玻璃化转变的外推终止温度，高温区基线的温度与通过 DSC 曲线转折处斜率最大点切线的交点温度；

T_{fg}：玻璃化转变的终止温度，高温区偏离基线的温度。

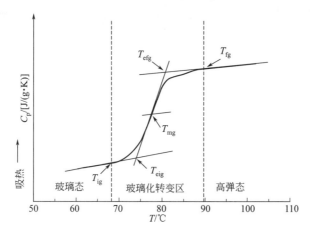

图 4-19　玻璃化转变区的 DSC 曲线及其表征

⑤ 影响因素。

a. 温度程序控制速度。加快升温速率可提高灵敏度，同时采用较高的升温速率将得到较高的 T_g。降温速率对 T_g 值也有影响。一般冷却过程中骤冷后第二次加热会得到较高的 T_g。降温速率和升温速率是否一致也会影响玻璃化转变曲线，当二者一致时将得到标准的玻璃化转变曲线。

b. 样品。样品因素包括制样、样品量和热历史。制样时尽量使样品形成薄且平的片状以减少传热梯度。样品量少，分辨率高但是灵敏度下降，T_g 不明显的样品可以加大样品量来增强灵敏度。需要相互比较差异的一组样品尽量采用相同的样品量。高聚物往往因为热历史的影响在第一次加热扫描中出现热焓松弛吸热峰，可以通过加热到玻璃化转变终止温度 20℃ 以上后重新扫描来消除。对半固化或者未固化完全的样品要根据具体情况确定第一次扫描的结束温度。如果要考察固化反应热，可将结束温度设定为放热完全之后 30℃；此外，热固性树脂结束温度设定得越高，第二次扫描所得到的 T_g 越高。对不熟悉的样品，第一次扫描的结束温度还要参考热分解的数据，如果样品在第一次扫描有分解，第二次的扫描有可能观察不到或者得到低于第一次扫描的 T_g。

（2）膨胀计法

膨胀计法也是测定玻璃化转变温度最常用的方法，该法测定聚合物的比容与温度的关系。聚合物在 T_g 以下时，链段运动被冻结，热膨胀机理主要是克服原子间的主价力和次价力，膨胀系数较小。T_g 以上时，链段开始运动，分子链本身也发生膨胀，膨胀系数较大，到达 T_g 时比容-温度曲线出现转折。膨胀计如图 4-20 所示。在膨胀计中装入一定量的试样，然后抽真空，在负压下充入水银，将此装置放入恒温油浴中，以一定速率升温或降温（通常采用的速率标准是 3℃/min），记录水银柱高度随温度的变化，因为在 T_g 前后试样的比容发生突变，所以比容-温度将发生偏折，将曲线两端的直线部分外推，其交点即为 T_g，如图 4-21 所示。

（3）动态热机械分析法（DMA）

在玻璃化转变的过程中，分子链的移动性大大增加，其黏弹性将有很大改变。动态热机

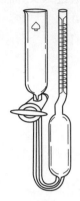

图 4-20　膨胀计构造

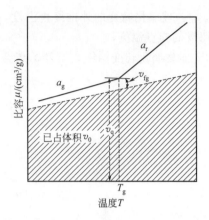

图 4-21　聚合物的比容-温度关系曲线

械分析（DMA）是对试样施加恒振幅的正弦交变应力，观察应变随温度或时间的变化规律，从而计算力学参数，用来表征材料黏弹性的一种实验方法。DMA 曲线一般包括储能模量 E'、损耗模量 E''、损耗因子 $\tan\delta$ 三个信号的曲线。在玻璃化转变区域，储能模量急剧下降直至较稳定的平台，损耗模量、损耗因子都形成峰。T_g 的确定对应有三种取法，分别是曲线的 ONSET 温度、E'' 和 $\tan\delta$ 的峰温，3 个温度逐个增大。DMA 有很高的灵敏度，能测到非常微弱的二次松弛过程，尤其适合测定高结晶、高交联的复合材料或填充材料的 T_g，按照 ASTM D7028—2007《用动态力学分析法（DMA）测定聚合物基复合材料的玻璃化转变温度的标准试验方法》进行测试。

仪器测试参数：不同厂家、不同夹具所要求的样品尺寸不同，以单悬臂夹具为例，样品一般为矩形条状，样条平整无缺陷（没有裂纹或气泡），同系列样品尺寸均一，低模量的样品制作厚度大一些，高模量的样品则要求制作的薄一些，长厚之比尽可能大于 10。在惰性气体或空气气氛下，加热速率一般为 $1\sim5$℃/min，频率一般为 1Hz，根据不同材料设定振幅使样品形变保持恒定（一般低于 1%）。从低于预期玻璃化转变区域 30℃ 开始到高于转变区域 20℃ 结束。

DMA 确定玻璃化转变需要考虑样品、升温速率、频率、夹具的影响。样品因素包括样品尺寸、装样技巧、热历史。DMA 也是测定形变的技术，块状样品或者膜都要保证尺寸均匀、平整，无缺陷，装样时要注意样品舒展、松弛，无变形。测试前需要将样品烘干排除水分、小分子的影响。此外要了解样品的热历史和组分以确定试验开始和结束的温度，并预测试验中可能的现象，帮助确定样品真实的玻璃化转变。有时样品主体之外添加催化剂、增塑剂或者共聚、共混形成两相甚至多相，由于相分离导致 $\tan\delta$ 会有多个峰。反应完成程度不同的样品有不同的 T_g。相同体系 $\tan\delta$ 峰越强表明链段松弛运动导致的大分子内摩擦越大；$\tan\delta$ 峰温度值越高，说明链段松弛转变越困难；$\tan\delta$ 峰越宽，反映链段运动越分散。升温速率和频率的增加会使得 T_g 增加。不同的夹具测定同一类材料有可能会得到相差较大的玻璃化转变温度。这可能是由于材料的各向异性或者夹具作用于样品的角度不同引起的。悬臂夹具、剪切夹具夹持样品所用的力，拉伸夹具装样时预置力的选择有时会对 T_g 的确定有影响。

4.2.2.3　影响玻璃化转变温度的因素

由于玻璃化转变是与分子运动有关的现象，而分子的运动又和分子结构有着密切关系，所以分子链的柔顺性、分子间作用力以及共聚、共混、增塑等都是影响高聚物 T_g 的重要内因。此外，外界条件如作用力、作用速率、升（降）温速率等是影响高聚物 T_g 的外因。

（1）化学结构

① 链的柔顺性。

分子链的柔顺性是决定高聚物 T_g 的最重要的因素。主链柔顺性越好，玻璃化转变温度越低。主链由饱和单键构成的高聚物，因为分子链可以固定单键进行内旋转，所以 T_g 都不高，特别是没有极性侧基取代时，其 T_g 更低。不同的单键中，内旋转位垒较小的，T_g 较低。

主链中含有孤立双键的高聚物，虽然双键本身不能内旋转，但双键旁的 α 单键更易旋转，所以 T_g 都比较低。

② 取代基。

旁侧基团的极性对分子链的内旋转和分子间的相互作用都会产生很大的影响。侧基的极性越强，T_g 越高。一些烯烃高聚物的 T_g 与取代基极性的关系如表 4-4 所示。

表 4-4 烯烃高聚物取代基的极性和 T_g 的关系

聚合物	$T_g/℃$	取代基	取代基的偶极矩 $\times 10^{-29}$ C·m
线型聚乙烯	−68	无	0
聚丙烯	−18	—CH_3	0
聚丙烯酸	106	—COOH	0.56
聚氯乙烯	87	—Cl	0.68
聚丙烯腈	104	—CN	1.33

此外，增加分子链上极性基团的数量，也能提高聚合物的 T_g。但当极性基团的数量超过一定值后，由于它们之间的静电斥力超过吸引力，反而导致分子链间距离增大，T_g 下降。取代基的位阻增加，分子链内旋转受阻碍程度增加，T_g 升高。

应当强调指出，侧基的存在并不总是使 T_g 增大的。取代基在主链上的对称性对 T_g 也有很大影响，聚偏二氯乙烯中极性取代基对称双取代，偶极抵消一部分，整个分子极性矩减小，内旋转位垒降低，柔性增加，其 T_g 比聚氯乙烯为低；聚异丁烯的每个链节上有两个对称的侧甲基，使主链间距离增大，链间作用力减弱，内旋转位垒降低，柔性增加，其 T_g 比聚丙烯为低。又如，当高聚物中存在柔性侧基时，随着侧基的增大，在一定范围内，由于柔性侧基使分子间距离加大，相互作用减弱，即产生"内增塑"作用，所以，T_g 反而下降。

③ 几何异构。

单取代烯类高聚物如聚丙烯酸酯、聚苯乙烯等的玻璃化转变温度几乎与它们的立构无关，而双取代烯类高聚物的玻璃化转变温度都与立构类型有关。一般，全同立构的 T_g 较低，间同立构的 T_g 较高。在顺反异构中，往往反式分子链较硬，T_g 较大。

（2）其他结构因素的影响

① 共聚。

无规共聚物的 T_g 介于两种共聚组分单体的 T_g 之间，并且随着共聚组分的变化，其 T_g 在两种均聚物的 T_g 之间线性或非线性变化。

非无规共聚物中，最简单的是交替共聚，它们可以看成是两种单体组成一个重复单元的均聚物，因此只有一个 T_g。而嵌段或接枝共聚物情况就复杂多了。

② 交联。

随着交联点的增加，高聚物自由体积减小，分子链的运动受到约束的程度也增加，相邻交联点之间平均链长变短，所以 T_g 升高。

③ 分子量。

分子量的增加使 T_g 增加，特别是在分子量很小时，这种影响明显，当分子量超过一定的程度后，T_g 随分子量变化就不明显了。

④ 增塑剂和稀释剂。

增塑剂对 T_g 的影响也是相当显著的，玻璃化转变温度较高的聚合物在加入增塑剂后，可以使 T_g 明显下降。例如：纯的聚氯乙烯 $T_g=78℃$，在室温下是硬塑料，加入 45% 的增塑剂后，$T_g=-30℃$，可以作为橡胶代用品。淀粉的玻璃化转变温度在加水前后就有明显的变化。

4.2.3　熔点

熔点是结晶聚合物使用的上限温度，是晶态聚合物材料最重要的耐热性指标。因此聚合物熔点的测定对理论研究及指导工业生产都有重要意义。聚合物在熔融时，许多性质都发生不连续的变化，如比热容、密度、体积、折射率、双折射及透明度等，因此这些性质的变化都可用来测定聚合物的熔点。常用的测定塑料熔点的方法有毛细管法、偏光显微镜法和DSC 法，根据 GB/T 16582—2008《塑料　用毛细管法和偏光显微镜法测定部分结晶聚合物熔融行为（熔融温度或熔融范围）》和 GB/T 19466.3—2004《塑料　差示扫描量热法（DSC）第 3 部分：熔融和结晶温度及热熔的测定》进行测定。

4.2.3.1　偏光显微镜法

尼龙、聚乙烯、聚丙烯、聚甲醛等材料都是部分结晶聚合物，其结构是晶相与非晶相共

图 4-22　偏光显微镜

同存在、晶相被非晶相所包围，它们不像低分子晶相物质一样有一个明显的熔点，而是一个熔融范围。对于这类高聚物，利用偏光显微镜法测定其熔点比较合适及准确。

（1）测试原理

当光射入晶体物质时，由于晶体对光的各向异性作用而出现双折射现象，当物质熔化，晶体消失时，双折射现象也随之消失。基于这种原理，把试样放在偏光显微镜的起偏镜和检偏镜之间进行恒速加热升温，则从目镜中可观察到试样熔化晶体消失时发生的双折射消失的现象。把试样双折射消失时的温度定义为该试样的熔点。

（2）测试仪器

测试仪器由一台带有微型加热台的偏光显微镜（图 4-22）、温度测量装置及光源等组成，微型加热台有加热电源，台板中间有一个作为光通路的小孔，靠近小孔处有一个温度测量装置可插入的插孔。加热台上面有热挡板和玻璃盖小室以供通入惰性气体保护试样。

（3）试样

① 粉末状材料。

把 2～3mg 粒度不超过 $100\mu m$ 的粉末样品放在透明的载玻片上并用盖玻片将其盖住。

将此带有试样的载玻片放在微型加热台上，加热到比受测材料的熔点高出 10～20℃ 时，用金属取样勺轻压玻璃盖片，使之在两块载玻片中间形成 0.01～0.04mm 的薄片，然后关闭加热电源，让其慢慢冷却，这样就制成了具有结晶体的试样。

② 模塑料和颗粒料。

使用切片机将样品切成厚度近似 0.02mm 的薄膜，把它放在洁净的载玻片上并用盖玻片将其盖住，加热熔融，让其慢慢冷却，制成具有结晶体的试样。

③ 薄膜和片材。

切出 2～3mg 的薄膜或片材试料，将其放在洁净的载玻片上并用盖玻片将其盖住，加热熔融，让其慢慢冷却，制成具有结晶体的试样。

（4）测试

① 把已制备好的试样放在偏光显微镜的加热台上，将光源调节到最大亮度，使显微镜聚焦，转动检偏镜得到暗视场，结晶材料在暗场上显示光亮。调节温度控制器使加热台逐渐升温（以不高于 10℃/min 的加热速率），直至低于熔融温度 T_m 以下的某一温度，以作为初步试验所测定的一个近似值，所低的温度值为下列之一：

T_m＜150℃ 时，应低 10℃；

150℃＜T_m＜200℃ 时，应低 15℃；

T_m＞200℃ 时，应低 20℃。

② 调整温度控制器以 1～2℃/min 的速率升温。

③ 观察双折射现象消失时的温度值，记下此时的温度，作为试样的熔融温度。关闭加热台电源并移出盖玻片、护热罩和试样载片。

（5）影响因素

① 试样的状态对结果影响很大，因此在制备试样时，一定要轻微在盖玻片上施压，使之在两玻片中间形成 0.01～0.04mm 厚的膜。如不施加压力，熔化后试样表面不平整，那么不平整表面对光的折射及反射就干扰了晶体的双折射，从而无法判定其熔化终点，或产生较大的误差。而试样量太多或膜太厚，也会导致观察到的熔点偏离或无法判定其熔化终点。还需指出，如果试样中含有玻璃纤维添加物，则玻璃纤维对光的反射及折射现象在整个测试过程中一直存在，这就无法判定受试材料的熔点。

② 升温速率对测定结果也有较大影响，因为现有的测试设备大都是采用水银温度计作为测温装置，升温速率越快，则温度计指示值滞后越大，所读取的熔点值偏低，所以升温速率不能太快，特别是在到达比试样的熔点低 10～20℃ 的温度时，一定要以 1～2℃/min 的速率升温。

③ 某些材料在加热过程中空气能引起氧化、降解，从而造成无法观察到双折射消失的现象。对于这类试样，就要用惰性气体对其进行保护，一般可采用氮气。如 PA66，若没有用氮气对试样进行保护，当温度达到 230℃ 左右时，试样就被氧化而变成深黄色，导致无法用显微镜继续观察，测不出其熔点（253～254℃）。

4.2.3.2　毛细管法

（1）测试原理

以可控的速率加热样品，测定开始出现明显形状变化及结晶相完全消失时的温度。以形状变化时的温度作为样品的熔融温度，上述两个温度间的范围，即为熔融范围。

（2）测试设备

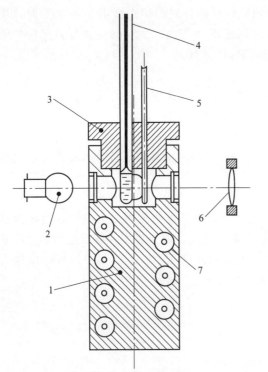

图 4-23　毛细管法测熔点设备示意图
1—金属加热块；2—灯；3—金属塞；
4—温度计；5—毛细管；6—目镜；7—电阻丝

毛细管法测熔点设备示意图如图 4-23 所示，主要由以下几部分组成。

① 熔融设备，包括以下部分。

a. 圆柱形金属块，上部是中空的并形成一个小腔。

b. 金属塞，带有两个或多个孔，允许温度计和一个或多个毛细管装入金属块。

c. 封装在金属块中的电阻丝用于金属块的加热。

d. 小腔内壁上的四个耐热玻璃窗，其布置是两两相对互成直角。一个视窗前面装一个目镜，以便观察毛细管，其他三个视窗借助灯照明封闭的内部。

② 毛细管：由耐热玻璃制成，一端封闭，毛细管最大外径应为 1.5mm。

③ 温度计：经过校准，分度值为 0.1℃。温度计的球泡所处的位置不能阻碍热扩散。

（3）试样

选用粒度不超过 $100\mu m$ 的粉末或厚度为 $10\sim20\mu m$ 的薄膜切成小片。测试前试样应按 GB/T 2918—1998 在 (23 ± 2)℃和相对湿度 (50 ± 5)% 下状态调节 3h。

（4）测试

把温度计和含有试样的毛细管插入金属块中并开始加热。调整控制器以不高于 10℃/min 的速率加热试样，直到比预期熔融温度约低 20℃时，调整升温速率为 (2 ± 0.5)℃/min。记录试样形状开始改变的温度。以同样的速率继续加热，记录结晶相完全消失时的温度。

4.2.3.3　热分析法

（1）测试原理

在当前实际工作中，普遍使用 DSC 来监测聚合物的熔点。进行升温扫描时，在熔点附近出现一个吸热峰。吸热峰的宽度对应熔限，但一般将吸热峰的峰位而不是末端定义为熔点。

（2）测试仪器

DSC 的基本结构如图 4-24 所示，可分为功率补偿型和热流型两种。

① 功率补偿型。

在样品和参比物始终保持相同温度的条件下，测定样品和参比物两端所需的能量差，并直接作为信号 Q（热量差）输出。内加热式，装样品和参比物的支持器是各自独立的元件，在样品和参比物的底部各有一个加热用的铂热电阻和一个测温用的铂传感器。它是采用动态零位平衡原理，即要求样品与参比物温度，无论样品吸热还是放热都要维持动态零位平衡状态，也就是要保持样品和参比物温度差趋向于零。DSC 测定的是维持样品和参比物处于相

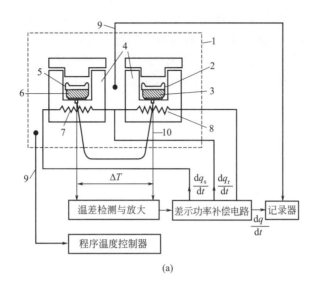

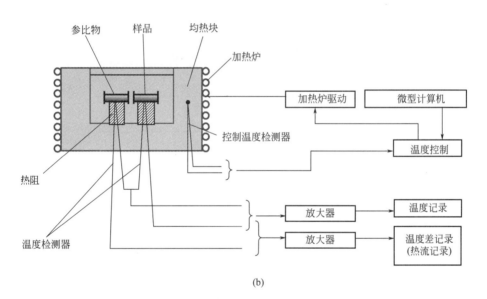

图 4-24 （a）功率补偿型和（b）热流型 DSC 的基本结构

1—电炉；2,5—容器；3—参比物；4—支持器；6—试样；7,8—加热器；9—测温热电偶；10—温差热电偶

同温度所需要的能量差（$\Delta W = \mathrm{d}H/\mathrm{d}t$，单位时间内的焓变），反映了样品焓的变化。

② 热流型。

在给予样品和参比物相同的功率下，测定样品和参比物两端的温差 T，然后根据热流方程，将 T（温差）换算成 Q（热量差）作为信号的输出。采取外加热的方式使均热块受热，然后通过空气和康铜做的热垫片两个途径把热传递给试样杯和参比杯，试样杯的温度由镍铬丝和镍铝丝组成的高灵敏度热电偶检测，参比杯的温度由镍铬丝和康铜组成的热电偶加以检测。由此可知，检测的是温差 ΔT，它是试样热量变化的反映。

（3）试样

DSC 测试用到的试样量很少，一般在 50mg 以下，所以在取样时，应保证样品不受任何污染，不要用手直接接触试样。试样的形状大小应按标准中的要求，粒料为直径 0.5mm 以下；切片为厚度 0.05~0.5mm；面积为 0.25~4.0mm^2；纤维试样的直径为 0.5mm 以下，长度 2.0mm 以下。由于试样的质量、粒度及形状等对试验结果有影响，因此对同一类型的样品要对不同厂家或不同批号的试样进行对比时，各个试样都必须具有相同的质量及近似于相同的粒度及形状，这样其测试结果才具有可比性。

（4）测试

在测定过程中，一般都要通入氮气或其他惰性气体到试样保持器中对试样进行保护，以防试样在加热过程中氧化。同时为了消除试样材料以前的热历史，应把试样以 20℃/min 的升温速率加热到比熔融外推终止温度（T_{efm}）高约 30℃ 后保温 5min。然后以 20℃/min 的速率冷却到比结晶温度（T_{pc}）低约 50℃ 后保温 5min，再以 20℃/min 的速率升温加热到比熔融外推终止温度（T_{efm}）高约 30℃，并记录下试样的吸热曲线。

（5）结果表示

调整 DSC 曲线图，使峰覆盖的范围能达到满量程的 25%。通过连接峰（熔融是吸热峰，结晶是放热峰）开始偏离基线的两点画一条基线，如图 4-25 所示。如果存在多个峰，对每一个峰要画一条基线。

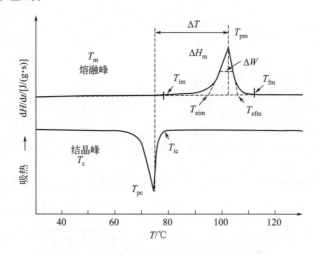

图 4-25　结晶与熔融的 DSC 曲线及其表征

图 4-25 DSC 曲线中各符号含义如下。

T_{im}：起始熔融温度，低温区偏离基线的温度；

T_{eim}：外推起始熔融温度，一般用它来表征熔融开始的温度；

T_{efm}：外推终止熔融温度，一般用它来表征熔融终止的温度；

T_{fm}：终止熔融温度，高温区偏离基线的温度；

T_{pm}：熔融峰温，一般用它来表征熔融温度的高低；

ΔH_m：熔融热焓，基线与熔融峰的面积，表征结晶的多少，即结晶度；

ΔW：半高峰宽，熔融峰高一半处的跨度，表征结晶晶粒的规整性，ΔW 越小则分布越窄，结晶越规整；

过冷度 ΔT：是 T_{pm} 与 T_{pc} 的温差，表征聚合物固有的结晶能力，过冷度越大，结晶能力越低，需要在更低的温度下才能结晶。

（6）影响因素

① 试样的质量及粒度的大小对测定的结果有明显的影响，质量或粒度大，都使试样的吸热过程加长，因此使吸热峰前一边的斜率变小，峰温度 T_p 变高。所以特别要强调的是，

要对同一类样品的多个试样进行对比测定时，一定要严格控制它们，使其试样质量相同，并且其粒度及形状都近似于相同，否则各个试样所测得的结果不具有可比性。

② 升温速率的大小对测定结果也有影响，当升温速率大时，所测得的值就偏高，反之则偏低。因此每次测定一定要选用标准中规定的升温速率。

③ 对试样进行保护的惰性气体，一定不要含有氧气，并且要经过干燥，否则都会造成吸热曲线的形态发生变化而导致熔点发生变化。

4.2.3.4　不同试验方法结果比较

ISO 3146 指出，用不同方法测定的熔点一般有几摄氏度的差异。表 4-5 列出了毛细管法与 DSC 法测得的聚合物熔点的对比。

表 4-5　毛细管法与 DSC 法试验结果比较

试样	不同方法测定的熔点值/℃					
	毛细管法			DSC 法		
	初熔	终熔	熔点	初熔	终熔	熔点
POM	164.9 164.6	169.1 168.9	164.8	135.36	175.71	166.55
PE	101.5 102.8	117.6 117.3	102.2	61.79	126.79	106.52
PP	165.5 164.9	167.8 167.4	165.2	122.86	169.29	162.18
PA1010	197.3 197.9	203.5 203.3	197.6	172.50	209.64	201.91
PBT	223.8 224.1	226.4 226.6	224.0	203.57	232.14	222.80
PET	255.8 255.4	257.8 257.9	255.6	231.55	260.71	253.66

4.3　导热性能

随着工业生产和科学技术的发展，工业界对塑料提出了更高的使用要求。除了要求塑料具有传统优良的综合性能之外，有些场合还要求塑料具有优良的导热性能。随着微电子集成技术和组装技术的高速发展，电子元件、逻辑电路体积大大缩小，电子仪器日益轻薄短小化，而工作频率急剧增加，半导体热环境向高温方向迅速发展，此时电子设备所产生的热量迅速积累、增加，在使用环境温度下要使电子元器件仍能维持正常工作，及时散热能力成为影响其运行的可靠性、使用寿命长短的重要因素，所以研究和合理地测量高分子材料的导热性能非常重要。本节主要介绍怎样测量热导率和热扩散系数这两个最重要的评价材料导热性能的参数。

4.3.1　热导率

热量从物体的一部分传导到另一部分，或从一个物体传到另一个相接触的物体，通常称为热传导。热导率是表明物体热传导能力的热性能参数，表示材料导热能力的大小，即单位面积、单位厚度的试样在温度差为 1℃时，单位时间内所通过的热量，单位为 W/(m·K)。

测试材料热导率的方法按工作原理可分为稳态法和非稳态法。稳态法包括保护热板法和热流计法；非稳态法包括热线法和激光闪射法等。

稳态测量方法具有原理清晰，可准确、直接地获得热导率的绝对值等优点，并适用于较宽温区的测量，缺点是比较原始、测定时间较长和对环境（如测量系统的绝热条件、测量过程中的温度控制以及样品的形状尺寸等）要求苛刻。常用于低热导率材料的测量。

非稳态测量法是最近几十年内开发出的热导率测量方法，多用于研究高热导率材料，或在高温条件下进行测量。在瞬态法中，测量时样品的温度分布随时间变化，一般通过测量这种温度的变化来推算热导率。动态法的特点是测量时间短，精确性高，对环境要求低，但受测量方法限制，多用于比热容基本趋于常数的中、高温区热导率的测量。

塑料热导率的测定可参照国标 GB 3399—1982《塑料导热系数试验方法　护热平板法》、GB/T 3139—2005《纤维增强塑料导热系数试验方法》、GB/T 10294—2008　《绝热材料稳态热阻及有关特性的测定　防护热板法》、GB/T 10297—2015《非金属固体材料导热系数的测定　热线法》、GB/T 22588—2008《闪光法测量热扩散系数或导热系数》、ISO 22007.2：2008《塑料热导率和热扩散率的确定　瞬变平面热源法》、ISO 8894-1：2010《耐火材料热导率测定　第 1 部分　热线法（正交数组和电阻温度计)》、ISO 8894-2：2007《耐火材料热导率测定　第 2 部分　热线法（并联)》。

4.3.1.1　护热平板法

（1）测试原理

平板法基于单向稳定导热原理。当试样上、下两表面处于不同的稳定温度下，测量通过试样有效传热面积的热流及试样两表面间的温差和厚度，计算热导率。

平板热导率测定仪是根据在一维稳态情况下通过平板传导的总热量 Q 和平板两面的温差 Δt 成正比，和平板的厚度 d 成正比，以及和热导率 λ [W/(m·K)] 成正比的关系来设计的。测定时，测得平板两面的温差 $\Delta t=t_2-t_1$、平板厚度 d、垂直热流方向的导热面积 A（m^2）和通过平板的热流量 Q 以后，就可以根据下式得出热导率：

$$\lambda=\frac{Qd}{A\Delta Z\Delta t}\tag{4-7}$$

式中　ΔZ——测量时间间隔，s；

Q——稳态时通过试样的有效传热量，J；

Δt——试样热面温度 t_2 和冷面温度 t_1 之差，$\Delta t=t_2-t_1$，K；

d——试样厚度，m；

A——试样有效传热面积，m^2。

（2）测试设备

护热平板法测试热导率的设备为带有护热板的平板导热仪，主要由以下几部分组成，如图 4-26 所示。

① 主加热板。能提供稳定的加热功率和稳态的温度 t_2。

② 护热板。能保证主加热板的热量全部通过试样。

③ 冷板。能保证及时把通过试样的热量传走，并保证温度 t_1 稳定。

④ 加热板与冷板的温度控制系统。

⑤ 主加热板所消耗功率的计量系统。

⑥ 试样厚度的测量和支持器。

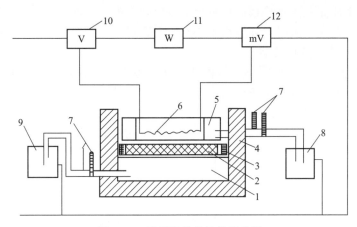

图 4-26　平板导热仪结构示意图

1—冷板；2—试样；3—测微器；4—护热装置；5—护热板；6—电加热板；7—温度计；

8—护热板恒温水浴；9—冷板恒温水浴；10—电压表；11—功率表；12—毫伏表

（3）试样

① 试样应是均质的硬质材料，两表面平整光滑且平行，无裂缝等缺陷。对于平板试样，要求不平度在 0.5mm/m 以内。

② 试样为圆形或正方形，其直径或边长与护热板相等，厚度不小于 5mm。最大厚度根据仪器确定，应不超过其直径或边长的 1/8。

③ 试样按国标 GB/T 2918 进行状态调节。

④ 每组试样不少于 2 块。

（4）测试方法

护热平板法的测试方法按国标 GB/T 3399 进行测试，具体方法如下。

① 测量状态调节过的试样，然后将试样放入仪器冷热板之间，使试样与冷热板紧密接触。

② 使冷热板维持恒定的温度，保持所选定的温度差，温差应精确至 0.1K。

③ 当主加热板和护甲热板温差小于 ±0.1K 时，认为温度达到平衡。

④ 在加热功率不变条件下，当主加热板温度波动每小时不超过 ±0.1K 时，认为达到稳态。每隔 30min 连续三次测量通过有效传热面的热流、试样两面温差，算出热导率。各次测定值与平均值之差小于 1% 时，结束试验。

⑤ 试验结果按式（4-7）可算得。常见塑料的热导率如表 4-6 所示。

表 4-6　常见塑料的热导率

塑料	LDPE	HDPE	PVC	PP	PS	PTFE	PMMA	尼龙
热导率/[W/(m·K)]	0.33	0.44	0.16	0.24	0.08	0.27	0.25~0.75	0.25

（5）影响因素

① 试样含水量的影响。

热导率一般随试样含水量增加而变大。这是因为水的热导能力比试样的要大。

② 环境温度对测试结果的影响。

环境温度不同对测试结果是有影响的，特别是对某些塑料影响较大，如氨基泡沫塑料在 21℃ 和 5℃ 下的测试结果，其相对误差可达 18%。造成误差的主要原因是热板的热损失。护热装置再好，也不能完全保证热板的热量全部传导到冷板。环境温度越低，热板与环境温度相差越大，热损失越大，所以对环境温度要有一定要求。

③ 试样尺寸对热导率的影响。

a. 试样大于加热板，影响较小。但接近于加热板大小时，热导率偏大，说明试样边缘容易导致热损失。所以最好与护热板大小接近。

b. 试样太厚，热导率要稍偏大，这是侧面热损失增加的缘故；如果太薄，容易造成热通道。一般试样厚度不能小于5mm。

④ 试验温度对热导率的影响。

热导率与试验温度有一定的关系，试验温度升高，热导率要偏大些。

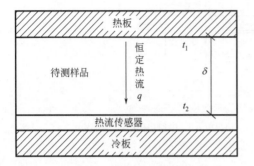

图4-27 热流计法结构原理

4.3.1.2 热流计法

热流计法是一种基于一维稳态导热原理的比较法。如图4-27所示，将厚度一定的方形样品插入两个平板间，在其垂直方向通入一个恒定的单向热源，使用校正过的热流传感器测量通过样品的热流，传感器在平板与样品之间和样品接触。当冷板和热板的温度稳定后，测得样品厚度、样品上下表面的温度和通过样品的热流量，根据傅里叶定律可确定样品的热导率：

$$\lambda = \frac{kqd}{\Delta t} \tag{4-8}$$

式中　q——通过样品的热流量，W/m^2；

　　　Δt——样品上下表面温差，$\Delta t = t_2 - t_1$，K；

　　　d——试样厚度，cm；

　　　k——热流计常数。

将厚度一定的方形样品（例如长宽各30cm、厚10cm）插于两个平板间，设置一定的温度梯度。使用校正过的热流传感器测量通过样品的热流。测量样品厚度、温度梯度与通过样品的热流便可计算热导率。

该法适用于热导率较小的固体材料、纤维材料和多孔隙材料，如各种保温材料。在测试过程中存在横向热损失，会影响一维稳态导热模型的建立，扩大测定误差，故对于较大的、需要较高量程的样品，可以使用护热平板法。

4.3.1.3 热线法

（1）测试原理

热线法是测定材料热导率的一种非稳态方法。它的基本原理是在均质均温的试样中放置一根电阻丝，即所谓的"热线"，一旦热线在恒定功率的作用下放热，则热线和热线附近试样的温度将会升高，根据其温度随时间的变化关系，就可确定试样的热导率。这种方法不仅适用于干燥材料，而且还适用于含湿材料。可采用GB/T 10297—2015《非金属固体材料导热系数的测定　热线法》、ISO 8894-1：2010《耐火材料　热导率测定　第1部分　热线法（正交数组和电阻温度计）》、ISO 8894-2：2007《耐火材料　热导率测定　第2部分　热线法（并联）》进行热导率的测定。

（2）测试设备

图 4-28 和图 4-29 是常用的热线法测定电路示意图。

① 使用稳定的交流电或直流电加热热线。在整个测定过程中，热线的端电压保持不变，或通过热线的电流保持不变。

② 电压的测量精度优于 0.5%。电流的测量精度优于 0.5%。

③ 单位长度热线的电阻值可在测定温度下，使热线流过 1mA 的直流电流，通过热线两端的电压抽头测出。

④ 如不测量热线电阻，也可在测定过程中测量热线的端电压。

⑤ 测定过程中，热线的总温升宜控制在 15℃ 左右，最高不宜超过 100℃。如热线的总温升超过 100℃，则必须考虑热线电阻变化对测定的影响。测定含湿材料时，热线的总温升不得大于 15℃。

⑥ 热电偶的初始温度可由补偿器抵消（见图 4-28）。补偿器的漂移不得大于 1×10^{-6}V/（℃·min）。

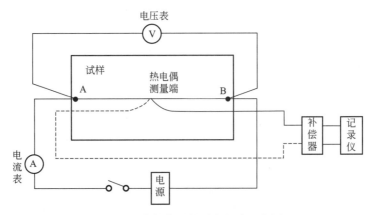

图 4-28　带补偿器的测定电路示意图

⑦ 在无补偿器的情况下，热电偶 2 借助于同热电偶 1 的差接起补偿器的作用（见图 4-29）。其使用的前提条件是热电偶 1 和热电偶 2 的测量端所在位置的温度基本相等。

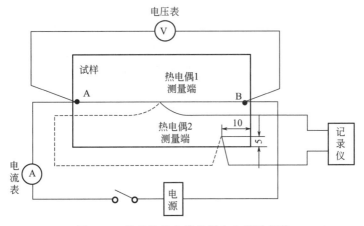

图 4-29　带差接热电偶的测定电路示意图

⑧ 测量探头由热线及焊在其上的热电偶组成（见图 4-30）。测量探头的型式如图 4-30 所示。作为热线的电阻丝的直径不得大于 0.35mm，在测定过程中热线单位长度的电阻随温

度的变化不得大于 $5 \times 10^{-3} \, \Omega/\mathrm{m}$。热电偶丝的直径不得大于热线直径。

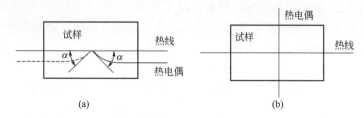

图 4-30　测量探头及其布置示意图

（3）试样

① 试样取自同批产品。

② 如图 4-31 所示，试样为两块尺寸不小于 40mm×80mm×114mm 的互相叠合的长方体或为两块横断面直径不小于 80mm、长度不小于 114mm 的半圆柱体叠合成为的圆柱体。

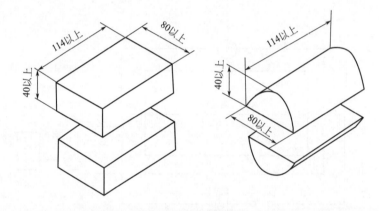

图 4-31　试样尺寸示意图（单位：mm）

③ 试样互相叠合的平面应是平整的，以保证热线与试样及试样的两平面贴合良好。

④ 对粉末状和颗粒状材料的测定，使用两个内部尺寸不小于 80mm×114mm×40mm 的盒子（见图 4-32）。其下层是一个带底的盒子，将待测材料装填到盒中，并与其上边沿平齐，然后将测量探头放在试样上。上层的盒子与下层的内部尺寸相同但无底，安放在下层盒子上，也将待测材料装填至与其上边沿平齐。用与盒子相同材料的盖板盖上盒子，但不允许盖板对试样施加压力。通常粉末状或颗粒状材料要松散充填。

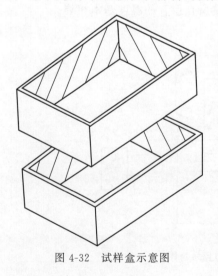

图 4-32　试样盒示意图

（4）测试

① 将试样与测量探头的组合体置于加热炉（低温箱）内，把加热炉（低温箱）内温度调至测定温度，当焊接在热线中部的热电偶的输出随时间的变化不大于每 5min 0.1℃，且试样表面的温度与焊在热线上的热电偶的指示温度的差值在热线最大温升（θ_2）的 1% 以内，即认为试样达到了测定温度。

② 接通热线加热电源，同时开始记录热线温升。

③ 从测得的热线温升曲线上，以一定的时间间隔读出热线的温升值 θ。

④ 以时间的对数 $\ln t$-θ 为横坐标，以热线温升值 θ 为纵坐标描点作图，确定其线性区域。

⑤ 在 $\ln t$-θ 曲线图上线性较好的直线段中选点，用公式(4-9)或公式(4-10)计算试样的热导率。

⑥ 每一测定温度下的测试过程，应重复地进行三次，然后计算出热导率的算术平均值。当测定温度在室温至 300℃ 范围内时，每一单测值与平均值的偏差不得大于 5％；在其他温度下测定时，每一单测值与平均值的偏差不得大于 10％，否则重新进行测定。

（5）结果计算

$$\lambda = \frac{I^2 R}{4\pi L} \times \frac{\ln(t_2/t_1)}{\theta_2 - \theta_1} \tag{4-9}$$

$$\lambda = \frac{IU}{4\pi L} \times \frac{\ln(t_2/t_1)}{\theta_2 - \theta_1} \tag{4-10}$$

式中　λ——热导率，W/(m·K)；

　　　I——热线加热电流，A；

　　　U——热线 A、B 间的端电压，V；

　　　L——电压引出端 A、B 间热线的长度，m；

　　　R——测定温度下热线 A、B 间的电阻，Ω；

t_1，t_2——从加热时起至测量时刻的时间，s；

θ_1，θ_2——t_1 和 t_2 时刻热线的温升，℃。

4.3.1.4　激光闪射法

激光闪射法是一种用于测量高导热材料与小体积固体材料热导率的技术。此方法具有精度高、所用试样小、测试周期短、温度范围宽等优点。激光闪射法直接测量材料的热扩散率，并由此得出其热导率。因此，采用激光闪射法测塑料热导率的内容将在下一节热扩散率的测试部分介绍。

4.3.1.5　影响材料热导率的因素

（1）温度

温度对各类绝热材料的热导率均有直接影响，温度提高，材料热导率上升。表 4-7 为聚苯乙烯泡沫塑料在不同温度下测得的热导率。

表 4-7　试验温度对热导率的影响

试样名称	平均试验温度/℃	冷热面温度差/℃	热导率/[W/(m·K)]
PS泡沫塑料	28	21	0.0336
	39	43	0.0355

（2）含湿率

所有的保温材料都具有多孔结构，容易吸湿。当含湿率大于 5％～10％，材料吸湿后湿分占据了原被空气充满的部分气孔空间，引起其有效热导率明显升高。表 4-8 为不同含湿率情况下测得常见塑料的热导率。

（3）容重

容重是材料气孔率的直接反映，由于气相的热导率通常均小于固相热导率，所以保温材料都具有很大的气孔率，即很小的容重。一般情况下，增大气孔率或减小容重都将导致热导率的下降。

表 4-8　试样含湿率对热导率的影响

试样名称	试样厚度/mm	试验平均温度/℃	试样两面温度差/℃	在不同相对湿度环境中放置后测热导率/[W/(m·K)]	
				RH＝70％～80％	RH＝0
PMMA	8.02	约30	约10	0.172	0.168
PC	5.12	约30	约10	0.178	0.180
PS泡沫塑料	20.73	约30	约10	0.0339	0.0292
PS泡沫塑料	19.12	约30	约10	0.0370	0.0356

（4）松散材料的粒度

常温时，松散材料的热导率随着材料粒度减小而降低，粒度大时，颗粒之间的空隙尺寸增大，其间空气的热导率必然增大。粒度小者，热导率的温度系数小。

（5）热流方向

热导率与热流方向的关系仅仅存在于各向异性的材料中，即在各个方向上构造不同的材料中。传热方向和纤维方向垂直时的绝热性能比传热方向和纤维方向平行时要好一些；同样，具有大量封闭气孔的材料的绝热性能也比具有大量开口气孔的要好一些。气孔质材料又进一步分成固体物质中有气泡和固体粒子相互轻微接触两种。纤维质材料从排列状态看，分为纤维方向与热流向垂直和纤维方向与热流向平行两种情况。一般情况下纤维保温材料的纤维排列是后者或接近后者，同样密度条件下，其热导率要比其他形态的多孔质保温材料的热导率小得多。

（6）填充气体的影响

绝热材料中，大部分热量是从孔隙中的气体传导的。因此，绝热材料的热导率在很大程度上取决于填充气体的种类。低温工程中如果填充氦气或氢气，可作为一级近似，认为绝热材料的热导率与这些气体的热导率相当，因为氦气和氢气的热导率都比较大。

（7）比热容

绝热材料的比热容与绝热结构在冷却和加热时所需的冷量（或热量）有关。在低温下，所有固体的比热容变化都很大。在常温常压下，空气的质量不超过绝热材料的5％，但随着温度的下降，气体所占的比重越来越大。因此，在计算常压下工作的绝热材料的比热容时，应当考虑这一因素。

4.3.2　热扩散系数

热扩散系数（α）又叫导温系数，它表示物体在加热或冷却中温度趋于均匀一致的能力；是表示物体温度变化快慢的一个物理量，它的大小与物体的热导率 λ 成正比，与物体的热容量 C_V 成反比，可用下式表示：

$$\alpha = \frac{\lambda}{\rho C_V} \tag{4-11}$$

式中　λ——热导率，W/(m·K)；

ρ——材料的密度，kg/m³；

C_V——比热容，J/(kg·K)。

因此，若测得材料的热扩散系数 α、材料比热容 C_V 和材料密度 ρ，就由式(4-11)计算得出材料的热导率。

材料比热容 C_V 可使用文献值，也可使用差示扫描量热法（DSC）等方法测量，DSC 是目前测量比热容最有效的方法。如果要求不高，也可在激光闪射法仪器中使用比较法与热扩散系数同时测量得到。

4.3.2.1　测试原理

热扩散系数是材料主要的热物理特性参数之一，目前在已建立的各种测试方法中，根据其传热特点大致可归纳为稳态法和瞬态法。1961 年，Parker 等开始了利用激光脉冲技术测量材料的热物理性能的研究。由于这种技术具有测量精度高、测试周期短和测试温度范围宽等优点，得到广泛的研究和应用，经过不断发展和完善，目前激光闪射法（flash method，有时也称为激光法）已经成为一种成熟的材料热物理性能测试方法。所要求的样品尺寸较小，测量范围宽广，可测量除绝热材料以外的绝大部分材料，特别适合于中高热导率材料的测量。除常规的固体片状材料测试外，通过使用合适的夹具或样品容器并选用合适的热力学计算模型，还可测量诸如液体、粉末、纤维、薄膜、熔融金属、基体上的涂层、多层复合材料、各向异性材料等特殊样品的热传导性能。

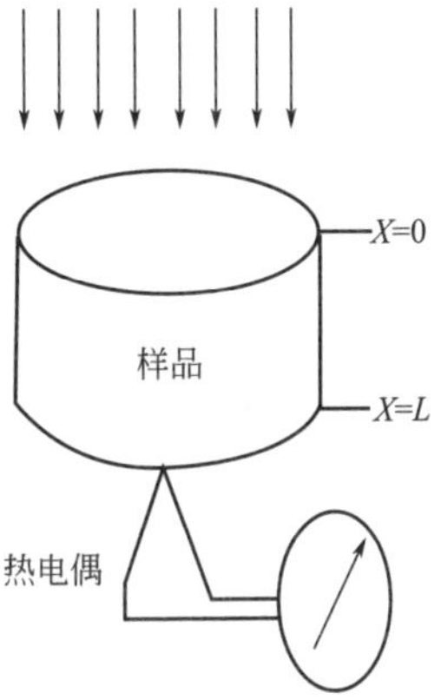

图 4-33　热扩散系数
测定原理

激光闪光法测定材料热扩散系数的基本原理如图 4-33 所示。在绝热状态和一定温度下，由激光源在瞬间发射一束光脉冲，均匀照射在样品下表面，使其表层吸收光能后温度瞬时升高。此表面作为热端将能量以一维热传导方式向冷端（上表面）传播。使用红外检测器连续测量样品上表面中心部位的相应温升过程，得到温度 T 随时间 t 的变化关系，得到试样上表面温度升高到最大值 T_M 的一半时所需要的时间 $t_{1/2}$（半升温时间），根据 Fourier 传热方程计算得到材料的热扩散系数 α 为：

$$\alpha = \frac{1.38L^2}{\pi^2 t_{1/2}} \tag{4-12}$$

式中　α——材料的热扩散系数，m^2/s；

　　　L——试样的厚度，m；

　　$t_{1/2}$——半升温时间，s。

4.3.2.2　测试仪器

激光闪射导热仪主要包括激光器系统、样品支架系统、炉体系统以及红外检测系统等，如图 4-34 所示。LFA-427 型导热仪是目前国际上测量固体热扩散系数较为常用的仪器。激光源的最大能量为 20J，脉冲宽度最大至 1.2ms，脉冲能量和宽度均可用软件控制。样品架配备独特的 STC 控温模式，可保证样品恒温温度的准确测量，对比热容测量有极大帮助。炉体均采用真空密闭结构，真空度可达 10^{-5} mbar，对高纯度保护气氛或者高真空环境下的测量非常有利。红外检测系统包括红外测温器、相关光路系统和光圈等。该系统的作用是获得样品表面温度变化信号。LFA-427 型激光闪射导热仪的主要性能指标参见表 4-9。

表 4-9 LFA-427 型激光闪射导热仪的主要性能指标

性能	试验温度/℃	热扩散系数/(mm²/s)	热导率/[W/(m·K)]
测量范围	−70~2000	0.01~1000	0.1~2000

注：测量的精度为，热扩散系数±3%，比热容±5%。

设备使用时，首先用作为加热源的氙灯发射一束短的脉冲照射在小的试样的下表面，然后使用红外探测器记录试样上表面相应的温度升高，并在初始状态下，将温度探测器的信号进行放大及校正，使温升曲线能反映通过闪光照射导致的试样的温度改变。试样上表面的温度可表示为几个变量的函数。这些变量包括试样几何尺寸、热扩散系数与试样的热损失。测量过程可直接使用所记录的温升数据，通过选择适当的数学模型，用软件计算得到试样的热扩散系数。

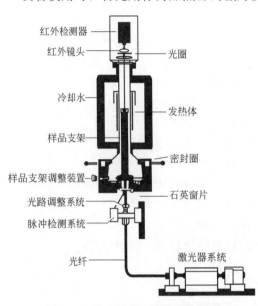

图 4-34 激光闪射法导热仪示意图

（图中标注：红外检测器、红外镜头、光圈、冷却水、发热体、样品支架、密封圈、样品支架调整装置、石英窗片、光路调整系统、脉冲检测系统、光纤、激光器系统）

4.3.2.3 试样

① 通常采用的试样为薄的圆片状试样，其接受脉冲能量辐射表面面积比能量束斑小。典型的试样直径为 6~18mm，最佳试样厚度取决于所估计的热扩散系数大小，并选择此试样厚度以确保达到最高温度所需的时间在 40~200ms 之内变化。高温测量时应采用较薄的试样，使热损失修正值减到最小。然而，试样一般应具有足够的厚度才可使待测材料更具代表性。典型的试样厚度为 1~6mm。由于热扩散系数与试样厚度的平方成比例，因此应在不同的温度范围内采用不同的试样厚度。一般而言，低温测试所需的最佳试样厚度与高温测试所需的最佳试样厚度相差甚远。

② 选择的试样厚度不当不仅会造成不必要的试验失败，而且也是造成试验误差的主要原因。一般开始的时候可以选择 2~3mm 厚的试样，随后以得出的温度记录曲线为基础改变试样厚度（试样过厚观测不到信号）。高导热材料，热扩散系数＞50mm²/s（如金属单质、石墨、部分高导热陶瓷等），建议厚度 2~4mm；中等导热材料，热扩散系数在 1~50mm²/s 之间（如大部分陶瓷、合金等），建议厚度 1~2mm；低热导率，热扩散系数＜1mm²/s（如塑料、橡胶、玻璃等），建议厚度 0.1~1mm。

③ 所制备的试样表面应平整且平行误差在厚度的 0.5% 以内。不允许有任何表面缺陷（砂眼、刮痕、条纹），因为会严重影响试验结果。

4.3.2.4 测试

① 测定并记录试样的厚度。
② 试样装入试样架后应与脉冲激光同轴。
③ 遮光圈和激光束覆盖试样。
④ 探测器和试样背面中心同轴。

⑤ 如需要则抽真空或充惰性气体。

⑥ 在低温测试时，为使温度探测器在线性范围内工作，在保证可测温升的前提下，应选用尽可能低的能量脉冲。

⑦ 脉冲发生后，监控初始或处理过的温度曲线以确定合适的能量范围。

⑧ 确定基线和最高温升，得出温度变化 ΔT_{max}，再确定从起始脉冲开始到试样背面温度升至最高温度所需的一半时间 $t_{1/2}$，最后按式（4-12）计算热扩散系数。

◆ 参考文献 ◆

[1] 张俊臣. 塑料热性能试验方法标准. 重庆：重庆大学出版社，1987.

[2] 于东明，刘学超. 合成树脂与塑料性能手册. 北京：机械工业出版社，2011.

[3] 余忠珍. 塑料性能测试. 北京：中国轻工业出版社，2009.

[4] 周维祥. 塑料测试技术. 北京：化学工业出版社，1997.

[5] 宋霞，阎冬梅. 导热塑料材料的研究进展. 塑料制造，2008（4）：130-132.

[6] 付蕾，陈立贵，蒋鹏. 高聚物熔点的两种测试方法比较. 塑料科技，2009，37（3）：74-76.

[7] 张玉龙，孙敏. 塑料品种与性能手册. 北京：化学工业出版社，2012.

[8] 何燕，崔琪，马连湘. 热扩散系数测量的新方法. 青岛科技大学学报（自然科学版），2005，26（6）：516-518.

[9] GB/T 1634.1—2004 塑料　负荷变形温度的测定　第 1 部分：通用实验方法.

[10] GB/T 1634.2—2004 塑料　负荷变形温度的测定　第 2 部分：塑料、硬橡胶和长纤维增强复合材料.

[11] GB/T 1634.3—2004 塑料　负荷变形温度的测定　第 3 部分：高强度热固性层压材料.

[12] GB/T 1633—2000 热塑性塑料维卡软化温度（VST）的测定.

[13] GB/T 1699—2003 塑料耐热性（马丁）试验方法.

[14] ISO 11358-1：2014 塑料　聚合物的热重分析法（TG）　一般原理.

[15] ASTM E2550：2007 热重分析法测定热稳定性的标准试验方法.

[16] ISO 12086-1：2006 塑料　含氟聚合物分散体模塑和挤塑材料　第 1 部分：命名系统和基本规范.

[17] ISO 12086-2：2006 塑料　含氟聚合物分散体模塑和挤塑材料　第 2 部分：试样制备和性能测定质料.

[18] GB/T 1033.1—2008 塑料　非泡沫塑料密度的测定　第 1 部分　浸渍法、液体比重瓶法和滴定法.

[19] GB/T 1036—2008 塑料　－30℃～30℃线膨胀系数的测定　石英膨胀计法.

[20] GB/T 5470—2008 塑料　冲击法脆化温度的测定.

[21] GB/T 19466.1—2004 塑料　差示扫描量热法（DSC）第 1 部分：通则.

[22] GB/T 19466.2—2004 塑料　差示扫描量热法（DSC）第 2 部分：玻璃化转变温度的测定.

[23] ASTM D7028—2007e1 用动态力学分析法（DMA）测定聚合物基复合材料的玻璃化转变温度的标准试验方法.

[24] GB/T 16582—2008 塑料　用毛细管法和偏光显微镜法测定部分结晶聚合物熔融行为（熔融温度或熔融范围）.

[25] GB/T 19466.3—2004 塑料　差示扫描量热法（DSC）第 3 部分：熔融和结晶温度及热焓的测定.

[26] GB 3399—1982 塑料导热系数试验方法　护热平板法.

[27] GB/T 3139—2005 纤维增强塑料导热系数试验方法.

[28] GB/T 10294—2008 绝热材料稳态热阻及有关特性的测定　防护热板法.

[29] GB/T 10297—1998 非金属固体材料导热系数的测定　热线法.

[30] GB/T 22588—2015 闪光法测量热扩散系数和热导率.

[31] ISO 22007.2：2008 塑料热导率和热扩散率的确定　瞬变平面热源法.

[32] ISO 8894-1：2010 耐火材料　热导率测定　第 1 部分　热线法（正交数组和电阻温度计）.

[33] ISO 8894-2：2007 耐火材料　热导率测定　第 2 部分　热线法（并联）.

第5章

流变性能

流变学是研究物质流动和变形规律的一门科学。聚合物流体是典型的黏弹性流体，它的流变行为强烈地依赖于聚合物本身的结构、分子量及其分布、温度、压力、时间、作用力的性质和大小等外界条件。对聚合物材料而言，通过合适的流变实验，可以获得分子结构（MW、MWD、支化及交联）、分子运动（转变、松弛及黏流等）、结晶过程、共混（相容性、相形态结构）、复合体系（多种性能）、化学流变学（聚合、接枝、交联）等方面的信息，从而为材料的设计和制备以及材料的应用提供依据。分析聚合物的加工过程可知，聚合物的加工实际上是将固体树脂经过加热转变为熔体后，熔体又经过在流道和模具中的流动和变形，形成制品的形状，最后经过冷却定型而成为固体制品。可见，聚合物常规的加工过程实质上是一个传热和流变的过程，流变性能对聚合物加工而言非常重要，也可以说，高聚物流变学是塑料加工和技术创新的理论基础。对聚合物成型模具及机械设计而言，聚合物流变学为设计提供了必需的数学模型和被加工材料的流动性质，是进行计算机辅助设计的重要理论基础之一。因此，掌握聚合物流动与变形的基本规律，对正确分析和处理聚合物材料及其加工工艺和工程问题具有指导意义。

5.1 流变测量预备知识

成功的流变测试对测试人员有三点要求：必须具备必要的流变学知识；必须对流变仪有深刻的理解；必须充分了解拟测试的物质和测试目的。

随着聚合物流变学理论和测量技术的发展，流变仪以及相关的流变模拟软件也日臻完善，能够将各种边界条件下可测量的物理量（如压力、转矩、转速、频率、线速度、流量、温度等）与描述聚合物流变性质但不能直接测量的物理量（如应力、应变、应变速率、黏度、模量、法向应力差系数等）关联起来。无论哪种流变测量，都离不开一些基本的流变参数，掌握这些概念对理解流变学原理和进行流变测量至关重要。

5.1.1 黏弹性参数的基本概念

从高分子物理的知识我们了解到，纯黏性流体的流动流变行为可用牛顿定律（Newton's law）描述，理想弹性体的变形行为用虎克定律（Hooke's law）描述，真实的物质通常是既有黏性又有弹性，高分子材料是典型的黏弹性材料，应力与应变之间不呈直线关系，所以，要用更深层次的流变本构方程去描述。描述流体流变行为的主要参量有应力、应变、应变速率、黏度和模量等，下面结合图 5-1 的简单剪切变形模型对这些参量的意义进行阐述。

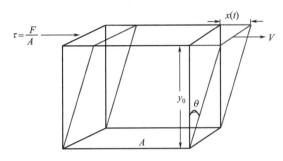

图 5-1　简单剪切变形模型

（1）应力

材料受外力作用后，内部产生与外力相平衡的抵抗力，定义为单位面积上所受的力，或用弹性力学的定义解释为应力是平面上力的分布密度。聚合物在加工过程中的形变是外力作用的结果，随受力方式的不同，应力通常分为三类，即剪切应力、拉伸应力和静压力。在图 5-1 中，剪切应力 τ 为剪切力 F 与其作用面积 A 的比值（$\tau = F/A$）。

（2）应变

材料受力后产生的形变（即几何形状的改变），称为应变。随受力方式的不同，应变也有拉伸应变和剪切应变之分。在图 5-1 中，剪切应变 $\gamma = x(t)/y_0$。

（3）应变速率

单位时间内的应变称为应变速率（单位：s^{-1}）。在图 5-1 中，剪切应变速率 $\dot{\gamma} = V/y_0$。应变速率即速度梯度，故也可以写成 $\dot{\gamma} = \mathrm{d}v_x/\mathrm{d}y$。

（4）黏度

根据牛顿流动定律，液体流动时阻力的大小，与液层相互位移的速度成正比，这种阻力的增大是由于液体"缺乏润滑"所致，定义"缺乏润滑"的特性参数为黏度。剪切黏度（η），其定义为剪切应力（τ）和剪切速率（$\dot{\gamma}$）的比值，$\eta = \dfrac{\tau}{\dot{\gamma}}$，单位为 Pa·s。

当所受应力为拉伸应力时，黏度定义为拉伸应力和拉伸应变速率之比，相应的黏度称为拉伸黏度。在实际应用中，剪切黏度应用最为广泛，我们习惯上把剪切黏度简称为黏度。

（5）模量

根据虎克定律，模量定义为应力与应变的比值。随受力方式的不同，模量也有拉伸模量和剪切模量之分。在图 5-1 中，剪切模量为剪切应力和剪切应变的比值（$G = \tau/\gamma$）。

在流变测量中，经常通过测量不同测试条件下黏度和模量的变化来反映流体的流变性质和流动状态。在动态测试模式下，应变和应力之间存在相位差，这时其流动状态要用复数黏度和复数模量来描述，称为动态黏弹性参数，如表 5-1 所示。

表 5-1　动态黏弹性参数

名称	数学表达式	单位
应变	$\gamma = \gamma_0 \sin(\omega t)$	—
应力	$\sigma = \sigma_0 \sin(\omega t + \delta)$	Pa

名称	数学表达式	单位
储能模量	$G' = (\sigma_0 / \gamma_0)\cos\delta$	Pa
损耗模量	$G'' = (\sigma_0 / \gamma_0)\sin\delta$	Pa
损耗因子（$\tan\delta$）	G''/G'	—
复数模量	$\vert G^* \vert = (G'^2 + G''^2)^{0.5}$	Pa
复数黏度	$\eta^* = G^* / \omega$	Pa·s

　　具体到每一种流变测试，都要将上述流变参数转换为可控制、可操作的仪器参数，例如旋转流变仪中，施加和测试的量分别为转矩、角偏移和角速率，它们分别对应于应力、应变和应变速率。

5.1.2　影响聚合物流变行为的因素

　　影响聚合物熔体黏度的因素主要是聚合物熔体内大分子长链之间的缠结程度以及自由体积的大小。前者决定了链段协同跃迁和分子位移的能力，后者决定了在跃迁链段的周围是否有可以接纳它跃入的空间。因此，凡能引起链段跃迁能力和自由体积增加的因素，都能导致聚合物熔体黏度下降。大多数聚合物熔体属于假塑性流体，黏性剪切流动中，黏度是受各种因素影响的变量。描述聚合物熔体黏度的函数关系为：

$$\eta = F(\dot{\gamma}, T, p, M, \cdots) \tag{5-1}$$

式中　$\dot{\gamma}$——剪切速率，它是剪切应力 τ 的函数；

　　　　T——温度；

　　　　p——压力，它本身是体积的函数；

　　　　M——分子结构。

其他影响因素包括各种添加剂等。

（1）剪切速率的影响

具有非牛顿行为的聚合物熔体，其黏度随剪切速率的增加而下降。高剪切速率下的熔体黏度比低剪切速率下的黏度小几个数量级。不同聚合物熔体在流动过程中，随剪切速率的增加，其黏度下降的程度是不相同的。如图 5-2 所示，在低剪切速率下，低密度聚乙烯和聚苯乙烯的黏度大于聚砜和聚碳酸酯；但在高剪切速率下，低密度聚乙烯和聚苯乙烯的黏度小于聚砜和聚碳酸酯。

从熔体黏度对剪切速率的依赖性来说，不同塑料的敏感性存在明显区别。敏感性较明显的有 LDPE、PP、PS、HIPS、ABS、PMMA 和 POM；而 HDPE、PSF、PA1010 和 PBT 的敏感性一般；PA6、PA66 和 PC 最不敏感。对于剪切速率敏感性大的塑料，可采用提高剪切速率的方法使其黏度下降，有利于注射成型的充模过程。

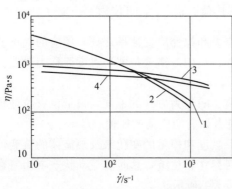

图 5-2　聚合物熔体黏度与剪切速率的关系
1—LDPE（210℃）；2—PS（200℃）；
3—PSF（375℃）；4—PC（315℃）

（2）温度的影响

随着温度的升高，聚合物分子间的相互作用力减弱，熔体的黏度降低，流动性增大，如图 5-3 所示。

在较高的温度（$T > T_g + 100℃$）下，聚合物熔体黏度对温度的依赖性可用阿伦尼乌斯（Arrhenius）方程来表示。根据恒定剪切速率或恒定剪切应力下的黏流活化能，黏度可分别表示为：

$$\eta = A \exp \left(\frac{E_\gamma}{RT} \right) \tag{5-2}$$

$$\eta = A' \exp \left(\frac{E_\tau}{RT} \right) \tag{5-3}$$

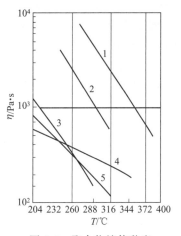

图 5-3　聚合物熔体黏度
与温度的关系
1—PSF；2—PC；3—PPO；
4—HDPE；5—PS（$\dot\gamma = 100 s^{-1}$）

式中　A，A'——与材料性质、剪切速率和剪切应力有关的常数；

$\qquad E_\gamma$，E_τ——恒定剪切速率和恒定剪切应力下的黏流活化能，J/mol；

$\qquad R$——气体常数，8.314J/(mol·K)；

$\qquad T$——热力学温度，K。

对于服从幂律方程的流体，经推导可得活化能 E_γ、E_τ 与流动指数 n 的关系：

$$E_\gamma = n E_\tau \tag{5-4}$$

在 $T_g < T < T_g + 100℃$ 的温度范围内，黏度与温度的关系，可用 WLF 方程描述。

$$\lg \frac{\eta(T)}{\eta(T_g)} = \frac{-17.44(T - T_g)}{51.6 + (T - T_g)} \tag{5-5}$$

式中　T，T_g——实时温度和玻璃化转变温度；

$\eta(T)$，$\eta(T_g)$——实时温度和玻璃化转变温度下的熔体黏度。

黏流活化能是描述材料黏度对温度依赖性的物理量，它是指分子链流动时用于克服分子间作用力，以便进行位置跃迁所需要的能量，即每摩尔运动单元流动时所需要的能量。材料的活化能越大，其黏度对温度越敏感；当温度升高时，其黏度下降明显。一些聚合物熔体在某个温度下的黏流活化能见表 5-2。对于活化能较低的 PE 和 POM 等聚合物，通过升高温度来改善加工流动性的效果并不明显；而对于活化能较高的 PMMA 和 PC 等聚合物，升高温度能够明显提高加工流动性。

表 5-2　几种聚合物熔体在某个温度下的黏流活化能

聚合物	$\dot\gamma / s^{-1}$	$E_\gamma / (kJ/mol)$	聚合物	$\dot\gamma / s^{-1}$	$E_\gamma / (kJ/mol)$
POM(190℃)	$10^1 \sim 10^2$	$26.4 \sim 28.5$	PMMA(190℃)	$10^1 \sim 10^2$	$159 \sim 167$
PE(MFR 2.1g/10min,150℃)	$10^2 \sim 10^3$	$28.9 \sim 34.3$	PC(250℃)	$10^1 \sim 10^2$	$167 \sim 188$
PP(250℃)	$10^1 \sim 10^2$	$41.8 \sim 60.1$	PS(190℃)	$10^1 \sim 10^2$	$92.1 \sim 96.3$

（3）压力的影响

聚合物熔体是可压缩的流体。聚合物熔体在 $1 \sim 10$ MPa 的压力下成型，其体积压缩量小于 1%。注射成型的压力可高达 100 MPa，此时就会有明显的体积压缩。体积压缩必然引起自由体积的减少和分子间距离的缩小，将导致流体黏度的增加和流动性的降低。

通过恒定压力下黏度随温度变化和恒定温度下黏度随压力变化的测定，得知压力增加 Δp 与温度下降 ΔT 对黏度的影响是等效的。因此，压力和温度对黏度影响的等效关系可用换算因子 $(\Delta T/\Delta p)_\eta$ 来处理。对于一般的聚合物熔体，压力和温度对黏度影响的等效换算因子 $(\Delta T/\Delta p)_\eta$ 为 $0.3\sim0.9\,℃/MPa$。一些聚合物熔体的温度-压力等效关系见图 5-4。

挤出成型的压力比注射成型大约低一个数量级。因此，挤出压力所导致的熔体黏度增加，大致相当于加工温度下降了几摄氏度；而注射压力所导致的熔体黏度增加，大约相当于加工温度下降了几十摄氏度。

（4）分子结构的影响

① 分子量

聚合物熔体的黏性流动主要是分子链之间发生的相对位移。因此分子量越大，流动性越差、黏度越高。在给定的温度下，聚合物熔体的零剪切黏度 η_0 随着重均分子量 $\overline{M}_w$ 的增加呈指数关系增大，其中存在一个临界分子量 M_c，如图 5-5 所示。零剪切黏度 η_0 与重均分子量 $\overline{M}_w$ 的关系为：

$$\eta_0 \propto \overline{M}_w^x \tag{5-6}$$

当 $\overline{M}_w \leqslant M_c$ 时，$x = 1\sim1.5$；当 $\overline{M}_w > M_c$ 时，$x = 3.4$。

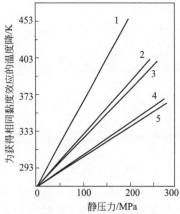

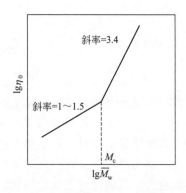

图 5-4　黏度恒定时的温度-压力等效关系
1—PP；2—LDPE；3—共聚 POM；4—PMMA；5—PA66

图 5-5　聚合物熔体黏度与分子量的关系

分子量越高，则熔体的非牛顿型流动行为越强。反之，低于临界分子量 M_c 时，聚合物熔体表现为牛顿型流体。表 5-3 为几种聚合物临界分子量 M_c 的实验值。

表 5-3　几种聚合物的临界分子量

聚合物	M_c	聚合物	M_c	聚合物	M_c
聚乙烯	3800	聚丙烯	7000	聚乙酸乙烯酯	23000
聚酰胺 6	5000	聚碳酸酯	13000	聚甲基丙烯酸甲酯	28000
聚丁二烯	5600	聚异丁烯	17000	聚苯乙烯	30000

② 分子量分布

聚合物在分子量相同的情况下，分子量分布 MWD 也影响熔体的流动性，如图 5-6 所示。分子量分布宽的聚合物熔体，对剪切速率的敏感性大于分布窄的物料。在平均分子量相同的情况下，分子量分布宽的聚合物熔体中，一些较长分子链所形成的缠结点能够在剪切速率增大时被破坏，导致其黏度下降超过分子量分布窄的聚合物熔体。从成型加工的观点来看，分子量分布宽的聚合物，其流动性较好而易于加工。然而分子量分布过宽，低分子量的级分会降低材料的机械强度。

③ 支化。

聚合物分子中支链结构的存在对黏度也有很大的影响。在分子量相同的情况下，短支链聚合物的黏度低于直链聚合物；支链长度增加，黏度随之上升，当支链长度增加到一定值后，其黏度有可能比直链聚合物大若干倍。此外，在分子量相同的条件下，支链越多、越短，流动时的空间位阻越小，黏度越低，而越容易流动。

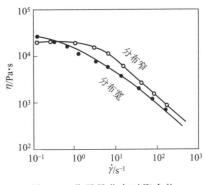

图 5-6　分子量分布对聚合物
熔体黏度的影响

长链支化对熔体黏度的影响较为复杂。在低于临界分子量 M_c 时，相同分子量的长支链聚合物的黏度低于线型聚合物。高于临界分子量 M_c 时，在低剪切速率下，长支链聚合物有较高的黏度；但在高剪切速率下，长支链聚合物的黏度较低。

（5）添加剂的影响

添加剂中的增塑剂、润滑剂和填充剂等对聚合物的流动性能有较显著的影响。

加入增塑剂和润滑剂能够降低成型过程中熔体的黏度，改善加工流动性。不同的增塑剂类型和用量，对熔体黏度的影响存在差异。PVC 是增塑剂的使用大户，随着增塑剂用量的增加，PVC 的熔体黏度下降，加工流动性提高；然而加入增塑剂后，其制品的力学性能及热性能会随之改变。在硬质 PVC 配方中加入硬脂酸作为内润滑剂，不但能够降低熔体的黏度，还可控制加工过程中所产生的摩擦热，使 PVC 不易产生降解。在硬质 PVC 配方中加入聚乙烯蜡作为外润滑剂，能够在 PVC 与加工设备的金属表面之间形成弱边界层，使得熔体容易从设备表面剥离，不致因黏附时间过长而产生降解。

加入矿物类填充剂和纤维类增强剂一般能够降低聚合物的加工流动性。填充剂对聚合物流动性的影响与填充剂的粒径大小有关。粒径小的填充剂，使其分散所需的能量较多，加工时的流动性差，但制品表面较光滑，机械强度较高。反之，粒径大的填充剂，其分散性和流动性都较好，但制品表面较粗糙，机械强度较低。此外，填充聚合物的流动性还受填充剂的类型及用量、表面性质以及填充剂与聚合物基体之间的界面作用等因素的影响。纤维类增强剂的加入一般使聚合物的黏度升高，流动性变差。

5.2　毛细管流变仪

毛细管流变仪具有操作简单、测量准确、测量范围宽等优点，是目前发展得最成熟、应用最广的流变测量仪之一。毛细管流变仪可分为两类：一类是压力型毛细管流变仪，通常简称为毛细管流变仪；另一类是重力型毛细管流变仪，如乌氏黏度计。根据其测量原理的不同，压力型毛细管流变仪又可分为恒压型和恒速型两类。恒压型毛细管流变仪是在挤压过程中，保持柱塞前进压力恒定，做变速运动，待测量为物料的挤出速度，塑料工业中常使用熔体指数仪来测熔融指数；而恒速型毛细管流变仪则是保持柱塞前进的速率恒定，做匀速运动，待测量为毛细管两端的压力差，一般用来测量物料黏度及其他流变参数。压力型毛细管流变仪既可以测定热塑性高聚物熔体在较大的剪切速率范围下的剪切应力和剪切速率的关系，又可以通过观察挤出物的直径和外观，在恒定应力下通过改变毛细管的长径比来研究熔体的弹性和不稳定流动现象，从而预测聚合物的加工行为，作为选择复合物配方、寻求最佳成型工艺条件和控制产品质量的依据，具有较大的实际应用价值。

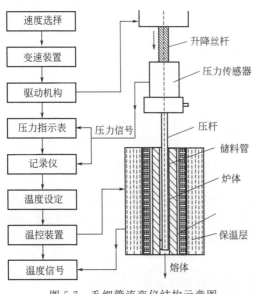

图 5-7 毛细管流变仪结构示意图

5.2.1 恒速型压力毛细管流变仪的结构

恒速型压力毛细管流变仪的基本构造如图 5-7 所示。其核心部分为一套精致的毛细管，料筒周围为恒温加热套，内有电热丝；料筒内物料的上部为液压驱动的柱塞。物料经加热变成熔体后，在适当的挤出速度下，从毛细管口模挤出。在一定的加工温度下，使用不同的挤出速度，并在每一个挤出速度下测量口模毛细管的入口压力和熔体流量，由此计算相应的剪切力、剪切速率和黏度，得到该材料相应的流变曲线，由此测量物料的流变行为以及黏弹性。

为了使物料能够充分地预热和熔融，毛细管流变仪的上部设置有一个直径较大的加料室（也有书称之为料筒），物料从直径宽大的加料室通过具有一定入口角的入口区进入毛细管，然后从出口挤出，其流动状况发生巨大变化。物料在入口区附近有明显的流线收敛现象，进入毛细管一段时间后，才能成为稳定的流线平行的层流。而在出口区附近，由于约束消失，聚合物熔体表现出挤出胀大现象，流线又发生变化。因此，物料在毛细管中的流动可分为三个区域：入口区、完全发展流动区、出口区（图 5-8）。图中 L 为毛细管的总长度，p 为柱塞杆对聚合物施加的压力，V 为下压速度，R 为毛细管半径。即

$$\Delta p = \Delta p_{ent} + \Delta p_{cap} + \Delta p_{exit} \tag{5-7}$$

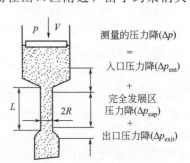

图 5-8 物料在毛细管中流动的三个区域

入口压力降存在的原因主要是物料在入口区经历了强烈的拉伸流动和剪切流动，储存和消耗了部分能量。实验发现，在全部的压力损失中，95%是由弹性储能引起的，5%是由黏性耗散引起的。因此，对于纯黏性的牛顿流体而言，入口压力降很小，可忽略不计。对于黏弹性流体，则必须考虑因其弹性形变而导致的压力损失。相对而言，出口压力降要比入口压力降小得多。对于牛顿流体来讲，出口压力等于大气压，其压力降可视为 0。对于黏弹性流体，由于经过毛细管后弹性形变并不能全部松弛，导致在出口处还存在部分内应力，即导致出口压力降。完全发展流动区是毛细管中的测量区域，物料在流线平行的完全发展区做测黏流动，即流场中每一物质点均承受常剪切速率的简单剪切形变。流变测量中，为了得到准确的数据，需要进行压力校正。

5.2.2 测量原理

5.2.2.1 牛顿型流体

（1）剪切应力

在完全发展流动区，假设毛细管半径为 R，管中的流体为不可压缩的牛顿流体，在压力下做等温和稳定的轴向层流，并且流体在管壁面上无滑移。在无限长的圆管中取半径为 r、长度为 L、两端压力差为 Δp 的流体单元，如图 5-9 所示。流体单元受到液柱推力（$\pi r^2 \Delta p$）流动时，又受到反方向的黏滞阻力，该阻力为剪切应力 τ 与液柱表面积（$2\pi r L$）的乘积。则存在力平衡式：

$$\pi r^2 \Delta p = 2\pi r L \tau \tag{5-8}$$

因此，毛细管内沿半径方向的剪切应力为：

$$\tau = \frac{\Delta p r}{2L} \tag{5-9}$$

在管中心处，由于 $r=0$，则 $\tau=0$。

在管壁面上，由于 $r=R$，则剪切应力的最大值为：

$$\tau_w = \frac{\Delta p R}{2L} \tag{5-10}$$

因此，牛顿流体在等截面圆管中的剪切应力为线性分布，如图 5-9 所示。

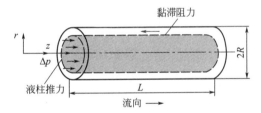

图 5-9 流经毛细管的单元液柱的力平衡

（2）剪切速率

根据牛顿黏性定律，圆管中牛顿流体的剪切速率为：

$$\dot{\gamma} = -\frac{\mathrm{d}v}{\mathrm{d}r} = \frac{\tau}{\eta} = \frac{\Delta p r}{2\eta L} \tag{5-11}$$

式中　v——流体的线速度，m/s；

　　　η——牛顿流体黏度，Pa·s。

在管中心处，由于 $r=0$，则 $\dot{\gamma}=0$。

在管壁面上，由于 $r=R$，则剪切速率的最大值为：

$$\dot{\gamma}_w = \frac{\Delta p R}{2\eta L} \tag{5-12}$$

因此，牛顿流体在等截面圆管中的剪切速率为线性分布。

（3）速度分布

将式(5-12)对 r 进行积分，并代入边界条件 $v_z \mid_{r=R}=0$，可得到圆管中的速度分布：

$$v_{(r)} = \frac{\Delta p R^2}{4\eta L}\left[1-\left(\frac{r}{R}\right)^2\right] \tag{5-13}$$

因此，牛顿流体在等截面圆管中的流速分布为抛物线，如图 5-10 所示。

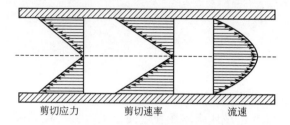

剪切应力　　　　剪切速率　　　　流速

图 5-10　牛顿流体在圆管中的速度和应力

（4）体积流量

将式(5-13)对 r 作整个截面 S 的积分，可得到圆管中的体积流量：

$$q_v = \int_0^R v_{(r)} 2\pi r\, \mathrm{d}r = \frac{\pi \Delta p R^4}{8\eta L} \tag{5-14}$$

将式(5-12)与式(5-14)进行比较，可得管壁上的剪切速率：

$$\dot{\gamma}_w = \frac{4q_v}{\pi R^3} \tag{5-15}$$

将熔体通过毛细管的表观剪切速率 $\dot{\gamma}_a$ 定义为：

$$\dot{\gamma}_a = \dot{\gamma}_w = \frac{4q_v}{\pi R^3} \tag{5-16}$$

5.2.2.2　非牛顿型流体

（1）剪切应力

由式(5-10)可知，剪切应力与流体性质无关，则圆管中非牛顿流体的剪切应力为：

$$\tau = \frac{\Delta p r}{2L} \tag{5-17}$$

因此，非牛顿流体在等截面圆管中的剪切应力为线性分布。

（2）剪切速率

根据非牛顿流体的幂律方程和剪切应力表达式，可得到圆管中非牛顿流体的剪切速率：

$$\dot{\gamma} = -\frac{\mathrm{d}v}{\mathrm{d}r} = \left(\frac{\tau}{K}\right)^{\frac{1}{n}} = \left(\frac{\Delta p r}{2KL}\right)^{\frac{1}{n}} \tag{5-18}$$

因此，非牛顿流体在等截面圆管中的剪切速率为非线性分布，如图 5-11 所示。

（3）速度分布

将式(5-18)对 r 进行积分，并代入边界条件 $v_z \mid_{r=R} = 0$，可得到圆管中的速度分布：

$$
\begin{aligned}
v_{(r)} &= \left(\frac{\Delta p}{2KL}\right)^{\frac{1}{n}} \left(\frac{n}{n+1}\right) \left(R^{\frac{n+1}{n}} - r^{\frac{n+1}{n}}\right) \\
&= \left(\frac{n}{n+1}\right) \left(\frac{\Delta p}{2KL}\right)^{\frac{1}{n}} R^{\frac{n+1}{n}} \left[1 - \left(\frac{r}{R}\right)^{\frac{n+1}{n}}\right]
\end{aligned} \tag{5-19}
$$

因此，非牛顿流体在等截面圆管中的流速分布为柱塞流动，如图 5-11 所示。

（4）体积流量

将式(5-19)对 r 作整个截面 S 的积分，可得到圆管中的体积流量：

$$q_v = \int_0^R v_{(r)} 2\pi r\, \mathrm{d}r = \left(\frac{\pi n}{3n+1}\right) \left(\frac{\Delta p}{2KL}\right)^{\frac{1}{n}} R^{\frac{3n+1}{n}} \tag{5-20}$$

若上式中的 $n=1$、$K=\eta$，即可得牛顿流体的体积流量，见式(5-14)。

由式(5-18) 可推知，服从幂律方程的非牛顿流体在管壁上的真实剪切速率 $\dot{\gamma}_T$ 为：

$$\dot{\gamma}_T=\left(\frac{\Delta pR}{2KL}\right)^{\frac{1}{n}} \tag{5-21}$$

将式(5-20) 与式(5-21) 进行对比，可导出非牛顿流体真实剪切速率 $\dot{\gamma}_T$ 与表观剪切速率 $\dot{\gamma}_a$ 之间的关系：

$$\dot{\gamma}_T=\left(\frac{3n+1}{n}\right)\frac{q_v}{\pi R^3}=\left(\frac{3n+1}{4n}\right)\frac{4q_v}{\pi R^3}=\left(\frac{3n+1}{4n}\right)\dot{\gamma}_a \tag{5-22}$$

式(5-22) 称为雷比诺维茨（Rabinowitsch）非牛顿校正。由于聚合物熔体的 $n<1$，所以 $\dot{\gamma}_T>\dot{\gamma}_a$。采用管壁的最大剪切应力 τ_w，定义的表观黏度 η_a 和真实黏度 η_T 如下：

$$\eta_a=\frac{\tau_w}{\dot{\gamma}_a} \tag{5-23}$$

$$\eta_T=\frac{\tau_w}{\dot{\gamma}_T} \tag{5-24}$$

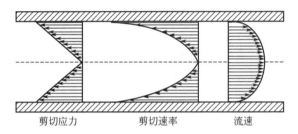

剪切应力　　　　剪切速率　　　　流速

图 5-11　非牛顿流体在等截面圆管中的速率和应力

5.2.2.3　Bagley 末端校正

在实际测量时，压力传感器实测的压力降包括入口区的压力降 Δp_{ent}、完全发展区的压力降 Δp_{cap} 和出口区的压力降 Δp_{exit} 三部分。而在前面的分析中，Δp 为完全发展流动区的压力降。另外，完全发展区的流动长度 L' 小于毛细管的长度 L。因此，在通过测压力差来计算压力梯度时，需进行校正，否则会严重影响测量的准确性。

为了得到完全发展流动区的压力降，Bagley 提出了如下修正：为保证压力梯度的准确性，通过虚拟地延长毛细管的长度，将入口区的压力降等价于虚拟延长长度上的压力降，如图 5-12 所示，虚拟延长长度为：

$$L_B=e_0R \tag{5-25}$$

式中，e_0 为 Bagley 修正因子，因此压力梯度为：

$$\frac{\partial p}{\partial z}=-\frac{\Delta p}{L'+e_0R} \tag{5-26}$$

相应的，管壁上的应力为：

$$\sigma_R=-\frac{R}{2}\times\frac{\Delta p}{L'+e_0R} \tag{5-27}$$

对于 e_0 的值，可采用如下实验方法确定：选择三根不同长径比的毛细管，在同一体积流量下，测量压差 Δp 与长径比 L/D 的关系并作图，将直线延长与 Δp 轴相交，其纵向截距等于入口压力降 Δp_{ent}；继续延长，与 L/D 轴相交，其横向截距为 $L_B/D=e_0/2$（见

图 5-13）。可见，Bagley 校正是通过测量一系列不同长度口模的压力降，然后线性外推至口模的长径比（L/D）为 0，从而补偿入口压力降造成的影响。

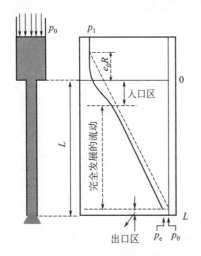

图 5-12　物料在毛细管中流动区域的示意

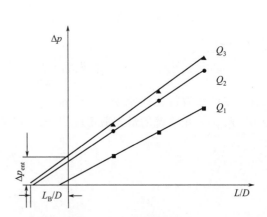

图 5-13　不同流量下 Δp 与 L_B/D 的关系

由于入口压力降是由流体存储弹性而产生的，因此一切影响材料弹性的因素（分子量、分子量分布、剪切速率、温度等）都会对修正因子产生影响。实验表明，当毛细管长径比较小、温度较低、剪切速率较大时，入口校正不能忽略。当毛细管长径比很大（一般大于 40）时，入口区压力降所占比重较小，此时可不作入口校正。

从以上分析可以看出，Bagley 法入口压力降的校正比较繁复，并且有时压力降的外推值甚至出现负值。为了提高测量的效率和准确性，现代流变测量技术开发了双料筒毛细管，即其中一支料筒为正常测量的毛细管（口模），另一支料筒为厚度为 0 的毛细管（口模），测量时系统会根据 0 厚度口模的压力降自动扣除测量口模入口压力降的影响，实现了实时校正，给测量带来了极大的方便。下面结合英国马尔文（Malvern）仪器有限公司生产的双料筒毛细管流变仪，介绍该测量方法。

5.2.3　测量方法

（1）RH2000 型毛细管流变仪的构造和原理

如图 5-14 所示，马尔文 RH2000 型毛细管流变仪的主要部件是料桶，其中包括压力传感器、温度传感器、活塞、口模（毛细管）和样品。该毛细管流变仪最显著的特点是具有双料筒结构，其中长口模用于测量，零口模用于校正。下面简要介绍其测量原理。

实际测量时，如果 L/D 很小，做 Bagley 校正时可能会出现压力降随长径比的变化不呈线性关系的情况，如图 5-15 所示。

RH2000 型毛细管流变仪零口模的有效长度为 0，但实际长度是 0.25mm，可以近似认为只有入口和出口效应（拉伸作用为主），样品受到的剪切作用很小。因此该毛细管流变仪的零口模直接测量的就是入口压力降，而其另一支长口模测量的是流经特定长径比（例如 $L/D=16$）毛细管两端的压力降，如图 5-16 所示，故两支毛细管测量的压力之差就是完全发展区的压力损失。可见，这种仪器很好地解决了入口压力校正问题，给测量带了极大的方便，大大提高了测量的准确性和测量效率。

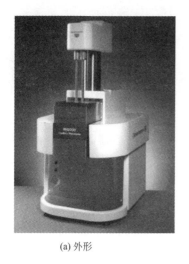

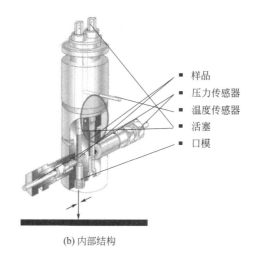

■ 样品
■ 压力传感器
■ 温度传感器
■ 活塞
■ 口模

(a) 外形　　　　　　　　　　(b) 内部结构

图 5-14　马尔文 RH2000 型毛细管流变仪

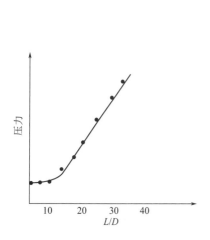

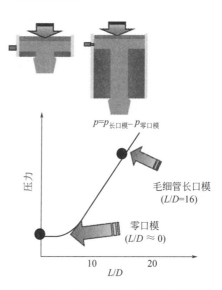

$p=p_{长口模}-p_{零口模}$

毛细管长口模
(L/D=16)

零口模
($L/D \approx 0$)

图 5-15　压力降随长径比的变化不呈线性关系　　图 5-16　RH2000 型毛细管流变仪测量原理示意图

　　RH2000 型毛细管流变仪的主要部分为加热炉体，炉体内装有一根储料管，储料管下端通过紧固螺母可安装不同长径比的毛细管。炉体有基本加热和辅助加热两套加热装置，并通过控温装置控制料管恒温。储料管在装入一定量的试样后，插入压杆。压杆上端有升降丝杠。丝杠的十字头上装有压力传感器。温度稳定后，丝杠在驱动马达带动下以一定速度下降，将压杆压入料管，把物料从毛细管口模中挤出来，同时，作用于压杆上的力 F 则通过压力传感器将信号放大后送至记录仪记录，同时又送至压力指示表显示。挤出过程中，可以测量熔体流过毛细管时在两端产生的压力降，计算出剪切应力，结合已知的速度参数、口模和料桶参数，从而计算出在不同剪切速率下熔体的剪切黏度。

　　（2）RH2000 型毛细管流变仪的操作方法

　　① 开机：打开流变仪开关至"On"位置，如仪器无反应则检查仪器背后电源开关是否打开，电源稳压器开关及配电箱电源是否接通；按前面板向上键使压料头移动到最顶端以初始化仪器。

② 流变仪升温：打开 Flowmaster 软件，在"ManualControl"面板中设置温度，预热仪器；

③ 口模安装：将口模托外侧涂上铜膏，并分别安装在左右料筒底部（做单料筒实验则只能装在左侧）稍微拧紧；将毛细管口模从料筒顶部放入，配合压料杆及口模托杆，轻轻落在口模托上。

④ 软件中压力传感器和口模选择：根据使用情况，点击软件左侧示意图压力传感器和口模处，确认或选择合适的压力传感器及口模（对于口模和压力传感器固定配置的毛细管流变仪，此步骤省略）。

⑤ 参数导入或设置：点击"Loadtest"，将预设好的测试参数文件导入软件中；如需另外定义测试类型和参数，则点击"Newtest"选择相应类型，并点击"Definetest"定义测试口模、压力传感器、剪切速率范围及取点数、测试温度、预压预热条件、平衡条件、报警停机条件这些参数。

⑥ 压力传感器校零：待温度稳定在测试温度±0.5℃时，在"ManualControl"面板中点击相关按钮对压力传感器进行校零。

⑦ 加装物料：称取定量物料，分两组分批轮流依次加入左右料筒（单料筒实验的只加在左侧）。

⑧ 手动预压：手动控制柱塞下压或者在软件中输入一定的下压速度，同时观察左右压力传感器数值，当数值明显增大时，停止手动，观察左右料筒底部有无物料挤出，若均有物料挤出则停止下压。如果下压时压力传感过大（如超过量程10％以上），则应减小下压速度。该步骤的主要目的在于将一部分物料挤出口模，从而将口模中残留的物料清理出来。

⑨ 测试过程：点击"Runtest"，开始测试，系统预压预热后将自动进入测试阶段。

⑩ 数据保存和导出：点击"Saveresults"保存数据，点击"Analysis"进入分析软件，导出相应数据。

⑪ 清理：取下口模托，手动或软件控制，将残留物料挤出后（注意口模直接脱落到硬质地板或托盘上会受到损坏）将柱塞上升至顶端（上升速度一般不大于600mm/min，采用300mm/min 为宜），将柱塞迅速取下，用纱布或铜刷将柱塞清理干净；用布条（必要时用铜刷）将料筒壁清理干净。

⑫ 结束：将所用工具和部件整理完毕，登记实验记录，完成实验。

5.2.4　恒压型压力毛细管流变仪

恒压型压力毛细管流变仪的典型代表是熔融指数测量仪（或称熔体流动速率测定仪）。用于测定各种高聚物在黏流状态时的熔体流动指数（MFI），又称熔体流动速率（MFR）。

（1）熔融指数及应用范围

熔融指数是指在一定的温度和负荷下，聚合物熔体每 10min 通过标准口模毛细管的质量，单位为 g/10min。

通过熔融指数的大小可表征聚合物的熔体流动性能，推断分子量和熔融态黏度的大小，从而判断其适用的成型加工工艺。对于结构一定的高聚物来讲，分子量越小，其熔体的流动性越好，熔融指数越高；反之，分子量越大，熔融指数越低。而对于结构不同的高聚物则不能用熔融指数来比较流动性的好坏，这是因为结构不同的高聚物具有不同的流动温度，且流动性随温度的变化也不同，因而在测定其熔融指数时所采用的温度、压力等条件也不相同。

即使是对于同一种高聚物，若结构不同（如支化度不同），也不能用熔融指数来比较其分子量的高低。

由于熔融指数与分子量之间有一定的关系，因此，可以利用熔融指数来指导高聚物的合成工作。在塑料成型加工中，高聚物熔体的流动性如何直接影响加工出的制品的质量好坏，加工温度与熔体流动性之间的关系可以通过测定不同温度下的熔融指数来反映。MFI 数值越大，说明分子量越低，黏度越低，因此多适用于注射成型工艺。MFI 数值越小，说明分子量越大，黏度越高，此类多适用于挤出成型工艺。然而，对于一定的高聚物而言，只有当测定熔融指数的条件与实际成型加工的条件相近时，熔融指数与温度的关系才能应用到实际生产中。通常测定熔融指数的熔体的剪切速率在 $10^{-2} \sim 10^{1} s^{-1}$ 范围内，远比注射、挤出成型时的剪切速率（$10^{2} \sim 10^{4} s^{-1}$）要小。因此，对于某种热塑性高聚物，只有当熔融指数与加工条件、产品性能从经验上联系起来之后，它才具有较大的实际意义。由于熔融指数的测定简便易行，它对高聚物成型加工中材料的选择和适用性仍有着一定的参考价值。

（2）熔融指数仪的结构

熔融指数仪的结构如图 5-17 所示，国产各种型号的熔融指数测定仪虽有一些区别，但都是由主机、温度测量与控制系统组成。主机是仪器的中心，由炉体、料筒、活塞、口模、砝码等部件构成。由于熔体流动速率仪为精密检测设备，所以对主机挤出部分有很严格的机械要求；另外熔体流动速率和温度有很密切的关系，温度测控部分的稳定性和准确性也都应该有严格的要求。一般加热控制系统可自动将主体料筒内的温度控制在所设定的温度范围，温度波动维持在 0.8℃ 以内。砝码的负荷通过活塞杆作用在高聚物熔融试样上，并将高聚物熔体从毛细管压出，测试时每间隔一定时间用切刀切取从毛细管流出的高聚物熔体样条，并称量其质量，就可求得高聚物的熔融指数。

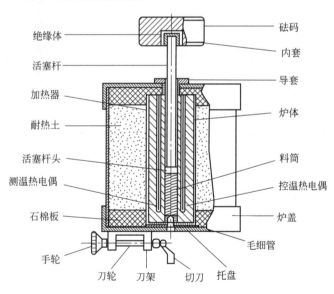

图 5-17 熔融指数仪结构示意图

（3）测量原理

① 定义。

熔体质量流动速率（MFR）：单位时间内挤出物的质量。通常单位时间折算成 10min，从而有：

$$\mathrm{MFR} = \frac{600W}{t} \tag{5-28}$$

式中，W 为挤出物质量的平均值，g；t 为切样间隔时间，s；MFR 为熔体质量流动速率，g/10min。

熔体体积流动速率（MVR）：单位时间内挤出物的体积。

$$\mathrm{MVR} = \frac{600\pi R_{\mathrm{p}}^2 l}{t} \tag{5-29}$$

式中，R_{p} 为柱塞半径，cm；l 为柱塞移动预定测量距离，cm；MVR 为熔体体积流动速率，$\mathrm{cm^3/10min}$。

② 流变参数的确定。

假设载荷为 F，则毛细管壁面剪切应力可由下式确定：

$$\tau_{\mathrm{w}} = \frac{FR}{2\pi R_{\mathrm{p}}^2 L} \tag{5-30}$$

根据表观剪切速率的定义，可以得到：

$$\dot{\gamma}_{\mathrm{a}} = \frac{2.4\mathrm{MVR}}{\pi R^3} \tag{5-31}$$

因此，若在一定的温度和载荷 F 下测量出 MVR，则根据式(5-30) 和式(5-31) 可确定该条件下试样熔体的表观剪切黏度的近似值。

（4）操作步骤

下面以国产 XNR-400 型熔融指数仪为例，说明其操作步骤。

① 开启电源，开启仪器开关，控制面板显示仪器型号和厂家。

② 根据所测样品熔点，设定测定温度值（例如，测定 PP 的熔体指数的定值温度是 230℃）；设定间隔时间（以压出样品长度 10～15mm 为准，可待达到测试温度后调整）；设定取样次数。

③ 合上托盘插销，将毛细管口模和活塞杆一同装入料筒，直到达到测试温度后，恒温 10～15min。

④ 称取 3～4g 试样，拔出活塞杆，经过漏斗向料筒装料，首次少量加入，用料杆压实后，再少量加入，反复进行，这样有助于防止气泡产生，对流动率大的试样尤为重要。试样用量取决于 MFR 的大小。加料量在一定范围内对结果影响不大。

⑤ 重新插入活塞杆，根据国标推荐的负荷选定砝码（例如，选用 2.16kg 负荷），将砝码装在活塞杆的顶部。用手轻压活塞杆，使活塞杆下标线下降到与料筒口相平，预切流出试样弃去。待标线完全进入料筒，开始切料，一般取 5 个无气泡的切割段，待活塞杆上标线下降到与料筒口相平，停止切料。

⑥ 采样完毕，继续挤出料筒内余料，趁热将料筒、活塞杆和毛细管口模用纱布清洗干净。

⑦ 将 5 个无气泡的切割段分别称重，精确到毫克，最大值与最小值之差不超过平均值的 10%，记录实验数据。

⑧ 清理后关机，切断电源。

5.3 转矩流变仪

转矩流变仪是在 Brabender 塑化仪的基础上发展起来的一种综合性聚合物材料流变性能

测试设备。其突出特点是可以在接近于真实加工条件下，对材料的流变行为进行研究。目前已经在塑料加工性能研究、配方设计、材料真实流变参数测量等方面获得了重要应用。随着转矩流变仪应用的日益广泛，其组成和性能也在不断发展，呈现多功能、高性能、高精度、自动化等趋势。

5.3.1　转矩流变仪的结构和功能

转矩流变仪是一种多功能组合式流变测量仪，其基本结构可分为三部分：密闭混合器，包括可拆卸的混合室、转子等实验部件；微机控制系统，用于实验参数的设置及实验结果的显示；机电驱动系统，用于控制实验温度、转子速度、压力，并可记录温度、压力和转矩随时间的变化。

转矩流变仪主要记录物料在混合过程中对转子产生的反转矩以及温度随时间的变化，可研究物料在加工过程中的分散性能、流动行为及结构变化（交联、热稳定性等），同时也可作为生产质量控制的有效手段。由于转矩流变仪与实际生产设备（密炼机）的结构类似，且物料用量少，所以可在实验室中模拟塑炼、混炼等高分子材料的实际加工过程，借以衡量、评价物料的加工行为，研究加工中物料的变化及各种因素的影响，特别适于生产配方和工艺条件的优选，对聚合物的加工有很重要的意义。

小型密闭式混合器相当于一个小型密炼机，由可拆卸的混炼室和一对相向旋转而转速不同的转子组成，如图 5-18 所示。

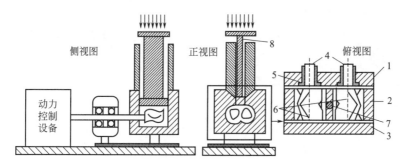

图 5-18　密闭式混合器结构示意图

1—密炼室后座；2—密炼室中部；3—密炼室前板；4—转子传动轴承；5—轴瓦；6—转子；7—熔体热电偶；8—上顶栓

在混合室内，转子相向旋转，对物料施加剪切，使物料在混合室内被强制混合；两个转子的速度不同，在其间隙中发生分散性混合。转子的类型不同其使用的材料和剪切范围也不同。通常有四种不同类型的转子：轧辊转子、凸轮转子、班布利转子和西格玛转子，其结构图及适用范围如表 5-4 所示。

表 5-4　密炼机转子的类型及适用范围

轧辊转子 （roller blade）		适用于热塑性塑料、热固性塑料的混合，可测试材料的 黏性、交联反应和剪切/热应力
凸轮转子 （cam blade）		适用于在中等剪切范围内对热塑性塑料和橡胶进行混合和测试

班布利转子 （Banbury blade）		适用于天然橡胶、合成橡胶及混炼胶的混合与测试
西格玛转子 （Sigma blade）		适用于在低剪切范围内对粉料进行混合，可测试其混入性能

  测量时，在上顶栓压力的作用下，聚合物（或其混合物）以粒子或粉末的形式，缓缓进入密闭式混合器，如图 5-19 所示。加入密闭式混合器中的物料不仅受到上顶栓的压力，而且通过转子表面与混合器壁之间的剪切、搅拌、挤压，转子之间捏合、撕扯等作用，实现物料的塑化、混料，直至达到均匀的状态，如图 5-20 所示。

图 5-19　加料方式

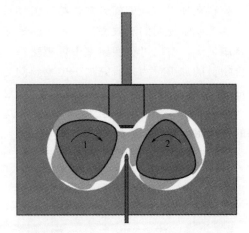

图 5-20　物料在密闭式混合器中的塑化

  通过测量转矩、温度及观察物料外观，可直观地了解转速、温度、时间等对物料性能的影响，优化物料的加工工艺条件。转矩流变仪给出的实验结果有：转矩随时间的变化曲线，温度随时间的变化曲线，能量随时间的变化曲线等，如图 5-21 所示。

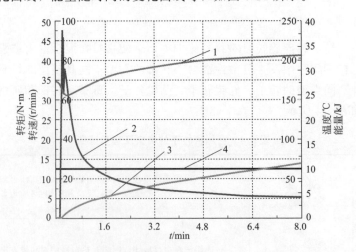

图 5-21　典型热塑性塑料塑化的输出曲线

1—温度；2—转矩；3—能量；4—转速

借此可以研究高分子材料的熔融塑化行为，高分子材料的热稳定性能和剪切稳定性，加工中的反应程度，流动与材料交联的关系、流动与材料焦烧的关系，增塑剂的吸收特性，热固性塑料的交联行为等。

下面简要介绍转矩流变仪的测量原理、使用方法及其典型应用。

5.3.2 测量原理

（1）转矩与转速

下面以 Roller 转子为例，说明转矩流变仪中剪切速率的变化。如图 5-22 所示，由于密炼室的横截面为圆形，而 Roller 转子的横截面为三角形，因此，物料在密闭式混合器中不同位置处所受到的剪切应力是不等的，同时，由于两转子存在一定的速比，故剪切速率也不同。

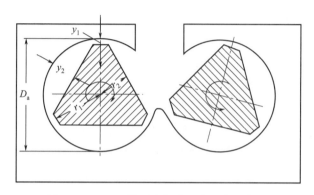

图 5-22 Roller 转子密闭式混合器中的参数

为简化起见，假设转子混合器中对应于某个平均剪切速率有确定的平均剪切应力，即：

$$\bar{\dot{\gamma}} = C_1 N \tag{5-32}$$

$$\bar{\sigma} = C_2 M \tag{5-33}$$

式中，$\bar{\dot{\gamma}}$ 为平均剪切速率；$\bar{\sigma}$ 为平均剪切应力；N 为转速；M 为转矩；C_1、C_2 为常数。

作用在当量面积上的转矩 M 与黏性力矩平衡，即与剪切应力相关；其转速 N 与剪切速率相关。因此根据剪切应力和剪切速率间的幂律模型描绘物料的流变行为，则可得到转矩与转速的关系：

$$M = K m N^n = K m_0 \exp\left(\frac{\Delta E}{RT}\right) N^n = K' \exp\left(\frac{\Delta E}{RT}\right) N^n \tag{5-34}$$

式中，$K = \dfrac{C_1^n}{C_2}$，$K' = m_0 \dfrac{C_1^n}{C_2}$。

上式为转矩流变仪的流变方程式。式中，ΔE 为黏流活化能，J；R 为普适气体常数，$R = 8.314 \mathrm{J/(mol \cdot K)}$；$T$ 为温度，K；m 为黏度系数；n 为非牛顿性指数；m_0、K、K' 为常数。

对式(5-34)两边取对数，得到：

$$\ln M = \ln M' + \frac{\Delta E}{R} T^{-1} + n \ln N \tag{5-35}$$

显然，根据系统自动记录的转矩 M、温度 T 和转速 N，利用多元回归分析可得到 ΔE

和 n、K'。但困难在于常数 K、C_1、C_2 无法确定。

（2）温度补偿转矩

物料在混炼过程中，由于摩擦生热导致物料温度随时间延长而升高。对聚合物而言，其黏度随温度的升高而降低，导致转矩下降。因此，应当对温度效应进行补偿。通常可采用 Arrhenuius 公式获得温度补偿转矩：

$$\ln\frac{M}{M'}=\frac{\Delta E}{R}\Big(\frac{1}{T}-\frac{1}{T'}\Big)\tag{5-36}$$

式中，M 为温度 T 时的转矩；M' 为参考温度 T' 时的计算转矩。

（3）能量的计算——转矩与比机械能

在混合工程中，密闭混合器向物料提供热和机械能。因此，系统提供的能量输入：

$$E(t)=E_M(t)+E_T(t)\tag{5-37}$$

式中，E 为总能量输入；E_M 为机械能输入；E_T 为热能输入。三者均随时间变化。对于密闭混合器而言，由于在混合工程中，系统提供的热能未完全传递到待测物料上，其中一部分以热的形式散发到周围的环境中，且物料在转子的驱动下会摩擦生热，因此热能输入 E_T 是无法测量的。但是，系统提供的机械能是可以测量的，可通过转矩得到。通过对转子进行校正可消除因摩擦生热而带来的误差。

功率（单位：N·m/s）P 是指单位时间内消耗的能量，定义：

$$P=dE/dt\tag{5-38}$$

对于密闭混合器而言，其功率与转矩的关系为：

$$P=\omega M=\frac{2\pi NM}{60}=\pi NM/30\tag{5-39}$$

式中，ω 为角速度，rad/s；N 为转速，r/min；M 为转矩，N·m。所以 $dE/dt=\pi NM/30$，即

$$dE=\frac{\pi NM}{30}dt\tag{5-40}$$

转速 N 为常数，因此对上式两边积分可得到：

$$E_M=\frac{\pi N}{30}\int M dt=\frac{\pi N}{30}M_T\tag{5-41}$$

式中，M_T 为总转矩，可由系统自动积分得到。

比机械能为机械能与物料重量的比值：

$$E_s=\frac{E_M}{m_1}=\frac{\pi N}{30 m_1}\int M dt\tag{5-42}$$

式中，E_s 为比机械能，J/kg；m_1 为物料的重量，kg。比机械能的物理含义是单位重量的物料所消耗的机械能。在实际生产中，通常以比机械能来进行质量控制，使不同批次的物料具有相同的混合程度。

（4）密闭混合器填充系数

对于密闭混合器而言，物料通常并不是完全充满混合器内腔，而是以一定比例进行填充。定义填充系数：

$$f=V_f/V_n\tag{5-43}$$

式中，V_n 为密炼室的净体积（除去转子的体积）；V_f 为物料的填充体积。填充系数的取值范围为 $65\%\sim90\%$，在实际操作中通常取 70%。因此，物料的填充重量为：

$$m_1 = \rho V_n f \tag{5-44}$$

式中，ρ 为物料的密度，kg/m^3。

5.3.3　操作方法

现以国产 XSS-300 型流变仪为例，简要说明转矩流变仪的操作方法，图 5-23 给出了此类转矩流变仪测试系统示意图。

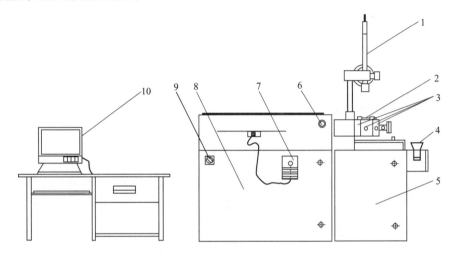

图 5-23　转矩流变仪测试系统示意图

1—压杆；2—加料口；3—密炼室；4—漏料；5—密炼机；6—紧急制动开关；7—手动面板；
8—驱动及转矩传感器；9—开关；10—计算机

该测试系统的主要部件包括：①密闭式混合器，内部配备压力传感器、热电偶，测量测试过程中的压力和温度的变化；②驱动及转矩传感器，用它测定测试过程中转矩随时间的变化；③计算机控制装置，用计算机设定测试的条件如温度、转速时间等，并可记录各种参数（如温度、转矩和压力等）随时间的变化。

实验步骤如下：

① 按密闭混合器填充系数计算加料量，并用天平准确称量。

② 开启转矩流变仪电源并检查流变仪上红色急停按钮是否打开，启动计算机。

③ 双击桌面软件 rehometer，进入流变仪操作界面，此时界面显示"设备已连接"，绿灯闪亮。

④ 查看"加热装置"栏显示的是否为流变仪所用装置。若否，可单击"参数控制"按钮，在弹出的"控制参数设定"对话框中查看"系统选择"栏，选择所用装置，LH60 混合器装置或 LSJ-20 塑料挤出装置，单击"确认"退出。

⑤ 设定加热段各区温度：分别单击第 1、2、3、4、5、6 区"设定值"按钮，再点击"开始加热"按钮，此时流变仪开始加热；界面显示一区加热中、二区加热中、三区加热中、四区加热中、五区加热中、六区加热中。

⑥ 当达到实验所设定的温度并稳定 10min 后，开始进行实验。

⑦ 分别单击按钮"量程设置"（坐标量程）和"曲线设置"，单击"设定转速"，输入所需转速。

⑧ 输入"实验编号"（8个字符；若全为数字，则实际记录的编号停机后会自动加1）；

⑨ 单击按钮"记录开始"，此时转子开始运转，开始记录曲线。

⑩ 启动"记录开始"，转速转起后，先对转矩进行校正，并观察转子是否旋转，当转子旋转正常时，才可进行下一步实验。显示转速达到设定值时，便可开始加料，加料前须把加料器放好，并拧紧螺栓，加料完后放下压杆压实，取下加料器。

⑪ 要结束实验时，拧开螺栓，取下前板，取料，按停止按钮，然后摇起压杆，取下中间体，取料，再取下转子去除料，清洁干净后安装。

⑫ 实验结束后，清理混合装置，关闭软件、流变仪电源、计算机、总电源。

最后，根据计算机输出的数据绘制测定温度下转矩和熔体温度等随时间的变化曲线，进行结果分析。

5.3.4　在聚合物中的应用

图5-24是聚合物转矩随时间变化的典型曲线，它描绘了聚合物在密炼过程中经历的热机械历史。聚合物被加入混炼室中时，自由旋转的转子受到来自固体粒子或粉末的阻力，转矩急剧上升；当此阻力被克服后，转矩开始下降并在较短的时间内达到稳态；当粒子表面开始熔融并发生聚集时，转矩再次升高；在热的作用下，粒子的内核慢慢熔融，转矩随之下降；当粒子完全熔融后，物料成为易于流动的宏观连续的流体，转矩再次达到稳态；经过一段时间后，在热和力的作用下，随着交联或降解的发生，转矩会有较大幅度的升高或降低。在实际加工过程中，第一次转矩最大值对应的时间非常短，很少能够观察到，转矩第二次到达稳态所需的时间通常为3～15min，依赖于所采用的材料和加工条件（温度和转速）。

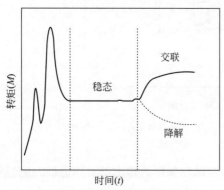

图5-24　聚合物转矩随时间变化的典型曲线

转矩的绝对值直接反映物料的熔融情况及其表观黏度的大小，也反映机器功率消耗的高低。转矩随时间的变化则反映了加工过程中物料黏度随时间和转速的变化，物料均匀程度的变化及其化学、物理结构的变化。用转矩流变仪可以研究聚合物的塑化（分子结构、分子量、支化度等）、增塑效果（增塑剂品种和含量）、稳定剂效果、填料的影响（品种和含量）、化学反应（扩链、交联、老化等）、加料顺序的影响、加工过程的模拟和优化等。特别是在PVC的塑化与加工应用研究中用得最多，限于篇幅，恕不一一举例。

5.4　旋转流变仪

旋转流变仪依靠驱动系统带动试验模具中的一个按一定的速度旋转，或反复振荡，而另一个模具连接一个转矩传感器或可同时测转矩和轴向力的传感器，通过测出在一定剪切速率或振荡频率下的剪切应力、正向应力和剪切应变，快速确定材料的黏性、弹性等各方面的流变性能。物料在旋转流变仪内的流动本质上属于拖曳流动。

5.4.1　旋转流变仪的类型和测量模式

（1）不同类型旋转流变仪的几何结构及测量特点

旋转流变仪一般是通过一对夹具的相对运动来产生流动的。引入流动的方法有两种：一种是驱动一个夹具，测量产生的力矩，这种方法最早是由 Couette 在 1888 年提出的，也称为应变控制型，即控制施加的应变，测量产生的应力；另一种是施加一定的力矩，测量产生的旋转速度，它是由 Searle 于 1912 年提出的，也称为应力控制型，即控制施加的应力，测量产生的应变。对于应变控制型流变仪，一般有两种施加应变及测量相应的应力的方法：一种是驱动一个夹具，并在同一夹具上测量应力；而另一种是驱动一个夹具，在另一个夹具上测量应力。对于应力控制型流变仪，一般是将力矩施加于一个夹具，并测量同一夹具的旋转速度。一般商用应力控制型流变仪的力矩范围为 $10^{-7} \sim 10^{-1} \mathrm{N \cdot m}$，由此产生的可测量的剪切速率范围为 $10^{-6} \sim 10^{3} \mathrm{s}^{-1}$。实际用于黏度及流变性能测量的几何结构有同轴圆筒、锥板和平行板等模式，如图 5-25 所示。具体测量范围取决于夹具结构、物理尺寸和所测试材料的黏度。

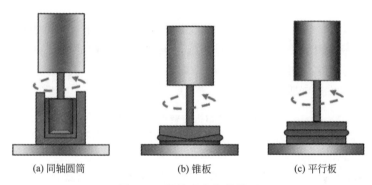

| (a) 同轴圆筒 | (b) 锥板 | (c) 平行板 |

图 5-25　旋转流变仪的类型

从测试原理上讲，旋转流变仪施加和测试的量分别为转矩和角偏移或角速率，这些物理量称为仪器参数，我们需要通过对应关系将其转换为应力、应变这样的流变参数，然后通过本构方程计算才能得到黏度和模量等黏弹性参数。

应力和转矩之间的关系可用式（5-45）表示。

$$\sigma = K_{\sigma} \times M_{\mathrm{s}} \tag{5-45}$$

式中，M_{s} 是样品上的转矩；K_{σ} 为依赖于夹具几何特征的应力常数。

应变和角度之间的关系可用式（5-46）表示。

$$\gamma = K_{\gamma} \times \theta \tag{5-46}$$

式中，θ 是旋转角度；K_{γ} 是依赖于夹具几何特征的应变常数。

应变速率和角速度之间的关系可用式（5-47）表示。

$$\dot{\gamma} = K_{\gamma} \times \Omega \tag{5-47}$$

式中，Ω 是旋转角速度。

得到上述流变参数后，可通过式（5-46）和式（5-47）得到所需要的黏弹性参数。

$$\frac{M_{\mathrm{s}} \times K_{\sigma}}{\Omega \times K_{\gamma}} = \frac{\sigma}{\dot{\gamma}} = \eta \tag{5-48}$$

$$\frac{M_{\mathrm{s}} \times K_{\sigma}}{\theta \times K_{\gamma}} = \frac{\sigma}{\gamma} = G \tag{5-49}$$

对应于确定夹具尺寸的同轴圆筒、锥板和平行板测量模式，其夹具常数分别如表 5-5 所示。

表 5-5 旋转流变仪的夹具常数

参数	同轴圆筒	锥板	平行板
剪切应力	$\tau = \dfrac{T}{2\pi R^2 L}$	$\tau = \dfrac{3T}{2\pi R^3}$	$\tau = \dfrac{2T}{\pi R^3}$
剪切应变速率	$\dot{\gamma} = \dfrac{\Omega}{1-K}$	$\dot{\gamma} = \dfrac{\Omega}{\theta_0}$	$\dot{\gamma} = \Omega \dfrac{r}{h}$
K_σ	$K_\sigma = \dfrac{3}{2\pi L R_{\text{bob}}^2}$	$K_\sigma = \dfrac{3}{2\pi R^3}$	$K_\sigma = \dfrac{2}{\pi R^3}$
K_γ	$K_\gamma = \dfrac{2}{1-(R_{\text{bob}}/R_{\text{cup}})^2}$	$K_\gamma = \dfrac{1}{\beta}$	$K_\gamma = \dfrac{R}{H}$
备注	L——筒的长度，R_{bob}——轴半径，R_{cup}——筒半径	R——锥板半径，β——锥板与底板间的夹角	R——平行板半径，H——两平行板间的距离

对于给定的旋转流变仪，其转速 Ω 的范围和转矩 T 的范围都是固定的。配备不同的测量系统，将得到不同的测量范围。

同轴圆筒、锥板和平行板这三种不同的测量系统分别适用于不同的测量场合。但是在某些场合，可能存在多种测量系统都适用的情况。虽然不同结构的流变仪可以完成类似的实验，但是选择最合适的结构对于得到理想的结果是非常重要的。表 5-6 总结了三种不同结构旋转流变仪的特点以及各自适用的范围。

表 5-6 不同结构旋转流变仪的比较

几何结构	优点	备注
同轴圆筒	■表面积大、应力灵敏度高 ■对不稳定体系的适应性好 ■可产生很高的应变 ■适用于低黏度体系	■可能存在末端效应 ■需要较多的样品 ■高黏度流体清洗困难 ■无法测量第一法向应力差
锥板	■应变和剪切速率恒定 ■第一法向应力测量精确 ■测试时仅需少量的样品 ■体系得到较好的传热和温度控制 ■在低速旋转情况下，末端效应可忽略 ■非线性松弛模量测量准确	■间距固定 ■剪切速率范围很小。对于低黏度和有轻微弹性的流体，可用杯替代平板，增大剪切速率 ■对含挥发性溶剂的溶液来讲，很难消除溶剂挥发和自由边界带来的影响。可通过在外边界上涂覆非挥发性流体减小影响 ■不适用于分散相尺寸较大的多相体系
平行板	■可测量第一法向应力和第二法向应力差 ■适用黏度范围宽 ■间距可调节 ■用小间距可产生高剪切速率 ■可作为一次性夹具 ■平的表面比锥面更易进行精度检查 ■更方便安装光学设备和施加电磁场 ■可系统地研究表面和末端效应 ■利用平行板中剪切速率沿径向分布的特点，研究同一样品在不同剪切速率下的表现 ■夹具表面易清洗	■应变、剪切速率不稳定 ■适用于测量聚合物共混物和多相聚合物体系（复合物和共混物）的流变性能。要求分散相粒子远远小于平行板间距

因此，如果已知流变仪的转速和转矩范围，就可以确定某种夹具的实际测量范围。从而进一步明确该选择何种结构的夹具进行流变测试。

（2）测量模式的选择

旋转流变仪的测试模式根据应力或应变增加的方式区分，一般可分为稳态模式、瞬态模式和动态模式三种，对同轴圆筒、锥板、平行板等测量方法都适用。

① 稳态模式。

稳态模式是通过用连续的旋转来施加应变或应力以得到恒定的剪切速率，在剪切流动达到稳态时，测量由于流体形变产生的转矩。

稳态速率扫描：稳态速率扫描施加不同的稳态剪切形变，每个形变的幅度取决于设定的剪切速率。实验中要确定的参数有温度、扫描模式（包括对数、线性或离散）、测量延迟时间、数据采集模式（自动、手动）和旋转方向等。通过稳态速率扫描可以得到材料的黏度和法向应力差与剪切速率的关系。对于灵敏度很高的流变仪，可以测量到极低剪切速率下的响应，也就可以得到零剪切黏度。稳态速率扫描通常在应变控制型流变仪上完成。

触变循环：触变循环对材料施加线性增大或减小的稳态剪切速率。实验中所要确定的参数有温度、最终剪切速率、达到最终剪切速率的时间和方向。触变循环可以反映材料在不断变化的剪切速率下的黏度变化，因此也就可以反映出材料结构随剪切速率变化的规律。

② 瞬态模式。

瞬态模式是通过施加瞬间改变的应变（速率）或应力，来测量流体的响应随时间的变化。

阶跃应变速率扫描：阶跃应变速率测试是对样品施加阶跃变化的剪切速率，测量材料应力随时间的相应变化。实验中所要确定的参数有剪切速率、温度、取样模式和数据点数目。一般允许有多个连续的测试区间，可以连续地进行不同阶段应变速率的测试。若剪切速率设定为零，则在数据采集时驱动电机不转动，可用来研究稳态剪切后的松弛过程。阶跃应变速率测试可以用来确定：a. 恒定温度下的应力增长和松弛过程；b. 稳态剪切后的松弛过程。

应力松弛：施加并维持一个瞬态形变（阶跃应变），测量维持这个应变所需的应力随时间的变化。计算应力松弛模量 $G(t)$。实验中所要确定的参数有：应变、温度、取样模式和数据点数目。应力松弛模量 $G(t)$ 可通过测得的应力除以常数应变得到。

蠕变：施加一个恒定的应力，测量样品的应变随时间的变化。测得的应变除以施加的应力得到蠕变柔量 $J(t)$。一般可通过两个连续区完成：恒定非零应力与零应力。将可恢复的应变除以施加的应力，为平衡可恢复柔量 J_e^0。J_e^0 对分子量分布，特别是高分子量的部分，很敏感。它也提供了关于末端松弛时间的重要信息，可以看成是存储能量的一种表示，因此它对挤出和模压过程很重要。

蠕变实验也可用来测量材料的黏度，只要将施加的应力除以剪切速率（应变-时间曲线的斜率）即可得到材料的黏度。优点是可得到比动态或稳态方法更低的剪切速率。这就可以方便地测量熔体的零剪切黏度。

③ 动态模式。

动态模式主要是施加振荡的应变或应力，测量流体响应的应力或应变。

动态模式中流变仪可控制的变量有多种，如振荡频率、振荡幅度、测试温度和测试时间等。在测试过程中，将其中两项固定，而系统地变化第三项。应变扫描、频率扫描、温度扫描和时间扫描是基本的测试模式。

应变扫描：给样品以恒定的频率施加一定范围内规律变化的形变（应变）。实验中确定的参数有频率、温度和应变扫描模式（对数或线性）。一般来讲，黏弹性材料的流变性质在应变小于某个临界值时与应变无关，表现为线性黏弹性行为；当应变超过临界应变时，材料表现出非线性行为，并且模量开始下降。因此材料储能模量和损耗模量的应变幅度的依赖性往往是表征黏弹行为的第一步。应变扫描确定了材料线性行为的范围。动态应变扫描可用来：a. 确定线性黏弹性的范围；b. 对非线性行为明显的材料，如填充的热塑性材料和热塑性聚合物共混物，进行表征，往往填料的存在会降低临界应变的值。此外，应变扫描应在不同的频率下进行，因为临界应变具有一定的频率依赖性。

应力扫描：给样品以恒定的频率施加一定范围的正弦应力。实验中确定的参数有频率、温度和应力扫描模式（对数或线性）。

时间扫描：在恒定温度下，给样品施加恒定频率的正弦形变，并在用户选择的时间范围内进行连续测量。实验中确定的参数有频率、应变（应变控制型）或应力（应力控制型）、温度、测量间隔时间、测量总时间。动态时间扫描可以用来监视网络结构的破坏和重建，即研究测量的化学、热以及力学稳定性。稳定性好的样品可以在很长时间内保持性质的恒定，而稳定性差的样品的性质就有可能随着时间发生变化。

动态频率扫描：以一定的应变幅度和温度，施加不同频率的正弦形变，在每个频率下进行一次测试。在频率扫描中，需要确定的参数是：应变幅度或应力幅度，频率扫描方式（对数扫描、线性扫描和离散扫描）和实验温度。从频率扫描可以得到的信息包括：a. 与分子量密切相关的黏度数据；b. 从分子量数据和分子量分布，可以检测到长支链的含量；c. 零剪切黏度可以从损耗模量求得，平衡可恢复柔量可从储能模量求得，亦可求得平均松弛时间。

等变率温度扫描：以恒定的速率施加确定振幅的正弦应变，以选定的速度在设定的温度区间从初始温度开始进行等变率温度扫描，扫描的方向可以是温度递增或递减。实验中确定的参数有扫描频率、扫描温度区间和升降温速率、扫描结束后在最高温度的保留时间、施加的应变（应变控制型）或应力（应力控制型）等。可同时在多个设置的扫描区内进行连续扫描。动态温度扫描可表征材料流变参数的温度依赖性，用来确定结构的破坏和重建以及热机械性能等，如确定结晶态转变和玻璃化转变等。

实验中，可根据所要表征的内容进行扫描方式的选择，也可以综合各种扫描的结果进行综合分析，从而更加全面地建立聚合物内部结构-流动-成型加工的关联关系，更好地指导加工生产。

5.4.2 同轴圆筒模式的测量原理

同轴圆筒可能是最早应用于测量黏度的旋转设备，图 5-26 为其结构原理图，两个同轴圆筒的半径分别为 R（外筒）和 KR（内筒），K 为内、外筒半径之比，筒长为 L。一般内筒静止，外筒以角速度 Ω 旋转，采用这种方式的原因是如果内筒旋转而外筒静止，则在较低的旋转速率下，就会出现 Taylor 涡流，这对实际测量的准确性有很大的影响。选择外筒旋转的目的就是要保证在较大的旋转速率下也尽可能保持筒间的流动为层流。一般同轴圆筒间的流场是不均匀的，即剪切速率随圆筒的径向方向变化。当内、外筒间距很小时，同轴圆筒间产生的流动可以近似为简单剪切流动。因此同轴圆筒是测量中、低黏度均匀流体黏度的最佳选择，但它不适用于聚合物熔体、糊剂和含有大颗粒的悬浮液。

图 5-27 为物料在同轴圆筒间的流动模式，半径为 KR 的内筒静止，半径为 R 的外筒以角速度 Ω 旋转，从而在筒间隙产生拖曳流动。假设这种流动为稳定的等温流动，并且忽略末端效应，则切向速度为唯一的非零速度分量，并且它只是径向位置的函数，这样的流动用圆柱坐标体系描述最为简便，其流场可表示为：

$$V = \{V_r, V_\theta, V_z\} = \{0, V_\theta(r), 0\} \tag{5-50}$$

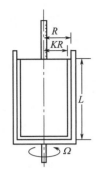

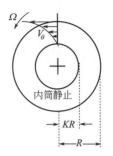

图 5-26 同轴圆筒流变仪的结构原理示意图 图 5-27 同轴圆筒间的流动模式

在圆柱坐标体系中，积分简化的 θ 方向动力学方程可以得到：

$$\sigma_{r\theta} = \frac{C_1}{r^2} \tag{5-51}$$

为了确定公式(5-51)中的积分参数 C_1，我们需要将 $\sigma_{r\theta}$ 还原成幂律方程的形式，即

$$\sigma_{r\theta} = -m\dot{\gamma}_{r\theta}^{\,n} = -m\left[r\frac{\mathrm{d}}{\mathrm{d}r}\left(\frac{V_\theta}{r}\right)\right]^n \tag{5-52}$$

其中剪切速率在柱坐标系中可表示为：

$$\dot{\gamma}_{r\theta} = r\frac{\mathrm{d}}{\mathrm{d}r}\left(\frac{V_\theta}{r}\right) \tag{5-53}$$

假设筒壁上无滑移，利用边界条件：

$$r = \kappa R, V_\theta = 0$$
$$r = R, V_\theta = \Omega R \tag{5-54}$$

将式(5-53)和式(5-54)建立等式并积分，可以得到同轴圆筒间的速度分布：

$$\frac{V_\theta}{r} = \frac{\Omega}{1 - \left(\frac{1}{\kappa}\right)^{\frac{2}{n}}}\left[\left(\frac{R}{r}\right)^{\frac{2}{n}} - \left(\frac{1}{\kappa}\right)^{\frac{2}{n}}\right] \tag{5-55}$$

将速度分布代入剪切速率定义(5-53)，得到剪切速率的表达式：

$$\dot{\gamma}_{r\theta} = \left(\frac{R}{r}\right)^{\frac{2}{n}}\left[\frac{2\Omega}{n\left[\left(\frac{1}{\kappa}\right)^{\frac{2}{n}} - 1\right]}\right] \tag{5-56}$$

剪切应力为：

$$\sigma_{r\theta} = -m\left(\frac{R}{r}\right)^{\frac{2}{n}}\left[\frac{2\Omega}{n\left[\left(\frac{1}{\kappa}\right)^{\frac{2}{n}} - 1\right]}\right]^n \tag{5-57}$$

因此，可计算施加于外圆筒上的转矩为：

$$T = (2\pi RL)(-\sigma_{r\theta})|_{r=R}R = 2\pi R^2 Lm\left[\frac{2\Omega}{n\left[\left(\frac{1}{\kappa}\right)^{\frac{2}{n}} - 1\right]}\right]^n \tag{5-58}$$

在稳态条件下，内圆筒上的转矩等于施加于外圆筒上的转矩。对于非牛顿流体，指数定律的指数 n 可以从转矩 T 与角速度的双对数曲线的斜率确定，参数 m 可以从其截距得到。

当同轴圆筒间距很小时（$\kappa \rightarrow 1$，或 $\kappa > 0.97$），筒间流场的剪切速率可以看作是常数：

$$\dot{\gamma}_{r\theta} = \frac{\Omega}{1-\kappa} \tag{5-59}$$

此时流体的黏度可以表示为：

$$\eta = \frac{T(1-\kappa)}{2\pi R^2 \Omega L} \tag{5-60}$$

需要说明的是，以上推导的一个总的前提是同轴圆筒间的流动是层流，也就是不存在二次流动或由离心力引起的涡流。当角速度很大时，会产生称为 Taylor 涡旋的回流。因为这些流动所需的能量要大于层流，使得实际的转矩要大于方程（5-58）所预测的值，从而导致测定的黏度值偏大。对于多数应用，流体的黏度足够大时，一直到剪切速率为 $10^4 \mathrm{s}^{-1}$，都可忽略涡流的影响。如果所测试流体的黏度很小（如小于 $0.01\mathrm{Pa \cdot s}$），就必须考虑这些扰动的出现对黏度测量影响的可能性。

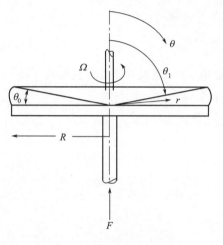

图 5-28　锥板结构示意图

从原理上讲，同轴圆筒可以用来测量法向应力差，这是基于流动为简单剪切的近似基础上。实际上，在现有的商用流变仪中，还不能应用同轴圆筒来测量第一法向应力差系数，因为从技术上讲，准确测量旋转圆筒的曲面壁上的法向应力或压力是非常困难的。

5.4.3　锥板模式测量原理

锥板模式是黏弹性流体流变学测量中经常使用的测量模式之一，其结构见图 5-28。

锥板旋转流变仪由一个锥度很小（θ_0 通常小于 $3°$）的扁平圆锥体和一块固定的半径为 R 的平板组成。测量时，被测样品充入锥板和平板间的间隙，锥体转动而平板固定，物料通过平板加热。注意样品应该正好充满上下板间的空间，如图 5-29 所示，过多或过少的样品都会引起实验的误差。如果在测试过程中样品会发生收缩（如溶剂挥发等），则需要适当地多装一些。

图 5-29　锥板结构的样品装载

从图 5-29 还可以看出，在夹具外边界，样品应有球形的自由表面。对这样一个锥体型流道而言，采用球坐标系描述，其动力学方程可以简化。

在锥顶角很小的情况下，在板间隙内速度沿 θ 方向的分布是线性的，可以表示为：

$$\frac{V_\phi}{r} = \Omega \left[\frac{\left(\frac{\pi}{2}\right) - \theta}{\theta_0} \right] \tag{5-61}$$

式中，Ω 是施加在锥板上的旋转角速度。

应变速率张量的 $\theta\phi$ 分量为剪切速率：

$$\dot{\gamma} = \dot{\gamma}_{\theta\phi} = \frac{\sin\theta}{r}\left[\frac{\partial}{\partial\theta}\left(\frac{V_\phi}{\sin\theta}\right)\right] \approx -\frac{\Omega}{\theta_0} \tag{5-62}$$

由此可见，在锥顶角很小的情况下，相应的流动为简单剪切流动，物料在锥型流道中剪切速率处处相同，仅与锥板旋转速度有关，是一个与位置无关的常数，这为测量带来了极大的方便。

（1）黏度的测量

由于角速度确定时，流场中剪切速率为常数，而在黏度不变的情况下，剪切应力为剪切速率的单值函数，因此，剪切应力也是常数，且处处相等，故黏度可以从转矩求得。转矩可以表示为：

$$T = 2\pi\int_0^R \sigma_{\theta\phi} r^2\, \mathrm{d}r = \frac{2}{3}\pi R^3 \sigma_{\theta\phi} \tag{5-63}$$

由于

$$\sigma_{\theta\phi} = -\eta\dot{\gamma}_{\theta\phi} = -\eta\dot{\gamma} \tag{5-64}$$

由此，结合式(5-62)可以得到非牛顿黏度：

$$\eta = \frac{3\theta_0 T}{2\pi R^3 \Omega} \tag{5-65}$$

式中，R、θ_0 为仪器常数；转速 Ω 和转矩 T 可根据具体物料和测试条件进行调节和测量，测试和数据处理不需要作任何校正。更为方便的是，由于上述计算方法不涉及任何流体本构方程，因此无论对牛顿型流体还是黏弹性流体均适用。

（2）第一法向应力差的测量

因为剪切速率在锥板间距中是恒定的，因此，锥板是用来测量法向应力差的理想结构。忽略惯性力（假设 $\rho u\theta^2/r \to 0$），动力学方程的 r 分量可以表示为：

$$0 = -\frac{\partial p}{\partial r} - \frac{1}{r^2}\times\frac{\partial}{\partial r}(r^2\sigma_{rr}) - \frac{1}{r\sin\theta}\times\frac{\partial}{\partial\theta}(\sigma_{r\theta}\sin\theta) - \frac{1}{r\sin\theta}\times\frac{\partial\sigma_{r\phi}}{\partial\phi} + \frac{\sigma_{\theta\theta}+\sigma_{\phi\phi}}{r} \tag{5-66}$$

应力张量的 $r\theta$ 和 $r\phi$ 分量为零。在 r 方向不存在剪切应力，流动对于 ϕ 方向是对称的。我们可以定义总应力分量为：

$$\pi_{rr} = p + \sigma_{rr}, \quad \pi_{\theta\theta} = p + \sigma_{\theta\theta}, \quad \pi_{\phi\phi} = p + \sigma_{\phi\phi} \tag{5-67}$$

因为总应力张量为：

$$\pi = p\delta + \sigma \tag{5-68}$$

方程（5-66）可以简化为：

$$0 = -\frac{1}{r^2}\times\frac{\partial}{\partial r}(r^2\pi_{rr}) + \frac{\pi_{\theta\theta}+\pi_{\phi\phi}}{r} \tag{5-69}$$

两边取对数后：

$$\frac{\partial\ln\pi_{rr}}{\partial\ln r} = \pi_{\theta\theta} + \pi_{\phi\phi} - 2\pi_{rr} \tag{5-70}$$

又因为：

$$\pi_{rr} - \pi_{\theta\theta} = \sigma_{rr} - \sigma_{\theta\theta} \tag{5-71}$$

法向应力差只是剪切速率的函数，也是常数。因此：

$$\frac{\partial\ln\pi_{rr}}{\partial\ln r} = \frac{\partial\ln\pi_{\theta\theta}}{\partial\ln r} = \frac{\partial(p+\sigma_{\theta\theta})}{\partial\ln r} \tag{5-72}$$

方程（5-72）就可以写作法向应力差的形式：

$$\frac{\partial}{\partial \ln r}(p+\sigma_{\theta\theta})=(\sigma_{\phi\phi}-\sigma_{\theta\theta})+2(\sigma_{\theta\theta}-\sigma_{rr})=\cos(\tan t) \tag{5-73}$$

上式从 $r=r$ 积分到 $r=R$，得

$$\pi_{\theta\theta}(r)=(p+\sigma_{\theta\theta})=\pi_{\theta\theta}(R)+[(\sigma_{\phi\phi}-\sigma_{\theta\theta})+2(\sigma_{\theta\theta}-\sigma_{rr})]\ln\frac{r}{R} \tag{5-74}$$

从上式可以看出，壁压与 $\ln(r/R)$ 应该是直线关系，其斜率为第一法向应力差和第二法向应力差的组合。第一法向应力差可以通过测量平板或锥板上的轴向力来确定。

作用在板上的总的力为：

$$F=2\pi\int_0^R\pi_{\theta\phi}\Big|_{\theta=\frac{\pi}{2}}r\,\mathrm{d}r-\pi R^2 p_\mathrm{a} \tag{5-75}$$

式中，p_a 是大气压力。由于 $\pi_{\theta\theta}$ 为常数，因此从方程（5-74）和方程（5-75）可得：

$$F=\pi R^2\pi_{\theta\theta}(R)-\frac{1}{2}\pi R^2(\pi_{\phi\phi}+\pi_{\theta\theta}-2\pi_{rr})-\pi R^2 p_\mathrm{a} \tag{5-76}$$

在自由边界上（$r=R$），样品呈现出球形，不存在表面张力的作用，内部压力（总法向应力）等于大气压力：

$$\pi_{rr}(R)=p_\mathrm{a} \tag{5-77}$$

简化方程（5-76），得

$$F=\pi R^2[\pi_{\theta\theta}(R)-\pi_{rr}(R)]-\frac{1}{2}\pi R^2[(\pi_{\theta\theta}-\pi_{rr})+(\pi_{\phi\phi}-\pi_{rr})] \tag{5-78}$$

又由于：

$$\pi_{\theta\theta}(R)-\pi_{rr}(R)=\pi_{\theta\theta}-\pi_{rr}=\sigma_{\theta\theta}-\sigma_{rr}, \quad \pi_{\phi\phi}-\pi_{rr}=(\sigma_{\phi\phi}-\sigma_{\theta\theta})+(\sigma_{\theta\theta}-\sigma_{rr})$$

法向应力表达式可以化简为：

$$F=-\frac{1}{2}\pi R^2(\sigma_{rr}-\sigma_{\theta\theta})=-\frac{1}{2}\pi R^2(\sigma_{11}-\sigma_{22}) \tag{5-79}$$

因此第一法向应力差为：

$$N_1=-(\sigma_{11}-\sigma_{22})=\frac{2F}{\pi R^2} \tag{5-80}$$

从以上分析可以看出，锥板结构是一种理想的测量结构，它主要的优点在于：

① 剪切速率恒定，在确定流变学性质时不需要对流动动力学作任何假设及流变学模型；

② 测试时需要的样品量很少，这对于样品稀少的情况显得尤为重要；

③ 末端效应可以忽略，特别是在使用少量样品，并且在低速旋转的情况下；

④ 体系可以有极好的传热和温度控制。

锥板结构也存在一些缺点。

① 只能局限在很小的剪切速率范围内，因为在高的旋转速度下，由于惯性的作用，聚合物熔体不会留在锥板与平板之间。对于低黏度和有轻微弹性的流体，解决办法是可以使用杯来代替平板，如图 5-30 所示，这样可以得到大的剪切速率。

② 自由边界很难阻止溶剂挥发，这对于含有挥发性溶剂的溶液的测量而言影响较大。为了减小这种影响，可以在外边界上涂覆非挥发性流体，如硅油或甘油，但是要特别注意所涂覆的物质不能在边界上产生明显的应力。

③ 不适合分散粒子尺寸较大的多相体系，因为如果其中分散粒子的尺寸与板间距相差不大，就会引起很大的测量误差。

④ 应该避免用锥板结构来进行温度扫描实验，除非仪器本身有自动的热膨胀补偿系统。

5.4.4　平行板模式测量原理

平行板模式是由两个半径相同的平行同心圆盘相对旋转运动来测量熔体的流变性能。其结构如图 5-31 所示，它由两个半径为 R 的同心圆盘构成，间距为 h，上下圆盘都可以旋转，转矩和法向应力也都可以在任何一个圆盘上测量。测量时样品夹在两个平行的同心圆盘间，边缘与空气接触形成自由边界。在大间距下，自由边界上的界面压力和应力对转矩和轴向应力测量的影响一般可以忽略。平行板模式适合高温和多相体系的测量，因为热膨胀效应被最小化了，并且在多相体系中，间距可以比分散粒子大很多，在聚合物流变测量中应用最为普遍。这种结构的主要缺点是间距中的流动不均匀，即剪切速率沿着径向方向线性变化。

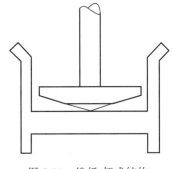

图 5-30　锥板-杯式结构

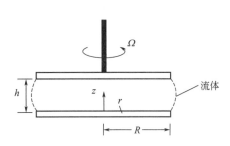

图 5-31　平行板结构示意图

（1）黏度的测量

旋转的一对平行板间构成的仍然是一个圆柱形流道，其中的流动用圆柱坐标体系描述最为简便。当间距很小（$h/R \ll 1$）时，或在低旋转速度下，惯性可以被忽略，稳态条件下的速度分布为：

$$V_\theta = \Omega r \left(1 - \frac{z}{h} \right) \tag{5-81}$$

剪切速率可以表示为：

$$\dot{\gamma} = \dot{\gamma}_{z\theta} = \Omega \frac{r}{h} \tag{5-82}$$

对于非牛顿流体，因为剪切速率随径向位置而变化，黏度不再与转矩成正比。因此需要进行 Robinowitsh 校正。转矩可写作：

$$T = 2\pi \int_0^R -\sigma_{z\theta}(r) r^2 \mathrm{d}r = 2\pi \int_0^R \frac{\eta(r)\Omega r^3}{h} \mathrm{d}r \tag{5-83}$$

将方程（5-83）中的变量 r 替换成剪切速率 $\dot{\gamma} \left(= \Omega \frac{r}{h} \right)$，得

$$T = 2\pi \left(\frac{h}{\Omega} \right)^3 \int_0^{\dot{\gamma}_R} \eta(\dot{\gamma}) \Omega \dot{\gamma}^3 \mathrm{d}\dot{\gamma} \tag{5-84}$$

结合方程（5-83），这个结果可以写成：

$$T = 2\pi \left(\frac{R}{\dot{\gamma}_R} \right)^3 \int_0^R \eta(\dot{\gamma}) \dot{\gamma}^3 \mathrm{d}\dot{\gamma} \tag{5-85}$$

对 $\dot{\gamma}_R$ 求导，并利用 Leibnitz 法则，可以得到：

$$\frac{\mathrm{d}\left(\dfrac{T}{2\pi R^3}\right)}{\mathrm{d}\dot{\gamma}_R}=\eta(\dot{\gamma}_R)-3\dot{\gamma}_R^{-4}\int_0^{\dot{\gamma}_R}\eta(\dot{\gamma})\dot{\gamma}^3\mathrm{d}\dot{\gamma} \tag{5-86}$$

应用方程（5-85），得到最终的黏度表示：

$$\eta(\dot{\gamma})=\frac{T}{2\pi R^3\dot{\gamma}_R}\left[3+\frac{\mathrm{dln}\left(\dfrac{T}{2\pi R^3}\right)}{\mathrm{dln}\dot{\gamma}_R}\right] \tag{5-87}$$

对于非牛顿流体，首先用 $\ln T$ 对 $\ln\dot{\gamma}_R$ 作图，然后利用局部斜率从方程（5-87）计算黏度。对于满足指数定律的流体，转矩可以表示为：

$$T=2\pi m\int_0^R(\dot{\gamma}_{z\theta})^n r^2\mathrm{d}r \tag{5-88}$$

且 $\ln T$ 与 $\ln\dot{\gamma}_R$ 成比例，因此黏度可以由以下简化的表达式给出：

$$\eta(\dot{\gamma}_R)=\frac{T}{2\pi R^3\dot{\gamma}_R}[3+n] \tag{5-89}$$

需要注意的是，在使用带有处理软件的商品流变仪时，有些厂家在黏度的计算中使用了单转矩值，即假设满足牛顿流体行为，这种情况只适合低剪切速率下的平台区。如果黏度随剪切速率变化，n 不等于 1，软件计算结果有偏差。例如，对于典型的聚乙烯的熔体，n 一般为 0.3，使用简化的牛顿流体表达式所引起的误差为 22%，这是不能忽略的。

（2）第一法向应力差的测量

我们可以进一步假设唯一非零的剪切应力分量为 $\sigma_{z\theta}(r)=\sigma_{\theta z}(r)$。在稳态条件下，动力学方程的 r 分量可以表示为：

$$0=-\frac{\partial p}{\partial r}-\left[\frac{1}{r}\times\frac{\partial}{\partial r}(r\sigma_{rr})-\frac{\sigma_{\theta\theta}}{r}\right] \tag{5-90}$$

此方程可写成：

$$\frac{\partial(p+\sigma_{rr})}{\partial r}=-\frac{(\sigma_{rr}-\sigma_{\theta\theta})}{r}=\frac{(\sigma_{\theta\theta}-\sigma_{zz})}{r}+\frac{(\sigma_{zz}-\sigma_{rr})}{r}=-\frac{\psi_1+\psi_2}{r}\dot{\gamma}^2 \tag{5-91}$$

式中，ψ_1 和 ψ_2 分别是第一和第二法向应力系数。由于不可能测量径向方向的压力和方向应力，可以从第二法向应力系数的定义重写 rr 分量：

$$\sigma_{rr}=\psi_2\dot{\gamma}^2+\sigma_{zz} \tag{5-92}$$

将方程（5-91）对 r 积分，得到

$$\pi_{zz}(r)-\pi_{zz}(0)=-\psi_2\dot{\gamma}^2-\int_0^r\frac{\psi_1+\psi_2}{r}\dot{\gamma}^2\mathrm{d}\dot{\gamma} \tag{5-93}$$

此式太复杂，没有实际用途。从方程（5-93）可得：

$$\pi_{zz}(r)-\pi_{zz}(R)=-\psi_2\dot{\gamma}^2(r)+\psi_2\dot{\gamma}^2(R)-\int_R^r\frac{\psi_1+\psi_2}{r}\dot{\gamma}^2\mathrm{d}\dot{\gamma} \tag{5-94}$$

从第二法向应力系数的定义，可得：

$$\psi_2\dot{\gamma}^2(R)=-[\pi_{zz}(R)-\pi_{rr}(R)] \tag{5-95}$$

并且在边界上，内部压力等于外部压力，即 $\pi_{rr}(R)=p_a$，p_a 表示环境压力。再结合方程（5-94）和方程（5-95），并作变量代换 $r\to\dot{\gamma}(=\Omega r/h)$，则有：

$$\pi_{zz}(r) = -\psi_2 \dot{\gamma}^2 + p_a + \int_{\dot{\gamma}}^{\dot{\gamma}_R} (\psi_1 + \psi_2) \dot{\gamma} \, \mathrm{d}\dot{\gamma} \tag{5-96}$$

作用在板上净的轴向力为：

$$F = 2\pi \int_0^R [\pi_{zz}(r) - p_a] r \, \mathrm{d}r = -2\pi \int_0^R \psi_2 \dot{\gamma}^2(r) r \, \mathrm{d}r + 2\pi \int_0^R \int_{\dot{\gamma}}^{\dot{\gamma}_R} (\psi_1 + \psi_2) \dot{\gamma} \, \mathrm{d}\dot{\gamma} \, \mathrm{d}r \tag{5-97}$$

再作变量代换 $r \to \dot{\gamma} (= \Omega r / h)$，并交换积分次序，积分后得：

$$F = \frac{\pi R^2}{\dot{\gamma}_R^2} \left[\int_0^{\dot{\gamma}_R} (\psi_1 - \psi_2) \dot{\gamma}^3 \, \mathrm{d}\dot{\gamma} \right] \tag{5-98}$$

上式对 $\dot{\gamma}_R$ 求导，得：

$$\frac{\mathrm{d}(F\dot{\gamma}_R)}{\mathrm{d}\dot{\gamma}_R} = \pi R^2 (\psi_1 - \psi_2) \dot{\gamma}_R^3 = \dot{\gamma}_R F \frac{\mathrm{d}\ln F}{\mathrm{d}\ln \dot{\gamma}_R} + 2\dot{\gamma}_R F = \pi R^2 (N_1 - N_2) \dot{\gamma}_R \tag{5-99}$$

因此，法向应力差可以写作：

$$N_1(\dot{\gamma}_R) - N_2(\dot{\gamma}_R) = \frac{2F}{\pi R^2} \left(1 + \frac{1}{2} \times \frac{\mathrm{d}\ln F}{\mathrm{d}\ln \dot{\gamma}_R} \right) \tag{5-100}$$

一般情况下，第二法向应力差相对于第一法向应力差数值很小，可以忽略。因此，第一法向应力差可以通过近似结果计算：

$$N_1(\dot{\gamma}_R) = \psi_1(\dot{\gamma}_R) \dot{\gamma}_R^2 = \frac{2F}{\pi R^2} \left(1 + \frac{1}{2} \times \frac{\mathrm{d}\ln F}{\mathrm{d}\ln \dot{\gamma}_R} \right) \tag{5-101}$$

其中导数可以从 $\ln F$ 与 $\ln \dot{\gamma}_R$ 曲线的斜率确定。

（3）第二法向应力差的测量

由于锥板结构可以测得第一法向应力差，而平行板结构可以测得第一法向应力差和第二法向应力差之差，因此从原理上讲，若采用直径相同板外径处的剪切速率，可综合锥板和平行板模式的测量结果来计算第一法向应力差和第二法向应力差。

从锥板的测量结果可得第一法向应力差：

$$N_1 = -(\sigma_{11} - \sigma_{22}) = \frac{2F_{cp}}{\pi R_{cp}^2} \tag{5-102}$$

从平行板的测量结果可以得到法向应力差：

$$N_1(\dot{\gamma}_R) - N_2(\dot{\gamma}_R) = \frac{2F_{pp}}{\pi R_{pp}^2} \left(1 + \frac{1}{2} \times \frac{\mathrm{d}\ln F_{pp}}{\mathrm{d}\ln \dot{\gamma}_R} \right) \tag{5-103}$$

上两式中，下标 cp 表示锥板，pp 表示平行板。利用公式（5-102）和公式（5-103），就可以得到第一及第二法向应力差。然而，由于 N_2 远小于 N_1，因此可以预计到最后的结果可能很分散，除非保证实验非常精细。

综上，平行板测量模式的优点如下：

① 平行板间的距离可以调节。常规测量采用很小的板间距可抑制二次流动，减少了惯性校正，并通过更好的传热减少了热效应，使得平行板结构可以在更高的剪切速率下使用；而对于填充体系，板间距可以根据填料的大小进行调整。因此平行板更适用于测量聚合物共混物和多相聚合物体系（复合物和共混物）的流变性能。

② 通过改变间距和半径，可以系统地研究表面和末端效应。

③ 在一些研究中，剪切速率是一个重要的独立变量。平行板中剪切速率沿径向的分布

可以使剪切速率的作用在同一个样品中得到表现。

④ 因为平行板上轴向力与第一法向应力差和第二法向应力差（分别为 N_1 和 N_2）的差成正比，而不是像在锥板中与第一法向应力差成正比，因此可以结合平行板结构与锥板结构来测量流体的第二法向应力差。

⑤ 平行板结构可以更方便地安装光学设备和施加电磁场。

⑥ 平的表面比锥面更容易进行精度检查。

⑦ 平行板的表面更容易清洗。

5.4.5　旋转流变仪的测量方法

下面以哈克旋转流变仪（型号：HAAKE MARS Ⅲ）为例来说明旋转流变仪的构造及其在聚合物测量中的应用。

图 5-32 为 HAAKE MARS Ⅲ 旋转流变仪结构示意图。该流变仪的主要部件包括拖杯马达、空气轴承、光学编码器、法向力传感器等组成，并配置了平板、锥板和同轴圆筒夹具。完成整个实验必须配备的模块还有强制空气加热炉（ETC）、空气压缩机等。

图 5-32　HAAKE MARS Ⅲ 旋转流变仪结构示意图

（1）平板夹具——频率扫描

选用 PC、PBT 两种材料作为被测样品，试样为直径 20mm、厚度 1mm 的圆片。

① 开启空气压缩机，待压力值达到 1.8bar 后打开控制箱后方开关，然后开启计算机，点击桌面软件 Job Manage 运行程序。

② 调用校正程序：未装转子前选择 Device manager-MARSⅢ点击 inertia 进行校正。

③ 安装转子和平板，选择正确的平板型号（此实验所用型号为 PP20），点击 inertia 进行校正。

④ 新建 new job，选择平板类型（如 PP20），测试熔体选择 Temperature Controller—CTC-MARSⅢ。

⑤ 选择相应测试模式图标，双击进入编辑。通过测试程序，选择控制应力 CS，还是控制应变 CD 进行设置。一般情况下仪器默认控制应变模式 CD-AutoStrain。频率 f 通常设置为 $1\sim100$Hz，或根据具体测试要求设定。温度设置点击 Temperature 输入与被测聚合物实际熔融温度接近的温度（如 PBT 和 PC 选 250℃）后保存，完成测试程序设置。

⑥ 点击 manual control，弹出控制窗口，手动控制平板缓慢下降到 10mm（Gap-manual-10mm-Go to Gap），移动加热炉到预定位置进行加热。设置加热温度，等待温度达到设定值后，平板调零 Zero point-Automatic。

⑦ 调零完成后手动升高平板（Gap-manual-10mm），为了方便放入试样可适当升高平板高度，进行试样安装，完成后在 manual 状态下控制平板缓慢下降至测试距离 1mm（平板之间距离越接近 1mm 下降速度越慢），用铜铲将溢出的料刮掉。关闭 manual control，回到 job editor 窗口点击 start 开始测量，系统同时开始记录实验数据。

⑧ 保存数据后关机，顺序为先关掉软件，再关控制箱开关，最后关空气压缩机。

导出数据，进行数据处理后，可得到图 5-33 所示的测试结果。

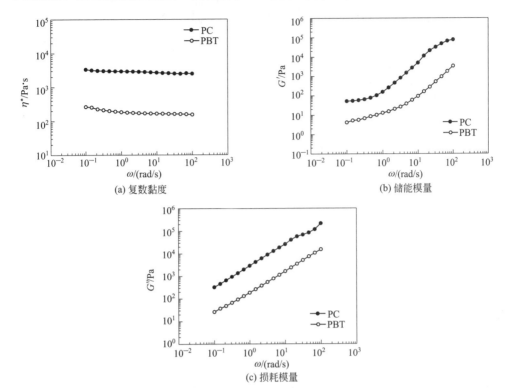

(a) 复数黏度

(b) 储能模量

(c) 损耗模量

图 5-33 PC 和 PBT 树脂复数黏度、复数模量（储能模量、损耗模量）的频率依赖性

从测试结果可以看出，PC 和 PBT 树脂的复数黏度对频率都不敏感，无论是复数黏度还是复数模量，PC 都高于 PBT，这是因为两者都属于刚性链结构，但 PC 的刚性强于 PBT。

（2）平板夹具——温度扫描

温度与实际加工温度相对应，温度设置过低无参考价值，过高则导致高温降解。温度扫描过程中需要设置温度补偿，因为热膨胀会导致转子间隙变化。以 PC、ABS 为例，温度设定在 230～270℃之间。实验过程中选择正确的平板型号（此实验所用型号为 PP20），开机与关机步骤不再重复叙述，调用正确的校正文件。程序设置方法如下：

① 新建 new job，双击进入编辑，选择相应的设置按钮进行转子控制和测试设置。

② 转子控制设置中，要勾选 Measurement Position 中的 Thermo Gap（温度补偿），其他参数根据需要调整；保存后双击编辑 OSC T Ramp 模式，设置温度。

③ 选择应力 CS 或应变 CD 控制模式，抑或是自动控制应变 CD-AutoStrain。一般设置应变 1%。频率 f 通常设置为 1Hz，或根据具体测试要求设定。

④ 保存并完成测试程序设置，开始测试。

导出数据，进行数据处理后，可得到图 5-34 所示的测试结果。

从测试结果可以看出，PC 和 ABS 树脂的复数黏度的温度依赖性存在显著不同，无论是复数黏度还是复数模量，PC 对温度的敏感性要高于 ABS，这是因为 PC 属于刚性链结构，ABS 属于柔性链结构，因此，PC 的流动性质对温度更敏感。

综上所述，流变学是研究材料性能和结构的一个非常实用的工具。无论是聚合物的微观结构还是其宏观性能，其分子运动形式一般都能在流变测量中体现出来，有些性质对流变测

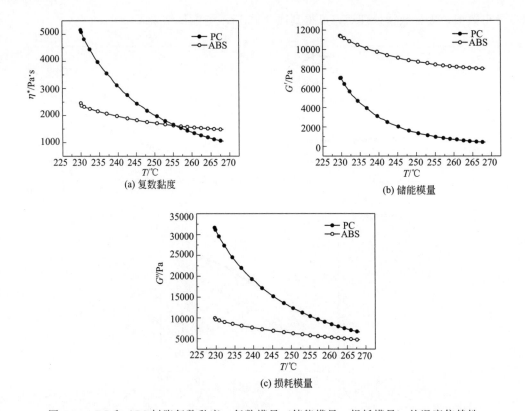

(a) 复数黏度

(b) 储能模量

(c) 损耗模量

图 5-34　PC 和 ABS 树脂复数黏度、复数模量（储能模量、损耗模量）的温度依赖性

试还很敏感。可见，流变测量不仅可以对材料结构和性能变化进行表征，而且对聚合物加工的指导意义更为直接和有效，用好这一工具，对高分子材料研究和生产都具有重要价值。

◆ 参考文献 ◆

［1］　周持兴. 聚合物流变实验与应用. 上海：上海交通大学出版社，2003.

［2］　Gebhard Schramm 著. 实用流变测量学. 朱怀江译. 北京：石油工业出版社，2009.

［3］　周达飞，唐颂超. 高分子材料成型加工. 第 2 版. 北京：中国轻工业出版社，2007.

［4］　温变英. 高分子材料加工. 北京：中国轻工业出版社，2016.

［5］　金日光，马秀清. 高聚物流变学. 上海：华东理工大学出版社，2012.

第6章

光 学 性 能

塑料多数不透明，少数透明或半透明。具有优良透明度的塑料，可用来替代玻璃用于光学系统，如有机玻璃用于飞机座舱、仪表板面，环氧树脂、有机硅胶用于新型光源 LED 的透明封装；人们佩戴的眼镜片也越来越多地使用聚酯类的光学树脂。

许多透明塑料都是无定形结构，结晶聚合物通常是半透明或不透明的。透明度的损失源于材料内部折射率不均匀产生的光散射，即：高分子的结晶体之间混杂非晶体，二者的密度有差异，折射率不同。光在材料中通过时，在每个晶体界面上都有折射和反射的损失，所以一般来讲，塑料的结晶度越大，其透明度越差。但结晶塑料的透明度可以通过淬火或无规共聚的方法加以改善。

用于光学系统的塑料都要求对其透光率、雾度及折射率进行测定。同时为了控制塑料的质量，对于一些材料要求测定其白度、色泽，而对于透明材料还需要测量其黄色指数。

6.1 透光率和雾度

透光率和雾度是两个独立的指标，是透明材料两项十分重要的光学性能指标。一般来说，透光率高的材料，雾度值低，反之亦然，但有时也并不完全如此。有些材料透光率高，雾度值却很大，如毛玻璃。

透明塑料透光率和雾度的测定采用国标 GB/T 2410—2008《透明塑料透光率和雾度的测定》中规定的方法。特别值得注意的是，透明塑料只有在同一厚度下，才可比较透光率和雾度。

6.1.1 定义

透光率（T_t）表示材料透过光线的程度，以透过材料的光通量与入射的光通量之比的百分数表示。

雾度（H）又称浊度，表示透明或半透明材料不清晰的程度，是材料内部或者表面由于光散射造成的云雾状或浑浊的外观。以散射光通量与透明材料的光通量之比的百分数表示。

6.1.2 测试原理

测试中 T_1、T_2、T_3、T_4 都是测量相对值（如表 6-1 所示），无入射光时，接受光通量为 0。当无试样时，入射光全部透过，接受的光通量为 100，即为 T_1；此时再用光陷阱将平行光吸收掉，接受到的光通量为仪器的散射光通量 T_3；若放置试样，仪器接受透过的光通量为 T_2；此时若将平行光用光陷阱吸收掉，则仪器接受到的光通量为试样与仪器的散射光通量 T_4。因此根据 T_1、T_2、T_3、T_4 的值可计算透光率和雾度值。

表 6-1　数据测量

检流计读数	试样是否在位置上	光陷阱是否在位置上	标准反射板是否在位置上	得到的量
T_1	不在	不在	在	入射光通量
T_2	在	不在	在	通过试样的总透射光通量
T_3	不在	在	不在	仪器的散射光通量
T_4	在	在	不在	仪器和试样的散射光通量

6.1.3　试样

① 试样尺寸：试样尺寸应大到可以遮盖住积分球的入口窗，建议试样为 50mm×55mm 的方片或者直径为 50mm 的圆片，厚度为制品原厚度，厚度＜0.1mm 时，至少精确到 0.001mm；厚度＞0.1mm 时，至少精确到 0.01mm。

② 试样应均匀，不应有气泡，两测量表面应平整光滑且平行，无划伤，无异物和油污等，并无可见的内部缺陷和颗粒。若无特殊要求，可按产品标准规定。

③ 每组试样不少于 3 个。

④ 试样一般不进行预处理，特殊情况按产品标准规定，或按供需双方商定的条件进行预处理后再试验。

图 6-1　雾度计

6.1.4　测量方法

塑料的透光率和雾度有两种测量方法，一种方法是利用雾度计测定，另外一种方法是利用分光光度计测定。

图 6-1 和图 6-2 分别为一台市售雾度计和其原理示意图。

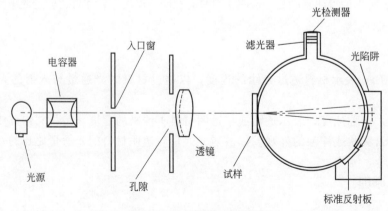

图 6-2　雾度计原理示意图

（1）光源

光源和检测器输出的混合光经过过滤后应符合国际照明委员会（CIE）1931 年标准比色法要求的 C 光源或 A 光源。其输出信号在所用光通量范围内与入射光通量成正比例，并具有 1% 以内的精度。在每个试样的测试过程中，光源和检流计的光学性能应保持恒定。

（2）积分球

用积分球收集透过的光通量，只要窗口的总面积不超过积分球内反射表面积的 4%，任何直径的球均适用。出口窗与入口窗的中心在球的同一最大圆周上，两者的中心与球的中心构成的角度应不小于 170°。出口窗的直径与入口窗的中心构成的角度在 8° 以内。当光陷阱在工作位置上，而没有试样时，入射光柱的轴线应通过入口窗和出口窗的中心。光检测器应置于与入口窗 90° 的球面上，以使光不直接投入到入口窗。在靠近出口窗的内壁的关键性调整是用于反射意义的。球体旋转角为 8.0°±0.5°。

（3）聚光透镜

照射在试样上的光束应基本为单向平行光，任何光线不能偏离轴线 3° 以上。光束在球的任意窗口处不能产生光晕。

当试样放置在积分球的入口窗内，试样的垂直线与入口窗和出口窗的中心连线之间的角度不应大于 8°。

当光束不受试样阻挡时，光束在出口窗的截面近似圆形，边界分明，光束的中心与出口窗的中心一致。对应入口窗中心构成的角度与出口窗对入口窗中心构成 1.3°±0.1° 的环带。

检查未受阻的光束直径以及出口窗中心位置是否保持恒定。尤其是在光源的孔径和焦距发生变化后。

（4）反射面

积分球的内表面、挡板和标准反射板应具有基本相同的反射率并且表面不光滑。在整个可见光波长区具有高反射率。

（5）光陷阱

当试样不在时应可以全部吸收光，否则仪器无需设计光陷阱。

（6）标准校准

用雾度标准板校准仪器。

图 6-3 所示为分光光度法中使用非垂直照明漫射接收的仪器原理示意图。

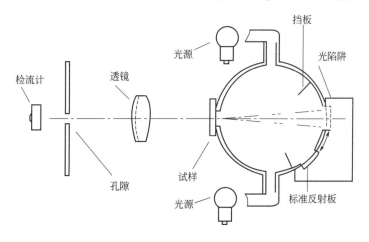

图 6-3　分光光度计漫射原理示意图

该仪器光源光谱特性应符合国际照明委员会（CIE）1931 年表色系统的三刺激值以及 CIE 标准中的 C 光源或 A 光源的色坐标。

该仪器利用积分球作为测量系统，试样紧靠积分球窗口。积分球的内表面、挡板、标准反射板的内表面均应不光滑、具有基本相同的反射率且在整个可见光波长范围内有较高反射率。

可以使用两种几何条件：非垂直照明漫射接收和漫射照明非垂直接收。采用漫射照明非垂直接收的仪器应符以下要求：

① 积分球。

用积分球去照射漫射试样。只要窗口的总面积不超过积分球内反射表面积的 4％，任何直径的球均适用。试样和球体的光陷阱窗中心应在球的同一最大圆周上，两者的中心与球的中心构成的角度应不小于 170°。光陷阱窗与沿着光束方向试样窗口的中心构成的角度在 8°以内。当光陷阱在工作位置上，而没有试样时，入射光柱的轴线应通过试样和光陷阱窗的中心。

② 聚光透镜。

沿着单向光束的轴线观察试样，任何光线不能偏离光轴 3°以上。光束在球的任意窗口处不能产生光晕。

当试样在位置上时，试样法线与试样、光陷阱窗中心连线的角度不超过 8°。

当试样不在位置上时，在出口窗处，光束区域应为近似圆形且边界分明，光束的中心与光陷阱窗的中心一致。对应样品窗中心构成的角度与光陷阱窗对样品窗中心构成 $1.3°\pm0.1°$ 的环带。

③ 光陷阱。

当试样不在时应可以全部吸收光，否则仪器无需设计光陷阱。

6.1.5 测试步骤

① 开启仪器，预热至少 20min。

② 校准仪器，放置标准板（或不放置任何遮挡物），光路畅通，调检流计为 100 刻度；放置遮挡板完全挡住入射光，调检流计为零。反复调 100 和 0 直至稳定，即 T_1 为 100。

③ 放置试样，此时透过的光通量在检流计上的刻度为 T_2。

④ 去掉标准板，置上陷阱，在检流计上测出的光通量为试样与仪器的散射光通量 T_4。再去掉试样，此时检流计测出的光通量为仪器的散射光通量 T_3。

⑤ 按照上述步骤②，重复测量 5 片试样即可。

6.1.6 结果处理

透光率通常指标准"C"光源（在色度学中，常以白色作为一种标准，因此标准"C"光源都是白光。常用的标准白光有五种：A、B、C、D65 和 E 光源，"C"光源的相关色温为 7600K，相当于白天的自然光，其中蓝色成分居多）的一束平行光垂直照射薄膜、片状、板状透明或半透明材料时，透过材料的光通量 T_2 与照射到透明材料入射光通量 T_1 之比的百分数，即

$$T_t = \frac{T_2}{T_1} \times 100\% \qquad\qquad (6\text{-}1)$$

式中　T_t——透明塑料材料的透光率；

　　　T_2——透过材料的光通量；

　　　T_1——透明材料入射光通量。

雾度是指用标准"C"光源一束平行光垂直照射到透明或半透明薄膜、片状或板材上，由于材料内部和表面造成散射，使部分平行光偏离入射光方向大于 $2.5°$ 的散射光通量 T_d 与透过材料的光通量 T_2 之比的百分数，即

$$H = \frac{T_d}{T_2} \times 100\% \tag{6-2}$$

但是通常在试验中我们是通过测量无试样时入射光通量 T_1，与仪器造成的散光通量 T_3，有试样时通过试样的光通量 T_2 与散光通量 T_4 来计算雾度，即

$$H = \frac{T_d}{T_2} \times 100\% = \frac{T_4 - \frac{T_2}{T_1} \times T_3}{T_2} \times 100\% = \left(\frac{T_4}{T_2} - \frac{T_3}{T_1} \right) \times 100\% \tag{6-3}$$

式中　H——透明塑料材料的雾度值；

　　　T_d——部分平行光偏离入射方向大于 $2.5°$ 的散射光通量，即漫散透射率；

　　　T_1——测量无试样时入射光通量；

　　　T_2——有试样时通过试样的光通量；

　　　T_3——仪器造成的散光通量；

　　　T_4——有试样时的散光通量。

6.2　黄色指数测定

在日常生活生产中，有些塑料（如 PP、PE、PVC 等）我们希望其尽可能白，而有些塑料（如 PMMA、PS 等）我们希望其尽可能透明无色。然而由于单体质量或聚合工艺或成型加工的原因会使产品或制品发黄，常常通过黄色指数的测量来控制产品或制品的质量。有些塑料由于老化而变黄，可以测量黄色指数的变化来了解它的老化性能。也就是说，黄色指数可以用来监控某些产品的质量或老化程度。

黄色指数描述的是无色透明、半透明或近白色的材料试样偏离白色的程度，或发黄的程度。它表征外观色泽的深浅（原料纯度、加工条件），常用于评价一种材料在真实或模拟的日照下的颜色变化。现行的测试标准为化工行业标准 HG/T 3862—2006《塑料黄色指数试验方法》。黄色指数是在标准光源下，以氧化镁标准白板作基准，从试样对红、绿、蓝三色光的反射率（或透射率）计算所得到的表示黄色深浅的一种量度。

6.2.1　定义

黄色指数的定义是：塑料对国际照明委员会（CIE）标准 C 光源，以氧化镁作基准的黄色值。黄色指数 YI 用式(6-4)表示：

$$YI = \frac{100(1.28X - 1.06Z)}{Y} \tag{6-4}$$

式中，X、Y、Z 分别为测得的三刺激值。

6.2.2　试样

试样应符合下列要求：

① 试样应色泽均匀，质地均匀，内部无气泡，表面无沾污，板状、片状、薄膜状试样表面无擦伤等缺陷。若无特别要求，按产品标准规定。

② 透明和半透明的板状、片状试样，两表面应该平整且平行，不透明试样至少有一面平整；薄膜状试样表面不应该有皱褶；粉状、颗粒状试样应该大小均匀。

③ 每组试样不少于三个。

④ 板状、片状、薄膜状试样的大小，根据仪器要求而定；粉状、颗粒状试样，每次加入固定的量，并且充满测量容器。

⑤ 试样一般不进行预处理，特殊情况按产品标准规定或者按供需双方商定的条件进行预处理后再进行试验。

6.2.3　试验条件

温度：(23 ± 5)℃；

相对湿度：(50 ± 20)％。

6.2.4　试验仪器

① 采用自动记录分光光度计。该仪器应符合国际照明委员会（CIE）1931 年表色系统（即 CIE1931XYZ 系统）对测量仪器的要求。

注：如果能获得相同的测量结果，其他测量仪器也可采用，如色度计、色差计等。

② 基准白板，完全漫反射体。HG/T 3862—2006 中规定以新熏制的氧化镁作为基准白板，使用期限为 1 个月。

③ 仪器工作白板。由于基准白板制造难度大，且容易损坏，所以仪器日常用工作白板可用碳酸镁、硫酸钡及白色玻璃等材料制成。

④ 粉状、颗粒状试样的测量仪器用玻璃制成。外径约为 60mm，高 30mm。其底板玻璃为光学玻璃，厚 1.5～2.0mm，光学参数为：对紫外线（波长 $\lambda<270$nm）透光率为 0％；对可见光（$\lambda=380\sim780$nm）透光率在 90％以上。

6.2.5　试验步骤

按照试验仪器使用说明书的要求进行仪器的校准和测量。

应该注意的是，对于透明试样应测定其相对空气的光谱透射率（透射法）；对于不透明和半透明试样应该测定相对于基准白板或者工作白板的光谱反射率（反射法），背景为白色工作板；粉状、颗粒状试样需在玻璃容器中用反射法从底面测定，为了防止外界光线的影响，玻璃容器上应盖一个黑罩。

经过仪器自动积分求得试样相对于标准照明体 C 光源的三刺激值 X、Y、Z。

色度计和色差计均属于滤色器式三刺激值测色计，可以直接读取三刺激值 X、Y、Z。

对均质塑料，测量光孔直径应≥12mm；对于非均质塑料，测量光孔直径应≥30mm。

6.2.6　结果计算

① 利用上述测得的三刺激值 X、Y、Z，由式(6-4) 计算每个试样的黄色指数 YI。

② 试验结果以一组试样的算术平均值表示，精确到小数点后一位。

③ 标准偏差值 S 按照式(6-5) 计算：

$$S = \sqrt{\frac{\sum(X - \overline{X})^2}{n-1}} \tag{6-5}$$

式中　X——单个测定值；

$\overline{X}$——一组测定值的算术平均值；

n——测定值个数。

④ 试样黄色指数的变化 ΔYI 可以由式(6-6) 计算：

$$\Delta YI = YI - YI_0 \tag{6-6}$$

式中　YI——试样受光、热等老化后的黄色指数；

YI_0——试样受光、热等老化前的黄色指数；

ΔYI——为正值时表示试样黄色指数增大，负值时表示黄色指数减小。

6.3　折射率测定

折射率是表明透明物质折射性能的重要光学性能常数。

6.3.1　定义

光在不同介质中的传播速率不同，当光在第 1 介质进入第 2 介质的分界面时，即产生反射及折射现象，如图 6-4 所示。

入射光夹角正弦与折射角的正弦之比，称为折射率（相对折射率），见式(6-7)：

$$n = \frac{\sin i}{\sin r} \tag{6-7}$$

式中，n 为介质 1 与介质 2 的相对折射率；i、r 为光线入射角和折射角。

当光线从真空入射到介质分界面时，入射光与法线夹角（入射角 i）的正弦与折射光线与法线夹角（折射角 r）的正弦的比值，称为该介质的绝对折射率。

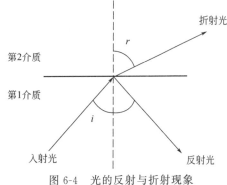

图 6-4　光的反射与折射现象

对于光线从介质 1 中入射到介质 2 中的相对折射率，有式(6-8) 存在：

$$n_{21} = \frac{n_2}{n_1} = \frac{v_1}{v_2} = \frac{\sin i}{\sin r} \tag{6-8}$$

式中，n_1、n_2 分别为介质 1 和介质 2 的绝对折射率；v_1 和 v_2 分别为光在介质 1 与介质 2 中的传播速度；i、r 分别为光线的入射角和折射角。

实际应用中，一般不用绝对折射率，而采用相对于空气的折射率。因此，通常所说的折射率定义是：在 20℃ 条件下，钠光谱的 D 线（$\lambda = 589.3\text{nm}$）光自空气中通过被测物质时的入射角的正弦与折射角的正弦之比，以 n_{D}^{20} 计之。

空气的绝对折射率为 1.00029，常取值为 1。由于光在空气中的传播速度最快，因此任何物质的折射率都大于 1；水的折射率 $n_{\mathrm{D}}^{20} = 1.3330$。

注：塑料折射率的测定参考国标 GB/T 614—2006《化学试剂　折射率测定通用方法》，但是由于塑料作为固体与液体有机化学试剂有较大差别，因此在实际测量中需区别对待。

6.3.2　测试原理

折射率的测试方法有两种：一种是折射仪法，另一种是显微镜法。其中，折射仪法的精确度较高。下面将介绍折射仪法。

如图 6-4 所示，当光线从介质 1 射入介质 2 时，在交界面处发生折射，并遵循折射定律。光从光密介质射入光疏介质时，入射角小于折射角，调整入射角，可使折射角为 90°，此时的入射角称为临界角。常见的用阿贝折射仪测定折射率就是通过测定临界角，测出被测物的折射率，如图 6-5 所示。

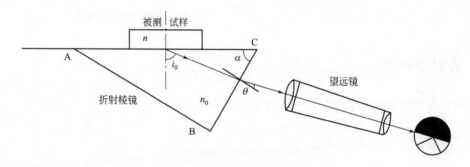

图 6-5　阿贝折射仪测量原理示意图

6.3.3　测试仪器

图 6-6　阿贝折射仪

阿贝折射仪是最广泛使用的测定折射率的折射仪，如图 6-6 所示。其主要由光学系统和机械系统两部分组成。光学系统中有望远镜系统和读数系统；机械系统有底座、棱镜转动手轮等。附属部分还必须有光源系统和恒温系统。阿贝折射仪可测定浅色、透明、折射率在 1.3000～1.7000 范围内的物质的折射率。

除了阿贝折射仪，还有其他类型的仪器，如 V 形棱镜折射仪等，可以用来测定折射率。

6.3.4　测试步骤

（1）试样制备

试样可以采用任何尺寸，但试样与折射仪棱镜接触的表面必须平整并且经过抛光。塑料片与棱镜接触的那一面必须平整并且经过抛光。

（2）恒温

开启仪器光源，调整入射光反射镜使目镜和读数镜的视场明亮，使光源稳定；将恒温水浴和棱镜组相连，调节水浴温度，使棱镜温度保持在（20.0±0.1）℃或规定温度。

（3）折射仪校准

通常使用蒸馏水进行校准，当测量折射率读数较高的物质时，通常使用具有精确折射率的标准玻璃块加上 α-溴萘液体作接触剂来进行校准（注：阿贝折射仪的使用参见 JJG 625—2001《阿贝折射仪检定规程》）。

（4）试样测定

校准完毕以后，擦拭干净镜身各机件、棱镜表面，并且用无水乙醇或者乙醚清洗，将透明试样在抛光那一面涂一点 α-溴萘，使之贴在上棱镜表面，旋转棱镜，锁住手柄。使试样恒温 15min。如果是液体试样，直接滴一滴在棱镜表面，然后恒温 15min。分别调节补偿旋钮和棱镜旋钮，使目镜视野内明暗分界线在十字交叉点上。在读数镜刻度尺上读数，数值即为试样的折射率值。

（5）清除试样

用脱脂棉蘸无水乙醇、乙醚、苯等清洗棱镜表面，整理仪器，试验结束。

6.3.5 影响因素

（1）温度

随温度升高，物质的折射率降低。因此在测量过程中一定要恒温，并且在报告中标识测量的温度。

（2）接触液

由于固体与棱镜表面接触不好，需要加接触液，所以接触液必须对试样和棱镜无腐蚀和影响。一般接触液的折射率大小介于试样与棱镜的折射率之间。

（3）光源

光源对折射率也有影响，所以测定折射率时都用单色光。国标中使用钠光源 D 线。

6.4 白度测定

塑料白度的测定采用 GB 2913—1982《塑料白度试验方法》中规定的方法。

6.4.1 定义

塑料白度是指不透明的白色或近白色粉末树脂和板状塑料表面对规定蓝光漫反射的辐射能，与同样条件理想的全反射漫射体的辐射能之比，以百分数表示。其原理是在白度测定仪的基础上，用标准白度板与绝对黑体标定白度仪的白度基准点，再把试样在白度仪上测试，即可测得试样的白度值。

6.4.2 试样

① 粉末状试样一般应通过 100 目的筛网筛后取样，对于已经有目度规格或通过 100 目筛网有困难的试样也可按照产品标准规定的目度取样。

② 板状试样直接由板材截取面积大于或等于 50mm×50mm 的试片，或按产品标准规定的厚度，试样应色质均匀。两表面平整且互相平行，无凹凸、银纹、沾污和擦伤，内部无气泡等缺陷。

注：粒料按照产品标准规定的技术条件压制成试样。

③ 每组试样不少于 3 个。

6.4.3　试验仪器

（1）蓝光白度测定仪

白度测定所用仪器主要是白度测定仪（白度仪），根据读数方式不同可以分为刻度读数式和数显读数式，分别如图 6-7、图 6-8 所示。刻度读数式白度仪是较古老的设备，应用渐少，数显读数式白度测定仪应用越来越多。需要注意的是：国标 GB/T 2913—1982《塑料白度试验方法》推荐国产 ZBD 型白度测定仪为试验用仪器。

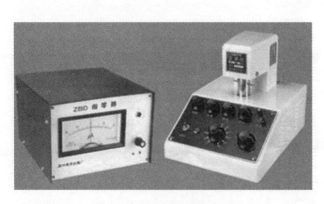

图 6-7　ZBD 型白度测定仪　　　　　　图 6-8　数显白度测定仪

测试仪器应该符合下列条件：

a. 蓝光光谱特性曲线的峰值在 457nm、半高宽度在 40～60nm；

b. 光学几何结构为 45/0［或符合国际照明委员会（CIE）规定的其他类型的结构］；

c. 试样受光面积为直径大于或等于 20mm 的圆；

d. 光源包含紫外线成分，适于荧光试样的测定；

e. 仪器读数精度为 0.2%，稳定性为 0.5%。

（2）标准白度板

a. 基准白度板：用经中国计量科学研究院以绝对标准标定的漫反射体压制。推荐用硫酸钡作为传递标准的漫反射体。

b. 校验白度板：在试验仪器上，用基准白度板进行标定。

c. 工作白度板：在试验仪器上，用校验白度板进行标定。

d. 工作白度板的清洗：受污染的工作白度板必须用不含荧光物质的洗涤剂和软毛刷洗涤，经蒸馏水冲洗干净后，先用纯净的丙酮荡涤，然后用滤纸吸去溶剂，置干燥器中阴干，待标定。

6.4.4 试验步骤

（1）仪器的调节

按照仪器使用说明书规定的使用条件，将仪器调节至工作状态。

（2）粉末试样的试验步骤

a. 将试样均匀地置于深度大于或等于 6mm 的样品池中。使试样面超过池框表面约 2mm，用光洁的玻璃板覆盖在试样的表面上，压紧试样，并稍加旋转，然后小心地移去玻璃板。用一支光滑的金属尺沿样品池框从一头向另一头移动，将超过样品池框表面多余的试样刮去，使试样表面平滑。

b. 沿水平方向目视观察试样，表面应无凹凸不平、疵点、斑痕等异常情况。

c. 将试样放入仪器的样品台上，测定白度值，读至 0.1%。

d. 将试样在样品台上水平旋转 90°，再测定白度值，读至 0.1%。

e. 另取两个试样，按以上各步骤操作，并测定白度值。

（3）板状试样的试验步骤

a. 按规定的板状试样标准检查试样；

b. 重叠试样至适当的厚度，以其达到测得的白度值不变时作为测试试样的厚度。

（4）单片试样的试验步骤

a. 将试样放入仪器样品台上，测定白度值，读至 0.1%。

b. 将试样取出并翻转重新放入仪器样品台上，再测定白度值，读至 0.1%。

c. 另取两个试样，按以上各步骤操作，并测定白度值。

（5）重叠试样的试验步骤

a. 将试样放入仪器样品台上，依次将最上面的一个试片移至底部，重复试验，测定白度值。如此进行测得全部试片的白度值为止，由此得到第一组数据。

b. 取出试样，将试样整体翻转，再按上述步骤操作，测定试样反面的白度值，由此得到第二组数据。

6.4.5 试验结果

① 试验结果以白度的算术平均值表示。

② 试验的标准偏差按下式计算：

$$S = \sqrt{\frac{\sum(\overline{X} - X_i)^2}{n-1}}$$

式中　S——标准偏差；

$\overline{X}$——n 次测定值的算术平均值；

X_i——第 i 次测定值；

n——测定次数。

6.5　色泽测定

色泽指颜色和光泽，因此本书中塑料的色泽测定将从颜色测定和光泽度测定两个方面来介绍。

6.5.1　颜色

　　塑料比较容易着色，而且颜色可以染透整个结构，这使塑料成为 20 世纪最成功的材料之一，而颜色质量控制在塑料产品生产过程中也越来越重要。

　　颜色检测主要有三种方法：目视法、光电积分法和分光光度法。

　　目视法是一种最传统的颜色测量方法。具体做法是由标准色度观察者在特定的照明条件下对产品进行目测鉴别，并与 CIE（国际照明委员会）标准色度图比较，得出颜色参数。特点：目视法不能准确识别微细的色彩差异，常出现色彩判断失误；目视方法测色带有一定的主观色彩；测量结果精度不高、测量效率低。

　　光电积分法是指通过模拟人眼的三刺激值特性，用光电积分效应，直接测得颜色的三刺激值。这种方法的特点在于光电积分式仪器能准确测出两个色源之间的色差，但不能精确测出色源的三刺激值和色品坐标。

　　分光光度法是指通过测量光源的光谱功率分布或物体反射光的光谱功率，根据这些光谱测量数据通过计算的方法求得物体在各种标准光源和标准照明体下的三刺激值，进而由此计算出各种颜色参数。分光光度法的特点在于分光光度测色仪不仅能精确测量色差，还能测量色源的三刺激值和色品坐标，应用非常广泛。因此，本书将重点介绍此种方法。

　　在介绍分光光度法测定颜色之前，有必要适当地了解颜色理论以及颜色的数据化原理。

6.5.1.1　颜色数据化原理

　　塑料颜色检测与其他性能检测一样，是为产品的颜色质量提供数据化的资料，以便进行颜色控制和交流。现在行业通用的颜色数据化模型是国际照明委员会（CIE）制定的 CIELAB 颜色空间，该空间为三维立体空间，圆球形，其中上下表示颜色的深浅（L^*），周向表示颜色的色相（h），与中轴的距离表示颜色的饱和度（C^*）。通常我们用直角坐标来表示，L^* 代表颜色的深浅坐标，a^* 代表颜色红绿方向坐标，b^* 代表黄蓝方向坐标，如图 6-9 所示。

6.5.1.2　试验仪器

　　通过颜色检测仪器（通常为分光光度仪）测量颜色样品，我们会得到样品的颜色在 CIELAB 颜色空间中的坐标位置，即 L^*、a^*、b^* 数据，这样我们就实现了颜色的数据化。图 6-10 所示为一台市售的分光光度计，它配备一台 CRT（cathode ray tube，使用阴极射线管的显示器），能显示并计算结果。

　　如果测量两个颜色样品，我们会得到两个颜色坐标数据，它们之差即色差数据，即 DL^*、Da^*、Db^*。通过它们的正负号可以判断颜色的偏差方向，比如，若 $DL^* = +0.8$、$Da^* = -1.1$、$Db^* = +0.3$，即为样品比另一个样品颜色偏浅、偏绿、偏黄。通常我们采用 DE^* 来表示两个样品的总色差，DE^* 实际上为两个样品在 CIELAB 颜色坐标中的空间距离，DE^* 越小表示总色差越小，一般的颜色 DE^* 小于 1.0 目视可以接受。

　　有些塑料产品形状规则，有一定的测量平面可以满足直接测量，这样可以直接在产品上采集颜色数据，从而不用专门制备测试样。但有些产品形状奇特或没有足够的面积可以完成测量，需要制作测试色板来代表产品的颜色进行检测。对于颗粒状、粉末状或液体样品，需

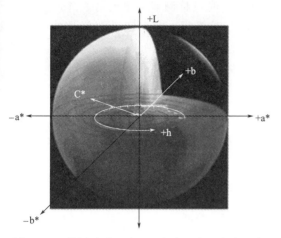

图 6-9 三维圆球形 CIELAB 颜色空间及颜色坐标

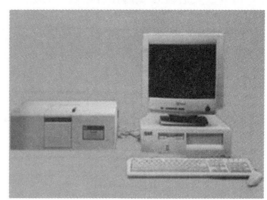

图 6-10 分光光度计

要专门的配件来支持完成颜色测量。

6.5.1.3 试验步骤

试验光源为标准 C 光源。具体试验步骤如下：

① 校准仪器；

② 选用标准 C 光源，在试样夹上装上待测的平整着色试样；

③ 点亮一个光源，便会立即得到在可见光谱范围内，16nm 间隔处的光谱反射率；

④ 微处理机能计算和显示出 CIE 试验室的颜色间隔和光谱反射曲线与波长的关系；

⑤ 把一种未知试样和对比试样对着光源，并对两种交叠的光谱反射曲线进行比较，就可以进行颜色匹配，即测定出未知试样的颜色。

与颜色相关的其他参数还有黄度指数和白度指数等，前面已经进行了相关介绍。

6.5.2 光泽度

6.5.2.1 定义

光泽度是指试样在镜面方向上的反射率。光线按照规定的角度直接照射试样，收集并测量有试样反射的光。所有的镜面反射光泽值都基于一种主要的参考标准，即高度抛光的黑玻璃的镜面光泽值为 100。用三种基本的入射角 60°、20°和 85°测量塑料零件镜面的反射光泽。当入射角增加时，任何表面的光泽值也增加。

6.5.2.2 试验仪器及原理

光泽度测定参照 ASTM D523，采用光泽计，图 6-11 是一台市售的光泽计。光泽计主要由光学器件组成，包括内置的一个白炽光源、一个聚光灯和一个投影仪或者

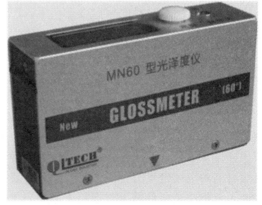

图 6-11 光泽计

源镜头。这些器件产生的入射光束直接照射到试样上，光电检测器汇集反射光并产生光信号，信号放后激发模拟仪表或数字显示式仪表以示出光泽值。图 6-12 为光泽计的测定原理示意图。

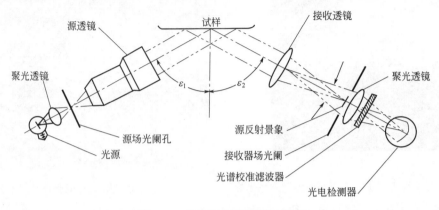

图 6-12　光泽计测定原理示意图

6.5.2.3　试验步骤

① 打开仪器开关并放在黑玻璃基准上；

② 调节控制旋钮，使光泽计指示出基准对应值；

③ 把传感器放在试样表面，从模拟计算机或者数字显示器直接读出光泽值，即为该试样的光泽度（仪器的线性情况按照常规方法检验，即把传感器放在一块白色的第二标准玻璃上时，读数应该在标准法的 1.0 光泽单位之内）。

分别测定出试样的颜色和光泽值以后，就完成了试样的色泽测定。

6.6　荧光测定

荧光增白剂（fluorescent whitening agent，FWA）是一种能吸收波长范围 300～400nm 的紫外线，再发射出可见光波段 420～480nm 的蓝紫色荧光的有机化合物。前面提到的塑料的泛黄正是因为材料中的杂质或材料本身吸收了入射光中的蓝紫相，由于蓝光与黄光互为补光，人眼接收到的缺蓝紫相的反射光就使人感觉到材料发黄。FWA 正是通过弥补这种蓝紫相光的损失而起到对材料的增白增亮作用。FWA 的这种增白方式不同于发生氧化还原反应的化学漂白，实际上是一种光学效应，所以 FWA 又被称为光学增白剂（optical brighteners）。

在塑料制品制造过程中，通常为了改善成型品的外观，往往添加荧光增白剂。而研究表明，荧光增白剂是一种致癌活性很强的化学物质。因此，近年来，国家卫生标准已明确规定：食品包装用原纸、餐具洗涤剂、食品工具设备用洗涤剂与洗涤消毒剂中均不得检出荧光性物质，并且《食品容器、包装材料用助剂使用卫生标准》也明确把荧光增白剂排除在外。为与国标保持一致、与国际接轨，并从消费者的健康安全出发，研究和制订相应塑料制品中荧光增白剂的定性定量测定方法具有十分重要的现实意义。

荧光分析法是一种可以对塑料中的荧光增白剂进行定性定量分析的有效方法。荧光分子有特定的吸收光谱和荧光发射光谱，即在某一特定波长处有最大吸收峰和最大发射峰。其中，荧光强度除受激发光强度影响外，也与激发光源的波长有关，选择的激发光波长越接近于最大吸收峰波长，测定光波长越接近于最大发射峰波长，得到的荧光强度越大。

影响塑料中荧光增白剂的荧光强度的因素包括：浓度、温度等。一般在低浓度范围内，塑料制品中的荧光增白剂浓度越高，用荧光分光光度法检测出的荧光强度越高，并且二者呈线性关系；但当塑料制品中的荧光增白剂浓度超过某一值时，线性关系消失。

常见塑料光学性能见表 6-2。

表 6-2　常见塑料光学性能

塑料种类	透光率/%	雾度/%	折射率
透明聚酰胺(PA)	95	—	1.53
聚乙烯醇(PVA)	93	—	1.49~1.53
聚甲基丙烯酸甲酯(PMMA)	92	<1	1.48~1.50
聚对苯二甲酸乙二醇酯(PET)	90	—	1.641
聚四甲基戊烯(TPX)	>90	<5	—
丙烯酸酯-苯乙烯共聚物(MS)	90	—	1.533
聚碳酸酯(PC)	85~91	0.5~2	1.586
聚苯乙烯(PS)	88~90	—	1.59~1.61
乙烯-乙酸乙烯酯片材(EVA)	88	2~40	1.45~1.47
丙酸纤维素、乙酸纤维素	88	<1	—
聚芳酯(PAR)	87	—	1.61
乙烯-丙烯共聚物	84~87	—	—
聚醚醚酮(PEEK)	84.8	6.4	—
苯乙烯-丙烯腈共聚物(AS)	78~88	0.4~1.0	1.57
透明 ABS	80~85	6.0~12.0	—
离子聚合物(IO)	75~85	3~7	—
聚氯乙烯(PVC)(硬)	76~82	8~18	1.52~1.55
聚砜(PSF)	79.2	5	—
聚丙烯(PP)	50~90	1~3.5	1.49
聚乙烯(中密度)(PE)	10~80	4~50	1.53

◆ 参考文献 ◆

［1］　杨中文. 实用塑料测试技术. 北京：印刷工业出版社，2011.
［2］　高炜斌，林春雪. 塑料分析与测试技术. 北京：化学工业出版社，2012.
［3］　余忠珍. 塑料性能测试. 北京：中国轻工业出版社，2009.
［4］　周维祥. 塑料测试技术. 北京：化学工业出版社，1997.
［5］　马玉珍. 塑料性能测试. 北京：化学工业出版社，1993.
［6］　维苏珊. 塑料测试技术手册. 北京：中国石化出版社，1991.
［7］　张玉龙，孙敏. 塑料品种与性能手册. 北京：化学工业出版社，2012.

［8］　裘炳毅. 化妆品化学与工艺技术大全. 北京: 中国轻工业出版社, 1997.

［9］　GB/T 2410—2008 透明塑料透光度和雾度的测定.

［10］　HG/T 3862—2006 塑料黄色指数试验方法.

［11］　GB/T 614—2006 化学试剂　折射率测定通用方法.

［12］　JJG 625—2001 阿贝折射仪检定规程.

［13］　GB/T 2913—1982 塑料白度试验方法.

第7章

燃烧性能

在评价材料的燃烧性能时，相关的燃烧性能测试是评价的前提和基础。所以，了解并掌握燃烧性能的相关测试具有很重要的意义。应当特别注意的是，阻燃不是一个绝对的概念，在提及材料的某一阻燃性能时，一定要具体说明采用的测试方法、测试条件和依据的标准。到目前为止，阻燃领域的科学家和学者已经设计了很多阻燃标准和测试方法。但是，这些标准和测试方法仍在不断地更新、发展中。本章将重点介绍材料的燃烧性能测试的相关内容及现行的国家标准和其他国家的标准。

7.1 材料阻燃性能测试方法分类

材料阻燃性能测试方法根据试样大小可分为实验室试验、中型试验及大型试验 3 类，其中前两类最为常用。在实验室试验及某些中型试验中，根据被测材料的一些对引发火灾具有决定性影响的参量，如可燃性、点燃性、火焰传播、释热及二次火灾效应（生烟性、火灾气体的毒性及腐蚀性）等分类。阻燃性能测试方法通常可分成下述 6 类：

① 点燃性和可燃性（如点燃温度和极限氧指数）；

② 火焰传播性（如隧道试验和辐射板试验）；

③ 释热性（如锥形量热仪和量热计试验）；

④ 生烟性（如烟箱试验和烟尘质量试验）；

⑤ 燃烧产物毒性及腐蚀性（如生物试验和化学分析法）；

⑥ 耐燃性（如电视整机或建筑部件耐火性试验）。

上述 6 类方法看似比较简单，但每一类中的很多种则相当复杂。点燃性和可燃性是要测定火是否易于引起；火焰传播性是要测定火是否易于蔓延和火传播速率；释热性是要测定材料燃烧时的放热量及放热速率，以了解火的发展趋势及火对邻近地区的危险；生烟性和有毒及腐蚀性燃烧产物试验是要测定材料燃烧时的生烟量及火灾气体的毒性和腐蚀性，以了解材料对生物及设备的危害性；耐燃性试验是为了了解某种材料构筑成的建筑物或建筑物的一部分（如墙、地板、天花板）或其他制品，在强热及火焰的作用下所能经受的时间，即它们在火中倒塌或破坏或燃尽所需的时间。

7.2 材料点燃性和可燃性的测定

材料的可燃性是指材料进行有焰燃烧的能力。在规定的试验条件下，能进行有焰燃烧的材料，归为可燃材料。材料的点燃性与点火源有关，它表征材料引发火灾的概率。没有点燃，就不可能发生火灾。但是材料的被点燃也不一定是由直接点火源引发，还存在一些间接点燃材料的因素。

目前采用的材料可燃性的测定方法多数系基于将特定火焰施加于材料所产生的结果。所用火焰的类型、大小、施加于试样的时间以及试样的尺寸、形状及放置方向等，在不同的试验中可有所不同，且均在测试方法或标准中有详细的规定。由于历史的原因，这类方法大多是根据工业材料或产品的需要制订的。但近年来，人们正在考虑使这些方法或标准更加合理化和国际化。

7.2.1 塑料极限氧指数的测定

极限氧指数（limited oxygen index，LOI）定义为在规定试验条件下，在氮、氧混合气流中，刚好维持试样燃烧所需的最低氧浓度，以体积分数表示。目前中国现行的测定室温下的氧指数的标准是 GB/T 2406.2—2009《塑料　用氧指数法测定燃烧行为　第 2 部分：室温试验》，本部分适用于试样厚度小于 10.5mm 能直立支撑的条状或片状材料，也适用于表观密度大于 $100kg/m^3$ 的均质固体材料、层压材料或泡沫材料，以及某些表观密度小于 $100kg/m^3$ 的泡沫材料，并提供了能直立支撑的片状材料或薄膜的试验方法。《绝缘液体燃烧性能试验方法氧指数法》（GB/T 16581—1996）是中国有关绝缘液体 LOI 的测定方法，该标准与 "Test method for the determination of oxygen index of insulating liquids"（IEC 1144：1992）等效。

7.2.1.1 理论基础

聚合物的氧指数与其燃烧时的成炭率、比燃烧焓及元素组成等因素有关，可按下述诸式计算。

（1）按成炭率计算

1974 年，P. W. VanKrevelen 在大量试验基础上，提出了不含卤高聚物的 LOI 与成炭率的线性关系，见式(7-1)。

$$LOI = (17.5 + 0.4CR)/100 \tag{7-1}$$

式中，CR 为高聚物加热至 850℃时的成炭率，%。

高聚物的 CR 值具有基团加和性，是分子中各基团对成炭率贡献的总和，如式(7-2)所示。

$$CR = \sum_{\lambda} (CFT)_i \times 1200/M \tag{7-2}$$

式中，M 为高聚物结构单元的摩尔质量，g/mol；CFT 为每摩尔结构单元的成炭量与碳的摩尔质量（12g/mol）之比，即每摩尔结构单元成炭量中所含碳的物质的量。

注：高聚物中不同基团的 CFT 值可在专门的手册中查得。

（2）按比燃烧焓计算

很多高聚物的燃烧焓、氧化焓及起始分解温度与它们的 LOI 间存在一定的对应关系，特别是一些高聚物的 LOI 的倒数与它们的燃烧焓/氧化焓比值之间具有较好的线性关系。LOI 可按式(7-3) 计算。

$$LOI = -8 \times 10^3 / \Delta_g h_b = -8 \times 10^3 M / \Delta_m H_b \qquad (7-3)$$

式中，$\Delta_g h_b$ 为高聚物比燃烧焓，J/g；$\Delta_m H_b$ 为高聚物结构单元的摩尔燃烧焓，J/mol；M 为高聚物结构单元的摩尔质量，g/mol。

但上式对 C/O 或 C/N 物质的量之比小于 6 的高聚物不适用。

$\Delta_m H_b$ 可根据完全燃烧产物（CO_2 及 H_2O）的生成焓及被燃烧高聚物的生成焓求得，也可根据高聚物完全燃烧需氧量按式(7-4) 计算。

$$\Delta_m H_b = -4.35 \times 10^5 m_0 \qquad (7-4)$$

式中，m_0 为高聚物结构单元完全燃烧需氧量，mol/mol。

合并上述几式，可得式(7-5)。

$$LOI = 1.84 \times 10^{-2} M / m_0 \qquad (7-5)$$

$\Delta_g h_b$ 值越小（即燃烧时放出的热量越大，因 $\Delta_g h_b$ 为负值）或 m_0 值越大的高聚物，其 LOI 值越低。

（3）按元素组成估算

一般说来，高聚物中的氧含量降低和卤素含量增高，均可提高材料的 LOI。例如，聚己内酯与尼龙 6 相比，只是前者中的一个氧原子被后者中的一个 NH 所取代，但尼龙 6 的 LOI 比聚己内酯高 2～4 个单位。不过，起重要作用的还是组成中各元素的相对含量，如 H/C、F/C、Cl/C 等的物质的量比，较小的 H/C 值和较大的 F/C 和 Cl/C 值（即较小的 CP 值），可赋予物质较大的 LOI。对大多数高聚物来说，可用式(7-6)、式(7-7) 估算其 LOI 值：

$$CP \geq 1 \text{ 时，} \quad LOI \approx 0.175 \qquad (7-6)$$

$$CP \leq 1 \text{ 时，} \quad LOI \approx 0.60 \sim 0.425 CP \qquad (7-7)$$

CP 值可按式(7-8) 计算：

$$CP = H/C - 0.65(F/C)^{1/3} - 1.1(Cl/C)^{1/3} \qquad (7-8)$$

7.2.1.2 实际测定

（1）通用测定方法

① 设备及试样。

测定 LOI 所用的设备为氧指数测定仪，其构造见图 7-1。氧指数测定仪的燃烧筒为一根高 450mm、最小内径 75mm、顶部出口内径 40mm 的热玻璃管，垂直固定在可通过氧、氮混合气的基座上，筒内填装有 80～100mm 高的直径为 3～5mm 的玻璃珠，用以平衡气流。在玻璃珠的上方装有金属网，以防下落的碎片阻塞气体入口和配气通路。基座上部为试样夹具，分两种：一种用于自撑材料，它固定在燃烧筒轴心上，能垂直夹住试样；另一种用于非自撑材料（薄膜、薄片等），为框架结构，能将试样的两个垂直边同时固定在框架上，再以上述自撑材料所采用的夹具固定在底座上。

氧指数测定仪配有测量和控制气体流量的仪表，精度为 ±5%（体积分数）。

氧指数测定仪所用的氧气及氮气的压力不应低于 1MPa。所用点火器为一根金属管，其末端内径为 (2±1)mm，能插入燃烧筒内点燃试样。点火器的燃料可为丙烷、丁烷、石油液化气或天然气。点火器火焰的长度在喷嘴竖直向下时应为 (16±4)mm。

测定 LOI 的试样型式及尺寸随材料类型略异，如表 7-1 所示。

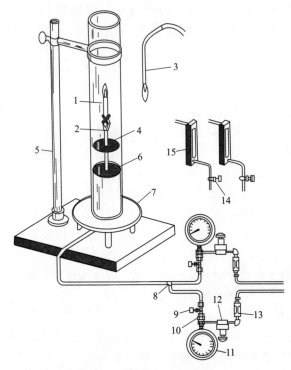

图 7-1　氧指数测定仪

1—试样；2—夹具；3—点火器；4—金属丝网；5—支架；6—柱内玻璃珠；7—底盘；8—三通管；9—截止阀；
10—支持器内小孔；11—压力表；12—精密压力调节器；13—过滤器；14—针形阀；15—转子流量计

表 7-1　测定 LOI 的试样型式和尺寸

材料	型式	长/mm	宽/mm	厚/mm	用途
		基本尺寸	基本尺寸	基本尺寸	
自撑材料	Ⅰ	80~150	10±0.5	4±0.25	用于模塑材料
	Ⅱ	80~150	10±0.5	10±0.25	用于泡沫材料
	Ⅲ	80~150	10±0.5	<10.5	用于厚片材
	Ⅳ	70~150	6.5±0.5	3±0.25	用于电器用模塑材料和片材
非自撑材料	Ⅴ	140	52±0.5	≤10.5	用于软片和薄膜等
	Ⅵ	140~200	20	0.02~0.10	用于能用规定的杆缠绕的薄膜材料

　　对于Ⅰ、Ⅱ、Ⅲ及Ⅳ型试样，采用顶端点燃法时，在距点燃端50mm处画有标线；对Ⅴ型试样，常采用扩散点燃法，标线应画在试样框架上或画在距点燃端20mm和100mm处。

　　对于某些Ⅵ型试样，如薄膜很薄，需两层或多层进行叠加缠绕，以获得与Ⅵ型类似的结果。

　　每组的试样一般为15个，但对于不知氧指数或显示不稳定燃烧的材料，需要至少30个试样。

　　不同型式、不同厚度试样的测试结果缺乏可比性，对各向异性材料，不同方向试样的实测 LOI 也不同。

　　② 测定程序。

测定 LOI 时，将试样垂直地固定在燃烧筒中，使氧、氮混合气流由下向上流过，点燃试样顶端，观察试样的燃烧情况。在不同氧浓度中试验一组试样，以测定刚好维持试样平稳燃烧时的最低氧浓度。具体操作程序如下。

将经过状态调节的试样安装于试样夹具上，再将夹具垂直置于燃烧筒的中心，并使试样低于燃烧筒顶至少 100mm，试样暴露部分最低处高于配气装置顶端也至少 100mm。

调节气体控制装置，用氧浓度适当（根据试样的估计氧指数确定）的混合气，以（40±10)mm/s 的速率洗涤燃烧筒至少 30s，把点火器喷嘴插入燃烧筒内，使火焰的最低可见部分接触试样顶端并覆盖整个顶表面，但不要使火焰接触试样的棱边和侧表面。每隔 5s 左右移开火焰一下，移开的时间以恰好能判明试样整个顶表面是否全部着火为限。在确认试样顶表面着火后，立即移去点火器，并开始计时或观察试样燃烧的长度。点燃试样时，火焰作用时间最长为 30s。若在 30s 内不能点燃，则应增大氧浓度，继续点燃，直至在 30s 内点燃为止。

上述点燃试样的方法称为顶端点燃法（一般采用此法，它适用于自撑材料），对不适于这种点燃法的材料（如非自撑材料），可采用下述的扩散点燃法（此法也适用于自撑材料）。此法系使火焰可见部分施加于试样的顶表面，并同时施加于垂直表面约 6mm 长。点燃试样时，火焰作用时间最长为 30s，每隔 5s 左右移开点火器观察试样，直至垂直侧表面稳定燃烧或可见燃烧部分的前沿到达上标线处，立即移去点火器，并开始计时或观察试样的燃烧长度。如 30s 内不能点燃试样，则应增大氧浓度，再次点燃，直至 30s 点燃为止。

测定 LOI 时，系通过改变氧浓度，以火焰前沿恰好达到试样标记处的氧浓度计算材料的 LOI，并以 3 次试验结果的算术平均值为测定值。

测定 LOI 时，所谓点燃试样是指试样发生有焰燃烧，而所指试样燃烧部分应包括沿试样表面淌下的燃烧滴落物。

测定 LOI 时，还要记录材料的下述燃烧特性，例如熔滴、烟灰、成炭、漂游性、灼烧、余辉或其他情况等。如出现无焰燃烧时，则应说明无焰燃烧情况或无焰燃烧时的氧指数。

③ 影响因素。

氧指数的测定结果受气体流速、试样厚度、气体纯度、火焰高度、点燃用气体、点燃方式、环境温度、试样夹持方式等一系列因素的影响，所以测定应在严格规定下进行，结果才会具有良好的重现性和准确度。

a. 气体流速。燃烧筒内混合气体的流速在 30～120mm/s 内变化时，对 LOI 的测定结果没有明显的影响；但当混合气体中的氧浓度低于空气中的氧浓度时，则 LOI 随混合气体流速的增高而有所增加。这是因为当气体流速偏低时，由于密度不同，外界空气可由燃烧筒开口处进入筒内，使筒内混合气体中的实际含氧量增加（因筒内原有混合气的氧浓度低于空气中的氧浓度），而测量氧浓度是在空气进入燃烧筒内以前进行的，所以测得的氧指数较实际偏低。为了避免上述影响，有些标准规定，应在燃烧筒出口处加一个限流盖，使燃烧筒的出口内径缩小到 40mm，这样出口流速增加，就可防止外界空气进入燃烧筒内。

b. 试样厚度及长度。试样 LOI 测定值随试样厚度增加而略有增高，因为越薄的试样越易于燃烧。至于试样长度，只要在标准所要求的范围（70～150mm）内，就不会影响 LOI 的测定结果。

c. 氧气和氮气纯度。当以玻璃转子流量计指示流量时，由于混合气体中的氧浓度是通过测量氧、氮两种气体的流量得出的，而且视氧、氮均为纯气体，但实际使用的都是工业气，因此对 LOI 测定结果有一定影响，且气体纯度越低，误差越大。另外，在使用过程中，钢瓶的气体压力逐渐下降，气体湿度增加，这也会对 LOI 的测定带来误差。所以，最好使用高纯氧、氮作为气源，且其使用压力不应低于 1MPa。

如果需要更准确地计算混合气体中的氧浓度，可用式(7-9) 计算。下式中的浓度均指体积浓度。

$$c_0 = \frac{x_1 V_0 + x_2 V_N}{V_0 + V_N} \qquad (7-9)$$

式中，c_0 为混合气体中氧浓度，%；x_1 为氧气纯度，%；V_0 为单位混合气中氧气体积；x_2 为氮气不纯度，%；V_N 为单位混合气中氮气体积。

d. 点燃方式。测定 LOI 时，可采用顶端点燃法或扩散点燃法，前者适用于 I～IV 型试样，后者则适用于所有试样。不同点燃方式传给材料的热量不同，故测得的 LOI 稍微有所差异，因此 LOI 测定报告中应该注明点燃方式。

e. 点燃气种类。测定 LOI 可采用丁烷、丙烷、液化石油气或煤气为点燃气体，所得结果基本相同。但仲裁时应使用未混空气的丙烷为点燃气。

f. 环境温度。随环境温度升高，大多数材料的 LOI 下降。环境温度在 5～30℃ 内变化时，对大多数 LOI 的测定值没有什么影响，但对环境较敏感的材料，则应规定试样的调节条件和测定 LOI 的环境温度。

g. 燃烧筒温度。试样在燃烧筒中的稳定燃烧需要热量维持。试样点燃后，如试样周围温度低，则向外界散热多，不利于保持热平衡，有可能使燃烧难以维持。筒外温度高，则热量散失少，有利于燃烧继续。而燃烧筒温度直接影响试样周围温度，因而对 LOI 的测定是有影响的。有资料报道，燃烧筒温度升至 75℃ 时，可使 LOI 测定值明显降低。因此，标准规定燃烧筒应在常温下使用。

h. 其他因素。火焰高度在 6～25mm 范围内变化时，对 LOI 的测定无影响。试样如带有影响其燃烧性能的缺陷，如气泡、裂纹、溶胀、飞边、毛刺等，对试样的点燃及燃烧行为均有影响，因而会改变 LOI 的测定值。不同的试样制备方法，会导致试样结晶度、固化程度等的变化，以致影响材料的热分解和燃烧行为，进而影响 LOI 值。有些材料，尤其是填充材料与层压材料，在有焰燃烧后，在相当一段时间内维持无焰燃烧。在判断试样燃烧时间或燃烧长度时，是否包括无焰燃烧对测试结果影响很大。有人认为，LOI 测定时所指的燃烧应当是有焰燃烧，但应说明无焰燃烧或包括无焰燃烧的 LOI。

(2) 用于薄膜的氧指数测定法

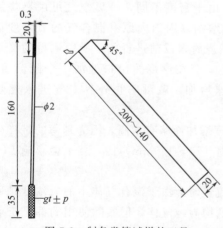

图 7-2　制备卷筒试样的工具

以上述通用方法测定薄膜（采用框架夹具）的 LOI 时，常发生试样燃烧不稳定或收缩等现象，导致测定结果的再现性不佳。国际标准化组织（ISO）塑料技术委员会（TC61）燃烧行为分技术委员会（SC4），即 ISO/TC61/SC4，提出以卷筒法测定薄膜的 LOI。

① 试样。

卷筒法的试样厚为 20～100μm，取 200mm×20mm 的长条卷成筒状，制备卷筒试样的工具如图 7-2 所示。

卷筒时，先将薄膜的一角插入不锈钢棒上的狭缝中，然后将膜绕在细棒上，应绕 4～5 层。卷绕完毕，将细棒从卷筒中抽出，并将卷筒末端用胶带粘住。然后从距顶端 20mm 处切断卷筒。卷好的筒条，直径约为 2mm，长度约 100mm。在离点燃端 50mm 处划标线。

如试样薄膜厚度小于 $20\mu m$，则宜采用两层或更多层试样叠合卷筒。

切取试样时，要注意取向。不同方向的样品，其测定结果缺乏可比性。

② 影响因素。

测定卷筒试样 LOI 的设备及操作程序与上述通用方法相同，但宜采用顶端点燃法。燃烧行为的评价是：点燃后燃烧时间小于 180s，燃烧长度不达标线。

a. 膜厚及膜层数。卷筒试样的 LOI 测定值与薄膜厚度及卷筒所用薄膜层数（单层或多层）有关，对过薄的膜，燃烧的能量密度较低，测得的 LOI 偏高。但由两层或更多层膜叠合的卷筒，测得的 LOI 正常。

b. 烟囱效应。影响卷筒试样 LOI 的因素，还有一个所谓"烟囱效应"。因为卷筒类似一个细长的烟囱，测定其 LOI 时，由于燃烧筒出口限流罩的影响，压力较大，使燃烧时产生的烟气顺卷筒倒流至试样底部流出，再随上升的气流包围在试样的周围，致使试样周围的氧浓度降低，引起测定误差。如将卷筒底部用夹子夹紧，可避免或减少这种影响。

c. 框架试样与卷筒试样的比较。测定薄膜 LOI 时，可将膜固定在框架上，或采用卷筒试样，两者测得的结果常有差异，特别是框架试样测定结果的再现性差，有时由于燃烧不稳而无法测定，故薄膜的 LOI 最好以卷筒法测定，所得结果较可靠。大多数框架试样的 LOI 都高于卷筒试样，且膜越薄，这种差别越大。这可能是由于燃烧能量密度不同或由于薄膜的热收缩造成的。不同种类膜组成的多层膜，其 LOI 总是靠近 LOI 较低者。还有，卷筒试样测得的 LOI 比较符合材料的实际燃烧行为；而框架试样的测定结果则偏高，与实际情况相差较大。

（3）液体氧指数测定法

① 设备（见图 7-3）。

此法系在一硅硼玻璃杯（外径 25mm，内径 22mm，总高 5.5mm，净高 4mm）中放置少量液体样品，再将试样杯置于通有氮氧混合气流的燃烧筒内点燃。以刚好能维持液体燃烧 60s 或 60s 以上的最低氧浓度作为该液体的 LOI。

该法适用于（40±1）℃时运动黏度不大于 $50mm^2/s$ 的所有液体。

测定液体 LOI 所用的氧指数测定仪，除了不需试样夹具和不必加限流盖外，其他都与前述的测定固体试样的氧指数测定仪相同。点火器为一根内径 1.5mm 的铜管，燃气流速为 $3cm^3/s$，火焰高度在点火器垂直向上放置时应为 40mm。

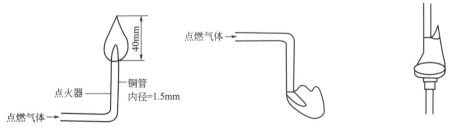

(a) 点火器朝上直立时的火焰　　(b) 点火器朝下倒置时的火焰　(c) 施加火焰时，使点火器中心轴线与试样杯中心重合，火焰覆盖液体整个表面

图 7-3　测定液体氧指数的点火器

② 测定程序。

被测液体应在常温（15～30℃）下至少放置 24h，仲裁试验时应在（23±2）℃下至少放置 24h。测定时，先将杯托安装在筒内中心位置，再将试样杯置于杯托上。将液体试样注入试样杯，使弯液面上部低于杯顶 1mm。选择适当的开始试验的氧浓度，调整氧气和氮气的流量以获得所需的氧浓度。用流速为（4±1）cm³/s 的该气流清洗系统至少 30s。把调节好的点火器伸进燃烧筒内，使火焰覆盖样品整个表面，直到液体着火。然后移去点火器，立即开始计时。如火焰在持续 60s 以前熄灭，应增加氧浓度重新试验。如试样稳定燃烧，持续时间超过 60s，则应降低氧浓度重新测试。重复上述步骤，直至获得刚好维持试样燃烧 60s 或 60s 以上的最低氧浓度。而且，在较低一级的氧浓度（氧浓度相差 0.5%）下，试样不会燃烧 60s 以上。按前述得到的临界氧浓度，测试 5 个样品，如有 3 个或 3 个以上试样的燃烧超过 60s，这一氧浓度即为该液体的 LOI。

③ 影响因素。

用上法测定液体 LOI 时，试样杯尺寸、试样杯距燃烧筒顶的距离、点火时间、火焰高度及环境温度等均对测定结果有影响。

a. 试样杯直径。试样杯直径在 15～30mm 之间变化时，对试样 LOI 无影响；但试样杯直径过大时，装试样量较多，达到同样液温所需点火时间较长，故在点火时间相同时，测得的 LOI 可能略高。

b. 试样杯与燃烧筒顶的距离。当试样杯距燃烧筒顶过近时，如果在较低氧浓度下测定 LOI，所得结果常偏低，这是受到外界大气中氧扩散影响所致。

c. 点火时间。点火时间对 LOI 有明显影响。由于不同试样点着所需时间不同，所以标准未规定统一的点火时间；但又因点火时间对试验结果影响较大，所以标准规定试样点燃后应立即撤去点火器并立即开始计时。

d. 火焰高度。火焰太短时，测得的 LOI 偏高，反之则偏低。火焰高度在 35～50mm 时，对 LOI 测定值没有影响。因此标准规定火焰高度为 40mm。

e. 环境温度。在 15～35℃下测定 LOI，环境温度对测试结果没有明显影响，但环境温度高于 35℃时，对某些液体的测试结果有一定的影响，所以标准规定测试应在 15～30℃下进行，仲裁试验应在（23±2）℃下进行。

7.2.1.3 对氧指数测定法的综合评价

在所有材料可燃性测定试验中，LOI 测定具有特别重要的地位。对很多可燃性试验，其结果都是"通过"或"不通过"，或者将材料划为阻燃性等级，但 LOI 测定的结果则是量化的。

LOI 对研制阻燃材料，特别是对比较材料的阻燃性，是一个很有用的技术指标，它反映材料燃烧时对氧的敏感程度。但用 LOI 来评价成品元器件中材料的可燃性，则不一定是恰当的，因为测定 LOI 的实验室条件并不反映火灾的真实情况。认为 LOI 大于 21% 的材料在大气中不致燃烧的观点是不正确的。因为测定 LOI 时，试样是在人为的富氧大气中，从上向下点燃的。而在实际火灾过程中，材料可由下向上燃烧，这时就存在对上部材料的预热作用，所以 LOI 大于 21% 的材料也可能在空气中燃烧。例如，LOI 大于 22% 的毛纺织品，在空气中可不燃；但如果将它悬挂，从底部施加点燃火源，则它可在正常空气中及室温下点燃。此外，LOI 也可能造成误导，例如，在聚合物中加入可降低其熔融黏度的添加剂，可提高其 LOI，因为此时样品顶部表面处熔融流滴带走了大量热量。LOI 法最大的缺陷是无法将其测试结果与火灾安全工程相关联，这在火灾科学工程发展的今天，越发显现其不足。还有，燃滴效应也不能用 LOI 测定法研究。用 LOI 测定来评价和分类液态电工绝缘材料的火灾行为也是有局限性的，因为对液体，常采用吸收有这种液体的试样测试，而吸收材料的孔隙性对材料的可燃性具有相当大的影响。

7.2.2 塑料水平及垂直燃烧试验

在塑料阻燃性能试验方法中，本法最具代表性，且应用也最为广泛。本法测定塑料表面火焰传播性能，其原理系水平或垂直地夹住试样的一端，对试样自由端施加规定的点燃源，测定线性燃烧速率（水平法）或有焰燃烧及无焰燃烧时间（垂直法）等来评价试样的阻燃性能。

有关塑料水平、垂直燃烧试验的标准很多。按点燃源可分为炽热棒法和本生灯法，后者又有小能量（火焰高度 20～25mm）和中能量（火焰高度约 125mm）两种。本节只叙述以小火焰本生灯为点燃源的这类试验方法。

7.2.2.1 UL94 塑料水平和垂直燃烧试验

UL94 阻燃性试验是指按一定位置放置的塑料被施加火焰后的燃烧行为。ANSI/UL 94：2013 标准是全球广泛采用的测定塑料阻燃性的方法，可用来初步评价被测塑料是否适合于某一特定的应用场所。其阻燃性试验包括下述几个塑料水平及垂直燃烧方法：①UL94 HB 水平燃烧试验；②UL94 V-0、UL94 V-1 及 UL94 V-2 垂直燃烧试验；③UL94-5V 垂直燃烧试验；④UL94 VT M-0、UL94 VT M-1 及 UL94 VT M-2 垂直燃烧试验；⑤UL94 HBF、UL94 HF-1 及 UL94 HF-2 泡沫塑料水平燃烧试验。

（1）UL94 HB 水平燃烧试验（50W）

此试验相应于 "Fire hazard testing-Part 11-10：Test flames-50 W horizontal and vertical flame test methods"（DIN EN 60695-11-10：2014）标准。UL94 HB 试验的试样系水平放置，所用装置见图 7-4。

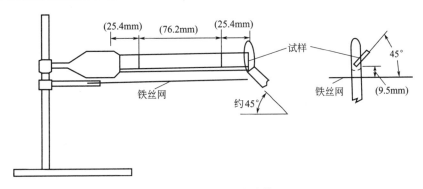

图 7-4 UL94 HB 试验装置

UL94 HB 用试样为 3 个，尺寸是（125±5)mm(长)×(13.0±0.5)mm(宽)。从点燃端起，在（25±1)mm 处及(100±1)mm 处刻有标记。根据试验情况，可能需要重测另一组试样（3 个试样）。试样应在（23±2)℃及相对湿度（50±5)%下状态调节最少 48h。试样系按经轴几乎水平、纬轴与水平线成 45°±2°倾斜放置。点燃源为实验室喷灯，按 "Fire hazard testing-Part 11-4：Test flames-50 W flame-Apparatus and conformational test method"

（IEC 60695-11-4：2011）的规定，点燃源的火焰高（20±2）mm，无发光火焰。该火焰以与水平线成45°角施加于试样30s，如在30s前火焰前沿达25mm处的标记，移走喷灯。

如符合下述条件，材料为HB40级：点燃源移走后，试样无可见明燃；在火焰前沿达100mm处标记前自熄；在试样两标记间的燃速不超过40mm/s。如试样能符合上述条件，两标记间燃速不超过75mm/s，则被试材料属HB75级。

（2）UL94 V-0、UL94 V-2及UL94 V-1垂直燃烧试验

在UL94 V试验中，塑料试样系垂直放置，而试样的点燃是由下端开始的，所以试样上端能被燃烧所产生的热量预热，因而通过UL94 V试验比通过UL94 HB试验更加困难。而且，通过UL94 V试验的塑料应能自熄。UL94 V试验装置见图7-5。

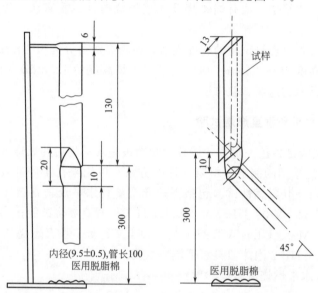

图7-5　UL94 V-0、UL94 V-1及UL94 V-2试验装置

图中装置尺寸单位为mm。

UL94 V用试样为两组，每组5个试件。试样尺寸（长×宽×厚）(125±5)mm×(13.0±0.5)mm×13.0mm。试样的最大和最小厚度应根据塑料的实际应用情况决定。根据试验结果，还有可能要补做第3组试样。试样预处理条件是：一组试样在（23±2）℃、相对湿度（50±5）%的条件下状态调节至少48h；另一组试样是在（70±2）℃的热空气烘箱中处理（108±2）h，然后在干燥器中放置至少4h，冷却至室温。试样垂直夹在夹具中，离试样下边缘（300±10）mm处放置脱脂棉，脱脂棉的体积为51mm×51mm×6mm。点燃源为实验室喷灯。按IEC 60695-11-4：2011的规定，本生灯的火焰高度为（20±1）mm，火焰功率为50W，无内焰。每个试样施加两次火焰，每次（10±0.5）s。第一次对待测样品施加火焰（10±0.5）s后，立刻将本生灯撤到足够远的距离，同时启动计时设备开始测量并记录余焰时间t_1（单位为s）；当试样余焰熄灭后，立即施加第二次火焰，施加火焰时间（10±0.5）s后同时启动计时器测量并记录余焰时间t_2（单位为s）和余辉时间t_3（单位为s）。在两次施加火焰期间如果有滴落物，应该将本生灯倾斜45°角。

符合下述要求的材料为UL94 V-0级：火焰移走后单个试样的余焰时间（t_1和t_2）不超过10s；一组试样（5个）总的余焰时间[$\Sigma(t_1+t_2)$]不超过50s；第二次施加火焰后单个试样的余焰时间加余辉时间（t_2+t_3）不大于30s；余焰和（或）余辉未蔓延至夹具，且无火焰颗粒或滴落物引燃脱脂棉。

　　符合下述要求的材料为 UL94 V-1 级：火焰移走后单个试样的余焰时间（t_1 和 t_2）不超过 30s；一组试样（5 个）总的余焰时间 $[\Sigma(t_1+t_2)]$ 不超过 250s；第二次施加火焰后单个试样的余焰时间加余辉时间（t_2+t_3）不大于 60s；余焰和（或）余辉未蔓延至夹具，且无火焰颗粒或滴落物引燃脱脂棉。火焰颗粒或滴落物引燃脱脂棉，但其他条件符合 UL94 V-1 级的材料为 V-2 级。

　　(3) UL94 5V 垂直燃烧试验（500W）

　　此试验相应于"Fire hazard testing-Part 11-20：Test flames-500W flame test methods"（KS M IEC 60695-11-20：2005），也是用于测定垂直放置的固体塑料的阻燃性。它与 UL94 V 试验的差别在于：5V 试验系对每一试样施加火焰 5 次，而 UL94 V 试验仅 2 次。5V 试验最初系采用杆状试样（A 法）。为通过此试验，试样续燃和灼烧的时间不能大于 60s，且不能产生熔滴。对某些热塑性塑料，5V 试验的要求是相当苛刻的。5V 试验也可采用同样厚度的水平放置的片状塑料（B 法）。UL94 5V 试验装置见图 7-6。

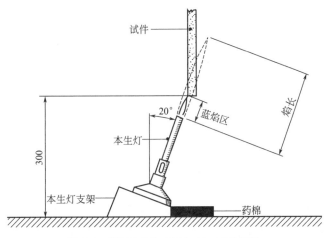

图 7-6　UL94 5V（方法 A）试验装置

　　UL94 5V 法所用试样，对方法 A 为两组，每组 5 个，尺寸为（125±5）mm（长）×（13.0±0.5）mm（宽）×13.0mm（最大厚度或所提供试样的最小厚度）。对方法 B 为片材，尺寸为（150±5）mm（长）×（150±5）mm（宽）×（提供试样的最小厚度）mm。试验数同方法 A。无论是杆状试件还是片状试样，均应以使用的最大厚度和最小厚度进行试验。根据试验结果，还可能需补充测试。试样预处理条件同 UL94 V。关于试样位置，方法 A 系将试样垂直悬挂，火焰以与铅直线成 20°±5°施加于试样下方；方法 B 系将试样水平放置，火焰以与铅直线成 20°±5°施加于试样下面的中部。点火源为实验室喷灯，其轴线与铅直线成 20°放置，火焰长（125±10）mm，蓝色焰心长（40±2）mm。施加火焰时间为每个试样施加 5 次，每次 5s，两次间隔 5s。

　　满足下述条件的材料为 UL94 5VA 级：第 5 次点燃的点燃源移走后，试样明燃总时间不大于 60s，无熔滴，脱脂棉不被点燃。

　　满足下述条件的材料为 UL94 5VB 级：试样可被烧孔，其他条件同 5VA 级。另外，分类为 5VA 或 5VB 的材料，还应满足 UL94 V-0、UL94 V-1 或 UL94 V-2 的要求（同样试样）。

　　(4) UL94 VTM-0、UL94 VTM-1 及 UL94 VTM-2 垂直燃烧试验

　　此试验用于测定那些不能用 UL94 V 测定的塑料薄膜的阻燃性。其试验过程与 UL94 V 试验类似，不过不是采用杆状固体塑料试样，而是将塑料薄膜绕在杆上，并用胶带固定形成

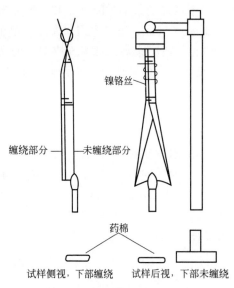

镍铬丝

缠绕部分——未缠绕部分

药棉

试样侧视，下部缠绕　　试样后视，下部未缠绕

图 7-7　UL94 VTM-0、UL94 VTM-1
及 UL94 VTM-2 的试验装置

的试样。试验时，将杆抽出，而将塑料薄膜卷垂直夹住。为了防止烧及胶带和影响试验结果，胶带应粘贴于 127mm 标记（从试样下端算起）以上。点燃源的火焰系施加于薄膜卷的下端。UL94 VTM 试验的主要评价标准与 UL94 V 试验是一样的，即明燃时间和熔滴，不过在细节上也有一些差别。定向的塑料膜应在定向轴的经向及纬向检测，因为膜的收缩将严重影响试验结果。UL94 VTM 方法的试验装置见图 7-7。

此法所用试样为两组，每组 5 个。系用 200mm 长、50mm 宽薄膜绕在一根直径为 12.7mm 的圆棒上而成。在从一端算起的 127mm 处做标记。根据试验结果，有可能需补充试验。试样预处理条件同 UL94 V。试样（塑料薄膜卷）垂直夹住，其顶部应夹紧，但底部松平。离试样底部 305mm 处放有 51mm×51mm×6mm 的脱脂棉。点火源为本生灯或提利（Tirril）灯，火焰高 19mm，无内焰。施加火焰时间为每个试样施加 2 次，每次 3s，第二次应在第一次施加且试样自熄后马上进行。

满足下述条件的材料属 VTM-0 级：单个试样 2 次余焰总时间≤10s，5 个试样 10 次余焰总时间不超过 50s，无熔滴点燃棉花，试样不烧至 127mm 标记处；第二次施加火焰后，单个试样余焰加余辉时间不大于 30s。

满足下述条件的材料为 VTM-1 级：单个试样 2 次余焰总时间≤30s，5 个试样 10 次余焰总时间不超过 250s，第二次施加火焰后，单个试样余焰加余辉时间不大于 60s。其他条件同 VTM-0 级。

满足下述条件的材料为 VTM-2 级：熔滴点燃脱脂棉，其他条件同 VTM-1 级。

（5）UL94 HBF、UL94 HF-1 及 UL94 HF-2 水平燃烧试验

这是 UL 一个测定泡沫塑料阻燃性的方法，此法类似于 "Flexible cellular polymeric materials-Laboratory assessment of horizontal burning characteristics of small specimens subjected to a small flame"（DIN EN ISO 3582：2007），后者用于测定软质泡沫塑料和多孔橡胶的阻燃性。

UL94 HBF、UL94 HF-1 及 UL94 HF-2 法的装置同《泡沫塑料燃烧性能试验方法　水平燃烧法》（GB/T 8332—2008），见图 7-8～图 7-10。试验时，一个由特制喷灯产生的火焰施加于水平放置于丝网上的泡沫塑料试样一侧，再测定试样的燃烧速率。

此法所用试样为 2 组，每组 5 个，尺寸为（150±1）mm（长）×（50±1）mm（宽）×13.0mm（最大厚度）。从施加火焰的试样末端算起，在试样的 25mm、60mm 及 120mm 三处均做有参考标记。两组试样的厚度，一组应为材料使用时的最大厚度，另一组应为最小厚度。根据试验结果，还有可能需检测更多组试样。试样预处理条件同 UL94 V。试样系水平放置于一定网孔的丝网上。离试样 305mm 处，放置 50mm×50mm×6mm 的脱脂棉层。点火源为本生灯或具特制喷嘴的喷灯，用以产生宽 47mm、高（88±1）mm 的火焰。施加火焰时间为 60s。

满足下述条件的材料为 UL94 HBF 级：在 25mm 及 125mm 两个标记间，材料燃速不超过 40mm/min，或在 125mm 标记前，材料自熄，但不符合 UL94 HF-1 及 UL94 HF-2 的标准。

满足下述条件的材料为 UL94 HF-1 级：一组 5 个试样中至少有 4 个的明燃时间≤2s，任何一个试样的明燃时间不超过 10s。经过 60mm 标记后，试样未能破坏。点燃源移走后，或经过 60mm 标记后，试样灼烧时间不大于 30s。无熔滴。

满足下述条件的材料为 UL94 HF-2 级：熔滴点燃脱脂棉，但满足 UL94 HF-1 的所有条件。

7.2.2.2 中国的塑料水平及垂直燃烧试验

(1) 水平燃烧试验（GB/T 2408—2008《塑料 燃烧性能的测定 水平法和垂直法》）

① 设备及试样。

试验在密闭且装有排风系统的通风橱或通风柜中进行，其装置与 UL94 HB 类似。点燃源为本生灯，所用的燃料气体为工业甲烷气、天然气或液化石油气。

试样长（125±5)mm、宽（13.0±0.3)mm、厚（3.0±0.2)mm，最大厚度不应超过 13mm。在距试样点燃端 25mm 和 100mm 处，与试样长轴垂直，各划一条标线（分别称为第一标线和第二标线）。试样数量一般为每组 3 根。

安装试样时，用夹具夹紧试样远离第一标线的一端，使试样长轴水平，其横截面轴线与水平成 45°角。将金属水平地固定在试样下，与试样最低的棱边相距 10mm，金属网前缘与试样自由端对齐。如试样自由端下垂，则应用金属支撑架支撑试样，并使试样自由端长出支撑架 20mm。

② 试验程序。

按规定装好试样，在离试样约 150mm 处点燃本生灯，使灯管为竖直位置时产生（20±2)mm 高的蓝色火焰。将本生灯移到试样自由端较低的边上，向试样端部倾斜，与水平方向约成 45°角，使试样自由端的（6±1)mm 长度承受火焰。向试样施加火焰 30s，撤去本生灯。若施焰时间不足 30s，火焰前沿已达第一标线，则立即停止施焰。若此时试样继续燃烧（包括有焰燃烧和无焰燃烧），则测定燃烧前沿从第一标线到燃烧终止时的燃烧时间 t 和从第一标线到燃烧终止时的烧损长度 L。若燃烧前沿越过第二标线，则测定燃烧从第一标线至第二标线所需时间 t，此时烧损长度 L 记为 75mm。

重复上述操作，共试验 3 根试样。

③ 结果计算及试样分级。

试样的线性燃烧速率 v（mm/min）由式(7-10) 计算：

$$v = \frac{60L}{t} \tag{7-10}$$

式中，L 为烧损长度，mm；t 为燃烧时间，s。

按点燃后的燃烧行为，试样材料可分为下列 4 级。

FH-1：移开点燃源后，火焰即灭或燃烧前沿未达到 25mm 标线。

FH-2：移开点燃源后，燃烧前沿越过 25mm 标线，但未达到 100mm 标线。在此级别中，应把烧损长度写进分级标志中。当 $L=70$mm 时，记为 FH-2-70mm。

FH-3：移开点燃源后，燃烧前沿越过 100mm 标线。对厚 13mm 试样，$v \leqslant 40$mm/min；对厚小于 3mm 试样，$v \leqslant 75$mm/min。在此级中，应把燃烧速率写进分级标志中。例如

FH-3-30mm/min。

FH-4：除 v 大于 FH-3 级外，其余都与 FH-3 级相同。在此级中，也应把燃烧速率写进分级标志中。例如，FH-4-60mm/min。

如被试 3 根试样的分级不一致，则应以最高等级作为该材料的级别。例如，如 3 根试样分属于 FH-3-35mm/min、FH-3-38mm/min 及 FH-4-43mm/min，则该材料的等级应为 FH-4-43mm/min。

（2）垂直燃烧试验（GB/T 2408—2008《塑料 燃烧性能的测定 水平法和垂直法》）

① 设备和试样。

试验装置与 UL94 V 类似。其他设备与点燃源同水平燃烧试验。

垂直燃烧试验的试样，每组为 5 根，共两组。

安装试样时，用支架夹具夹住试样上端 6mm，使试样长轴铅直，试样下端距水平铺置的干燥医用脱脂棉层约为 300mm。脱脂棉层尺寸为 50mm×50mm，最大未压缩厚度为 6mm。

② 试验程序。

按规定安装好试样，点燃本生灯，将灯火焰对准试样下端面中心，并使灯管顶面中心距试样下端面 10mm。点燃试样 10s，在点燃过程中，应移动本生灯，使上述距离仍保持为 10mm。如在施加火焰时试样有熔融物或燃烧物滴落，则应将本生灯倾斜 45°角并后退，以防滴落物落入灯管中，同时保持试样与本生灯管顶面中心距离仍为 10mm。对试样施加火焰 10s 后，应将本生灯移至离试样至少 150mm 处，同时测定试样的有焰燃烧时间 t_1。当试样有焰燃烧停止后，再次对试样施焰 10s，且仍需保持试样与本生灯口相距 10mm。施焰完毕，移走本生灯，同时测定试样的有焰燃烧时间 t_2 和无焰燃烧时间 t_3。此外，还要观察试样燃烧时是否有滴落物及滴落物是否点燃脱脂棉，以及有无燃烧蔓延到夹具现象。

重复上述步骤，共测试 5 根试样。

③ 结果计算及被试材料分级。

每组 5 根试样有焰燃烧时间总和 t_f 按式（7-11）计算。

$$t_f = \sum_{i=1}^{5} (t_{1i} + t_{2i}) \tag{7-11}$$

式中 t_{1i}——第 i 根试样第一次施焰后的有焰燃烧时间，s；

t_{2i}——第 i 根试样第二次施焰后的有焰燃烧时间，s。

按试样的燃烧行为，将材料分成 FV-0、FV-1、FV-2 三级，见表 7-2。

表 7-2　FV 分级表

序号	判据	级别			
		FV-0	FV-1	FV-2	*
1	每根试样的有焰燃烧总时间（t_1+t_2）	≤10	≤30	≤30	>30
2	每组五根试样有焰燃烧时间总和 t_f	≤50	≤250	≤250	>250
3	每根试样第二次施焰后有焰与无焰燃烧时间和（t_2+t_3）	≤30	≤60	≤60	>60
4	试样有焰或无焰燃烧蔓延到夹具现象	无	无	无	有

注：＊该材料不能用垂直法分级，而应采用水平法对其燃烧性能分级。

一组试样的级号是由表 7-2 中规定的 5 个判据得出的 5 个独立要素中数字最高的级号作为该材料的级号。例如，某组试样，按 1～4 判据都符合 FV-1 级，只有按判据 5 判为 FV-2 级，则该材料的级号应为 FV-2。如果一组 5 根试样中，只有一根不符合某级的要求，则可采用另外一组经过同样预处理的试样进行试验。如第二组所有 5 根试样都满足该级的要求，则该材料可定为该级。如果材料达到 FV-0、FV-1、FV-2 中的任何一级，则应在分级标志中写进试样的最小厚度，精确至 0.1mm。例如，FV-1-3.02mm。如果出现 * 号一栏情况，则说明该材料不能用垂直法进行分级，而应采用水平燃烧法进行分级。

（3）塑料水平燃烧及垂直燃烧试验影响因素（不包括泡沫塑料）

① 试样厚度的影响。

试样厚度对水平燃烧速率有明显影响。对厚度小于 3mm 的试样，其燃烧速率随厚度的增加而急剧降低；对厚度大于 3mm 试样，燃烧速率随厚度的变化则较小。这一方面是由于将试样加热至分解温度所需的时间与其质量（或厚度）基本成正比；另一方面是试样的着火、燃烧和传播主要发生在表面上，而厚度越小的试样，单位质量具有的表面积越大。同样的厚度变化，对不同材料燃烧速率的影响程度也有很大差别。对比热容和热导率较小、又不产生熔滴的材料（如 PMMA）的影响较小，而对比热容和热导率较大、又有熔滴的材料（如 PE）的影响就较大。

试样厚度对垂直燃烧试验结果也有很大影响。在同样试验条件下，试样越薄，其总有焰燃烧时间越长；反之则越短。当试样厚度相差较大时，其试验结果甚至可相差一两个级别。厚度小于 3mm 的试样，燃烧时易出现卷曲和崩断现象，从而影响试验的稳定性与重复性。

由于上述原因，标准中对试样厚度作了严格规定，且厚度不同的试样，其试验结果缺乏可比性。

② 试样密度的影响。

在相同试验条件下，试样水平燃烧的燃烧速率随密度的增大而降低；对垂直燃烧试样，其燃烧时间也与其密度有关。

③ 火焰高度的影响。

对水平燃烧试验，当火焰高 10mm 时，对有些试样难于点燃，这是由于火焰提供的热量不能将试样加热到分解温度以上。当火焰高 15mm 时，有的试样能被点燃（如 PMMA、PVC），有的则只熔不燃（如 PE）。这是由于 PE 分解温度较高，比热容和热导率较大，熔点又较低，以致把试样加热至分解温度所需热量较多。当火焰高 20mm 及以上时，试样能被点燃，且焰高为 20～40mm 时，试样燃烧速率基本一致。

火焰高度对有些试样的垂直燃烧试验结果也有一定影响，甚至出现很大偏差。但当火焰高度在 19～25mm 之间变化时，对试验结果基本没有影响。所以把火焰高度规定为（20±2）mm 是适宜的。

④ 状态调节条件的影响。

试样的状态调节条件对材料的水平和垂直燃烧性能均有一定程度的影响。一般说来，温度偏高和湿度偏小可提高平均燃烧速率（水平法）或总有焰燃烧时间（垂直法）。且状态调节条件对"纯"塑料的影响较小，而对层压材料的影响则较大。

⑤ 各向异性材料不同方向的影响。

材料在成型过程中由于受力及取向不同而产生各向异性。不同方向对试样的水平、垂直燃烧性能有一定的影响。

（4）泡沫塑料水平燃烧试验（GB/T 8332—2008《泡沫塑料燃烧性能试验方法　水平燃烧法》）

《泡沫塑料燃烧性能试验方法　水平燃烧法》（GB/T 8332—2008）试验等效 "Flexible cellular polymeric materials-Laboratory assessment of horizontal burning characteristics of small specimens subjected to a small flame"（DIN EN ISO 3582：2007），用于在实验室条件下评定泡沫塑料或泡沫橡胶小试样的相对水平燃烧性能。对施加火焰时卷缩而不着火的试样，有时不适于采用此法。

① 设备及试样。

此法所用设备主要是试验箱、点燃源、试样托网及支撑架。试验箱结构如图 7-8 所示。箱内腔长（600±50）mm，宽（300±5）mm，高（760±5）mm。所用点燃源为本生灯，其圆筒内径（9.5±5）mm。灯上装配有火焰喷嘴（翼顶），它高（40±1）mm，锥形角度 60°±1°，内侧长（48±1）mm、宽（3.0±0.2）mm。本生灯提供的火焰应在距本生灯翼顶（13±1）mm 处的温度为（1000±100）℃，蓝色火焰可见部分的高度为（38±1）mm，且有（7±1）mm 界线分明的内核。

试样托网由 0.8mm 的不锈钢丝制成，网孔每边长 6.4mm，网长 215mm，宽 75mm，端部弯成直角，高度为 13mm。见图 7-9。

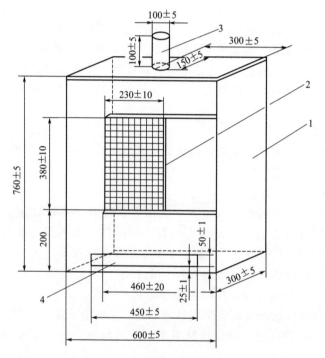

图 7-8　GB/T 8332—2008 用试验箱
1—箱体；2—观察窗；3—排烟孔；4—通风孔

支撑架由低碳钢制成，结构如图 7-10 所示。试样托网放在支撑架上时，支撑架应使试样托网保持水平。支撑架应能调节至使试样靠近本生灯一端的下平面，位于本生灯翼顶端面上（13±1）mm 处。

此法所用试样长（150±1）mm、宽（50±1）mm、厚（13±1）mm，每组 10 个。试样应在长、宽构成的平面上，与长轴垂直，距一端 125mm 的整个宽度上划一条标线。

② 试验程序。

试验时，按规定先调节好本生灯火焰及支撑架，放置好试样，将刻有标线的一面向上。点燃本生灯，关闭试验箱的观察窗，将本生灯移至试验的规定位置，立即开始计时。记录试样的燃烧情况，如卷曲、烧焦、熔融、滴落及滴落物落到底盘上是否继续燃烧等。点火 60s 后，移

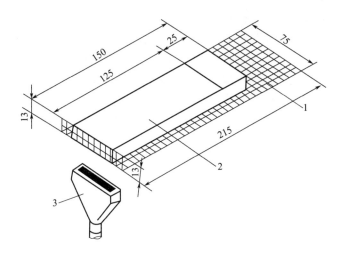

图 7-9　试样及托网

1—托网；2—试样；3—本生灯翼顶

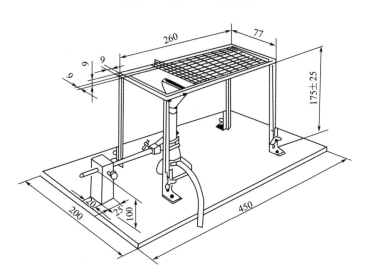

图 7-10　支撑架

开本生灯。试样燃至标线时，记录燃烧时间（t_b）。如试样燃至标线前熄灭，记录火焰熄灭时间（t_e）。如试样火焰在燃气火焰中自熄，则把火焰变色消失的时间作为火焰熄灭时间。

从试验箱内取出试样和试样托网，测量燃烧范围（L_e），它等于 150mm 减去沿试样上表面未燃烧的一端到火焰前沿最近痕迹（如烧焦）的距离。若需要，称量试样的残留质量（不包括滴落物）。

③ 结果计算。

如火焰前沿超过标线，由式(7-12) 计算燃烧速率（mm/s）：

$$燃烧速率 = \frac{125}{t_b} \qquad (7\text{-}12)$$

式中，125 为试样标线距离，mm；t_b 为试样燃至标线的时间，s。

如试样燃至标线前熄灭，由式(7-13) 计算燃烧速率（mm/s）：

$$燃烧速率 = \frac{L_e}{t_e} \qquad (7\text{-}13)$$

式中，L_e 为试样燃烧长度，mm；t_e 为火焰熄灭时的时间，s。

计算一组试样（10 个）的下列平均值（精确至小数第一位）：a. 燃烧时间（s）；b. 燃烧范围（mm）；c. 燃烧速率（mm/s）；d. 质量损失百分数（如需要）（%）。

④ 影响因素。

a. 试样厚度的影响。因为外热源恒定时，加热材料使之分解所需的时间与材料的质量成正比，而当试样长、宽一定时，其质量与厚度有关，所以不同厚度的燃烧试验结果是有差异的。

b. 试样密度的影响。在相同试验条件下，试样的燃烧速率应随其密度的增大而减小，且对有些材料，密度影响较为明显，是不可忽视的因素，因而在测试报告中对试样密度应予注明。

c. 材料各向异性的影响。泡沫塑料的成型加工方法多样，由于发泡过程中材料受力及取向的不同会产生各向异性，且即使同一材料的不同切样方位也会使试样产生各向异性，这有时在一定程度上会影响材料的燃烧性能，但有时影响很小。

d. 试样状态调节及测试环境的影响。对软质 PUF，当测试环境条件相同时，经状态调节试样的平均燃烧速率比未调节试样要高约 10%。对 PE 泡沫塑料，也存在同样的趋势，但提高幅度仅约 4%。另外，试验环境条件对燃烧速率也有影响，一般而言，当温度升高及相对湿度降低时，燃烧速率增高。当测试环境的温度由约 10℃升高至约 30℃，相对湿度由约 90%降低至约 70%，软 PUF 及 PE 泡沫塑料两者的燃烧速率均可增高 5%左右。

e. 火焰内核高度的影响。当火焰内核高度在一定范围内变化时，对燃烧性能的影响不大，但当它较大偏离规定值时，试验结果会出现较大的偏差。当火焰内核高度较大（14mm），火焰高度也较大（43mm）时，此时燃烧时间略长，燃烧速率略低。当火焰的内核高度为 6mm，火焰高度达不到要求值时，平均燃烧时间有所增长，平均燃烧速率有所下降。

（5）泡沫塑料垂直燃烧试验（GB/T 8333—2008《硬质泡沫塑料燃烧性能试验方法　垂直燃烧法》）

《硬质泡沫塑料燃烧性能试验方法　垂直燃烧法》（GB/T 8333—2008）适用于在实验室条件下评定燃烧程度中等的硬质泡沫塑料小试样的相对垂直燃烧性能。

① 设备及试样。

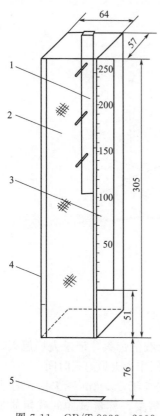

图 7-11　GB/T 8333—2008
用试验烟筒

1—试样支架；2—玻璃板；
3—标尺；4—筒体；
5—称量盘

此法所用设备主要是试验烟筒、试样支架及点燃源（本生灯）。试验烟筒为方形，如图 7-11 所示。它由防腐金属材料制成，但前壁为耐热玻璃板，从距烟筒底面 51mm 起，板上标有读数。试样支架为不锈钢制，其上有 3 个固定试样的钉，背部有挂钩（见图 7-12）。所用本生灯圆筒内径（9.5±0.5)mm。灯固定于滑动支架上，其中心线与铅直线成 15°角。灯应能提供内核高度为 25~30mm 的蓝色火焰，火焰内核顶端的温度为（960±20）℃。

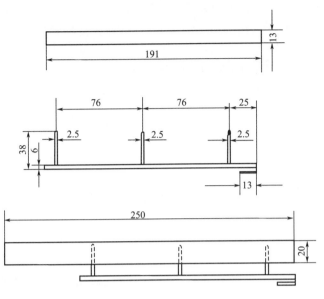

图 7-12　试样支架

此法所用试样为长方体，长（250±1）mm，宽和厚均为（20±1）mm。每组试样 6 个。若某一试样的密度偏离该组 6 个试样平均密度的 5% 以上，则此试样不适用于本组试样，应重新更换。各向异性材料在与发泡方向一致的中间部位取样。

② 试样程序。

首先称量试样、试样支架及称量盘的质量。然后将试样固定在支架上，使试样顶部和试样支架顶部齐平，再将装好试样的支架悬挂在筒体后壁上，使试样顶端与筒体顶端齐平。把称量盘放在试样中心线的延长线上，使其中心距筒体下端面 76mm（见图 7-13）。

调节本生灯的燃气量和空气量，使火焰符合规定，点燃试样。当火焰置于试样下时，立即计时，10s 后撤去火源。当试样熄灭时，记录熄灭时间 t_e。如果熄灭时间小于 10s，记录此时间，但仍点燃到 10s；如试样熄灭后滴落物还在燃烧，t_e 应取滴落物的熄灭时间。试样燃烧过程中，测量火焰最大高度，精确到 10mm。如果火焰超过标尺顶端，记作 250mm。待试样完全熄灭后，卸下试样支架，称量未清除试样残留物时整个试样支架的质量（m_4）。同时，称量装有滴落物的称量盘质量（m_2）。如果滴落物落入灯管中需取出一并称量。

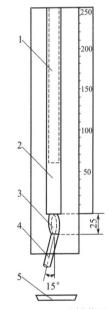

图 7-13　试样位置
1—试样支架；2—试样；
3—火焰内核；
4—本生灯；5—称量盘

③ 结果计算。

燃烧后试样残留物量按照式（7-14）计算：

$$R = \frac{(m_4 - m_3) + (m_2 - m_1)}{m} \times 100\% \tag{7-14}$$

式中，R 为包括滴落物在内的试样残留物质量分数，%；m 为试样质量，g；m_1 为称量盘质量，g；m_2 为燃烧后装有滴落物的称量盘质量，g；m_3 为试样支架质量，g；m_4 为燃烧后试样残留物和试样支架质量，g。

一组试样（6个）的下列平均值：a. 试样密度（精确至 0.001g/cm³）；b. 燃烧时间（精确至 0.1s）；c. 火焰高度（精确至 10mm）；d. 试样残留物质量分数，精确至 0.1%。

④ 影响因素。

a. 试样厚度的影响。通常是厚度小的试样，燃烧时间短，残留质量小，这和其单位质量表面积大、易于获得充足的氧有关。但对 PVC 材料来说，由于离开加热源后试样即停止燃烧，故试验结果未显示出较大差别。对燃烧时有熔融滴落的 PS、PE，试样厚度为 19mm 和 24mm 时，试验结果虽有差别，但不十分显著。

b. 试样密度的影响。试样的燃烧速率随其密度的增大而降低，以硬质 PUF 为例，当其密度由 0.043g/cm³ 增至 0.050g/cm³ 时，其平均燃烧时间增加了约 14%，平均残留质量提高了约 27%。当然，这其中也包含了试验环境条件的某些影响，但这种影响显然是次要的。

c. 试样状态调节及测试环境条件的影响。对不同的泡沫塑料，试样状态调节与测试环境条件的影响是不同的，且相同因素在垂直燃烧与水平燃烧中的作用也不一样。试样状态调节及测试环境条件对 PVC 泡沫塑料燃烧性能的影响似乎比对其他几种泡沫塑料要小。就平均燃烧时间而言，上述条件对 PS 及 PE 两种泡沫塑料的影响就比较明显，而就平均残留质量而言，则对软 PUF 与 PE 泡沫塑料的影响较大。

d. 火焰内核高度的影响。有关标准中火焰内核高度规定为 25～30mm。根据欧育湘等人的测试，火焰内核高度在 25～35mm 范围内变化时，对试样的燃烧性能有一定的影响。对 PVC 泡沫塑料，随火焰内核高度的增大，平均火焰高度也增大；对燃烧时伴有熔滴的 PS 及 PE 泡沫塑料，火焰内核高度虽对平均火焰高度的影响不大，但对平均燃烧时间却有所影响。

7.2.3　塑料点燃温度的测定

7.2.3.1　概述

点燃温度定义为在规定试验条件下，塑料分解放出可燃气体，经外界火焰点燃并维持燃烧一定时间的最低温度。BS ISO 871：2006、ASTM D1929-16、GB/T 9343—2008 及 GB/T 4610—2008 都是测定点燃温度的标准方法。但实际上测定的是塑料的闪燃温度和自燃温度。闪燃温度是高聚物分解形成的可燃性气体可被火焰或火花点燃的温度，它通常高于起始分解温度。自燃温度是高聚物本身的化学反应可导致其自燃的温度，它一般高于闪燃温度（但也有例外），因为引发自身维持的分解比引发依靠外力维持的分解需要更多的能量。高聚物的自燃温度随环境中氧浓度的增高而降低。

另外，塑料的闪燃温度和自燃温度不是一个绝对的定量指标，因为它们与测定设备的几何特征，特别是分解气体与大气中氧的混合情况有关。因此，在给出自燃温度及闪燃温度时，必须注明所用试验方法。

7.2.3.2　GB/T 9343—2008《塑料燃烧性能试验方法　闪燃温度和自燃温度的测定》

（1）装置及试样

GB/T 9343—2008 与 ASTM D1929-16 及 BS ISO 871：2006 等标准测定塑料点燃温度的方法基本上是一样的，均采用 Setchkin 仪（热空气炉），其构造见图 7-14。该仪由炉壳、炉管、内套管、试样盘、加热套、隔热层、热电偶、空气源、控温装置及点火器组成。

经计量的空气通入炉管，经电热装置加热后在两陶瓷管间循环流动，并可从底部进入内

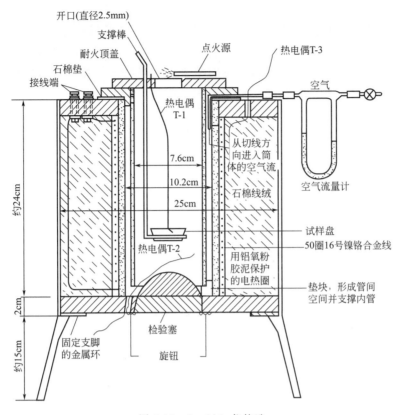

图 7-14　Setchkin 仪构造

炉管。由与气源连接并水平放置于表盘上的钢管提供点燃源。试样位于试样盘内，后者再置于炉内。炉内有两对热电偶，一对位于试样附近，另一对位于试样盘的下方，分别用于测量试样温度和空气温度。

测定点燃温度的试样，热塑性材料可为块状、粒状或粉状，热固性材料则为 20mm×20mm 的片状或膜状。试样质量为 (3±0.5)g，若单片试样的质量不足 (3±0.5)g，可将若干片或薄膜用金属丝捆扎。

(2) 闪燃温度的测定

测定闪燃温度时，将装有试样的盘放入炉内，开启进空气阀，调节其流速为 25mm/s。接通加热电源，将空气升温速率控制在 600℃/h(±10%)。点燃点火器，令其火焰位于试样分解气体出口上方，距出口端面约 6.5mm。观察分解气体被点燃时的空气温度 (T_2) 及试样温度 (T_1)。若 T_1 迅速提高，则 T_2 即闪燃温度的第一近似值。改变空气流速为 50mm/s 和 100mm/s，重复测定试样的另外 2 个闪燃温度的第一近似值 (T_2)。

采用上述 3 个闪燃温度中最低值的空气流速，但将空气升温速率改变为 300℃/h（±10%），重复测定试样闪燃温度的第二近似值 (T_2)，然后以此温度值作为空气温度 (T_2) 的设定值，恒定 15min。将试样放入炉中，点燃点火器，观察试样分解出的气体是否被点燃，如果被点燃，将 T_2 设定值降低（每次降低 10℃），直至 30min 内试样不被点燃。求得试样被点燃时的最低空气温度 (T_2) 即为试样的最低闪燃温度。

(3) 自燃温度的测定

测定方法及步骤与闪燃温度相同，只是不使用点火器。

（4）影响因素

材料的点燃温度是材料可燃性的重要特征之一，它可以相对比较各种材料在特定条件下的火灾安全性。但点燃温度不是一个具有绝对意义的物理量，它只是表征材料可燃性的一个相对参照量，不仅不同方法测得的结果缺乏严格的可比性，且即使是同一方法，其测定结果也随测定条件而异，即受很多因素的影响，主要有空气流速、空气升温速率、试样质量等。一般是，空气流速增高，升温速率增大，试样质量减小，均可使点燃温度升高。

7.2.3.3　GB/T 4610—2008《塑料　热空气炉法点着温度的测定》

此法用于测定塑料的点着温度，该温度表征塑料分解出的可燃气体，经外火焰点燃并能持续燃烧一定时间的最低温度。

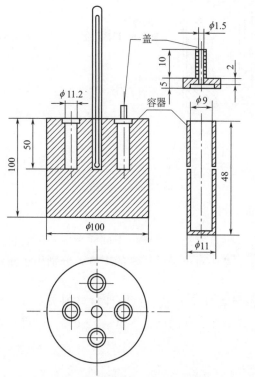

图 7-15　GB/T 4610—2008 法用锭炉

此法所用塑料试样为粒径 0.5～1.0mm 的粉末，使用前应筛分。所用设备为圆柱形的锭炉（见图 7-15），采用电加热，可在 150～450℃间恒温。炉上有孔，用以插入装试样的不锈钢小管（内径 9mm，高 48mm）。点火器为内径 0.8mm 左右的喷嘴，采用可燃气，火焰高 10～15mm。

试验时，加热锭炉到预定温度，再将装有试样的容器放入锭炉孔中，盖上预热的盖子，计时。将点火火焰置于盖的喷嘴上方 2mm 处晃动，如在 5min 内喷嘴上没有（或有）连续 5s 的火焰，则将锭炉温度升高（或降低）10℃重新试验，直到测得出现 5s 火焰的最低温度。在每个预定温度测定 3 个试样，若有两个不出现 5s 以上火焰，则将锭炉温度升高 10℃，再测定 3 个试样，求得有两个出现 5s 以上火焰的最低温度，并将其修约到 10 的倍数，即为材料的点着温度。

当测定中有试样发泡溢出时，可将试样量减少到 0.5g，如仍有溢出，则不能采用此法。

7.3　材料火焰性能的测定

火焰传播是指火焰前沿在材料表面的发展，它关系到火灾波及邻近可燃物而使火势扩大。火焰传播性能常以隧道法及辐射板法测定。

7.3.1　ASTM E84-18 隧道法

此法用于测定建材（包括固体塑料）的火焰传播速率（同时测定生烟性）。按"Standard test method for surface burning characteristics of building materials"（ASTM E84-18）的规定，

隧道法所用设备为一长 7.62m、开口端横截面积为 0.45m×0.30m 的内衬耐火砖的钢槽（见图 7-16），槽侧有窗口。测定时，将试样置于钢槽顶下，并由槽内壁支持，在槽中形成一平顶。

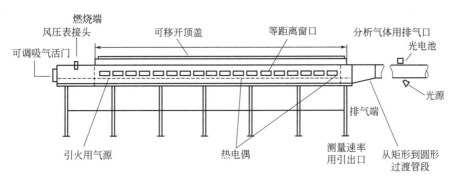

图 7-16　ASTM E84-18 隧道法试验装置

以此法测定火焰传播速率时，点燃试样后，根据火焰通过窗口的时间估计火焰传播速率，方法是以窗口距离对火焰通过窗口的时间作图，得出火焰传播速率曲线。试验时，首先要标定设备，然后先进行两个预备试验。第一个预备试验是检测红橡木试件，将其火焰传播性及生烟性（此法还同时测定材料的生烟性）人为地定为 100。第二个预备试验是检测石棉水泥试样，将它的上述两值定为 0。随后，测定被试试样的生烟性及火焰传播速率曲线，再计算被试材料的火焰传播指数（FSI），计算方法是：如被试材料曲线下的总面积 A_T ≤29.7m·min，则 FSI=0.515A_T；如 A_T>29.7m·min，则 FSI=4900/(195-A_T)。

采用此法时，试样至少 1 个，尺寸为 0.51m×7.32m×(使用最大厚度)m。点燃源为 2 个煤气喷灯，能量输出为 5.3MJ/min，位于试样之下，距试样 190mm，平行于试验室火的末端，相距 305mm。试验时间为 10min。根据试验测得的 FSI 值（及烟密度）将材料分类。

由隧道法测定的材料的 FSI 值介于 0 到 200 之间，FSI 值越小的材料，火灾危险性越小。高层建筑和楼道，应采用 FSI<25 的材料，FSI=25～100 的材料只能用于防火要求不甚严格的场所，而 FSI>100 的材料不符合阻燃要求。根据 NFPA 的规定（ASTM E84-18 标准与 NFPA 255：2006 及 UL 723：2008 等同），用隧道法测定的一般建材（包括固体塑料）的 FSI，A 类为 0～25，B 类为 26～75，C 类为 76～200，烟指数小于 450（或按 ANSI/ASTM D2843：1999 测定的烟密度不大于 75）。对硬质泡沫塑料，根据其用途，用隧道法测得的 FSI 应≤25 或≤75，烟指数≤450。

7.3.2　加拿大 CAN/ULC-S 102-10 隧道法

此法用于测定建材表面燃烧特征，它基本上类似于美国的 ASTM E84-18，其试验装置及试验规范见 7.3.1 节。但该法的试验结果表述方法则不同于 ASTM E84-18，它至少要进行 3 轮试验，求得火焰传播指数 FSI_1 及 FSI_2。

将火焰前沿移动的距离对时间作图，如所得曲线下的总面积 A_T≤29.7m·min，则 FSI_1=1.85A_T；如 A_T>29.7m·min，则 FSI_1=1640/(59.4-A_T)。

有些材料燃烧时，其火焰前沿在试验早期可能传播很快，但随后即减慢，甚至最终不能达到试样末端，这时系按式(7-15)计算 FSI_2 值。

$$FSI_2 = 92.5\frac{d}{t} \tag{7-15}$$

式中，d 为火焰前沿传播速率开始明显下降时移动的距离，m；t 为火焰前沿移动距离 d 相应的时间，min。

此外，CAN/ULC-S 102-10 试验还测定或计算材料燃烧时的生烟性及释热性。生烟性的测定与 ASTM E84-18 相同。释热性则也是根据火焰前沿移动距离对时间作图所得曲线来计算的。以红橡木的该曲线包围的面积为 100，石棉-水泥的该曲线包围的面积为 0，将试样的该曲线包围的面积与红橡木的相应值比较，以评估试样的释热性。

根据加拿大的有关建筑规范，应按火焰传播分类指数及生烟性将材料分类，以一个分数表示，分子代表允许的最大火焰传播指数，分母代表允许的最大生烟性，例如，25/50 所代表的材料，其火焰传播指数为 0～25，生烟值为 0～50。150/300 所代表的材料，上述两值分别为 76～150 及 101～300。表 7-3 为加拿大有关建筑规范提出的建材的火焰传播指数及生烟性等级。

表 7-3　火焰传播指数和生烟性等级

火焰传播指数	范围	生烟值	范围
25	0～25	50	0～50
75	26～75	100	51～100
150	76～150	300	101～300
X_1	>150	X_1	>300
X_2	>300	X_2	>500

注：X_1 表示用于墙壁和天花板的材料；X_2 表示用于地板的材料。

加拿大的 CAN/ULC-S 102.2-10 用于测定地板和其他材料的表面燃烧特征，是一种改良的隧道法，其试验装置与美国 ASTM E84-18 所采用的隧道相同，但试样系置于隧道地板上，且两个煤气喷灯以与试样成 45°角向下布置。试验用试样与 CAN/ULC-S 102-10 相似，但因为试样系置于隧道的地板上而不是置于隧道顶板下，所以较窄，其尺寸是 0.44m×7.32m×（一般厚度）m，而不是 ASTM E84-18 的 0.51m×7.32m。试验前，隧道也是用固定于隧道天花板下的石棉水泥板及红橡木板标定。此试验所得的结果用于计算材料的火焰传播指数及生烟性。

此方法也适用于测定那些不能固定于隧道天花板下的其他材料（如热塑性塑料、松散膜材料等）的表面燃烧特征。

7.3.3　ASTM E162-16 辐射板法

"Standard test method for surface flammability of materials using a radiant heat energy source"（ASTM E162-16）也称辐射面板试验，是实验室使用最广泛的火焰传播性能测定方法之一，图 7-17 是其试验装置的示意图。

ASTM E162-16 采用 4 个试件，尺寸为（460±3）mm×（150±3）mm×最小和最大厚度。如试件平均火焰传播指数小于 50，则应采用 6 个试样。试样系与垂直成 30°角放置，距辐射板上边缘 120mm，下边缘 340mm。点燃源为垂直煤气辐射板（尺寸为 300mm×460mm，操作温度 670℃）的中型煤气喷灯，喷灯为 230mm 长陶瓷管，直径 6mm，与试件成 15°～20°角放置，火焰长 150～180mm，施加于试样上边缘，相距 32mm。试验时间最长 15min，或火焰达到 380mm 处的参考标记。

试验时，将试样暴露于辐射板热源及中型喷灯下最多 15min，试样点燃后，记录火焰前沿达到参考标记（两参考标记间距离为 76mm）处的时间。如果火焰前沿由一个参考标记到另一个参考标记的时间小于 3s，则视为闪燃。试验中，还要记录由烟气释出的热、生烟性及燃滴。试验结果是计算被试材料的火焰传播指数 I_s，它是火焰传播因素 F_s 与放热因素 Q 的乘积，如式(7-16) 所示：

$$I_s = F_s Q \qquad (7-16)$$

F_s 的计算方法见 ASTM E162-16 附录。$Q = CT/\beta$，式中，C 为单位换算常数；T 为被试样温度-时间曲线上与石棉水泥标定试样温度-时间曲线上热电偶测得的最大温度差；β 为设备常数，约 40℃/kW。

由 ASTM E162-16 测得的一般材料的 I_s 介于 0 至 200 之间。

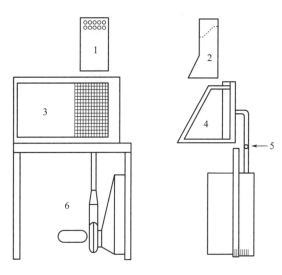

图 7-17　ASTM E162-16 辐射板法试验装置示意图
1,2—排风罩；3—辐射板；4—试样；5—燃气；6—鼓风机

7.3.4　ASTM E970-17 法

此法以辐射板试验测定屋顶绝缘地板材料的火焰传播性能，以火焰不再传播的辐射板的临界热流量表征。此法的试验装置同 GB/T 11785—2005《铺地材料的燃烧性能测定　辐射热源法》。

ASTM E970-17 的试验装置系一 1400mm（长）×500mm（宽）×7100mm 的燃烧室，所测材料可以是任何屋顶绝缘地板材料，但不适用于受辐射器或喷灯加热时熔化或收缩的材料。试件至少 3 个，被试材料置于 1000mm×250mm×50mm 的盘中，盘水平放置。点燃源为辐射加热器及中型火焰。辐射加热器以空气-丙烷为燃料，尺寸为 457mm×305mm，施加于试样的热流试样各处不同，随试样长边均匀下降，为 1.0～10kW/m²。辐射加热器位于试样之上，与试样成 30°角安装，辐射器的较低一端距试样 140mm。中型火焰器为带孔的不锈钢管。试验时，在水平安装的试样盘中装填被试材料，令盘中材料的装填密度达到使用密度，再对其施加辐射热流，然后用中型燃烧器点燃已预热的试样。如试样不能被点燃，试验进行 2min；如试样被点燃，试验进行至火焰自熄。测定火焰传播的最大距离，再根据标定的热流图求出最大距离处相应的热流量（kW/m²），即火焰不再传播时的辐射板的临界热流量。ASTM E970-17 要求屋顶绝缘地板材料的临界热流量应≥ 1.2kW/m²。

ASTM E970-17 的试验结果可用于评价屋顶绝缘地板材料的燃烧行为（火焰传播性能），此法对试样所施加的辐射热流类似于太阳热辐射对屋顶的作用或意外火灾对屋顶的作用，即此法系模拟屋顶火灾对材料的点燃，所以不太适用于评估作为其他建筑构件的绝缘材料的火焰传播行为。

国际建筑规范（IBC）建议，可用 ASTM E970-17 代替 ASTM E84-18（隧道法测定材料的火焰传播速率），检验屋顶绝缘地板材料的火焰传播性能。

7.3.5　DS/ISO5658-2：2006法

DS/ISO 5658-2：2006 规定的方法用于测定建筑产品的横向火焰传播性能，其试验装置见图 7-18。图 7-19 表示辐射板与试样的相对位置。

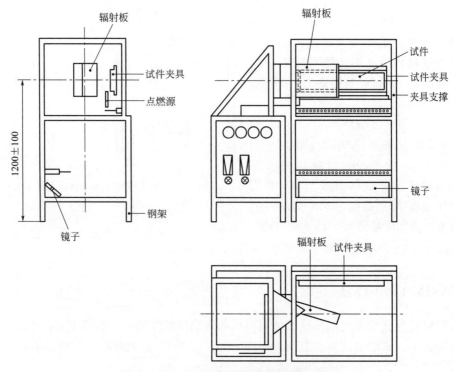

图 7-18　DS/ISO 5658-2：2006 法试验装置

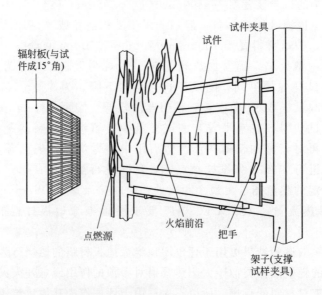

图 7-19　辐射板与试样相对位置

此法采用的点燃源为辐射板及丙烷喷灯，辐射板尺寸为 450mm×300mm，辐射强度可达约 62kW/m²，表面温度可达约 750℃。丙烷喷灯火焰长 80mm，在距与辐射板最近的试样边缘 20mm 处施加于试样。辐射板施于试样的热流量沿试样长边呈梯度下降，起始处为 $50kW/m^2$，末端处为 $1.5kW/m^2$。试验中测定不同时间火焰传播的距离，并计算出维持燃烧所需平均热量（火焰前沿处的公称热流量×火焰到达该处的时间，单位为 MJ/m^2）和材料自熄所需临界热流量（kW/m^2）。

此法的试样，无论是地板、墙壁或天花板，均为 3 个，尺寸为 800mm×155mm×（≤40mm）。但试样的位置则有所不同，对于地板及天花板，应保持辐射板长边（450mm）垂直，试件水平，位于辐射板底部平面的中央，试件长边（800mm）与辐射板成 90°角。对于墙壁，应保持辐射板长边（450mm）水平，试件垂直，试件长边（800mm）与辐射板成 45°角。另外，所有试件暴露面积的末端最近距辐射器应为 100mm。

采用 DS/ISO 5658-2：2006 法测定材料表面燃烧特征时，先令辐射板达平衡温度，再调好丙烷喷灯的位置，使其火焰能与试样表面成 20°施加于试样，且火焰距与辐射板最近的试样边缘应为 20mm，与试样接触的火焰长应达 50mm。记录火焰前沿达到试样上 100mm 处、150mm 处、200mm 处及最大距离处的时间，以计算火焰传播速率（如火焰未达 150mm 标记处，则不计传播速率）。如火焰前沿未达试样末端，给出火焰自熄时间。当火焰自熄或火焰前沿达试样末端时停止试验。另外，还要记录试样是否自燃、试样的破坏长度、阴燃时间及是否产生可燃熔滴等。

还应指出的是，DS/ISO 5658-2：2006 法规定采用的辐射板点燃源，应在试验前标定，使达到表 7-4 的辐射强度。

表 7-4　辐射板所需辐射强度

测量点距辐射板距离/mm	所需辐射强度/(W/cm^2)		
	45°墙壁位置	地板位置	天花板位置
50	3.03	1.24	1.63
150	2.38	0.70	0.90
250	1.67	0.45	0.57
350	1.10	0.29	0.37
450	0.70	0.19	0.25
550	0.44	0.13	0.17

7.3.6　意大利 UNI 9174：2010 法

UNI 9174：2010 与 DS/ISO 5658-2：2006 法相同，用于测定水平位置材料（天花板和地板）及垂直位置材料（墙壁）的火焰传播性能，其试验装置同 DS/ISO 5658-2：2006。此法的试验条件也与 DS/ISO 5658-2：2006 法类同，唯 UNI 9174：2010/A1 规定，被试材料按其 4 个阻燃参数（火焰传播速率、破坏长度、阴燃时间及燃烧熔滴）的级权总和值分成 4 类，见表 7-5。级权总和值越大的材料，易燃性越高。

表 7-5　UNI 9174：2010/A1 对材料的分类

总和	地板	5～7	8～10	11～13	14～15
	墙壁	6～8	9～12	13～15	16～18
	天花板	7～9	10～13	14～17	19～21
类别		Ⅰ	Ⅱ	Ⅲ	Ⅳ

级权总和值是上述 4 个阻燃参数各自的等级与相应权重系数乘积的总和，即级权总和＝

∑(等级×权重系数)。4 个阻燃参数的等级按表 7-6 确定，各参数的权重系数分别为：火焰传播速率，2；破坏长度，2；阴燃时间，1；燃烧熔滴，对地板材料为 0，墙壁材料为 1，天花板材料为 2。

表 7-6　材料 4 个阻燃参数的等级

级别	火焰传播速率/(mm/min)	破坏最大长度/mm	阴燃时间/s	熔滴自燃时间/s
1	不测定(火焰未达试样 150mm 标记处)	≤300	≤180	不燃
2	≤30	≥350～≤3600	>180～≤360	≤3
3	>30	≥650	>360	>3

例如，被试材料的 4 个阻燃参数均为 2 级，将其用为天花板时，其级权总和＝2×2＋2×2＋2×1＋2×2＝14，应划为Ⅲ类。

7.3.7　英国 BS 476-6：1989＋A1：2009 法

BS 476-6：1989＋A1：2009（简称 BS 476-6）法用于比较多种材料对火灾形成的贡献，且主要是用于评估墙壁和天花板衬里的防火性能，其测定结果以火焰传播指数表示。其试验装置见图 7-20。

此法的点燃源为 2 个电加热器及 1 个管式喷灯。装置的燃烧管上装有烟囱，烟囱内安有热电偶测定烟气温度。电加热器的功率可调，它距垂直放置的试样 45mm。管式喷灯的管径 9mm，有 14 个喷嘴，喷嘴的内径为 1.5mm，每两嘴的中心距为 12.5mm。在高于试样暴露面底 25mm 处施加喷灯火焰。

试验时，将试样（尺寸 225mm×225mm×30mm，3～5 个）暴露于管式喷灯下，该灯的释热量为 530J/s。试验 2min 45s 后，将 2 个电加热器的总功率调为 1800W，至试验 5min 时，将功率降至 1500W，随后维持此总功率不变，直至试验结束。总试验时间 20min。

为了评估被试材料的火焰传播性能，用热电偶连续记录烟囱中温度与室温的差值，并将所得结果（温差与时间的关系曲线）与标定曲线（见图 7-21）比较，标定曲线是以规定密度的石棉水泥板以同样方式测定的。进行这种比较时，系比较相同时间下两条曲线表示的温差值。在试验的最初 3min，每隔 30s 取温差值；在随后的 4～10min，每隔 1min 取温差值；在最后的 11～20min，每隔 2min 取温差值。这 3 个时间段（0～3min、4～10min 及 11～20min）的分火焰传播指数 i 分别按式(7-17)～式(7-19)计算。

$$i_1 = \sum_{1/2}^{3} \frac{\theta_m - \theta_c}{10t} \tag{7-17}$$

$$i_2 = \sum_{4}^{10} \frac{\theta_m - \theta_c}{10t} \tag{7-18}$$

$$i_3 = \sum_{11}^{20} \frac{\theta_m - \theta_c}{11t} \tag{7-19}$$

总火焰传播指数 I 系 3 个分火焰传播指数之和，即

$$I = i_1 + i_2 + i_3 \tag{7-20}$$

以上诸式中　t——读数的时间，min；

θ_m——时间 t 时试样曲线的温升值，℃；

θ_c——时间 t 时标准曲线的温升值，℃。

I 值越高的材料，阻燃性越低。

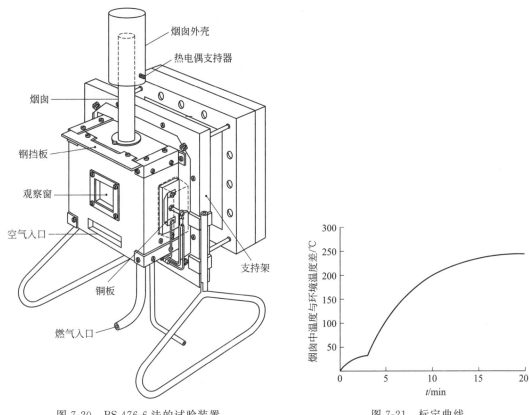

图 7-20　BS 476-6 法的试验装置　　　　　图 7-21　标定曲线

如果是检测了 4 个或 5 个试样才得到 3 个有效的分火焰传播指数，则对所得结果应加后缀标记"R"。BS 476-6 规定的火焰传播试验主要用来验证按照此法已分类为 1 级的材料是否可属于 0 级。按规定，0 级材料的 $i \leqslant 6$，$I \leqslant 12$。BS 476-6 法也用于鉴定某些材料是否适用于某些场所。例如，高度超过一定值的某些室外建筑，应采用 I 不大于 20 的材料或 0 级材料制造。

7.3.8　英国 BS 476-7：1997 法

BS 476-7：1997 法用于测定火焰沿垂直板状试样表面传播的情况，其测得的结果适用于比较墙壁或天花板暴露表面的防火性能。其试验装置见图 7-22。此法也是在燃烧箱内点燃试样，点燃源为燃气辐射板及中型燃气喷灯。辐射板的辐射强度在离它 75mm 处为 $32.5 \mathrm{kW/m^2}$（表面），喷灯的火焰高 75～100mm，与辐射板在同一方向施加于试样。

BS 476-7：1997 法所用试样为 6～9 个，尺寸为 885mm×263mm×50mm（最大厚度），试样置于有水冷却的支架上，试样经轴垂直，与辐射板正交。

进行 BS 476-7：1997 法试验时，试样暴露于辐射板下 10min。另外，在试验的前一分钟，还将喷灯火焰施加于试样的底角。记录火焰前沿达到参考标记所需时间，试验 1.5min 时及试验终了时（10min）试样的火焰传播程度。同时，还要观察试验过程中试件的燃烧情况，如试样软化或发黏，则应在试验结果上加注"Y"标记。如试验了 6 个以上的试样才完成试验，则应在结果上加注"R"标记；如果试验的是改性产品，则在结果上应加注"D"标记。

量、火灾传播速率、通风情况、材料燃烧时的温度等。而且其中有些因素不仅影响□□值，还影响所测头到的平均□□□□值，火灾中的□□□□□□□□□□□□□□□□□□□一过程是很困难的。

从字□□□□□□□□□□□□□□□□□□□□□□□□□□□□□□□□□□□□□
□□的。

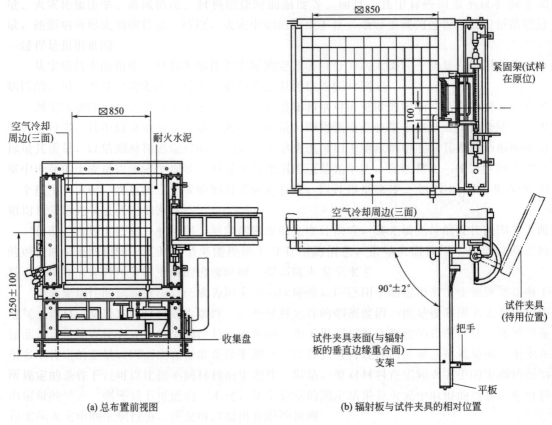

图 7-22　BS 476-7：1997 法的试验装置

根据试验结果将被试材料按表 7-7 分为 4 级。4 级材料火灾危险性很高，不允许用为建材。

表 7-7　按火焰表面传播情况分类材料

级别	试验 1.5min 时的火焰传播程度		试验终了时的火焰传播程度	
	极限值/mm	一个试样允许偏差值/mm	极限值/mm	一个试样允许偏差值/mm
1	165	25	165	25
2	215	25	455	45
3	265	25	710	75
4		超过 3 级的值		

7.3.9　德国 DIN 4102-14：1990 法及荷兰 NEN 1775：1991 法

DIN 4102-14：1990 法系以辐射板试验测定地板材料的火焰传播性能。其试验装置同 GB/T 11785—2005 和 ASTM E970-17。

此法采用 3 个尺寸为 1050mm×230mm×（一般厚度）的试样，水平放置，一个点燃源为辐射板，板大小为 457mm×305mm，操作温度为 815℃，安装位置与水平倾斜 30°角。板位于试样之上，下边缘距试样 140mm，施于试样的辐射能为 1.0～11kW/m²。另一个点燃源是丙烷中型火焰，内蓝焰锥长 13mm。此火焰在辐射板一边试样短边的中部垂直地施加于试样径轴。试验时间为 10min，在此期间内，辐射板及中型火焰同时施加于试样。如果在

10min 内试样不能被点燃，则可加大中型火焰及辐射板热流，再施加于试样 10min，此时如试样被点燃，则继续试验，直至试样自熄，但试验时间最多 30min。

DIN 4102-14：1990 法还同时测定试样的生烟性，临界辐射热流量及生烟性均符合规定的才能通过此试验。

荷兰的 NEN 1775：1991 法测定地板对火蔓延的贡献，其中包括两个参数，一个是火焰传播，一个是点燃性。该法对火焰传播性能的测定同德国的 DIN 4102-14：1990 法，但 NEN 1775：1991 法不测定试样的生烟性。NEN 1775：1991 法试样所承受的辐射热流，从一端的 $11kW/m^2$ 降至另一端的 $1.0kW/m^2$，且中型火焰也是施加于辐射热流为 $11kW/m^2$ 的试样一端。试验是求出火焰传播速率最大时辐射器应提供的临界热流量。

7.3.10　EN ISO 9239-1：2010 法及 ISO 9239-2：2003 法

此两法系用于在高热流下测定地板材料水平表面的火焰传播性能。其试验装置及规范与 ASTM E970-17 相似，但 ISO 9239-2：2003 法施加于试样的辐射热流量较高。

此两法所用试样尺寸为 $1050mm \times 230mm$，水平放置。辐射器施加于试样的热流量，对 ISO 9239-2：2003，最大处为 $25kW/m^2$，但在试样另一端下降为 $2.6kW/m^2$；对 EN ISO 9239-1：2010，最大处为 $11kW/m^2$，在试样的另一端下降为 $1kW/m^2$。中型火焰系施加于试样一边的表面，以启动火焰传播。试验至试样自熄，但最大时间为 30min。

此两试验均是得出试样火焰不再传播的临界流量，并据此将材料分类，ISO 9239-2：2003 法是模拟地板表面有风时的火焰传播性能，且热流量较高，所以试验结果更具普遍性。

7.3.11　直接点燃法测定燃烧速率

本节所述的几种方法，系以单一喷灯（或燃烧器）点燃水平、垂直或倾斜放置的试样，这些方法实际上都是设计用于测定材料的点燃性及可燃性的，但因为它们均测定试样燃烧一定距离所需时间以计得燃烧速率，并据此评估火焰传播情况，故将它们汇集于本章。这些方法的试验装置及规范基本上与 UL94 有关试验（塑料可燃性测定）类同，故在此只简单介绍。

（1）ASTM D635-14 法

此法系用于测定硬质塑料的燃烧速率，它相当于 UL94HB 法。不过试样尺寸略有不同。ASTM D635-14 采用 10 个尺寸为 $125mm \times 13mm \times 3mm$ 的试样，从试样自由端计起，100mm 处做有参考标记。试件的位置是长边水平，短边与水平成 45°角。试验时，以蓝焰长 20mm 的本生灯火焰施加于试样 30s，如试样燃烧达 100mm 标记处，测定平均燃烧速率（mm/min）；如试样燃烧未达 100mm 标记处即自熄，测定平均燃烧时间（s）和平均燃烧长度（mm），根据有关建筑规范将塑料分级。

此试验的结果是将塑料按可燃性分类的基础，在不少建筑规范中，要求建材用塑料以此法测定的燃烧速率小于 63.5mm/min（试样厚度大于 1.27mm 时）。如防火要求更严格，则最大燃烧速率限于 20mm/min，或燃烧达参考标记前自熄。在最新的国际建筑规范中，要求 CC1 类材料的燃烧长度不大于 25mm（厚度 1.5mm 时），CC2 类材料的燃烧速率应小于 63.5mm/min（厚度 1.5mm 时）。

（2）法国 NF P 92-504 法

此法相当于 UL94 HB 法和德国的 DIN 50051：1977 法，用于测定水平放置的材料的火焰传播速率。如果材料在有关的火试验中迅速熔化而不燃烧，或者材料经有关的火试验检测，不能达 M1～M3 级（法国分类标准），则进行此试验。对于前一种情况，测定试样的明燃、熄火、滴落物燃烧和不燃熔滴等现象。对后一种情况，测定火焰的传播速率。

此法采用 4 个尺寸为 400mm×35mm 的试样。从试样的自由端算起，在 50mm 及 300mm 处做有标记。试样放置时，长边（400mm）水平，短边（35mm）垂直。采用的点燃源为煤气本生灯，蓝焰芯高 25～30mm。试验时，如系检验试样的明燃和熄火，则火焰施加于试样自由端，施加 10 次，每次 5s，测定明燃时间。如系测定试件的火焰传播速率（v），火焰也是施加于试件的自由端，但施加时间为 30s，测定火焰传经两个标记间距离（250mm）和所需时间 t（min），由 $v = 250/t$ 计算火焰传播速率（mm/min）。按试验结果，将材料分为 M1～M4 级。

7.4 材料释热性的测定

7.4.1 概述

材料的释热量是指它燃烧时放出的总热量，是材料火灾危险性的重要特征之一，释热量越大的材料，越易引发材料闪燃，以致形成灾难性火灾的可能性越高。特别是释热速率（HRR），尤其是其峰值（PHRR），对评估材料火安全性更具实际意义。例如，材料火灾性能指数（FPI）是材料点燃时间与材料第一个释热速率峰值（可由锥形量热仪测定，见下文）的比值，而 FPI 可预估该材料在点燃后是否易于发生闪燃，可用于评估材料的阻燃性能并据此将材料分类或排序。FPI 值越大的材料，阻燃性越好，而且，FPI 值可与大型阻燃试验的某些结果相关联。此外，FPI 可视为材料本身的一个属性，与试样厚度无关，但随测定时锥形量热仪的辐射热流量的增大而降低。

试验证明，对火具决定作用的材料的阻燃参数之一是 HRR，特别是 PHRR，它与火的最大强度有关。因为要使火能蔓延，即由一个着火体点燃另一物体，有两个条件是必须满足的：一是着火体要能产生足够的热量以点燃另一物体；二是释出热量的速率要足够大，以避免由于另一物体周围空气的冷却效应而使热量耗损。塑料经阻燃后，释热速率峰值成倍下降。

塑料的释热性［包括总释热量，HRR（其平均值及峰值）等］常采用锥形量热仪及美国俄亥俄州立大学（OSU）量热仪测定。但应注意，这两种装置所测得的同一指标所用的单位是不同的。

7.4.2 锥形量热仪法

锥形量热仪是按物质燃烧的耗氧原理，由美国国家标准与技术研究院（NIST），即原美国国家标准局（NBS）Babrauskas 博士研制成功的小型材料燃烧性能测试仪，以其锥形加热器而得名。也称为耗氧量热仪。在小型锥形量热仪问世后，又出现了多种大型锥形量热仪，如测定家具燃烧热的"家具量热仪"，测量房间燃烧释热的"单室量热仪"等。

7.4.2.1 耗氧原理

物质的摩尔燃烧焓指每摩尔物质与氧完全燃烧所产生的焓变（数值与燃烧热相同，但符号相反），以 ΔH_c 表示，单位为 kJ/mol 或 kJ/kg 或 kJ/g。耗氧燃烧热是指物质与氧完全燃烧时消耗单位质量氧所产生的热量，以 E 表示，单位为 kJ/g，见式(7-21)。

$$E=\frac{-\Delta H_c}{r^0}=\frac{-\Delta H_c}{\dfrac{消耗氧量}{燃烧物质量}} \tag{7-21}$$

式中，ΔH_c 为燃烧焓，kJ/g；r^0 为完全燃烧反应中氧消耗量与燃烧物的质量比，即氧与物质完全燃烧时的计量比。

大量有机物及聚合物的计算耗氧燃烧热极为相近（见表 7-8），可视为常数。所以，利用耗氧燃烧热估算火灾中材料燃烧所释放的热能，特别是释热速率是比较方便的。按此原理，只需知道燃烧体系在燃烧前后含氧量的差值就可以由耗氧燃烧热计算材料燃烧释放的热能，且较容易用于开放体系中材料燃烧热的测量。

表 7-8　一些聚合物的燃烧热和耗氧燃烧热

聚合物	燃烧热 /(kJ/g)	耗氧燃烧热 /(kJ/g)	聚合物	燃烧热 /(kJ/g)	耗氧燃烧热 /(kJ/g)
聚乙烯	43.28	12.65	聚甲基丙烯酸甲酯	24.89	12.98
聚丙烯	43.31	12.66	聚丙烯腈	30.80	13.61
聚异丁烯	43.71	12.77	聚甲醛	15.46	14.50
聚丁二烯	42.75	13.14	聚对苯二甲酸乙二酯	22.00	13.21
聚苯乙烯	39.85	12.97	聚碳酸酯	29.72	13.12
聚氯乙烯	16.43	12.84	三乙酸纤维素	17.62	13.23
聚偏二氯乙烯	8.99	13.61	尼龙 66	29.58	12.67
聚偏二氟乙烯	13.32	13.32	纤维素	16.09	13.59

表 7-8 数据说明，绝大多数材料的耗氧燃烧热接近 13.1kJ/g 这一平均值，偏差大约为 5%。此平均值通常被用作火灾中有机材料的耗氧燃烧热。因为在实际火灾中，往往是多种材料同时燃烧，难于精确知道每种材料的组成及其化学反应，而且存在不完全燃烧的影响。因此，采用上述耗氧燃烧热平均值 13.1kJ/g 计算释热速率还是比较客观的。

7.4.2.2　锥形量热仪测定的火参数

（1）点燃时间（TTI）

TTI 是指在一定辐射热流强度（$0\sim100$kW/m²）下，用标准点燃源（电弧火源）施加于试样，从样品暴露于热辐射源开始，到表面出现持续点燃现象为止的时间（s）。即样品在设定辐射功率下的点燃时间，也称为耐点燃时间。

（2）释热速率（HRR 或 RHR）

HRR 指在设定的辐射热流强度下，样品点燃后单位面积上的释热速率，单位为 kW/m²。HRR 按耗氧量原理确定。释热速率有平均值及峰值。

① 平均释热速率（MHRR）：MHRR 与截取的时间有关，因此有几种表示法，单位均为 kW/m²。如从燃烧起至自熄这一段时间的 MHRR 为总的 MHRR。在实际中，经常采用从燃烧开始至 60s、180s、300s 等初期的 MHRR，分别以 MHRR_{60}、MHRR_{180}、MHRR_{300} 来表示。MHRR 系与材料在室内初期燃烧时的释热速率关联，此时不是室内所有材料同时被点燃。在火灾过程中，初期的 HRR 有着重要的作用，因为当火灾进入闪燃阶段时，大多数阻燃高分子材料对提高防火安全性已无所贡献，而阻燃系着眼于火灾的早期防治，且初期火灾的发展直接同消防设计方案有关。有些研究表明，锥形量热仪测定的 MHRR_{180} 同大型

试验的室内火灾初期的 HRR 有很好的相关性。

② 释热速率峰值（PHRR）：PHRR 是释热曲线上的最高值，是材料重要的火灾特性参数之一，单位为 kW/m^2。一般材料在燃烧过程中有一个或两个峰值，其初始的 PHRR 往往代表材料的典型燃烧特性。成炭材料一般出现 HRR 的初始高峰和熄灭前的另一个高峰。

③ 火灾性能指数（FPI）：FPI 指 TTI 与第一 PHRR 的比值，单位为 $s \cdot m^2/kW$。TTI 与封闭空间（如室内）火灾发展到闪燃临界点的时间，即"闪燃时间"有一定的相关性。FPI 越大，达到闪燃的时间越长，火灾危险性越小。

（3）质量损失速率（MLR）

MLR 是加热和燃烧过程中样品的热失重情况，单位为 kg/s 或 $kg/(s \cdot m^2)$。MLR 也与所取的时间间隔有关，且热质量损失曲线和 MLR 都是在设定辐射热强度下测得的，MLR 一般随辐射强度的升高而增长。MLR 与 HRR 是相关联的，若已知材料的有效燃烧热 EHC，则可由 MLR 估算释热速率。

（4）有效燃烧热（EHC）

EHC 表征试样受热分解形成的可燃挥发性组分燃烧所释放的热，单位为 MJ/kg。由 $EHC = HRR/MLR$ 计算。

（5）总释热量（THR）

THR 是指试样在分解和燃烧过程中释出的总热量，单位为 MJ/m^2。

（6）生烟参数

锥形量热仪测得的材料的生烟性可由几种生烟参数表示，见 7.5 节。

（7）燃烧产物的生成量

如 CO 及 CO_2 等的生成量。

（8）成炭率。

通过上述参数，可预测材料在大型燃烧试验时的释热率，研究小型阻燃试验结果与大型阻燃试验结果的关系，并能分析阻燃剂的性能和估计阻燃材料在真实火灾中的危险程度。

此外，锥形量热仪也可用于测定阻燃聚合物的点燃性。在很多情况下，材料是由邻近火焰的热辐射点燃，而不是由与材料直接接触的小火焰点燃的。例如，房屋的墙壁和天花板就是如此。它们可由屋内燃烧的家具的热辐射而导致着火。这种情况是非常危险的，因为被点燃的墙壁及天花板表面积很大，火焰传播速率极快。多年来，人们都是采用辐射板法来模拟材料的这种点燃情况。但如采用锥形量热仪法，不仅更方便，而且更易反映材料固有的阻燃性能，因为此试验不易被材料的收缩或熔化干扰。

7.4.2.3 设备及操作

锥形量热仪法的美国标准为 ASTM E1354-17，国际标准为 ISO 5660-1：2003、ISO 5660-2：2003、ISO 5660-3：2013，还有一些其他的标准，如 NFPA 标准及美国海军标准。图 7-23 是实验室小型锥形量热仪的外观，图 7-24 是其基本结构示意图，图 7-25 是它采集试样燃烧产物的流程。

锥形量热仪工作时，将试样置于加热器下部点燃。试样表面积 10cm×10cm，厚度可达 5cm。只要表面不是十分不规则，即可满足测试要求。加热器的辐射强度由 3 支平均分布的热电偶温度计控制，通常取为 $25kW/m^2$、$35kW/m^2$、$50kW/m^2$、$75kW/m^2$ 或 $100kW/m^2$。测定时，试样与加热器的距离为 25cm，点火器置于试样上部 13cm 处。试样受热裂解生成的气体用电火花点燃后，形成的燃烧气体则通过排气系统排走。连续测定氧浓度和排气

图 7-23　锥形量热仪外观

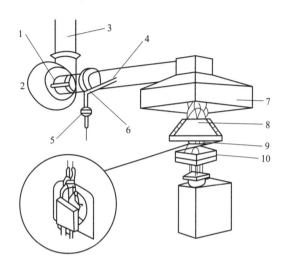

图 7-24　锥形量热仪基本结构示意图

1—激光烟雾仪，温度计；2—废气鼓风机；
3—温度计，差示压力计；4—烟灰采样管；
5—集灰器；6—废气采样管；7—排气罩；
8—锥形加热器；9—电点火器；10—试样

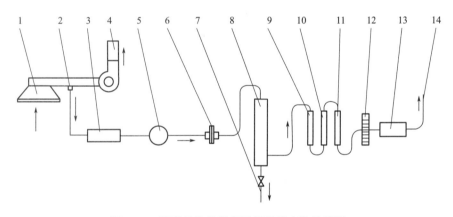

图 7-25　锥形量热仪采集试样燃烧产物的流程

1—集烟罩；2—样品气取样管；3——一级过滤；4—排烟口；5—二级过滤；
6—三级过滤；7—排泄口；8—样品气冷却室；9，11—干燥剂；10—吸附剂；
12—流量控制仪；13—氧气分析仪；14—排气口

系统流速，可得出释热速率与时间的关系。由排气系统中取样，用气体分析器可分析废气中的氧、一氧化碳和二氧化碳含量。锥形量热仪的试样可水平或者垂直放置，但试样及其支持架均置于一极灵敏的天平上，以测定试样燃烧时的质量损失速率。锥形量热仪不适用于表面不平的试样，也不适用于很薄的试样和某些复合材料。锥形量热仪的取样系统、氧分析仪、温度控制器等均应定期标定。在测试过程中，应保持标准的气体流速，观察和记录试验现象，如试样熔融、收缩、发泡、闪光等。锥形量热仪一般每 5s 采集数据，原始数据经适当转化和处理后，可给出各种曲线，也可输出表格数据。

　　锥形量热仪是一个较 OSU 量热仪更现代化的设备，它不仅可测定 OSU 量热仪能测定的所有参量，而且能测定一系列的其他参量。但锥形量热仪与 OSU 量热仪相比，两者不仅在基本工程设计上，而且在测试系统上都有诸多不同点。其中最主要的是锥形量热仪的释热性是基于氧消耗来测定，且该仪器能连续监测试样的质量损失。因此，锥形量热仪测定释热性时，不需要使反应绝热，而可令燃烧过程在更敞开的条件下进行，且反应可目视。锥形量热仪的设计吸收了 OSU 量热仪及其他阻燃试验设备的优点和经验，因而具有一系列特点：①采用了极优的燃烧模式，锥形加热器对试样表面的热分布极其均匀；②采用单色光测定生烟性；③试样水平放置，不致有碍热分布。此外，锥形量热仪还可用于评估与火灾危害性相联系的材料的综合性能，如材料的烟参数 S_p（最大释热速率与平均比消光面积的乘积或释热速率与比消光面积的乘积）和烟因子 S_f（总生烟量与释热速率的乘积）。

　　试验证明，由锥形量热仪测得的烟参数 S_p 可与大型火试验测得的消光系数 C_e 相关联，如式（7-22）所示：

$$\lg S_p = 2.24 \lg C_e - 1.31 \tag{7-22}$$

　　同时，对锥形量热仪的测定结果，至少还存在下述另外 4 种相关性：①比消光面积峰值与家具量热仪测得者平行；②简单燃料在锥形量热仪中燃烧的比消光面积与在大型试验中以相近的燃料燃烧速率测得者能良好关联；③由锥形量热仪数据预测的最大释热速率与相应的大型家具火试验结果的相关性甚佳；④基于总释热量及点燃时间的函数能准确地预测有些墙壁衬里材料在大型火试验中的相对闪燃时间。

　　对于一些在大型试验中不完全燃烧的材料，上述的①类相关性是不存在的。在小型试验中，试样一般是被完全消耗的，因而，对那些火灾危害性较低的材料，在小型试验中的生烟量要比在真实火灾中大。

7.4.3　美国俄亥俄州立大学（OSU）量热仪法

　　也可采用 OSU 量热仪测定塑料的释热速率（ASTM E906/E906M-17）。此量热仪的主要组成为绝热外箱、电加热辐射装置及点燃装置（见图 7-26）。试验时，空气由入口以恒定流速通过机箱。记录空气入口和出口温度及箱壁温度，根据每单位暴露表面的能量计算释热速率。OSU 量热仪也可测定烟和有毒气体（如 CO、CO_2、NO_x、HCN 及 HBr）生成量及氧耗量。

　　美国联邦民航规则（FAR）推荐采用 OSU 量热仪测定飞机用材料的释热性，所用试样为 3 个，表面积为 15cm×15cm，厚度为使用厚度，试样系垂直放置。点燃源为带中型火焰的辐射板，它位于试样下端，热流强度 $35kW/m^2$，施加点燃源时间为 5min。要求合格材料在试验开始 5min 内的 PHRR 不大于 $65kW/m^2$，试验开始 2min 内总释热量不大于 65W·min/cm^2。

　　OSU 量热仪目前采用的和标准中推荐使用的测温装置仍是热电元件。它的试样一般是垂直放置，但如试样熔化或滴落，则只好改为水平放置，否则由于试样熔化流失而得不到正确的结果。对于大多数热塑性塑料，此点尤应注意。但水平放置试样时，必须采用铝箔镜改变辐照热的方向，才能使水平试样承受辐照能。不过，对于 OSU 量热仪，水平放置试样是不很恰当的，因为由铝箔镜反射至试样上的热远低于加热装置产生的热，且铝箔的反射也不是均匀的。另外，如提高辐照能，则会引起设备一些机械问题（如后板的弯曲和下垂）。

　　OSU 量热仪可采用不同的入射热流量（$20kW/m^2$、$50kW/m^2$ 等），可测得的数据有

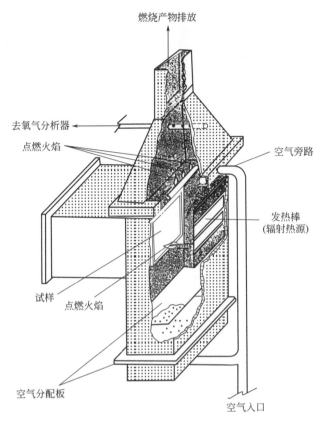

图 7-26　OSU 量热仪

PHRR、试验 15min 时的总释热量（THR_{15}）、最大烟释放速率（RSR_{max}）及试验 15min 时的总生烟量（TSR_{15}）。已有很多试验数据说明，OSU 量热仪测得的材料的释热性数据（即使是水平放置试样）令人相当满意，但测得的生烟性数据的可靠性则较低。

OSU 量热仪系以 3 或 5 个热电偶构成的热电元件测定材料绝热燃烧时的释热性，由一炽热棒产生辐射能，甲烷喷灯火焰为点燃器。测定生烟性时，系根据透光率确定。OSU 量热仪不带称量装置，所以不能连续监测被试材料的质量损失。

由于 OSU 量热仪系按绝热量热仪设计的，所以不可避免地由于有热损失而导致结果偏低。但这不是 OSU 量热仪固有的缺点，结合其他量热方法即易于使 OSU 量热仪改进。

OSU 量热仪长期以来既用于同时测定材料燃烧时的释热性和生烟性，也可用于测定燃烧产物中某些组分的含量。OSU 量热仪是两种标准试验方法（ASTM 及 FAA）的基础。

7.5　材料生烟性的测定

7.5.1　引论

材料燃烧时的生烟性是二次火效应。二次火效应是指那些与火灾伴生的、但并不构成火焰所显示的燃烧过程的现象。除了生烟性外，它们还包括燃烧气体的腐蚀性和毒性、明燃和阴燃熔滴等。本节讨论生烟性。

材料在火灾中燃烧时的生烟性，与一系列因素有关，如火灾规模、单位质量物质的生烟量、火灾传播速率、通风情况、材料燃烧时的温度等。而且，其中有些因素不仅影响生烟量，还影响所形成烟的特征。所以，火灾中烟的形成不是一个可重现的过程，要定量描述这一过程是很困难的。

从实施技术的角度，材料生烟性的实际测定方法可分为两大类，一类是专门用于测定生烟性的，另一类是多功能的，后者一般与其他阻燃性能同时测定。

测定生烟性的方法最好是基于人眼对烟的感知和烟对可见度的影响。已有的测定烟密度的方法较多，其中较简单的是质量法测定生烟量，即将烟质点收集于滤纸或其他介质上，再称量其质量，以估测材料燃烧时的生烟量。电学法也可用于测定烟密度，其原理系根据电离室中电荷的生成量以测定生烟量。但最经常使用的还是光学法，此法是在一规定空间内建立一个模型火试验，然后测定生成的烟对光束的衰减，以计得烟密度。如 NBS 烟箱及 XP2 烟箱均系采用光学法测定烟密度。

目前，市场上已有一些可用于测定烟密度的光度计供应，其光敏元件的波长范围与人眼的可视波长范围相同，其测定结果能提供十分有用的信息，指导人们选用生烟量较低的材料，以便在火灾时可争得更多的逃逸时间，提高防火安全水平。

很多生烟性的试验方法，已成为国家或国际标准，广泛用于测定很多工业领域（如电子电气、建材、交通）用材料的生烟性。一些材料允许的烟密度值，也是很多国家法令执行的标准。定量地表征火灾中的生烟性是很困难的，为了得到材料生烟性的肯定信息，必须避免很多不肯定的变量，因而应在标准条件下测试，以得到可再现性的结果。这就是说，至少在所规定的条件下，可以比较不同材料的生烟性。但是，要对材料在实际火灾中的生烟情况给出定量的结论，则还是不可能的。不过，从实验室的测定结果及火灾中取得的经验，对材料在实际火灾中的生烟行为，还是可以给出有限的预测。

7.5.2 光学法测定烟密度

7.5.2.1 原理

当光线透过一个充满烟尘的空间时，由于烟质点的吸收和散射，光的强度降低。光衰减的程度与烟质点的大小和形状、折射率及光的波长和入射角有关。这可简化为 Beer-Lambert 定律：

$$F = F_0 e^{-\sigma L} \tag{7-23}$$

式中，F 为由于烟层而引起衰减后的光通量；F_0 为起始光通量；σ 为衰减系数；L 为通过烟的光径长。

衰减系数可用式(7-24) 表示：

$$\sigma = K \pi r^2 n \tag{7-24}$$

式中，K 为比例系数；r 为烟质点的半径；n 为单位体积内的质点数。

光密度可由 Beer-Lambert 定律衍生得到，即式(7-25)：

$$D = \lg \frac{F_0}{F} = \frac{\sigma L}{2.303} \tag{7-25}$$

现在所有以光学法测定烟密度的仪器，都是按 Beer-Lambert 定律工作的。测定生烟性时，试样在试验室内受热分解或燃烧，试验室包括两部分，一是分解系统，一是测定系统。试样分解生成的烟气穿过测定室，该室配有光源、光敏元件和其他附件，通过一系列的光电转换可测得光经烟衰减后的透射率，再用以计算烟密度。

现用的以光学法测定烟密度的设备，虽然都是基于消光测定原理工作的，但所用设备及测定条件有所不同，且有时还差别很大，所以，当比较来源不同的烟密度数值时，应当说明测定所用设备及条件，否则缺乏可比性和相关性。

7.5.2.2　方法的一般描述

光学法测定烟密度可采用静态法或动态法，前者是令材料燃烧生成的全部烟量处于一密闭系统测定，而后者的测定系统则是开放的，即烟密度系烟从设备中流出时测定。所以，静态法是模拟了密封空间的生烟性，动态法则相应于火灾时人们疏散路线上的生烟情况。测定装置可以是水平放置，也可以是垂直放置，动态法通常是水平放置，静态法则两种皆有。水平布置时，存在烟分层的弊端，即测定时可形成光密度不同的烟层，因而可能影响测定结果。采用垂直光径或循环空气，可避免烟的分层。对热塑性塑料，垂直放置试样会由于熔化而造成熔滴损失。试样尺寸也可根据测定技术及试样位置（水平放置还是垂直放置）而有所变化。

试样热分解或燃烧所需的能量，可由辐射装置或明火提供，根据提供能量的方式和程度，试样可以在阴燃或明燃下热解。因此，所测得的同一材料的生烟性也会有很大差别。有些装置可测定阴燃，也可测定明燃的生烟量。

7.5.3　NBS 烟箱法

7.5.3.1　概述

此法是由美国国家标准局（NBS，现改为美国国家标准及技术研究院，NIST）建立的，广泛地用于测定固体材料的烟密度。它在美国、中国、法国及德国均被引用为国家标准。与NBS 烟箱法相应的美国标准是 ASTM E662-17a。另外，此法也为 ISO 接受。其工作原理见图7-27。

NBS 烟箱测定材料的生烟性，无论从理论上还是实际上都有一些缺点，其中最重要的是缺乏与大型火试验的相关性。用 NBS 法测定的烟密度通常不能与大型火试验的结果相关联，因而不能用于预测材料在真实火灾中的危害性。NBS法烟箱的其他缺点还有：①垂直放置试样导致熔化和熔滴；②试验过程中不能测定试样的质量；③只采用单一的辐照热流量；④烟箱中大气中氧含量低于 14％时燃烧自熄，而在密闭 NBS 烟箱

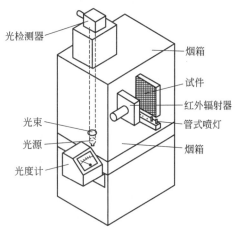

图 7-27　NBS 烟箱法测烟原理

中，随着试样的燃烧，其中氧含量下降，有时在试验结束前，氧含量即可降低至 14％；⑤壁损失明显；⑥不适用于复合材料，因为当烟箱中氧浓度不足时，多层复合材料的某一部分可能不会燃烧；⑦光源为多色光。

但尽管如此，与 XP2 烟箱相比，NBS 烟箱还是考虑到了较多的真实火灾条件，可测定

材料明燃及阴燃两种情况下的烟密度。另外，人们已对 NBS 烟箱进行了一些改进。例如，在系统中引入压缩空气提供的可控通风装置及测压元件，改进点燃源，给烟箱供应氧-氮混合气等。所以现在存在不少改进型的 NBS 烟箱，它们有待统一和标准化。

7.5.3.2　美国标准 ASTM E662-17a 的 NBS 烟箱法

ASTM E662-17a 标准是美国用于测定材料烟密度的 NBS 烟箱法，很具权威性，是其他各国 NBS 烟箱法的基础。中国的 GB/T 8323.2—2008《塑料　烟生成　第 2 部分：单室法测定烟密度试验方法》NBS 烟箱法也是以 ASTM E662-17a 为模式建立的。ASTM E662-17a 可测定材料明燃（燃烧）及阴燃（热裂）的生烟性。试验所用试样尺寸为 76mm×76mm×25mm（最大厚度），共用 6 个试样，3 个用于测定阴燃烟密度，3 个用于测定明燃烟密度。测试室内部容积为 914mm×610mm×914mm。试样在箱内垂直放置，平行于辐射热源。辐射热源强度为 2.5W/cm²（试样表面积），阴燃时只采用此辐射热源。点燃源为 6 个微型管式丙烷喷灯，灯在试样下边缘之上 6.4mm。明燃时，同时采用辐射热源及点燃源。光学系统中的光源带垂直光束，色温（2200±100）K，光径长 914mm，配光敏元件。试验时间最多 20min，或产生最低光透射率后再试验 3min。试验结果以最大烟密度表示。

在美国各种有关建筑的法规中，并未引入 NBS 烟箱法。根据 ASTM E662-17a 的规定，NBS 烟箱法只用于材料的研发，而不作为材料分类的目的。但在美国有些法规中有关建筑物内制成品的烟密度的规定，则涉及 NBS 烟箱法。

7.5.3.3　GB/T 8323.2—2008《塑料　烟生成　第 2 部分：单室法测定烟密度试验方法》的 NBS 烟箱法

GB/T 8323.2—2008 是中国用于测定塑料烟密度的 NBS 烟箱法，是基于 ASTM E662-17a 建立的，其所用烟箱及测试条件与 ASTM E662-17a 基本相似。

图 7-28 是 GB/T 8323.2—2008 所用 NBS 烟箱结构示意图，图 7-29 是其光学测试系统（光径长 910mm）。烟箱箱体内腔尺寸为（914±3）mm×（914±3）mm×（610±3）mm。箱内有辐射炉及燃烧器，辐射炉炉口端面距试样表面（38±0.8）mm，并与试验时的试样表面平行并同心，能在试样表面中部直径为 38mm 的圆面内产生强度为（2.5±0.05）W/cm² 的恒定辐照。

试样在箱内垂直固定，试样的长、宽均为 $(75^{+0.5}_{0})$ mm，厚度（1±0.2）mm，泡沫塑料试样的厚度为（8±0.5）mm，试样试验面积为 $(65^{+0.2}_{0}×65^{+0.2}_{0})$ mm²。每组 6 个试样，阴燃试验、明燃试验各 3 个。每个试样的质量偏差不得超过该组试样平均质量的±8%。

测定烟密度时，如系阴燃，试样只受辐射作用，不产生火焰；如系明燃，则试样同时受热辐射器与燃烧器火焰两者的作用，产生或不产生火焰。试验时，令试样在箱内热裂或燃烧产生烟雾，测定穿过烟雾的平行光束的透光率变化，记录透光率和时间的关系曲线，当透过率降低到 0.01% 以下时，要用不透光的帘布遮住试验箱的观察口。当透光率出现最小值或虽未出现最小值而试验已进行到 20min 时，均再进行 2min 试验。最后求得最小透光率 T_m。由任一时刻的透光率计算相应的烟密度 D_s，即单位面积试样产生的烟扩散在单位容积烟箱单位光路长的烟密度时，可采用式(7-26)。

$$D_s = \frac{V}{AL}\left(\lg \frac{100}{T} + F \right) \tag{7-26}$$

式中，A 为试样暴露面积，mm²；V 为烟箱容积，mm³；L 为光路长，mm；T 为透

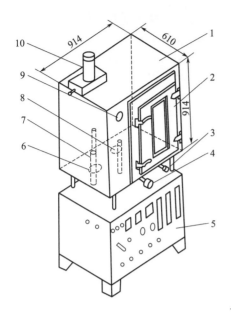

图 7-28　GB/T 8323.2—2008
用 NBS 烟箱结构示意图

1—试验箱；2—箱门；3—试样调节杆；

4—排烟开关；5—控制柜；6—下光窗；7—定位杆；

8—排烟口；9—进风口；10—光电器件暗盒

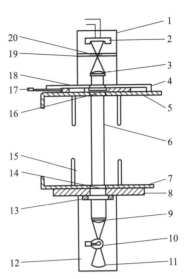

图 7-29　GB/T 8323.2—2008
用 NBS 烟箱的光学测试系统

1—暗盒；2—光电器件；3—透镜；4—上固定板；

5—箱上壁；6—平行光束；7—下箱壁；

8—下固定板；9—透镜；10—光源；11—反光镜；

12—密封盒；13—加热器；14—下光窗；

15—定位杆；16—上光窗；17—活动光闸；

18—扩展滤光片；19—光栅；20—滤光片

光率，%；F 为滤光片系数。

如在测量透光率时，滤光片处于光路中，则 $F=0$；如在测量透光率时，滤光片从光路中移走，则 $F=$ 滤光片的光密度。

对 GB/T 8323.2—2008，$V=914×610×914$，$AL=65×65×910$，所以 $V/AL=132$，故上式可写成式（7-27）：

$$D_s = 132 \left(\lg \frac{100}{T} + F \right) \tag{7-27}$$

对 $F=0$ 的情况，上式可简化为式（7-28）：

$$D_s = 132 \lg \frac{100}{T} \tag{7-28}$$

当透光率为最小值时，烟密度达最大值（D_m），此时的烟浓度最高。计算 D_m 时，以最小透光率 T_m 代入上式即可。实际上，这种计算已由测定仪器完成，直接记录的就是不同时刻的烟密度。

常测定材料明燃及阴燃两种情况下的烟密度，其测定结果可用图 7-30 所示的烟密度-时间曲线表示，该图中的 $D_s=16$，系透光率为 75% 时的烟密度。在该透光率下，能见度为 5~7m。

根据 GB/T 8323.2—2008，此法的测定结果应按下述各式计算出下述参数。

（1）最大烟密度 D_m

$$D_m = 132 \lg \frac{100}{T_m} \tag{7-29}$$

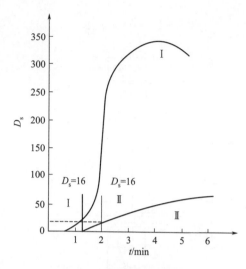

图 7-30　烟密度-时间曲线

Ⅰ—明燃；Ⅱ—阴燃

式中各符号的意义见前。

（2）平均生烟速率 R

$$R = \frac{D_m}{t_{D_m}} \tag{7-30}$$

式中，t_{D_m} 为达到最大烟密度所需时间，min。

校正烟密度 D_{mc}：

$$D_{mc} = D_m - D_c \tag{7-31}$$

式中，D_c 为透光率为 T_c（校正透光率）时的烟密度。

（3）试样质量损失率 w

$$w = \frac{m_1 - m_2}{m_1} \times 100\% \tag{7-32}$$

式中，m_1 为试样原质量，g；m_2 为试验后试样残余质量，g。

上述结果均以 3 个试验数据的算术平均值表示，取 3 位有效数字。若 3 个试样中任一个的烟密度大于另外任一个试样烟密度的 1.5 倍，则再取 3 个试样重新试验。试验结果以 6 个数据的算术平均值表示。

同组试验的 3 个试样中，如果出现下述任何一种异常现象，均不得用于平均值的计算：①试样从试样盒内脱落；②阴燃试验时试样起火；③明燃试验时，燃烧器的 6 个火焰中有 1 个或 1 个以上熄灭；④试样熔融物从试样盒小槽中溢出。

此时，应另取 3 个试样重做试验，试验结果以无异常现象一组数据的平均值表示。如果后来取的 3 个试样中仍有异常现象，表明该种试样不能用这种方法试验。

7.5.3.4　NBS 烟箱法测定材料生烟性的影响因素

（1）辐射器与试样距离

ASTM E662-17a 及 GB/T 8323.2—2008 中均规定辐射器与试样的距离为 (38 ± 0.8)mm，因为此距离对测得的试样烟密度及生烟速率均有影响。此距离越小，烟密度和平均生烟速率越大。

（2）试验箱内壁起始温度

ASTM E662-17a 及 GB/T 8323.2—2008 规定试验箱内壁的起始温度为 (35 ± 2)℃。此温度对烟密度及生烟速率有所影响，但影响程度随材料而异。如对不饱和聚酯增强塑料的影响甚微，而对 PVC 及阻燃 ABS 的影响则略大。

（3）点火源用燃气

ASTM E662-17a 规定，有焰燃烧试验使用纯度为 95% 以上的丙烷气，流速为 $50 \text{cm}^3/\text{min}$，空气流速为 $500 \text{cm}^3/\text{min}$，即空气燃气比（空气与丙烷流量之比）为 $10:1$。如以液化石油气作为燃气，因其热值比丙烷高，故流速宜取为 $44 \text{cm}^3/\text{min}$，且宜调整空气燃气比为 $18:1$。但燃气不同，烟密度及生烟速率的测定结果仍有差别，故 GB/T 8323.2—2008 也规定以纯度 95% 的丙烷为燃气。

（4）试样厚度

ASTM E662-17a 规定试样应厚 25mm 以上。无论是明燃还是阴燃，试样厚达 1mm 时，多种塑料均可正常测试，但随试样厚度增加，最大烟密度及相应的平均生烟速率均增大，不过也有例外。如 3mm PVC 比 2mm 试样所测有焰燃烧最大烟密度低。一般而言，试样厚度以不超过 2mm 为好（不包括泡沫塑料）。

对泡沫塑料，由于密度低，且薄试样加工困难，故试样厚度可为 5～15mm［GB/T 8323.2—2008 规定为（8±0.5）mm］，每个试样质量以不超过 3g 为宜。

（5）试样湿度

测定生烟性的试样应在 25℃左右及湿度为 65%～85%的环境中保持不少于 10d。湿度对 PVC 的影响不大；但对不饱和聚酯玻璃钢，无论是明燃还是阴燃，试样湿度对烟密度和生烟速率均有一定影响。故 GB/T 8323.2—2008 规定，试验前试样应在（23±2）℃、相对湿度（50±5）%条件下状态调节 48h。

7.5.4 XP2 烟箱法

此方法已确定为美国标准 ASTM D2843-16，它用于测定塑料建材的生烟性。在欧洲（德国、奥地利、瑞士），XP2 烟箱法或在其基础上经改良的方法，也用于其他建材生烟性的测定。瑞士采用的 XP2 烟箱一般结构见图 7-31。

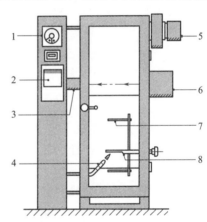

XP2 烟密度箱法试验规范（瑞士）如下。试样 6 个，试样尺寸是：固体材料为 30mm×30mm×4mm，泡沫材料为 60mm×60mm×25mm，包覆材料为 30mm×30mm×原始厚度。烟箱内容积为 790mm×308mm×308mm，空气循环流速为 6.0～6.5L/s。试样水平放置于 60mm×60mm 的铁丝网上。点燃源为可旋转丙烷喷灯，火焰长 150mm，以与水平成 45°角施加于试样上，喷灯孔距试样中心 45mm。光电系统为带光敏器件的光源，水平光径，长 308mm，光度计带有窄带光敏池。试验时，点燃源一直施加于试样，直至试样完全燃尽，并记录试验过程中光吸收率随时间变化的情况。试验结果表征为材料的最大光吸收率，并以此将材料分类（见表 7-9）。以 XP2 烟箱法测定生烟性时，至少应测定 3 次，取其算术平均值为结果。

图 7-31　XP2 烟箱结构示意图（瑞士）

1—吸收指示器；2—记录器；
3—光探测器；4—燃烧器；5—鼓风机；
6—光源；7—火焰挡板；8—试样支架

表 7-9　按生烟性等级对建材分类（瑞士）

最大光吸收率/%	烟等级	最大光吸收率/%	烟等级
＞90	1（生烟性强）	0～50	3（生烟性弱）
50～90	2（生烟性中等）		

上述瑞典采用的 XP2 法与 ASTM D2843-16 规定的 XP2 法略有不同，后者所用试样尺寸为 25mm×25mm×6mm，施加火源时间为 4min。按美国有关建筑法规的规定，只有以 XP2 法测得的最大烟密度值不超过 50%或 75%的塑料才允许用为建材。

对 ASTM D2843-16 规定的 XP2 法，系以 3 个试验的平均光吸收率对时间作图所得曲线的峰值为最大光吸收率，而烟密度值则系以该试验曲线下的面积除以整面积再乘以 100 所得，以%表示。这里的整面积是试验时间内各时间间隔与相应光吸收率乘积的和。

7.5.5 光学法测定烟密度的其他方法

7.5.5.1 ASTM E84-18 隧道法

此法是一个多功能火性能测试法，主要用于测定材料的火焰传播速率，但在美国也常用于测定生烟性。该法的光束系垂直地指向通风管，光束与光电元件间距离是（914±102）mm。试验过程中，连续记录光吸收率与时间的关系曲线。被试材料的生烟性以该材料的吸收率时间曲线下的面积除红橡木的相应面积所得分数表示（%）。对隧道法测得的生烟性，人为地将红橡木定为 100%，石棉水泥定为 0。根据美国有关建筑法规的规定，用作建材的生烟性不应超过 450%。

7.5.5.2 锥形量热仪法

锥形量热仪法在测定一系列材料阻燃参数的同时，也测定生烟量，且可用下述一系列参数表示。

（1）比消光面积（SEA）

SEA 表示单位质量燃烧物的生烟能力，单位为 m^2/kg，计算式为(7-33)、式(7-34)：

$$SEA = \frac{kV_f}{MLR} \tag{7-33}$$

$$k = \frac{1}{L}\ln\left(\frac{I_0}{I}\right) \tag{7-34}$$

式中，k 为消光系数；V_f 为烟道中燃烧产物的体积流速；MLR 为质量损失速率；L 为烟道的光学长度，在标准的锥形量热仪中 $L=0.1095m$；I_0 为入射光强度；I 为透射光强度。

SEA 不直接度量烟的大小，而是计算生烟量时的一个转换因子。锥形量热仪法中许多生烟量参数的计算均需采用 SEA。

（2）产烟速率（SPR）

计算公式如式(7-35)。

$$SPR = MLR \times SEA \tag{7-35}$$

（3）总产烟量（TSP）

TSP 为燃烧单位面积样品的累计生烟总量。累计时间可以是任意指定的时间段，也可以是总燃烧时间，计算公式如式(7-36)：

$$TSP = \int SPR \tag{7-36}$$

（4）释烟速率（RSR）

RSR 是试样在燃烧过程中单位面积瞬时释烟量。

（5）总释烟量（TSR）

TSR 是试样在燃烧过程中单位面积的总释烟量，即式(7-37)：

$$TSR = \int RSR \tag{7-37}$$

（6）烟参数（SP）

$$SP = SEA_{（平均）} \times PHRR \tag{7-38}$$

（7）烟因子（SF）

可表征产品的潜在产烟量，如式(7-39) 所示：

$$SF = HRR \times TSR \tag{7-39}$$

以上烟的各种参数各有其特征与适用范围，有时不能单以某一生烟参数的大小来衡量材料生烟量的高低。例如，SEA 值大的材料有时并不比 SEA 值小的生烟量高，因为 SEA 中并未包含 PHRR 的影响。而在实际火灾中，高 SEA、低 HRR 的材料可能烧不起来，或者很快熄灭，致生烟停止；而低 SEA、高 HRR 的材料则可能导致火灾，并伴随大量烟的产生。

与传统的测烟技术相比，锥形量热仪测定的是动态生烟效应，即瞬时的生烟特征，因此有可能用于模拟火灾中的真实释烟过程。

锥形量热仪采用激光体系测烟，由燃烧产物的瞬时光密度及其他有关参数计算 SEA，再通过 SEA 求得其他多种生烟参数，如 SPR、TSP、RSR、SP、SF 等，用于表征在不同情况下材料的生烟性，具有工程设计的价值。

锥形量热仪测烟和 NBS 烟箱测烟间虽然很难定量联系，但两种方法对比试验的某些结果相当平行。如 NBS 烟箱法测定的纯均聚 PP（LOI＝18％～19％）的 D_m 值为 152，十溴二苯醚阻燃 PP（LOI＝24％～25％）的 D_m 为 748，氢氧化镁阻燃 PP 的 D_m 为 99；而用锥形量热仪测定的此三者的 SEA 分别为 0.5552、1.2071 和 0.2697。两种方法的 3 组数据之间的相对比率非常接近。

锥形量热仪测烟法采用平行光束，设计简单，但所用的激光测烟体系可能会造成一些与信号稳定性和可视度有关的问题。信号稳定性可增置对比光度计提高，但与可视度的相关性尚待改进。

到目前为止，还没有一种测烟法能准确地用来预测材料在真实火灾中的生烟情况，或者能与真实火灾的生烟性相关。因为聚合物燃烧时的生烟特性与燃烧条件（如热流、氧化剂量、样品几何形状、是否存在点火源等）以及试验条件（室温、试验室体积、通风情况等）均有关，目前还没有任何单一的测烟试验或组合试验可为实际火灾提供可靠的烟行为信息。大多数测烟试验只能对材料生烟性分类评价，还难以定量模拟。

7.6　材料燃烧产物腐蚀性的测定

7.6.1　概述

在火灾中，由于材料燃烧而生成一些能腐蚀建筑物及其内容物的气态产物。腐蚀的破坏程度取决于下述一系列因素：腐蚀物的类型、腐蚀物的浓度和作用时间、腐蚀物的温度及其周围的温度、大气温度、被腐蚀材料的种类以及清理火灾现场所采用的方法等。材料燃烧气态产物的腐蚀作用大致分为两种，一种是对建筑物的，即对建筑材料及建筑构件的腐蚀；另一种是对设备的，即对机械、金属制品、生产设备和电子电气装置等的腐蚀。

一般说来，所有有机材料燃烧或热裂解时都会放出腐蚀性气体。即使像木屑、羊毛、棉花这类物质的燃烧产物，也对金属有腐蚀作用。不过，聚氯乙烯裂解所造成的腐蚀作用是最严重的，其次是含多量卤系阻燃剂的塑料。因为后者热分解时能产生酸性的卤化氢。降低塑料中的卤系阻燃剂的用量，其热裂或燃烧产物的腐蚀性可明显降低。但必须注意，材料的高氯含量并不等同其高腐蚀性，因为在火灾中，材料往往不是完全燃烧的。例如，地板就由于其特殊的位置，在火灾中仅部分被破坏。密实堆积的材料也会由于炭层的形成而受火灾的影响较小，因为炭层能保护下层材料。

含溴塑料热裂解时造成的腐蚀性比含氯者低，但低的溴含量即可赋予材料有效的阻燃性。有些腐蚀性气体（如 HCl、HBr）的腐蚀作用与大气中的相对湿度十分有关。例如，在相对湿度为 40%～70% 的大气中，HCl 的腐蚀性急剧增高。HCl 的临界相对湿度是 56%，HBr 是 39.5%。研究火灾气体的腐蚀性，其主要意义在于指导火灾后必需的清理和复原。由于现在已有很多有效的清理方法，所以火灾气体腐蚀性对建筑和装置（包括电子和电气设备）的永久性破坏已大为降低，且必要时可对设备快速修理，对有些电子设备，火灾后只经短期的中断即可重新启动。在电气工程中，目前还很少测定火灾气体腐蚀性的标准方法，但有些正在制订中。

7.6.2 测定方法

7.6.2.1　ISO 11907-2：1996 法

ISO 11907-2：1996 采用静态法评估燃烧产物的腐蚀性。该法规定将 600mg 粒状阻燃材料试样在坩埚内用电阻丝加热至 800℃，燃烧产物密闭于一容积为 20L 的密封室内，室内温度为 50℃，相对湿度为 65%。室内置有腐蚀性检测仪，当检测仪的铜线路遭受燃烧产物的腐蚀时，电阻发生变化，此变化值即可表征燃烧产物的腐蚀程度。ISO 法有两种操作程序，第一种是用水将腐蚀敏感元件冷却至 40℃（冷凝式），第二种是不采用水冷却敏感元件（非冷凝式）。ISO 11907-2：1996 法所用仪器的示意图见图 7-32。

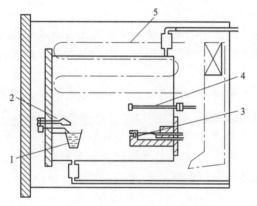

图 7-32　ISO 11907-2：1996 法
测定燃烧产物腐蚀性仪器示意图
1—点燃源；2—试样皿；3—腐蚀性检测器；
4—电热偶温度计；5—加热器

ISO 11907-3：1998 法采用石英管式燃烧炉，试样置于燃烧舟中，加热炉（600℃）可沿试样往返移动。空气通过管式炉及腐蚀检测器（带有铜印刷线路板）上方，检测器的印刷线路板被冷却至 10℃，以使腐蚀性气体在线路板上冷凝。以线路的电阻变化值相对于线路原电阻的百分比表示燃烧产物的腐蚀性。

7.6.2.2　IEC 60754-1：2015 法

IEC 60754-1：2015 法规定，将 0.15～1g 材料置于水平炉中，以 20℃/min 速率升温至 800℃，然后保持 20min。此时空气以恒定的流速通过燃烧管，并将燃烧产物送入装有去离子水的鼓泡器中，再用硝酸银标准液滴定鼓泡器中的水溶液，以确定单位质量试样生成的氢卤酸量（mg/g）。氢卤酸的生成量低于 5mg/g 试样时，此法不宜采用。所以对卤素含量特别低或者无卤的阻燃材料，宜采用下述的 IEC 60754-2：2015 推荐的方法。IEC 60754-2：2015 与 IEC 60754-1：2015 是类似的，但按前者的规定，将阻燃材料置入已加热至 935℃ 的炉中，试样量为 1g，燃烧时间为 30min。燃烧产物为鼓泡器中的水所吸收，再测定吸收液的 pH 值及导电性，以评价燃烧产物的腐蚀性。GOST IEC 60754-2：2015 法所用仪器示于图 7-33。

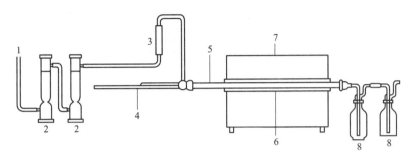

图 7-33　IEC 60754-2：2015 法测定燃烧产物腐蚀性仪器示意图
1—空气入口；2—空气过滤器；3—流速计；4—热电偶温度计；5—石英玻璃管；6—试样；
7—燃烧炉；8—燃烧产物吸收液

7.6.2.3　ASTM D5485-16 法

此法采用锥形量热仪测定阻燃材料燃烧产物的腐蚀性。将以锥形火焰燃烧试样所得产物通入容积为 112L 的小室中，室内安装有腐蚀检测器，它包括两个电气元件，其中一个被保护而不接触燃烧产物，另一个则暴露于燃烧产物中。两者构成桥式线路，当暴露元件被腐蚀后，线路电阻变化，此变化情况即反映燃烧产物的腐蚀性。

7.6.2.4　法国 NF C20-453：1985 法

此法为法国采用，系一长 1000mm、内径 40mm 的石英管，加热用电炉长 600mm，试样量为 500mg，在样品皿中被加热至 800℃，样品皿则位于石英管内。用于带出热裂产物的空气流速是 0.25～0.50L/min。热裂产物用空气流带出后，通过含蒸馏水的洗瓶，在试样燃烧 20min 后，测定洗瓶中吸收液的 pH 值以评估材料燃烧产物的腐蚀性。

7.7　材料燃烧产物毒性的测定

材料燃烧气态产物的毒性是一个很复杂的问题，其理论及实际方面的系统研究还处于初始阶段。所以本书只是叙述其实用的测定方法及有关的最基本的概念。

材料燃烧时形成的有毒物质对人及动物的影响是至关重要的，人们对此正给予愈来愈多的关注。燃烧产物毒性试验的主要目的之一是确定火灾气体对生物体的病理影响，阐明这类气体对生命的实际毒性，并且区分火灾气体所能引起的各种不同类型的毒性，特别是要研究火灾气体中各组分对人体的综合作用。

7.7.1　测定方法

检测燃烧产物毒性的试验方法有化学分析法和生物法两大类，但经常是将这两类方法结合使用。在测量真实火灾气体的危害性时，正确取样是极为重要的，取样的地点和时间不同，结果可大有差别。

在某些国家，已有测定火灾气体毒性的标准程序，其中某些也已成为法定要求的基础。

这些方法大多基于动物试验。以化学分析法来评估火灾气体的毒性时，是与烟密度的测量平行进行的，但这类方法一般只考虑最普通的有毒物质，所得结论的意义是相当有限的。

用于测定燃烧产物的化学分析方法主要是光谱法（包括红外光谱、质谱、色谱、色谱-质谱及核磁共振谱）。

用于燃烧产物的生物试验涉及生物体的中毒与生物体吸入气体的时间及气体中所含有毒组分浓度的关系，生命组织中毒后发生的降解及致死的原因等。

现有很多通过化学分析或生物试验来测定材料燃烧产物毒性的方法，但有人认为，仅采用化学分析测定燃烧气体产物的组分，不能全面评估燃烧产物的毒性。对所有的化学分析方法，只有当其与毒理试验相结合时才是有意义的。

一些实验室规模的评价毒性的生物方法，多系基于燃烧产物对被试验动物中枢神经系统（致死率）及生理状态的影响，但这种影响是与很多因素有关的，如材料的分解温度、分解模式（热裂解还是燃烧）、分解产物的温度及浓度、动物的种类及中毒的时间等。因此，影响试验结果的变量是极其复杂的。而且，很难找到试验所得数据与真实火灾的相关性，因为后者的情况与实验室情况又很不相同。

另一种评估材料燃烧或热裂气态产物毒性的方法是基于燃烧产物对被试验动物支气管的刺激性，具体测定的指标是吸入有毒气体的浓度与动物呼吸频率的关系。还有一种评估方法是令被试动物吸入被人为控制的有毒的材料热裂解或燃烧气态产物，然后测定下述参数：①连续分析空气燃烧气态产物混合物的组成（O_2、CO、CO_2、HX、HCN 等的含量）；②被试动物的血液情况（pH 值、O_2、CO_2、CO 及 $COHb$ 的含量）；③被试动物中枢神经系统情况（测定脑电图）、心血管系统情况（测定心电图）及血压。将上述测得的参数进行处理所得的综合性指标，可用于统计地评估材料热裂解或燃烧产物的毒性。

通常为人采用的评价材料燃烧气态产物毒性的方法，是在规定的试验条件下，比较被试材料与标准材料（经常选用木材）燃烧产物的毒性，以得到被试材料的燃烧产物是比标准材料燃烧产物的毒性更高还是更低的概念，进而可比较多种材料热裂解或燃烧时生成的气体的毒性，但这种方法用于实际火灾中还是存在疑问的。

以生物法测定材料燃烧气态产物毒性时，被试动物的暴露可采用静态法和动态法，后者的主要优点是，可保持暴露室中材料燃烧气态产物的浓度一定（空气-燃烧气态产物混合物流过暴露室），因而有可能测得被试动物的呼吸速度及吸入的有毒气体量。此外，动态法还可避免由于缺氧而对动物造成的影响和由于环境温度升高而引起的动物紧张。

采用静态法时，系令被试材料在暴露系统中直接燃烧或裂解，于是生成的燃烧气态产物-空气混合物即静止地位于暴露系统内（例如 NBS 烟箱）。装有被试动物的笼子则系置于该系统中，但每个笼子只能装一只动物，且暴露系统中的笼子要彼此隔开。这样，材料燃烧或热裂产物的形成和被试动物的呼吸系同时进行的。燃烧产物-空气混合物中某些组分（O_2、CO、CO_2、HX、HCN、NO_x 等）的含量可用化学分析法测定。静态法的缺点是存在缺氧效应和放热影响，这使材料燃烧气态产物毒性评估复杂化和困难化。

以生物法评估材料燃烧气态产物的毒性时，被试动物可有多种暴露形式，最常用的是管式头-鼻暴露系统，也有全身暴露系统（小室）。暴露系统的容积可为 10～10000L，动物置于暴露室的单个笼子中。

以试验方法评价材料燃烧气态产物的毒性时，系将材料在人为的条件下燃烧或热裂解，这通常与材料在火灾中实际所处条件是不一样的。因此，必须进行火灾模拟试验，以评估材料在大量燃烧或热裂解时的行为，并与每单位质量（或每单位面积）材料所产生的有害火灾流出物的潜在毒性相关联。

火灾气体毒性模型的另一个途径是采用有毒物混合物的已有数据，来计算给定气态混合物的毒性效应。

ISO 的报告指出，现用的火灾流出物实验室检测方法，不能定量确定大多数材料的火灾流出物在毒性方面的差异，所以不能据此有把握地选用合适的材料而提高火灾安全性，因而这类实验室方法只能用于材料研究。

7.7.2　美国匹兹堡大学生物试验法

美国匹兹堡大学所建立的方法的基本原理是在特定设备中燃烧一定量的材料，并将大鼠置于燃烧气态产物中，再观察大鼠的受害情况。该试验装置（图 7-34）包括动物暴露室、燃烧炉及其他部件，如泵、流量计、过滤器、冰浴、质量敏感元件、程序装置及记录器。动物暴露室可容纳 4 只大鼠。燃烧炉能以 20℃/min 的速度程序升温，且在 1000℃前保持线性。

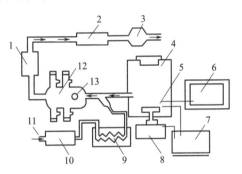

图 7-34　匹兹堡大学生物试验法装置示意图
1—过滤器；2—流量计；3—泵；4—燃烧炉（42L）；
5—热电偶位置；6—程序控制器及报警系统；
7—记录器；8—质量传感器；9—冰浴；
10—流量计；11—稀释空气入口；
12—暴露室；13—试样

试验开始前，4 只大鼠均先在暴露室停留 10min，此时应往暴露室鼓入新鲜空气。此举的目的是使大鼠适应暴露室的环境。

第一次试验用试样量为 10g。当试样失重达 1%时（应记录此时温度），将暴露室与燃烧炉相连，并开始计算暴露时间（总暴露时间为 30min）。以负压往暴露室吸入空气，流速为 20L/min，其中 11L 来自炉子，余下 9L 来自室内冷空气。大鼠在暴露室中停留 30min 后，将其移出，检验其眼睛角膜的不透明度，记录大鼠死亡数。

重复上述试验，但改变试样用量，以求得试样量与燃烧产物毒性的关系曲线（至少应求得 4 点），并用 Weil 法计算 LC_{50}［以试样量（g）表示］。

此试验可获得的其他数据还有：暴露室中最大 CO 及 CO_2 浓度、最小 O_2 浓度以及相应的炉温、95%置信区间材料失重速度最快的炉温范围、暴露室温度超过 45℃的次数和平均持续时间、动物眼睛受损情况、试样的阻燃性等。

根据匹兹堡大学试验所得的各项数据，还不能定出材料"通过"燃烧毒性试验的标准，而只能求出产生 LC_{50} 所需试样量，并借此比较各种材料在试验条件下的相对燃烧毒性。例如，产生 LC_{50} 的试样量：Douglas 冷杉木为 25~50g，PVC 为 10g，CPVC 为 4~5g。

材料热分解和燃烧产物毒性的测定报告包括下述一般测定数据：被检验试样数，LC_{50}（95%置信区间），试样质量损失为 1%的炉温，最快质量损失速度时的炉温范围，试样自燃平均炉温，试样燃烧残渣量（平均值）。

由单个试样所测数据（试验的试样用量为达到或接近 LC_{50} 所需质量）有：暴露室中 CO 最大浓度，最大 CO 浓度时的炉温，最大 CO_2 浓度时的炉温，暴露室中最小氧浓度时的炉温，暴露室温度超过 45℃的平均持续时间，被试验动物的眼睛受损情况等。

7.7.3　德国 DIN 53436-3：1989 生物试验法

在德国，对 A2 级不燃建筑材料，要求测定其热裂产物的毒性。根据标准 DIN 53436-3：1989，所用的方法是测定被试动物的致死率，其材料热裂解装置见图 7-35，它的主体是一根长 1000mm，外径 40mm 及壁厚 2mm 的石英管，管中有一小池，池长 400mm，半径 15mm，内置试样。材料热裂温度一般定为 300℃ 及 400℃（也可达 500℃ 及 600℃），用管式炉加热。应测试 12 个试样，其尺寸为 600mm×15mm×20mm（最大）。对泡沫体、薄膜和纺织品，试样尺寸为 400mm×15mm×2mm（厚度可以变更）。试验时，往分解设备中通入空气，其流速为 300L/h。流经石英管的空气流速设定为 100L/h，再用流量为 200L/h 新鲜空气稀释（方法 A），或用不同量的新鲜空气稀释（方法 B）。采用 B 法时，可得到不同浓度的裂解产物，而改变被试动物的致死率。热裂解产物冷却至 22～30℃ 后再送入呼吸室，呼吸室为鼻子暴露或全身暴露系统。

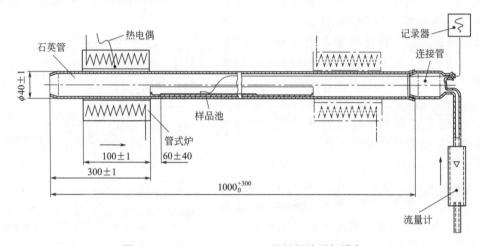

图 7-35　DIN 53436-3：1989 的材料热裂解设备

每次试验动物至少为 5 对大鼠（5 只雌性及 5 只雄性），体重 160～250g，暴露时间至少 30min。在每一试验温度下，试验至少应重复一次，而且重复试验的大鼠在家族、体重及性别上必须一致。试验结束后，在 14 天内测定被试大鼠血液的 COHb 及致死率。另外，还应监测被试大鼠暴露在呼吸室期间血液中的 O_2、CO 及 CO_2 浓度，还有必要测定热裂解气体中 HX、HCN 等十分有毒的组分的含量。

7.7.4　日本 JGBR 生物试验法

日本建筑工业部规定用此法测定建材燃烧气态产物的毒性，其表征指标是被试动物的失能点，此法所用装置包括一个裂解室，一个混合室及一个暴露室。在裂解炉中生成的气态产物通过混合室送入暴露室，被试动物则置于暴露室中。每一种材料需检测 2 个试样，尺寸为 220mm×220mm×15mm（最大厚度）。由裂解炉流出的气体的温度应符合下述规定（$T/℃$，时间/min）：70/1、85/2、100/3、170/4 及 190/5。

试验时，试样在裂解炉中停留 6min，被裂解试样面积是 180mm×180mm。在裂解的前 3min，试样暴露于气体火焰下（承受部分热载荷），在后 3min，再加上电加热（承受全部热载荷）。在试样被加热期间，送入裂解炉的一次空气量是 3L/min，二次空气量是 25L/min，但其中 10L/min 来自暴露室前的出口管。暴露室中有 8 个笼子，每个笼子上都有铝制转动轮，重 75g，每个笼子中一只年龄为 5 星期、体重为 18~22g 的雌性小鼠。从裂解炉开始加热至被试小鼠失能，有关试验情况均被自动记录，整个试验时间约 15min。

此试验采用红柳桉木（菲律宾桃花心木）为标准试样，先测定其小鼠的平均标准失能时间，再测定被测试材料的相应值。如果被试材料的小鼠平均失能时间大于标准试样，则允许采用该材料为建材。如果小鼠在试验期间不发生失能，则失能时间推定为 15min。

平均失能时间 X_s 由式(7-40) 计算：

$$X_s = \overline{X} - S_x \tag{7-40}$$

式中，$\overline{X}$ 为 8 个小鼠失能时间的算术平均值；S_x 为标准偏差。

现在，日本建材部又根据国际标准化组织/消防安全技术委员会（ISO/TC92）开发了一种测定建材燃烧产物毒性的方法，此新方法以辐射炉为热源，采用静态动物暴露室。

7.7.5 中国 HB 7066—1994《民机机舱内部非金属材料燃烧产生毒性气体的测定方法》化学分析法

7.7.5.1 概述

HB 7066—1994 属于化学分析法，参照 ASTM E800-14，等效采用 BSS 7239：1988、BSS 7242：1989 制定，它适用于民用飞机机舱内部非金属材料燃烧产生的毒性气体（一氧化碳、氮氧化物、二氧化硫、氰化氢、氯化氢等）含量的测定。

试样系在规定容积的箱（NBS 烟箱）内，令垂直安装的试样燃烧，然后采样并分别用气体检测管法、非色散型红外仪法、离子选择电极法测定燃烧产物中各种毒性气体含量。实际上，HB 7066—1994 法与 HB 6577—2014《民用飞机机舱内部非金属材料烟密度试验方法》所用的燃烧试样的设备及其他有关条件都是一样的，只不过 HB 6577—2014 测定的是燃烧产物的生烟性，而 HB 7066—1994 测定的是燃烧产物中的有毒组分，所以 HB 7066—1994 采用的装置是带气体采样系统的 NBS 烟箱（见图 7-36），而其所用鼓泡吸收器的结构则如图 7-37 所示。

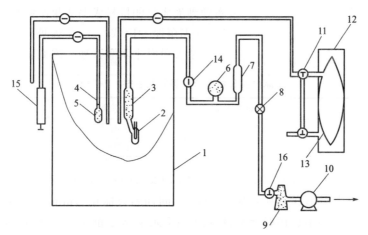

图 7-36　HB 7066—1994 法采样系统示意图

1—烟箱；2—鼓泡吸收器；3—干燥管；4—采样管；5—气体检测管；6—真空表；7—流量计；8—针形阀；
9—干燥塔；10—真空泵；11—三通阀；12—真空箱；13—气袋；14—气阀；15—采样器；16—三通阀

HB 6577—2014 法常与 HB 7066—1994 法同时进行。

HB 7066—1994 法可采用的分析几种有毒气体的方法及测量范围见表 7-10，可根据试样组成及具备的分析手段选用。

7.7.5.2 有毒气体测定

（1）气体检测管测定 CO、NO_x 及 SO_2

按图 7-36 所示，将 CO 检测管接在吸附管后（先用气袋内样品气体排除连接管和吸附管中的空气），再接采样器，以 $60\sim80s$ 采样 100mL 的速度抽取检测管说明书上所规定的气体量。气体检测管无需安装吸附管，也不必控制气体通过检测管的速度。如系测定 NO_x，则应以氧化管代替吸附管。

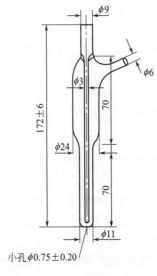

小孔 $\phi 0.75 \pm 0.20$

图 7-37　鼓泡式吸收器

检测管色斑所示读数即为测定结果，有的检测管所示读数单位为 mg/m^3，按式（7-41）将其换算为 mL/m^3：

$$c_1 = \frac{22.4}{M} c_2 \qquad (7-41)$$

式中，c_1 为气体含量，mL/m^3；c_2 为气体含量，mg/m^3；M 为被测气体的分子量。

如检测管定时的行程数与检测管规定行程数不一致，则采用式（7-42）换算：

$$c_1 = L \frac{n_0}{n} \qquad (7-42)$$

式中，c_1 为气体含量，mL/m^3；L 为检测管色斑读数；n_0 为检测管规定行程数；n 为实际行程数。

（2）离子选择电极法测定 HCN、HF 及 HCl

① 预备及试剂。

所用仪器为精度达 0.1mV 的精密离子计，检测浓度为 $(5\times10^{-7}\sim5\times10^{-5})mol/L$ 的各种离子选择电极及参比电极（双液接饱和甘汞电极）。所需试剂有 0.1mol/L 的磷酸钠水溶液、0.1mol/L 及 40% 的氢氧化钠水溶液、25% 硝酸、氰化钠、氟化钠、溴化钠、氯化钠及硝酸银几种标准溶液。

② 测定。

表 7-10　几种有毒气体分析方法及测量范围

有毒气体	分析方法	测量范围/(mL/m³)	有毒气体	分析方法	测量范围/(mL/m³)
CO	非色散红外仪法	0~5000	SO_2	气体检测管法	1~100
	气体检测管法	0~3000	HF	离子选择电极法	0~2500
NO_x	气体检测管法	0~500		气体检测管法	1.5~15
HCN	离子选择电极法	0~2500	HCl	离子选择电极法	10~2500
	气体检测管法	2~150		气体检测管法	1~100

测定前，应测定离子选择域电极的斜率，并符合要求。

a. 氰化氢的测定。将氰离子选择电极用蒸馏水反复洗涤，直至其与参比电极在蒸馏水中的电位值符合电极说明书上的要求。将冷却至室温的吸收液移至 50mL 烧杯内，将氰离子选择电极和参比电极浸入吸收液中，不加搅拌，待电位值稳定后记录读数。选取与吸收液电位值最接近的两个标准液的电位值 V_a 和 V_b 作为计算参数。

b. 氟化氢的测定。将测定过氰化氢的吸收液加入适量冰醋酸，使 pH 值达到 5.0 ± 0.5。用氟离子选择电极和参比电极按测定氰化氢的方法测定溶液电位值并记录。

c. 氯化氢的测定。如果试液中不含氰离子，则将测定过氟化氢的试液用氯离子选择电极和参比电极按测定氰化氢的方法测定溶液电位值并记录。如果试液中含氰离子，则往试液中滴加 25% 硝酸，使其 pH 值小于 1，然后再进行测定。

d. 溴离子浓度的测定。如果已知试样中含有溴，或不能确定是否含有溴时，则应用溴离子电极和参比电极测定溴离子含量（测定方法与测定氯化氢相同）。当溴离子浓度小于氯离子浓度 1% 时，氯化氢量按氯化氢测定量计算。若溴离子浓度大于氯离子浓度 1%，则应测定氯离子和溴离子的总量，并用该量代替氯离子量。

e. 氯离子和溴离子总量的测定。将氯离子选择电极和参比电极浸入试液中，按标定硝酸银溶液的方法进行滴定，测定氯离子和溴离子总量。

7.7.5.3　结果计算

（1）直接电位法计算

$$\lg c_{M1} = \frac{V_x - V_b}{V_a - V_b}(\lg c_a - \lg c_b) + \lg c_b \tag{7-43}$$

式中，c_{M1} 为吸收液的被测离子浓度，mol/L；V_x 为吸收液的电位值，mV；V_a 为标准溶液 a 的电位值，mV；V_b 为标准溶液 b 的电位值，mV；c_a 为标准溶液 a 的离子浓度，mol/L；c_b 为标准溶液 b 的离子浓度，mol/L。

（2）电位滴定法计算

$$c_{M2} = \frac{c_A V_A}{10} \tag{7-44}$$

式中，c_{M2} 为吸收液氯离子和溴离子的浓度，mol/L；c_A 为硝酸银标准溶液浓度，mol/L；V_A 为硝酸银标准溶液滴定体积，mL。

（3）吸收液被测离子浓度换算为烟箱内有毒气体体积浓度：

$$c_V = c_{M1} \times \frac{p_1}{p_2} \times \frac{273+t}{273} \times 22.4 \times 10^4 \tag{7-45}$$

式中　c_V——燃烧产物中有毒气体体积浓度，mL/m^3；

　　　c_{M1}——吸收液中被测离子浓度，mol/L；

　　　p_1——大气压力，MPa；

　　　p_2——取样时箱内压力，MPa；

t——取样时箱内气体温度，℃。

若 p_1 与 p_2 的值接近，箱内温度为 $40\sim45$℃，则可按式(7-46) 计算被测气体浓度：

$$c_V = 2.6 \times 10^5 \times c_{M1} \tag{7-46}$$

在以氯离子和溴离子浓度计算时，则用 c_{M2} 代替 c_{M1}。

每个样品应测定 3 个试样，按下述式(7-47)～式(7-49) 计算出平均值 c_V 作为测试结果，并计算标准偏差 S_x 和相对偏差 R_D。当结果达到材料标准允许值 50% 以上，试样中任何一个测试数据与平均值相对偏差大于 $\pm20\%$ 时，应重新进行试验。

$$\bar{c}_V = \frac{\sum\limits_{i=1}^{n} c_V}{n} \tag{7-47}$$

$$S_X = \sqrt{\dfrac{\sum\limits_{i=1}^{n}(c_V - \bar{c}_V)^2}{n-1}} \tag{7-48}$$

$$R_D = \dfrac{c_V - \bar{c}_V}{\bar{c}_V} \times 100\% \tag{7-49}$$

式中 $\bar{c}_V$——有毒气体体积浓度平均值，mL/m^3；

n——测定次数；

$\sum\limits_{i=1}^{n} c_V$——各次测定所得 c_V 之和，mL/m^3；

S_X——标准偏差；

R_D——相对偏差。

7.7.6 HB 7068.4—1994 化学分析法

HB 7068.4—1994《射频无反射室用聚氨酯泡沫吸波材料燃烧性能试验方法明火燃烧和热辐射产生毒性气体试验》法适用于测定射频无反射室用聚氨酯泡沫吸波材料明火燃烧和热辐射产生的有毒性气体。试验也是令试样在试验箱内燃烧或热裂，然后取样以化学法分析产物中有毒气体浓度。HB 7068.4—1994 所用设备及其他有关条件与 HB 7066—1994 相同，其采样系统如图 7-38 所示。

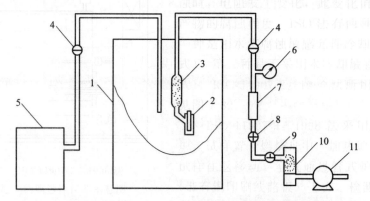

图 7-38 HB 7068.4—1994 法采样系统示意图

1—试验箱；2—鼓泡吸收器；3—干燥管；4—气阀；5—红外线分析仪；6—真空表；

7—流量计；8—针形阀；9—三通阀；10—干燥塔；11—真空泵

HB 7068.4—1994 法所用试样尺寸为 50mm×50mm×20mm，质量不得超过 3g，若超过，厚度可稍小。试样数不得少于 3 个。此法可测定以明火燃烧试样生成的产物和热辐射作用于试样生成的产物两者中的有毒气体组分 CO、HCN 及 HCl，CO 以红外线分析仪在线测定，HCN 及 HCl 以离子选择电极法测定。

如图 7-38 所示，测定 CO 时，开启红外线分析仪抽气泵，待试样燃烧 15min 时，读数并记录。测定 HCN 和 HCl 时，待点火 15min 后，开启真空泵 11，调节针形阀 8，使气体流量保持在 400mL/min（用流量计 7 读数）。采样 2.5min，采样量为 1L。记录箱内温度和压力。关闭阀 4，使三通阀 9 放空，再关闭真空泵。排净箱内烟雾，取出鼓泡式吸收器（其结构见图 7-38）。将吸收液倒入 100mL 广口瓶，在 72h 内按 HB 7066—1994 法测定氰化氢和氯化氢含量的方法分析。

单位质量试样燃烧出的 CO、HCN 及 HCl 量（mg/g）分别按式(7-50)～式(7-52)计算：

$$c_{CO} = \frac{0.51 \times 28 \times c_1}{22.4 \times m_s}$$ (7-50)

式中　c_{CO}——单位质量试样燃烧产生的 CO，mg/g；

　　　c_1——红外分析仪测出的 CO 浓度，mL/m³；

　　　m_s——试样质量，g；

　　0.51——试验箱体积，m³；

　　　28——CO 分子量。

$$c_{HCN} = \frac{0.51 \times 27 \times c_2}{22.4 \times m_s}$$ (7-51)

式中　c_{HCN}——单位质量试样燃烧产生的 HCN 量，mg/g；

　　　c_2——试验箱内试样燃烧产物中的 HCN 浓度，mL/m³；

　　　27——HCN 分子量。

$$c_{HCl} = \frac{0.51 \times 36.5 \times c_3}{22.4 \times m_s}$$ (7-52)

式中　c_{HCl}——单位质量试样燃烧产生的 HCl 量，mg/g；

　　　c_3——试验箱内试样燃烧产物中的 HCl 浓度，mL/m³；

　　36.5——HCl 分子量。

材料的极限氧指数见表 7-11。

表 7-11　材料的极限氧指数（LOI）

材料	LOI/%	材料	LOI/%
氢	5.4	纤维素	19.0
乙烯	10.5	醋酸-丁酸纤维素	19.6
n-烷烃(C_3～C_{10})	12.7～13.5	聚乙烯＋50%的 Al_2O_3	19.6
聚缩醛	14.9	环氧树脂	19.8
聚甲醛	15.0	丁酸纤维素（含 2.8%的水）	19.9
聚环氧乙烷	15.0	聚对苯二甲酸乙二醇酯	20.0
蜡烛	16.0	聚酰胺纤维	20.1
聚氨酯泡沫塑料	16.5	聚酯织物	20.6
棉花	16～17.0	酚醛树脂	21.0
醋酸纤维素（含 0.1%的水）	16.8	聚 N-乙烯基咔唑	21.6
顺丁橡胶泡沫	17.1	酚醛-纸层压制品	21.7
天然橡胶泡沫	17.2	聚乙烯醇	22.5
聚甲基丙烯酸甲酯	17.3	聚碳酸酯	22.5～25.0
聚乙烯	17.4	聚氟乙烯	22.6
聚丙烯	17.4	红橡木	23.0
聚苯乙烯	17.6～18.3	氯化聚醚	23.2
聚丙烯腈	18.0～19.0	双酚 A 多烃基醚	23.3
苯乙烯-丙烯腈共聚物	18.0	羊毛（松散织物）	23.8
聚(4-甲基-1-戊烯)	18.0	聚酰胺 66（干）	24.0～29
醋酸纤维素（含 4.9%的水）	18.1	氯化高密度聚乙烯(20%的氯)	24.5
滤纸	18.2	聚酰胺 612	25.0
聚丁二烯	18.3	聚酰胺 6	25.0～26.0
ABS	18.3～18.8	羊毛	25.2
棉(松散织物)	18.5	氯丁橡胶	26.3
聚异戊二烯人造纤维	18.5	聚氧化亚苯基	29.0
丁酸纤维素（含 0.06%的水）	18.8	聚二氯苯乙烯	30.0

材料	LOI/%	材料	LOI/%
硅橡胶	30.0	聚氯乙烯(硬质)	45～49
聚(2,6-二甲基氧化亚苯基)	30.5	二氯双聚砜	43.0
聚砜	30～32	聚偏二氟乙烯	43.7
聚(2,6-二苯基氧化亚苯基)	33.7	氯化聚氯乙烯	45～60
皮革	34.8	四氯聚砜	50.9
酚醛树脂	35.0	炭黑棒	56～63
聚酰亚胺	36.0	聚偏二氯乙烯	60.0
聚氯乙烯纤维	37.1	聚氯三氟乙烯	95.0
二氯聚砜	41.1	聚四氟乙烯	95.0
聚苯并咪唑	41.5		

◆ 参考文献 ◆

[1] 欧育湘,李建军.材料阻燃性能测试方法.北京:化学工业出版社,2006.

[2] 欧育湘,等.阻燃塑料手册.北京:国防工业出版社,2008.

[3] 欧育湘.阻燃剂:制造、性能及应用.北京:兵器工业出版社,1997.

[4] ASTM D2863:1970 Standard method of test for flammability of plastics using the oxygen index method.

[5] GOST 21793:1976 Plastics. Method for determination of the oxygen index.

[6] ISO 4589:1984 Plastics; Determination of flammability by oxygen index.

[7] IEC 1144:1992 Test method for the determination of oxygen index of insulating liquids.

[8] GB/T 2406—1993 塑料燃烧性能试验方法 氧指数法.

[9] GB/T 2406.2—2009 塑料 用氧指数法测定燃烧行为 第2部分:室温试验.

[10] GB/T 16581—1996 绝缘液体燃烧性能试验方法 氧指数法.

[11] IEC 1144:1992 Test method for the determination of oxygen index of insulating liquids.

[12] ANSI/UL 94:2013 UL Standard for safety tests for flammability of plastic materials for parts in devices and appliances.

[13] DIN EN 60695-11-10:2014 Fire hazard testing-Part 11-10: Test flames-50 W horizontal and vertical flame test methods.

[14] GB/T 2408—2008 塑料 燃烧性能的测定 水平法和垂直法.

[15] BS ISO 12992:2017 Plastics. Vertical flame spread determination for film and sheet.

[16] ANSI/UL 746C:2018 UL Standard for safety polymeric materials-use in electrical equipment evaluations (seventh edition).

[17] IEC 60695-11-4:2011 Fire hazard testing-Part 11-4: Test flames-50W flame-Apparatus and confirmational test method.

[18] KS M IEC 60695-11-20:2005 Fire hazard testing-Part 11-20: Test flames-500W flame test methods.

[19] DIN EN ISO 3582:2007 Flexible cellular polymeric materials-Laboratory assessment of horizontal burning characteristics of small specimens subjected to a small flame.

[20] GB/T 8332—2008 泡沫塑料燃烧性能试验方法 水平燃烧法.

[21] GB/T 8333—2008 硬质泡沫塑料燃烧性能试验方法 垂直燃烧法.

[22] BS ISO 871:2006 Plastics-Determination of ignition temperature using a hot-air furnace.

[23] ASTM D1929-16 Standard test method for determining ignition temperature of plastics.

[24] GB/T 9343—2008 塑料燃烧性能试验方法 闪燃温度和自燃温度的测定.

[25] GB/T 4610—2008 塑料 热空气炉法点着温度的测定.

[26] ASTM E84-18 Standard test method for surface burning characteristics of building materials.

[27] NFPA 255:2006 Standard method of test of surface burning characteristics of building materials.

[28] UL 723-2008 UL Standard for safety test for surface burning characteristics of building materials.

[29] ANSI/ASTM D2843:1999 Test method for density of smoke from the burning or decomposition of plastics.

[30] CAN/ULC-S 102-10 Standard method of test for surface burning characteristics of building materials and assemblies.

[31] ASTM E162-16 Standard test method for surface flammability of materials using a radiant heat energy source.

[32] ASTM E970-17 Standard test method for critical radiant flux of exposed attic floor insulation using a radiant heat energy source.

[33] GB/T 11785—2005 铺地材料的燃烧性能测定 辐射热源法.

[34] DS/ISO 5658-2:2006 Reaction to fire tests-Spread of flame-Part 2: Lateral spread on building and transport products in vertical configuration.

[35] UNI 9174:2010 Fire reaction on the materials exposed to the action of an igniting flame in the presence of radiating heat.

[36] BS 476-6: 1989+ A1: 2009 Fire tests on building materials and structures-Part 6: Method of test for fire propagation for products.

[37] BS 476-7:1997 Fire tests on building materials and structures-Part 7. Method of test to determine the classification of the surface spread of flame of products.

[38] DIN 4102-14-1990 Fire behaviour of building materials and elements; Determination of the burning behaviour of floor covering systems using a radiant heat source.

[39] NEN 1775:1991 Bepaling van de bijdrage tot brandvoortplanting van vloeren.

[40] EN ISO 9239-1:2010 Reaction to fire tests for floorings-Part 1: Determination of the burning behaviour using a radiant heat source.

[41] ISO 9239-2:2003 Reaction to fire tests for floorings-Part 2: Determination of flame spread at a heat flux level of 25 kW/m^2.

[42] ASTM D635-14 Standard test method for rate of burning and/or extent and time of burning of plastics in a horizontal position.

[43] NF P92-504 Speed of spread of flame test used for the materials which are not intended to be glued on a rigid substrate.

[44] DIN 50051:1977 Testing of materials; Burning behaviour of materials; Burner.

[45] ASTM E1354-17 Standard test method for heat and visible smoke release rates for materials and products using an oxygen consumption calorimeter.

[46] ISO 5660-1:2003 Reaction-to-fire tests-Heat release, smoke production and mass loss rate-Part 1: Heat release rate (cone calorimeter method).

[47] ISO 5660-2:2003 Reaction-to-fire tests-Heat release, smoke production and mass loss rate-Part 2: Smoke production rate (dynamic measurement).

[48] ISO 5660-3:2013 Reaction-to-fire tests-Heat release, smoke production and mass loss rate - Part 3: Guidance on measurement.

[49] ASTM E906/E906M-17 Standard test method for heat and visible smoke release rates for materials and products using a thermopile method.

[50] ASTM E662-17a Standard test method for specific optical density of smoke generated by solid materials.

[51] GB/T 8323. 2—2008 塑料 烟生成 第 2 部分：单室法测定烟密度试验方法.

[52] ASTM D2843-16 Standard test method for density of smoke from the burning or decomposition of plastics.

[53] ISO 11907-2:1996 Plastics-Smoke generation-Determination of the corrosivity of fire effluents-Static method.

[54] ISO 11907-3:1998 Plastics-Smoke generatio-Determination of the corrosivity of fire effluents- Dynamic decomposition method using a travelling furnace.

[55] IEC 60754-1:2015 Test on gases evolved during combustion of materials from cables. Part 1. Determination of the halogen acid gas content.

[56] IEC 60754-2:2015 Test on gases evolved during combustion of materials from cables. Part 2. Determination of acidity (by pH measurement) and conductivity.

［57］ ASTM D5485-16 Standard test method for determining the corrosive effect of combustion products using the cone corrosimeter.

［58］ NF C20-453:1985 Basic environmental testing procedures. Test methods. Convent-ional determination of corrosiveness of smoke.

［59］ DIN 53436-3:1989 Generation of thermal decomposition products from materials in an air stream for toxicological testing; method for testing the inhalation toxicity.

［60］ HB 7066—1994 民机机舱内部非金属材料燃烧产生毒性气体的测定方法.

［61］ ASTM E800-14 Standard guide for measurement of gases present or generated during fires.

［62］ BSS 7239:1988 Test method for toxic gas generation by materials on combustion.

［63］ BSS 7242:1989 Determination of the concentration of cyanide, chloride, and fluoride ions in solutions from combustion.

［64］ HB 6577—2014 民用飞机机舱内部非金属材料烟密度试验方法.

［65］ HB 7068.4—1994 频无反射室用聚氨酯泡沫吸波材料 燃烧性能试验方法 明火燃烧和热辐射产生毒性气体试验.

第8章

塑料老化和耐化学性能

8.1 塑料老化概述

塑料老化即塑料在使用、加工及储存过程中，由于受到外界因素包括物理的（热、光、电、辐射能、机械应力等）、化学的（氧、臭氧、雨水、潮气、酸、盐雾等）以及生物的（霉菌、细菌等）各方面作用，而引起化学结构的破坏，使原有的优良性能丧失的一种现象。这是一种不可避免、不可逆的客观规律。但是人们可以通过对高分子老化过程的研究，采取适当的防老化措施，提高材料的耐老化的性能，延缓老化的速率，以达到延长使用寿命的目的。

8.1.1 塑料老化的特征

由于塑料品种不同，使用条件各异，因而有不同的老化现象和特征。例如，农用塑料薄膜经过日晒雨淋后发生变色、变脆、透明度下降；手套、热水袋等使用一段时间后发黏等。工程塑料、特种塑料等，尽管其老化速率比通用塑料慢些，但也会因环境的变化和时间的增长而老化。例如，航空有机玻璃用久后出现银纹、透明度下降。塑料老化归纳起来有下列 4 种变化情况：

（1）外观的变化

出现污渍、斑点、银纹、裂缝、喷霜、粉化、发黏、翘曲、鱼眼、起皱、收缩、焦烧、光学畸变以及光学颜色的变化。

（2）物理性能的变化

包括溶解性、溶胀性、流变性能以及耐寒、耐热、透水、透气等性能的变化。

（3）力学性能的变化

包括拉伸强度、弯曲强度、剪切强度、冲击强度、相对伸长率、应力松弛等性能的变化。

（4）电性能的变化

如表面电阻、体积电阻、介电常数、电击穿强度等的变化。

上述外观和力学性能的变化都是塑料降解后可观察到的现象，但实际上，塑料的老化是从它"诞生"就开始的，即高分子材料一经合成就开始了老化。塑料老化的微观表现主要是分子量的降低和分子量分布的变化。分子量最初开始降低时，肉眼是观察不到的，只有下降到一定程度，各种力学和物理性能急剧变化，才能导致明显的外观变化。例如，图 8-1 给出

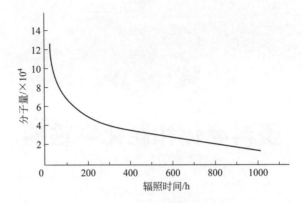

图 8-1　紫外线照射下聚丙烯薄膜分子量的变化曲线

了聚丙烯薄膜经紫外线照射后分子量的变化情况。如图所示，辐照开始不久，聚丙烯的分子量迅速降低，但此时其力学和物理性能仍能基本保持。在经过较长时间辐照后，聚丙烯薄膜样品才开始产生细小裂纹并变脆，力学和物理性能变坏。

　　判断老化降解到何种程度以至于材料会失去其使用价值，与材料的用途有关。用途不同，达到破坏所经历的时间不同；而用途又常常依赖于材料的某一个或几个主要性能。也就是说，只要材料的几个主要性能仍在临界值之内，该材料就可以继续使用。塑料的性能具有多样性，大体上可以分为体积性能和表面性能两大类。拉伸强度、压缩强度、伸长率等性能属于体积性能。如果高分子材料表面老化较严重，但体积性能仍在临界值之内，则仅仅使用体积性能的材料被认为仍在使用寿命之内。光学性能、某些电性能等与表面性能密切相关。当表面老化到一定程度，已经出现银纹、变色等现象时，尽管体积内部仍有足够良好的物理性能，但作为光学材料时其整体已遭破坏，则仍认为材料已不能继续使用。

8.1.2　塑料老化的机理

　　老化主要有化学老化和物理老化。聚合物的化学老化是聚合物分子结构变化的结果，所谓化学老化是一种不可逆的化学反应，是高分子材料分子结构变化的结果，如塑料的脆化、橡胶的龟裂。而物理老化是玻璃态高分子材料通过小区域链段的布朗运动使其凝聚态结构从非平衡态向平衡态过渡，从而使得材料的力学和物理性能发生变化的现象。在塑料使用过程中，因为外界因素的影响发生使塑料性能变坏的降解反应，是塑料发生老化的一大原因。

　　（1）热降解

　　热具有很高的活性。受热可以加速塑料分子的运动，从而引起聚合物的降解和/或交联，即老化，导致其性能降低。热老化降解的极端情况是高温裂解。塑料热老化降解反应主要有解聚、无规断链、基团脱除三种类型。

　　① 解聚。

　　解聚是聚合（链增长）的逆反应。解聚是指在高分子链端或链中一经产生自由基，就从该位置一个单体接一个单体逐渐分解下去的反应，这个过程又被形象地称为"开拉链"反应。

　　② 无规断链。

　　无规断链是高分子链无规则地断裂而生成自由基或小分子的降解反应，即链的断裂随机发生在分子链的任一点上，产生的碎片大多数要比单体单元大。生成的自由基接着进行各种复杂的反应，甚至交联反应。

③ 基团脱除。

聚氯乙烯、聚氟乙烯、聚醋酸乙烯酯、聚丙烯腈等受热时，在温度不高的条件下，主链可暂不断裂，而脱除侧基。

在加工条件下，聚氯乙烯受热会发生脱氯化氢反应和变色两大显著变化。随温度升高，聚氯乙烯的热老化会大大加速。试验表明，聚氯乙烯在 100℃ 时开始分解，放出氯化氢；当温度达到 130℃ 时，分解就比较显著；达到 150℃ 以上时，分解变得相当严重。与此同时也发生了颜色的变化，由白色→微红色→粉红色→浅黄色→褐色→红棕色→红黑色→黑色。

总之，塑料在受热时，其化学键会断裂，产生自由基。这种极不稳定的自由基会引发周围分子反应，使之断裂形成更多自由基。这些大分子自由基也可能相互碰撞，重新结合发生交联反应。若有氧存在，大分子自由基将与氧迅速作用，形成过氧自由基并进一步反应。

试样的热稳定性可以用半衰期温度 T_h 来评价。半衰期温度是指试样在真空下恒温加热 40～45min（或 30min）质量减少一半的温度。一般地，半衰期温度越高，热稳定性越好，见表 8-1。

表 8-1 常见塑料的热稳定性

聚合物	$T_h/℃$	单体产率/%	活化能/(kJ/mol)
聚氯乙烯	260	0	134
聚甲基丙烯酸甲酯	327	91.4	125
聚 α-甲基苯乙烯	286	100	230
聚异戊二烯	323	—	—
聚异丁烯	348	18.1	202
聚苯乙烯	364	40.6	230
聚三氟氯乙烯	380	25.8	238
聚丙烯	387	0.17	243
支链聚乙烯	404	0.03	262
聚丁二烯	407	—	260
聚四氟乙烯	509	96.6	333

（2）光降解

太阳光是影响塑料老化的最主要外因之一，户外使用的塑料制品都会受到它的影响。

根据爱因斯坦的光化学当量法则，光的吸收是以光量子为单位进行的，即一个分子或一个原子一次吸收一个光量子的方式进行。一个光量子的能量由下式表示：

$$E = h\nu = hc/\lambda \tag{8-1}$$

式中，h 为普朗克常数，6.62×10^{-34} J·s；ν 为光的频率；c 为光速，2.998×10^{10} cm/s；λ 为光的波长。

由于每个分子（或原子）只吸收一个光量子，因此定义每摩尔分子（或原子）吸收的能量称为 1 个爱因斯坦（Einstein，E），实用单位为千焦（kJ）或电子伏特（eV）。由式(8-1)可知，该能量与光的频率成正比，与光的波长成反比。

太阳光的波长范围在 150～10000nm，根据波长的不同，可分为三个光区：紫外光区、可见光区和红外光区。太阳通过大气层时，由于大气层的消光作用，过滤掉了波长小于 290nm 以及大于 3000nm 的光，所以照射到地面的是：

紫外光区 波长为 150～400nm，约占照射到地面太阳光的 5%；

可见光区 波长为 400～800nm，约占照射到地面太阳光的 40%；

红外光区 波长为 800~3000nm，约占照射到地面太阳光的 55%。

尽管紫外线仅占 5%，但由于它的能量大，对塑料的破坏是最严重的。塑料被紫外线辐照时，由于塑料内的吸收官能团被激活，于是产生自由基和氢过氧化物，进而引发光降解和光交联的老化反应。此外，尽管红外光和可见光不会使大多数化学键断裂，但塑料在吸收红外光和可见光后产生热能，热能则加速塑料的老化。塑料光降解的机理将在 9.1 节中详细介绍。

（3）氧化降解

在空气中氧气占总容积的 21%，它能和许多物质发生氧化反应。在与热或（和）光同时作用下，塑料很容易发生氧化反应。这类反应按典型的链式自由基机理进行，具有自动催化特征。其反应过程如下：

① 链引发。

塑料在受到热、光、机械应力或由外场引入的具有反应活性的杂质的作用下，在分子链的薄弱处首先分解为自由基：

$$RH \longrightarrow R\cdot + H\cdot \tag{8-2}$$

或聚合物与氧直接作用：

$$RH + O_2 \longrightarrow R\cdot + HOO\cdot \tag{8-3}$$

这种直接由氧引发出自由基的反应一般难以进行，只有聚丙烯等在分子链上有推电子基团的聚合物才有可能发生这种自由基的引发。

② 链增长和链转移。

$$R\cdot + O_2 \longrightarrow ROO\cdot \tag{8-4}$$

$$ROO\cdot + RH \longrightarrow ROOH + R\cdot \tag{8-5}$$

当 ROOH 积累增多后，它会分解成新的自由基并参与反应：

$$ROOH \longrightarrow RO\cdot + HO\cdot \tag{8-6}$$

$$2ROOH \longrightarrow RO\cdot + ROO\cdot + H_2O \tag{8-7}$$

$$RO\cdot + RH \longrightarrow ROH + R\cdot \tag{8-8}$$

$$HO\cdot + RH \longrightarrow R\cdot + H_2O \tag{8-9}$$

③ 链终止。

$$ROO\cdot + ROO\cdot \longrightarrow ROOR + O_2 \tag{8-10}$$

$$ROO\cdot + R\cdot \longrightarrow ROOR \tag{8-11}$$

$$R\cdot + R\cdot \longrightarrow R-R \tag{8-12}$$

塑料自动氧化后，可导致分子链的断裂、交联以及链的化学结构或侧链的变化等。例如，聚丙烯主要发生链断裂，热塑性丁苯橡胶（SBS）主要发生交联，而聚醋酸乙烯酯（PVAc）则主要发生侧链的断裂。

8.1.3 影响塑料老化的因素

导致塑料老化的因素，可分为内因和外因两大方面。内因是老化降解的本质因素，外因是条件，它通过引起或促进内因，使塑料老化。内外因素往往相互作用，交替影响，使高分子材料的老化成为一个复杂的过程。

影响塑料老化的内因主要包括聚合物的组成、链结构、聚集态以及聚合物本身具有的或加工时外加的杂质等。外因主要是指塑料所处的环境，因此又称为环境因素。光、热、氧、臭氧、水、化学药品、高能辐射、机械力、微生物等都是重要的外部因素。在塑料的实际储存和使用过程中,上述外因往往同时存在,它们之间相互影响,这些影响可能互相叠加,也可能互相抵消。各种因素对不同种类塑料的影响差别也很大,如聚乙烯耐臭氧、耐水解,但不耐光氧化、易燃;聚氯乙烯对热不稳定,但自熄等。表 8-2 中列出了部分塑料对各种环境因素的相对耐受性。

表 8-2 部分塑料对环境因素的相对耐受性

聚合物	热裂解	自氧化	光氧化	臭氧化	水解
聚乙烯	好	次	次,变脆	好	好
聚丙烯	中	次	次,变脆	好	好
聚苯乙烯	中	中	次,变色	好	好
聚异戊二烯	好	次	次,软化	次	好
聚异丁烯	中	中	中,软化	中	好
聚甲醛	次	次	次,变脆	中	次
聚苯醚	好	次	次,变色	好	中
聚甲基丙烯酸甲酯	中	好	好	好	好
聚对苯二甲酸乙二醇酯	中	好	中,变色	好	中
聚碳酸酯	中	好	中,变色	好	中
尼龙 66	中	次	次,变脆	好	中
聚酰亚胺	好	好	中,变色	好	中
聚氯乙烯	次	次	次,变色	好	好
聚四氟乙烯	好	好	好	好	好
ABS 树脂	中	次	次,变色	好	好

8.1.3.1 内因

(1)塑料的组成及其链结构

塑料的组成不同,化学键的强度不同,其老化情况也会不同。结合能低的化学键容易在外因作用下断裂。最典型的例子是聚乙烯和聚四氟乙烯。聚合度相同时,二者的差别仅仅是 C 原子上键接的一个是氢原子,而另一个是氟原子。然而,两者的老化性能却差别悬殊。聚四氟乙烯有"塑料之王"之称,它不仅具有良好的介电性能和极低的摩擦系数,而且具有优异的耐化学性能、耐高低温性能以及其他的耐老化性能。但是聚乙烯的耐老化性能却相差甚远。有研究发现,未经稳定化处理的 0.1mm 的聚乙烯和聚四氟乙烯薄膜同时在户外放置,前者仅 2~3 个月就老化了,而后者在 75 个月后仍未有明显老化迹象。

究其原因发现,首先是 C—F 键和 C—H 键的键能不同。更为重要的是,氟原子半径为 6.4nm,比氢原子的 2.8nm 大得多。而 C—C 键长约 13.1nm,于是氟原子正好很严密地把碳原子包围在其中。氟原子自身不仅十分稳定,还保护了碳原子免受其他原子的攻击,从而使聚四氟乙烯具有卓越的耐老化性能。

在塑料的化学结构中,除了碳、氢之外,还有其他元素或基团也会对稳定性造成影响。这些元素或基团可能就是结构上的弱点,称为导致塑料老化降解的活性点。例如,分子中的不饱和双键、羟基、羧基、酰胺基团、酯基等,都是导致塑料老化的主要内因。

塑料的分子链中往往存在一些结构缺陷,这些往往称为塑料老化反应的发生点。例如,烯类高分子发生偶合终止或者歧化终止时,会产生少量的头-头键接和端双键,这些链结构的弱点是容易引起老化降解反应。当聚合反应中存在某些杂质或聚合条件不稳定时，会发生异常反应，形成支链、双键、含氧结构等，这些也是分子链的薄弱部分。例如，聚氯乙烯中的不饱和端基含量越高其光稳定性越差；含有大量头-头结构的聚氯乙烯比含少量头-头结构的聚氯乙烯更容易热老化；含斥电子取代基（如—CH_3）的塑料比含吸电子取代基（如—CN）的聚合物易于老化。

分子量对老化的影响随塑料种类的不同而不同。有的塑料的稳定性随分子量的增大而增大，如聚氯乙烯、聚甲基丙烯酸甲酯。有的塑料的稳定性与分子量大小无关，如聚异丁烯等。这主要取决于分子量的增大对其不规则结构的影响：分子量增大使不规则结构增大的，稳定性就降低；反之，稳定性提高。

分子量分布是影响塑料老化难易程度的重要因素之一，分子量分布宽的塑料通常稳定性较差。这是因为分子量分布越宽端基越多，越容易发生老化反应。

（2）塑料的聚集状态

塑料的聚集状态有结晶态、非结晶态、取向态等。结晶状态和塑料的链结构规整性、聚合物温度、成型工艺以及后处理工艺有关。

塑料的老化与其聚集状态密切相关。老化反应通常首先从非晶区开始，非晶态塑料比晶态塑料更容易老化，这是由于非晶区材料密度低，容易被氧、水和化学物质所渗透。不同聚合方法得到的聚乙烯结晶度不同，因而耐老化性能也不同，高压聚乙烯（低密度聚乙烯）比低压聚乙烯（高密度聚乙烯）更易老化。此外，过退火处理的线型聚乙烯的吸氧量明显低于压塑成型的线型聚乙烯，即耐氧化老化性提高。说明不同聚合方法、不同加工工艺所生产的不同聚集态的塑料，老化程度完全不同。

（3）杂质

杂质包括在聚合过程中必然进入的杂质（如引发剂、乳化剂、分散剂、残留单体、副产物、聚合时带入的少量金属离子等）和加工过程中必须加入的杂质（如增塑剂、补强剂、填充剂、颜料等）。

大多数杂质都会加速聚合物的老化。例如铁、铜等金属离子对氧化老化和光老化有催化作用。不同颜料对塑料的光老化有不同的影响，例如对聚乙烯，群青、TiO_2 有促进紫外线老化的作用，而镉系颜料、铁红、酞菁蓝、酞菁绿等可有效抑制紫外线老化。此外，若塑料制品表面颜色较深，试样表面吸热量较大时，热氧老化被加速。

总之，杂质是造成塑料老化的一个不容忽视的内因。

8.1.3.2 外因

（1）辐射

引起塑料老化的辐射，包括直接的阳光（太阳辐射）和散射光（空间辐射）两部分，光波越短，能量越大。对橡胶、塑料起破坏作用的是能量较高的紫外线。研究发现，尽管在阴天太阳的直接辐射由于被云层吸收而减少，但总辐射中的紫外部分则有可能由于易于达到地球表面的短波长散射的增加而增加。据有关研究，引起高聚物降解的辐射能量仅为总辐射的6%。紫外线除了能直接引起橡胶分子链的断裂和交联外，橡胶、塑料因吸收光能而产生自由基，引发并加速氧化链反应过程。

（2）氧

氧在塑料、橡胶中同塑料、橡胶分子发生自由基连锁反应，分子链发生断裂或过度交联，引起塑料、橡胶性能的改变。氧化作用是塑料、橡胶老化的重要原因之一。

（3）臭氧

臭氧的化学活性比氧高得多，破坏性更大，它同样是使分子链发生断裂，但臭氧对塑料、橡胶的作用情况随塑料、橡胶变形与否而不同。当作用于变形的橡胶（主要是不饱和橡胶）时，出现与应力作用方向垂直的裂纹，即所谓的"臭氧龟裂"；作用于不变形的橡胶时，仅表面生成氧化膜而不龟裂。

（4）热

提高温度可引起橡胶的热裂解或热交联。但热的基本作用还是活化作用。提高氧扩散速率和活化氧化反应，从而加速橡胶、塑料氧化反应的速率，即热氧老化。

（5）水分

主链中含有 C—N、C—O、C—S 等键的杂链高聚物，可与水等低分子化合物作用而产生链降解，塑料、橡胶在潮湿空气淋雨或浸泡在水中时，容易破坏，这是由于橡胶中的水溶性物质和亲水基团等成分被水抽提溶解，水解或吸收等原因引起的。特别是在水浸泡和大气暴露的交替作用下，会加速橡胶、塑料的破坏。但在某些情况下水分对橡胶、塑料则不起破坏作用，甚至有延缓老化的作用。

聚乳酸纤维由于极易发生水解，作为外科缝合线，伤口愈合后不必拆线，乳酸纤维自行水解成为乳酸后，能参与人体正常的代谢循环而被排出体外。

（6）机械应力

塑料、橡胶材料在粉碎、塑炼、挤出等过程中，在机械应力反复作用下，会导致高分子链断裂，引发氧化链反应，形成力化学过程。此外，在应力作用下容易引起臭氧龟裂。

（7）其他

对橡胶、塑料的老化作用因素还有化学介质、生物、电和高能辐射等。

8.1.4　塑料老化性能的测试原理和方法

（1）自然暴露试验方法

自然大气老化测试是研究塑料受自然气候条件作用的老化试验方法，它是将试样暴露于户外气候环境中受各种气候因素综合作用的老化试验方法，通过测试暴露前后性能的变化来评定材料的耐老化性能。

自然储存老化是在储存室或仓库内，经自然气候、介质或模拟实际条件作用下进行的老化试验方法，通过测试暴露前后性能的变化来评定材料的耐老化性能。

海水暴露试验就是把试样暴露于不同的海洋环境区带中，通过测试暴露前后性能的变化来评定材料的耐老化性能。

（2）人工老化测试方法

热老化测试是评定材料对高温的适应性的一种简便的人工模拟试验方法，是将材料放在高于相对使用温度的环境中，使其受热作用，通过测试暴露前后性能的变化来评定材料的耐热性能。

湿热条件下的暴露老化试验是将材料放在规定的潮湿的热空气环境中，受湿热作用，通过测试暴露前后的性能或外观变化来评价材料的耐湿热性能。

高压氧和高压空气热老化测试是将材料在高温和高压环境中进行加速老化的试验方法，通过测试暴露前后的性能或外观变化来评价材料的耐候性能。

人工耐候老化测试是将材料暴露于规定的环境条件下，模拟自然界的光、热、氧、湿度、雨水等条件，通过测试试样表面的辐照度或辐射量与试样的性能的变化，来评定材料的耐候性。

自然老化试验周期长，试验结果适用于特定的暴露试验场；人工老化具有试验周期短，与场地、季节和地区气候无关，以及测定的数据有很好的重复性等优点。

8.2　自然日光气候老化试验

自然日光气候老化（暴露）试验是研究塑料受自然气候作用的老化试验方法。它是将试样暴露于户外气候环境中受各种气候因素综合作用的老化试验，目的是评价试样经过规定的暴露阶段后所产生的变化。

自然日光气候老化试验比较近似于材料的实际使用环境情况，对材料的耐候性评价是较为可靠的。另外，人工气候试验的结果也要通过大气老化试验加以对比验证。因而塑料自然日光气候老化方法是一个基础的老化试验方法。我国标准 GB/T 3681—2011《塑料　自然日光气候老化、玻璃过滤后日光气候老化和菲涅耳镜加速日光气候老化的暴露试验方法》中包含了塑料自然气候暴露试验方法，该方法的国际标准为 ISO 877—1994《塑料　直接大气暴露、玻璃过滤日光大气暴露和菲涅耳镜反射日光强化大气暴露试验方法》。

8.2.1　自然日光气候老化试验

8.2.1.1　定义

① 塑料自然气候老化：是将塑料试样安装在固定角度或随季节变化角度的试验架上，在自然环境中长期暴露，这种暴露通常用来评定环境因素对材料各种性能的作用。

② 直接太阳光辐射：从以太阳为中心的一个小的立体角投射到与该立体角的轴线相垂直的平面上的太阳光通量，通常规定直接辐射的平面角约为 5°。

③ 直射日射表：用于测定入射到表面上的直接太阳辐照度的辐射表。

8.2.1.2　测试原理

将试样暴露在自然日光下，在规定的暴露时间间隔后，将试样取出并测定光学性能、力学性能或其他相关性能的变化。暴露周期可以用给定的一段时间间隔，也可以用给定的太阳总辐射量或太阳紫外辐射量来表示。

美国佛罗里达州的 Q-Lab 是世界上最大的户外老化测试中心，是国际公认的基准户外曝晒测试场。佛罗里达州的亚热带老化曝晒不仅是真实的，也是加速的。佛罗里达州一年的阳光曝晒可产生其他地方好几年的老化试验效果。佛罗里达测试场阳光辐照强度大，每年的紫外线强、全年高温、雨量充沛且湿度高。正是这种紫外线、湿度和高温的协同效应使迈阿密成为户外环境中测试材料耐久性的理想之地。

8.2.1.3　测试设备

支架的设计应与试样类型相适应，很多场合适合将平板框固定在支架上。框架应由被认可的木料或其他材料的横条组成，可将试样本身或适合的试样支架固定在框架上。试验装置可以根据太阳的角度进行调整。

8.2.1.4　试样

① 可用一块薄片或其他形状的样品进行暴露，在暴露后从样品上切取试样，试样的尺寸应符合所用试验方法的规定或暴露后所要测定的一种或多种性能规范的规定。如果被测试材料是颗粒状、片材或其他初始状态的挤出或模塑混合物，应直接用适合的方法加工制成试样，或用合适的方法加工成片材，再从片材上截取试样。试样制备方法可参考 GB/T 9352、GB/T 17037.1、GB/T 17037.3、GB/T 17037.4、GB/T 11997、ISO 294.2 和 ISO 294.5。

② 如果被测试材料是挤出件、模塑件或片材等，可以从暴露前或暴露后的材料上截取试样，这取决于具体的试验要求和材料特点。例如，老化后显著脆化的材料应以被测试的形状暴露，因为暴露后加工困难；相反，如层压材料，在边缘可能分层，宜以片材形状暴露并在暴露后截取试样。

③ 试样的数量与暴露后性能测试的相关试验方法所规定的数量相同。

④ 试验前，应按照材料种类和将采用的试验方法要求对试样进行适当的状态调节。

8.2.1.5　试验条件

（1）暴露方法

① 为得到最大年总太阳辐射，在我国北方中纬度地区，与水平面形成的倾斜角应比纬度角小 10°；

② 为得到最大年紫外太阳辐射的暴露，在北纬 40° 和南纬 40° 范围内，与水平面形成的倾斜角应为 5°～10°；

③ 与水平面成 10°～90° 的任何其他特定的角度。

（2）暴露地点

应在远离树木和建筑物的空地上，用朝南 45° 暴露时，暴露面的东、南及西方应无仰角大于 20°，而北方应无仰角大于 45° 的障碍物，保持自然土壤覆盖，有植物生长的应经常将植物割短。

（3）暴露阶段

通常在暴露前应先预估试样的老化寿命而预定试验周期。

8.2.1.6　试验步骤

（1）试样的安放

确保用于性能测试的试样按其形状的不同加以固定，确保不会因固定方法而对试样施加应力。在每个试样的背面做不易消除的记号以示区别。

（2）辐射仪和标准材料安装

应安置在样品暴露试验架的附近，蓝色羊毛标样要靠近试样。ISO105-B01：1989 中对使用蓝色羊毛标样评定光色牢度进行了规定。

（3）气象观察

记录所有的气象条件和会影响试验结果的变化。

（4）试样的暴露

在暴露期间不应清洗试样，如需清洗要用蒸馏水。应定期检查和保养暴露地点，以便记录试样的一般状态。

（5）性能变化的测定

测试时要按照状态调节要求的时间尽快进行测试，并记录暴露终止和测试开始之间的时间间隔。

8.2.1.7　试验结果的表示

（1）性能变化的测定

按照国标 GB/T 15596 规定的方法进行相关性能变化的测试。

（2）气候条件

根据表 8-3 确定测试地的气候类型。

表 8-3　我国主要的气候类型

气候类型	特征	地区
热带气候	气候炎热，温度高；年太阳辐射总量 5400～5800MJ/m²；年积温≥8000℃；年降水量>1500mm	雷州半岛以南、海南岛、台湾南部等地
亚热带气候	湿热程度亚于热带，阴雨天多；年太阳辐射总量 3300～5000MJ/m²；年积温 8000～4500℃，降水量 1000～1500mm	长江流域以南、四川盆地、台湾北部等地
温带气候	气候温和，没有湿热月；年太阳辐射总量 4600～5800MJ/m²；年积温 4500～1600℃，年降水量 600～700mm	秦岭、淮河以北、黄河流域、东北南部等地
寒温带气候	气候寒冷，冬季长；年太阳辐射总量 4600～5800MJ/m²；年积温<1600℃，年降水量 400～600mm	东北北部、内蒙古北部、新疆北部部分地区
高原气候	气候变化大，气压低，紫外辐射强烈，年太阳辐射总量 6700～9200MJ/m²，年积温<2000℃，年降水量<400mm	青海、西藏等地
沙漠气候	气候极端干燥，风沙大，夏热冬冷，温差大；年太阳辐射总量 6300～6700MJ/m²；年积温<4000℃，年降水量<100mm	新疆南部塔里木盆地、内蒙古西部等沙漠地区

① 温度：日最高温度的月平均值、日最低温度的月平均值、月最高温度和最低温度。

② 相对湿度：日最大相对湿度的月平均值、日最小相对湿度的月平均值、月变化范围。

③ 暴露阶段程度：经过时间、太阳辐射总暴露量。

④ 雨量：月总降雨量、凝露而成的月总潮湿时间、降雨而成的月总潮湿时间。

⑤ 潮湿时间：日潮湿时间百分数的月平均值、日潮湿时间百分数的月变化范围。

8.2.1.8　影响因素

（1）暴露场地、气候区域的影响

不同的气候类型，暴露场地的纬度、经度、高度不同，其测试结果是不同的。为了得到可靠的数据，自然老化试验应尽可能选与使用条件接近的场地进行，需要时应在各种不同的气候环境地区的场地进行。

（2）开始暴露季节与暴露角的影响

季节不同，气候有明显区别，少于一年暴露试验，结果取决于这一年进行暴露的季节，较长的暴露阶段，季节的影响被均化，但试验结果仍取决于开始暴露的季节。在暴露时采用的角度不同，所受的太阳辐射的量也会有所不同。

（3）使用的蓝色羊毛标样测量光能量的影响

蓝色羊毛标样由纺织物试验发展而来，由于它的有效性，也应用于塑料，但塑料比常规的纺织物光加速试验需更长的暴露时间及蓝色羊毛标样和塑料对光的敏感性存在差异，因此蓝色羊毛标样在塑料测试上就有相对误差，然而它们现成的有效性和根据它们的数据积累证明这依然是应用于塑料暴露试验的一种需要。

（4）测试性能

测试性能不同，所测出的耐候性结果对同一品种塑料也是不同的，因此要按选定的每项性能指标和每一个暴露角来确定耐候性。选择老化试验的测试性能项目，不仅应当选择那些老化过程中变化比较灵敏的性能，而且应根据不同塑料的老化机理及老化特征对不同材料、制品结合其使用场合，选择能真实反映其老化过程的相关测试性能，依据所得到的全部结果，可以做出较为准确的综合评价。

另外，样品的制备方式及暴露时间也对测试结果有影响。

8.2.2 海水暴露试验

海水是一种非常复杂的多组分水溶液，海洋气候条件也变幻莫测。这些化学的、物理的、生物的以及气象的因素都影响材料和产品的环境适应性。这些影响在不同海域、不同地区，其综合作用又各不相同。这样一个复杂的环境要在实验室中模拟是难以实现的。

海水暴露试验就是把试样暴露于不同的海洋环境区带中，一定时间后，通过测定材料暴露前后性能的变化确定材料的耐候性。海水暴露试验对研究环境条件对材料和产品的影响、考核和评价材料和产品的环境适应性、推算其使用寿命，尤其是在发展我国军事工程中具有突出的现实意义。但由于环境复杂多变，试验结果难以重现，不过其总体趋势和规律仍有很大价值。

8.2.2.1 试验环境的选择

试验环境应选具有代表性的地区海域，其海水环境因素应能代表该海域的环境条件。

① 水质干净，无明显污染，符合 GB 3097—1997《海水水质标准》的要求，能代表试验海域的天然状况。

② 防止大浪冲击，中潮位波高小于 0.5m。有潮汐引起的自然海流，一般流速在 1m/s 以下。

③ 附近无大的河口，防止大量淡水注入。

④ 随季节有一定温差，海生物生长有变化，无冰冻期。

⑤ 具有进行各种海水试验的良好环境条件。

目前，海水暴露试验场地多建在海湾或海岛海边，一般无特殊目的不宜建在易受污染的港口码头附近。

8.2.2.2 试验分类

按环境区带的不同特点，可将海水暴露试验分为：

① 海面大气暴露试验；

② 海洋飞溅区暴露试验；

③ 海洋潮差区暴露试验；

④ 海水（深海、浅海）全浸区暴露试验；

⑤ 海泥区暴露试验；

⑥ 长尺试验。

目前我国已经开展了海面大气、飞溅、潮差和全浸暴露试验，也开展了少量长尺试验研究。美国用深潜装置在加利福尼亚附近太平洋海域开展了深达 1800m 的深海环境试验，但我国至今还没有深海试验场所。

8.2.2.3　试验场地

试验场地有海面平台、码头、栈桥等。浮动式试验场地有舰船、浮筏、浮筒等。试验场地应有足够的空间放置暴露、储存试验装置和环境因素监测装置。

8.2.2.4　试验设施

（1）试验暴露架

① 海面大气区推荐使用户外固定式大气暴露架；

② 在飞溅和潮差区，对于平板试样，推荐使用棚栏式挂片架；

③ 全浸区使用吊笼式试验装置；

④ 大气区固定方式可以直接牢固安装在试验场所内；

⑤ 飞溅区的试验架可采用升降式或挂式固定在试验场地上。

（2）环境因素监测设备和仪器

气象因素的测定仪器、海水温度测试仪、测定大气成分和海水性能的取样器及海水环境因素检测设备和仪器等。

（3）其他

如大型海面平台、舰船，可仿照陆地环境建造棚库工船舱、集装箱进行储存试验或棚、库暴露试验及其相关研究。

8.2.2.5　试样固定方式

试样有两种固定方式，即串挂法和单挂法。串挂法用于全浸、潮差试样，而单挂法用于飞溅区和长尺连接试样。

试样用螺栓固定在试验架上，试样之间以及试样与框架之间用塑料隔套绝缘。螺栓固定用垫片，可以是平垫片，也可以是3点垫片。前者有意制造缝隙腐蚀条件，后者可避免该类腐蚀，可根据试验目的选择。试样固定时，主要试验面之间距离不小于100mm。主要试验面与框架之间距离不小于50mm，严禁铝、铜试样放在一起，两类试样应相距5m以上，海面大气暴露试样主要受试面应迎主风方向，与水平面成45°角，其他海水暴露试样应垂直于海面，与水流方向平行。也可根据试验目的选择其他朝向和角度，试验框架采用耐海水腐蚀材料制造。且不会对试样产生影响，同时尽量避免试验中更换框架。

8.2.3　土壤现场埋设试验

在室外的土壤中埋设各种不同尺寸、不同材料的试件，根据试验目的和规定，按试验周期进行土壤环境因素测量、材料试件的性能测试和研究。

8.2.3.1　试验目的

该类试验主要针对材料和地下工程设施在土壤中的腐蚀进行考核和研究。目的是：研究各类土壤的腐蚀性，为工程实施提供防护依据；研究材料及地下设施在土壤中的性能变化规律性；研究土壤腐蚀的主要环境因素及其规律；研究土壤环境试验技术；为实验室模拟试验方法提供对比数据。

8.2.3.2 试验场地的选择

场地选在能代表土壤类型的环境和地区，根据土壤的类型、理化性质、地区气候条件、地下建筑物的发展状况、交通及管理的方便条件等选择。

8.2.3.3 试验

① 在试验场地内开挖埋藏试样坑，坑的大小也随试样大小、数量而定；例如，金属、电缆等埋设试样坑为长方形，坑长 3.0m、宽 1.5m、深 1.5～1.8m。

② 挖出来的土按土壤层次放置，回填时按原层次回填，力求回填土的厚度与密度和原地相同。

③ 根据试样的类别、种类、数量，把试样有序地投放在坑内。管状试样一般水平放置，板状试样垂直放置，所有试样埋在同一个土层上，电位序相差大的金属试样，相距尽量足够远，避免因为产生电位差而引起腐蚀。

④ 回填前必须绘出试样位置图或照相，投试完成后，应在试坑四周设立永久性标志，绘制出所在地区的方位。

8.2.3.4 试样的开挖

根据试验目的、确定的试验取样周期，对试样进行开挖。

首先，确定开挖的坑号无误后再进行开挖。开挖时当接近试样时应小心把试样上部土壤除去，同时测量氧化还原电位。接着，按要求进行取样、记录并采集土样用于理化和微生物分析。然后，对试样外观状况初步观察、记录，并包装试样，运到指定地点进行性能测试和分析。运输距离较远时，包装应符合有关规定要求，以防运输过程中试样受损。

8.2.3.5 试样性能测试和分析

首先仔细清除试件表面的泥土，在进行外观检查后，分别进行各项参数和性能测试。对于电缆和光缆试样，一般进行外护层吸水率、拉伸强度、体积电阻系数、介质损耗正切值和介电系数及力学性能的测试，并进行外护层试样工频击穿强度和耐电压试验。

8.3 热老化试验

8.3.1 常压法热老化试验

常压法热老化试验又称热空气暴露试验，是用于评定材料耐热老化性能的一种简便的人工模拟加速环境试验方法，能在较短时间内评定材料对高温的适应性。常压法热老化试验按照 GB/T 7141—2008《塑料热老化试验方法》进行测试。

8.3.1.1 测试原理与方法要点

将塑料试样置于给定条件（温度、风速、换气率等）的热老化试验箱中，使其经受热和氧的加速老化作用。通过检测暴露前后性能的变化，评定塑料的耐热老化性能。

（1）试验装置

热老化试验箱应满足以下技术要求：

① 工作温度，40～200℃或40～300℃；

② 温度波动范围±1℃，应备有防超温装置；

③ 温度均匀性，温度分布的偏差应≤1%；

④ 平均风速，0.5～1.0m/s，允许偏差±20%；

⑤ 换气率，1～100次/h；

⑥ 工作容积，0.1～0.3m³，室内备有安置试样的网板或旋转架；

⑦ 旋转架转速，单轴式为10～12r/min，双轴式的水平轴和垂直轴均为1～3r/min，两轴的转速比应不成整数或整数分之一；

⑧ 双轴式试样架的旋转方式，一边以水平轴作中心，同时水平轴又绕垂直轴旋转。

（2）试样

试样的形状与尺寸应符合有关塑料性能检测方法的规定。试样按有关制样方法制备，所需数量由有关塑料检测项目和试验周期决定。每周期每组试样一般不少于5个，试验周期数根据检测项目而定，一般不少于5个。

（3）试验条件

① 试样在标准环境（正常偏差范围）中进行状态调节（48h以上）；

② 试验温度根据材料的使用要求和试验目的确定；

③ 温度均匀性要求温度分布的偏差≤1%（试验温度）；

④ 平均风速在0.5～1.0m/s内选取，允许偏差为±20%；

⑤ 换气率根据试样的特性和数量在1～100次/h内选取；

⑥ 试验周期及期限按预定目的确定取样周期数及时间间隔，也可根据性能变化加以调整。

8.3.1.2 试验步骤

（1）调节试验箱

① 试验箱温度：温度测量点共9点，其中1～8点分别置于箱内的8个角上，每点离内壁70mm，第9点在工作室的几何中心处。

从试验箱的温度计插入孔放入热电偶，热电偶的各条引线放在工作室内的长度不应小于30cm。打开通风孔，启动鼓风机，箱内不挂试样。

将温度升到试验温度，恒温1h以上，至温度达到稳定状态后开始测定。每隔5min记录温度读数，共5次。计算这45个读数的平均值作为箱温。从45个读数中选择两个最高读数各自减去箱温，同样用箱温减去两个最低读数，然后选其中两个最大差值求平均值，此平均值对箱温的百分数应符合温度均匀性的规定。

② 试验箱风速：在距离工作室顶部70mm处的水平面、中央高度的水平面及距离底部70mm处的水平面上各取9点，共27个点。以测定风速时的室温作为测定温度，测定各点风速后，计算27点测定位置的风速平均值，作为试验箱的平均风速。此值应符合风速试验条件的要求。

③ 试验箱换气率：调节进出气门的位置，到换气率达到所需要求。

（2）安置试样

试验前，试样需统一编号和统一测量尺寸，将清洁的试样用包有惰性材料的金属夹或金属丝挂置于试验箱的网板或试样架上。试样与工作室内壁之间距离不小于70mm，试样间距不小于10mm。

（3）升温计时

将试样置于常温的试验箱中，逐渐升温到规定温度后开始计时，若已知温度突变对试样无有害影响及对试验结果无明显影响，亦可将试样放置于达到试验温度的箱中，温度恢复到规定值时开始计时。

（4）周期取样及性能测试

按规定或预定的试验周期依次从试验箱中取样，直至结束。取样要快，并暂停通风，尽可能减少箱内温度变化；根据所选定的项目，按有关塑料性能试验方法，检测暴露前后试样性能的变化。

8.3.1.3　试验结果的表示

（1）性能评定

应选择对塑料材料应用最适宜或反映老化变化较敏感的下列一种或几种性能的变化来评定其热老化性能。

① 通过目测，观察试验发生局部粉化、龟裂、斑点、起泡、变形等外观的变化；

② 质量（重量）变化；

③ 拉伸强度、断裂伸长率、弯曲强度、冲击强度等力学性能的变化；

④ 变色、褪色及透光率等光学性能的变化；

⑤ 电阻率、耐电压强度及介电常数等电性能的变化；

⑥ 其他性能变化。

（2）结果表示

试验结果应包括试样暴露前后各周期性能的测定值、保持率或变化百分数等。

当在一系列不同温度下进行材料老化性能比较，并估算在更低温度下达到预定性能变化水平所需的暴露时间时，应采用以下方法分析数据。首先，绘制所有采用温度下暴露时间对被测性能的函数曲线，横坐标为时间的对数，纵坐标为被测性能值，如图 8-2所示。然后，使用回归分析确定暴露时间的对数和被测性能的关系，使用回归方程确定达到性能变化预期水平所需的暴露时间。以达到性能变化预定水平所需时间的对数和每

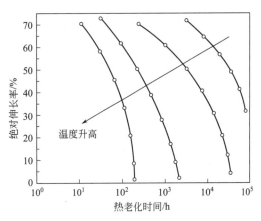

图 8-2　典型的热老化曲线——
绝对伸长率与时间的关系曲线（示例）

次暴露所用热力学温度倒数（$1/T$，温度单位 K）分别为纵、横坐标绘制曲线。其典型曲线（Arrhenius 曲线）如图 8-3所示。用回归分析来确定时间的对数与热力学温度倒数的关系方程，并利用此方程来确定预选温度下达到预期性能变化的时间。

需要指出的是，用基于一系列温度下试验数据的 Arrhenius 曲线或方程估计在某一更低温度下达到规定性能变化的时间时，可能存在非常大的误差。

8.3.1.4　影响因素

（1）试验温度的选择

塑料热老化试验温度多依据材料的品种和使用性能及其试验目的而定。塑料试验温度选

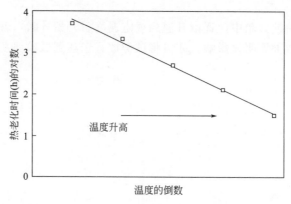

图 8-3　典型的 Arrhenius 曲线——热老化时间的对数与温度倒数的关系（示例）

择的原则应是：在不造成严重变形、不改变老化反应历程的前提下，尽可能提高试验温度，以期在较短的时间内获得可靠的结果。通常选取的温度上限：对热塑性塑料应低于软化点，热固性塑料应低于其热变形温度；易分解的塑料应低于其分解温度。温度下限：比实际使用温度高 20～40℃。温度高时老化速率快，试验时间可缩短，但温度过高则可能引起试样严重变形（弯曲、收缩、膨胀、开裂、分解、变色），导致试验过程与实际不符，试验得不到正确的结果。

（2）试验箱温度变动、风速、换气率的影响

① 温度的变动是影响热老化结果最重要的因素，试验表明，软 PVC 在试验温度 110℃时的失重变化率（老化率）与 112℃时（温差 2℃）的相差达 10％～20％，因此箱内温度变动要尽可能小，要达到这一要求，在测定过程中，室温变化不得超过 10℃，试验箱线电压变化不得超过 5％。对达不到要求的试验箱，可缩小试验空间，使"工作空间"符合要求。

② 风速对热交换率影响明显，风速大，热交换率高，老化速率快。因此，选择适当的、一致的风速是保证获得正确结果的一个重要条件。

③ 原则是在保证氧化反应充分的前提下，尽可能用小的换气率。换气量过大，耗电量大，温度分布亦不易均匀；换气量过小则氧化反应不充分，影响老化速率。

（3）试样放置

试验箱内，试样间距不小于 10mm，与箱内壁间距不小于 70mm，工作室容积与试样总体积之比不小于 5∶1。如试样过密过多，影响空气流动，挥发物不易排出，造成温度分布不均。为了减少箱内各部分温度及风速不均的影响，采用旋转试样或周期性互换试样位置的办法予以改善。

（4）评定指标的选择

老化程度以性能指标保持率或变化百分数表示，评定指标的选择要以能快速获得结果并结合使用实际的原则来考虑。同一材料经受热氧作用后的各性能指标并不是以相同的速度变化，如 HDPE，老化过程中断裂伸长率变化最快，其次是缺口冲击强度，拉伸强度则最慢；酚醛模塑料老化时则是缺口冲击强度下降最快，拉伸强度次之，弯曲强度变化很小。由此可见，正确选择评定指标（可选一种或几种综合评定）是快速获得可靠结果的关键。

8.3.2　高压氧和高压空气热老化试验

本节通过 GB/T 13939—2014《硫化橡胶　热氧老化试验方法　管式仪法》来介绍塑料

高压氧和高压空气热老化试验方法。

8.3.2.1　测试原理与方法要点

试验原理：将试样暴露在高温和高压氧气的环境中，老化后测定其性能，并与未老化试样的性能做比较。

（1）试验装置

管式仪由氧气压力容器、加热介质和恒温控制器等组成。氧气压力容器是试样进行热氧老化试验的空间，是用不锈钢制成的试管式容器，能保持加压氧气环境，设有放置试样的吊架。容器的尺寸一般长约 300mm，内径不小于 40mm，外径不大于 50mm。也可酌情任选，但应使试样的总体积不超过容器容积的 10%。氧气压力容器装有可靠的安全阀，保证安全表压为 3.5MPa。铜或铜制的零件不能暴露于试验环境中。恒温控制器由加热装置（例如铝浴）、恒温控制系统和超温报警器组成。在放置氧气压力容器附近设有测量温度装置。在通入氧气管道上装有测量试验容器内氧气压力的压力表。热源任选，但应置于氧气压力器外。加热介质可选用水、空气或铝，油或者可燃液体不应作为加热介质使用。

（2）试样

试样的制备应符合 GB/T 13939—2014 的有关规定。只有规格相同的试样才能做比较。测定老化前和老化后性能的试样都不应少于 3 个。试样在测试前应按有关规定进行状态调节。

（3）试验条件

试验温度一般为（70±1）℃。根据材料的特性和应用场合，也可采用（80±1）℃或其他温度；氧气压力容器中氧气的压力应为（2.1±0.1）MPa；试验时间根据橡胶的老化速率加以选择，一般规定为 24h 或 24h 的倍数。

8.3.2.2　试验步骤

（1）安装试样

将试样按自由状态垂直挂在氧气压力容器内，试样不要过分拥挤和相互接触，或碰到容器壁。为了防止橡胶配合剂迁移污染，应避免不同配方试样在同一容器内进行试验。

（2）仪器预热、进行测试

接通电源，使加热恒温控制系统运转，当介质预热到工作温度后，将装有试样的容器放进加热介质中，当试验温度恒定时，用加压氧气将容器中的空气排出，按此重复两次。然后再充入氧气，当氧气压力达到 2.1MPa 时，开始计算老化时间。

试验达到规定时间，从容器中取出试样之前，要求至少用 5min 时间缓慢地、均匀地把容器压力降至常压，以避免试样可能产生气孔。从容器中取出的试样不要再做机械的、化学的或热的处理。

（3）状态调节

老化后的试样在测试性能前，应按有关规定进行状态调节至少 16h，但不得超过 96h。

（4）性能测试

试样进行性能测试，除非另有规定，一般测定拉伸强度、定伸应力、断裂伸长率和硬度等性能。试样拉伸性能和硬度测定应分别按有关规定进行。

8.3.2.3 试验结果的表示

试验结果以试样性能的变化百分数表示：

$$P = \frac{A - O}{O} \times 100\%$$ (8-13)

式中　P——试样性能变化百分数，%；

　　　O——未老化试样的性能初始值；

　　　A——老化后试样的性能测定值。

硬度变化差值计算：

$$H_P = H_A - H_O$$ (8-14)

式中　H_P——老化后的试样硬度变化差值；

　　　H_O——未老化试样的硬度初始值；

　　　H_A——老化后试样的硬度测定值。

8.3.3　恒定湿热条件的暴露试验

湿热暴露试验是一种塑料或橡胶加速老化的试验方法。在某些特定的环境中，如地下工厂、高湿热厂房、通风不良的仓库等，材料的湿热老化更明显。因此用湿热暴露试验以加速塑料或橡胶的老化并测定其暴露前后的性能或外观变化，用于评价塑料或橡胶的耐湿热老化性能是具有重要意义的。我国目前湿热老化试验方法有 GB/T 15905—1995《硫化橡胶湿热老化试验方法》。

8.3.3.1　试验原理与方法要点

原理：将材料暴露于潮湿的热空气环境中，经受湿热作用一般会发生性能变化，通过测定在规定环境条件下暴露前后的一些性能或外观变化，可评价材料的耐湿热性能。

（1）试验装置

主要设备为湿热试验箱，应具有以下技术条件。

① 设有温度、湿度调节和指示仪表，超温电源断相、缺水保护和报警系统；并设有照明灯和观察门（窗）。

② 温度可调范围为 40～70℃，温度均匀度小于（等于）1℃，波动度、相对湿度可调范围为 80%～95%。

③ 温度容许偏差为±2.0℃，相对湿度容许偏差为 −3%～2%。

④ 有效空间内任何一点均要保持空气流通，但风速不能超过 1m/s；冷凝水不允许滴落在工作空间内。

（2）试样

试样应是边长（50±1）mm、厚（3±0.2）mm 的立方体，也可用相同表面积的矩形试样。而对于板材或片材，试样应是边长（50±1）mm 的正方体，也可用相同表面积的矩形试样，厚度小于或等于 25mm；若厚度大于 25mm，应从一面机械加工成 25mm 厚的板。也可直接用成品或半成品，但尺寸应符合模塑或挤塑材料的要求。试样数量由有关性能测试方法和测试周期数等决定。

（3）试验条件

① 试验温度一般为（40±2）℃（为加速可适当提高但不得超过 70℃），相对湿度为

93%，也可按有关技术规范及各方面协议规定。

　　② 试验周期根据材料的用途确定选取，也可预定出性能终止值再选取周期，一般周期数不少于 5 个，周期划分有两类，第一类为 24h、48h、96h、144h、168h，第二类为 1 周、2 周、4 周、8 周、16 周、26 周、52 周、78 周。

　　③ 试验用水应为去离子水或蒸馏水。

　　④ 试验状态调节，在温度（23±2)℃、相对湿度（50±5)％和气压为 86～106kPa 的条件下处理至少 86h。

8.3.3.2　试验步骤

　　（1）调节试验箱

　　按试验条件的要求调节湿热试验箱温度及湿度。

　　（2）投放试样

　　为避免试样放入湿热箱时表面产生凝露，试样投放前先放在有空气对流的烘箱中，在试验温度下放置 1h，然后立即投入湿热箱中。试样悬挂或放在试样架上，但不能超出工作空间，在垂直于主导风向的任意截面上，试样截面积之和不大于该工作室截面的 1/3，试样之间间距不得小于 5mm，不能互相接触。

　　（3）周期取样

　　按规定试验周期依时取样，直至试验结束，取样要快，尽可能不影响试验箱的温度与湿度。

　　（4）暴露后的处理

　　暴露后的试样放入（23±2)℃的密闭容器中，以尽可能保持试样原有的水分含量，通常 4h 后可进行性能测定。为了测定暴露前后性能变化，应将试样经干燥或恢复到暴露前状态调节，如进行干燥处理，把试样放入（50±2)℃烘箱干燥 24h 后，放入干燥器中冷却到（23±2)℃。

　　（5）性能测定

　　① 质量变化。

　　测试前试样经状态调节后，测其质量得 m_1；经暴露处理后，测其质量得 m_2；将经暴露处理后的试样干燥处理后，测其质量得 m_3；测定值准确到 0.001g。

　　② 尺寸变化。

　　将暴露前的试样经状态调节后，对每个试样测出 4 个标记点的厚度，计算平均值 $\overline{d}_1$；测定正方体或矩形的四条边，计算出长和宽的平均值（长 $\overline{L}_1$ 和宽 $\overline{b}_1$）。暴露后的试样同样测出以上数值（$\overline{L}_2$、$\overline{b}_2$、$\overline{d}_2$），经干燥后同样测出 $\overline{L}_3$、$\overline{b}_3$ 和 $\overline{d}_3$。

　　③ 目测外观变化。

　　包括翘边、卷曲、分层、颜色变化、色泽变化、龟裂、开裂、起泡、增塑剂和胶黏剂渗出等。

　　④ 物理性能的变化。

　　包括力学性能、光学性能和电性能，按有关物性测试方法进行。

8.3.3.3　试验结果的表示

　　以单位面积上的质量变化来表示：

$$S_1 = \frac{m_2 - m_1}{s} \qquad\qquad (8\text{-}15)$$

$$S_2 = \frac{m_3 - m_1}{s} \qquad\qquad (8\text{-}16)$$

式中　m_1——暴露前试样的质量，g；

　　　m_2——暴露后试样的质量，g；

　　　m_3——暴露后经干燥的试样质量，g；

　　　s——试样暴露前的总面积（包括试样的侧面），m^2；

　　　S_1——干燥前的单位面积上的质量变化值；

　　　S_2——干燥后的单位面积上的质量变化值。

　　以质量变化百分数表示：

$$M_1' = \frac{m_2 - m_1}{s} \times 100\% \qquad\qquad (8\text{-}17)$$

$$M_2' = \frac{m_3 - m_1}{s} \times 100\% \qquad\qquad (8\text{-}18)$$

式中　m_1——暴露前试样的质量，g；

　　　m_2——暴露后试样的质量，g；

　　　m_3——暴露后经干燥的试样质量，g；

　　　M_1'——干燥前的质量变化百分数，%；

　　　M_2'——干燥后的质量变化百分数，%；

　　以尺寸变化百分数表示，用下面合适的公式计算：

$$B_1 = \frac{\bar{b}_2 - \bar{b}_1}{\bar{b}_1} \times 100\% \qquad\qquad (8\text{-}19)$$

$$B_2 = \frac{\bar{b}_3 - \bar{b}_1}{\bar{b}_1} \times 100\% \qquad\qquad (8\text{-}20)$$

$$L_1' = \frac{\overline{L}_2 - \overline{L}_1}{\overline{L}_1} \times 100\% \qquad\qquad (8\text{-}21)$$

$$L_2' = \frac{\overline{L}_3 - \overline{L}_1}{\overline{L}_1} \times 100\% \qquad\qquad (8\text{-}22)$$

$$D_1 = \frac{\bar{d}_2 - \bar{d}_1}{\bar{d}_1} \times 100\% \qquad\qquad (8\text{-}23)$$

$$D_2 = \frac{\bar{d}_3 - \bar{d}_1}{\bar{d}_1} \times 100\% \qquad\qquad (8\text{-}24)$$

式中　$\bar{b}_1$——暴露前试样的宽度，mm；

　　　$\bar{b}_2$——暴露后试样的宽度，mm；

　　　$\bar{b}_3$——暴露后经干燥的试样的宽度，mm；

　　　B_1——干燥前的宽度变化百分数，%；

　　　B_2——干燥后的宽度变化百分数，%；

$\overline{L}_1$——暴露前试样的长度，mm；

$\overline{L}_2$——暴露后试样的长度，mm；

$\overline{L}_3$——暴露后经干燥的试样的长度，mm；

L_1'——干燥前的长度变化百分数，％；

L_2'——干燥后的长度变化百分数，％；

$\overline{d}_1$——暴露前试样的厚度，mm；

$\overline{d}_2$——暴露后试样的厚度，mm；

$\overline{d}_3$——暴露后经干燥的试样的厚度，mm；

D_1——干燥前的厚度变化百分数，％；

D_2——干燥后的厚度变化百分数，％。

8.3.3.4　影响因素

（1）试验装置

试验装置恒定湿热的技术要求是保证试验结果的重要条件，操作时要保持温度、湿度相对稳定，不超过允许偏差；对均匀度及波动度也要严格控制。

（2）环境温度

湿热老化的环境试验温度对老化是有明显影响的。当温度升高时，水分子的活动能量将增大，同时高分子链热运动亦加剧，造成分子间隙增大，有利于水渗入，材料湿热老化将加速。因此为加速试验，可适当提高环境温度（一般不超过 70℃）。

（3）试样

该试验的试样可直接用模塑的方法取得，也可用机械加工的方法获得。但试样表面的平滑程度对测试结果有较大影响，如表面较粗糙，试样的表面积加大，会造成单位面积上质量的变化减小，同时吸湿量加大。因此，此方法不适用于多孔材料。

（4）测试性能的选择

不同材料、不同性能的指标变化对湿热敏感度不同，例如，PC 试样，经湿热暴露后的质量及尺寸变化均不明显，但样品颜色明显变深；而 PS 试样则产生气泡；聚酯试样则伸长率变化较大。因此试验时要根据不同材料选择适当的性能或尺寸、外观变化结果来评价其耐湿热性能。

8.4　人工气候老化试验

实验室光源暴露试验方法，是采用模拟和强化大气环境的主要因素的一种人工气候加速老化试验方法。它是在自然气候暴露试验方法的基础上，为克服自然气候暴露试验周期长的缺点而发展起来的，可以在较短的时间内获得近似于常规大气暴露结果。根据光源的不同，实验室光源暴露试验方法又分为三种：开放式碳弧灯法、氙弧灯法及荧光紫外灯。

采用实验室光源加速试验与实际使用暴露情况存在以下几点差异：

（1）实验室光源与日光光谱分布的差异

在实验室光源加速暴露试验中，常采用在比正常波长短的光源下进行暴露以获得较快的破损率，其中可能包括部分日光中不存在的短波紫外线（波长小于 300nm）。因此，试验材料在加速试验产生的短波紫外线下暴露的老化表现和机理可能会和实际使用条件下的有所不同。

（2）实验室光源高于实际使用条件的光强度

实验室光源暴露试验一般采用高于实际使用条件的光强度来加速老化。相对实际使用条件，采用异常高的光强度可能会改变材料的老化机理和稳定等级。

（3）实验室光源持续暴露没有暗周期

实验室光源暴露试验常采用持续暴露来实现相对于实际使用情况的加速老化。然而，持续暴露可能会消除户外暴露或室内使用中周期性无光照时发生的临界暗反应。

（4）样品温度异常高于实际使用条件

在实验室加速试验中常采用高于实际应用条件的温度来获得较快老化。热效应使某些温度敏感性高的塑料耐久性明显下降。此外，与暴露在低于玻璃化转变温度时相比，在高于玻璃化转变温度条件下暴露将显著改变塑料的老化机理。

（5）深浅色样品间产生与实际不符的温度差异

有些实验室光源产生的红外线量很大，有些实验室光源产生的红外线很少，因此，相同材料的深浅色样品间的温度差异会与室外暴露时不同。

（6）与实际使用条件不同的温度循环条件

暴露试验过程中对光照样品进行水喷淋时，样品会产生异常快速的温度变化，即形成高频温度循环，从而可能产生实际使用环境中看不到的老化行为。

（7）与实际不符的湿气水平

如果实验室加速试验中的湿气量或者样品在湿气中的暴露方式与实际使用条件不同，那么老化机理和程度可能会有很大差别。

（8）生物因素及污染物的缺乏

暴露在湿热条件下的塑料经常会受到生物因素，如真菌、细菌、藻类的生物作用。此外，很多户外环境中存在的污染物会对某些塑料的老化机理和降解速率产生影响。在实验室暴露试验中，不包括这些因素影响，因此材料的老化机理和稳定等级可能明显不同。

8.4.1 氙弧灯光源暴露试验方法

氙弧灯光源被认为是目前已知的人工光源中光谱能力分布与太阳光中紫外可见光部分最相似的。通过选择合适的滤光片，可以滤去大部分到达地面的阳光中不存在的短波辐射，如图8-4所示。氙弧灯产生的紫外线部分的能量较另外两种光源增加较少，因此，在加速倍率

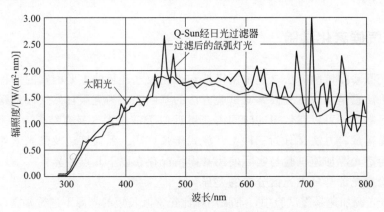

图8-4 经日光过滤器过滤后的氙弧灯光光谱和太阳光光谱的比较

方面是三种方法中最低的。此外，氙弧灯在 1000～1200nm 近红外区存在很强的辐射峰，会产生大量的热，因此，需使用滤除红外辐射的滤光器或选择合适的冷却装置。

在 ISO 4892.2：2006《塑料　实验室光源暴露试验方法　第 2 部分：氙弧灯光源》和我国的国家标准 GB/T 16422.2—2014《塑料　实验室光源暴露试验方法　第 2 部分：氙弧灯光源》中规定了塑料在实验室氙弧灯光源的暴露试验方法。

8.4.1.1　测试原理

试样暴露于规定的环境条件和配备了合适滤光器的氙弧灯光源下，用来模拟日光中紫外区域和可见光区域的光谱能量分布（表 8-4 为地面阳光光谱辐照度），通过测定试样表面的辐照度或辐照量与试样性能的变化，来评定材料的耐候性。

表 8-4　地面阳光光谱辐照度

波长 /nm	辐照度 /[W/(m² · nm)]	300～2450nm 总百分比 /%	300～800nm 紫外和可见光百分比 /%
300～320	4.1	0.4	0.6
320～360	28.5	2.6	4.2
360～400	42.0	3.9	6.2
300～400	74.6	6.8	11.0
400～800	604.2	55.4	89.0
300～800	678.8	62.2	100.0
800～2450	411.6	37.8	
300～2450	1090.4	100.0	

8.4.1.2　测试设备

实验室光源暴露试验测试设备由试验箱和辐射测量仪组成。

（1）试验箱

试验箱也称人工气候箱，虽有不同类型，但均应包括以下规定的几个要素。

① 光源。光源由一个或多个有石英封套的氙弧灯组成，其光谱范围包括波长大于 270nm 的紫外线、可见光及红外线。为了模拟日光，应使用滤光器来滤除短波长的紫外辐射。采用可降低波长 310nm 以下辐照度的滤光器来模拟透过窗玻璃后的日光。另外，使用滤除红外辐射的滤光器可防止对试样产生不切实际的加热，这种加热会引起户外暴露不会出现的热降解。

② 试样架。试样架可为开放式框架，使试样背面外露或者为试样提供固体背板。应由不会对暴露结果产生影响的惰性材料制备，例如耐氧化的铝合金或不锈钢。黄铜、铁或紫铜不应在试样附近使用。

③ 润湿装置。给试样暴露面提供均匀的喷水或凝露，可使用喷水管或冷凝水蒸气的方法来实现喷水或凝露。

④ 控湿装置。控制和测量箱内的相对湿度，它由放置在试验箱空气流中，但又避免直接辐射和喷水的传感器来控制。

⑤ 温度传感器。测量及控制箱内空气温度，并可感测和控制黑板传感器的温度。使用的温度计应为黑标温度计或黑板温度计。温度计应安装在试样架上，使它接受的辐射和冷却条件与试样架上试样表面所接受的相同。

黑标温度计与试样在相同位置接受辐射时，近似于导热性差的深色试样的温度。黑板温度计则由一块近似于"黑体"吸收特性的涂黑吸收金属板组成，板的温度由热接触良好的温度计或热电偶指示。相同操作时所示温度低于黑标温度。

⑥ 程控装置。设备应有控制试样湿润或非湿润时间程序及非辐射时间程序的装置。

（2）辐射测量仪

辐射测量仪用光电传感来测量试样表面的辐照度与辐照量，光电传感器的安装必须使它接受的辐射与试样表面接受的相同。如果光电传感器与试样表面不处于同一位置，应必须有一个足够大的观测范围，并校正它处于试样表面相同距离时的辐照度。辐射仪必须在使用的光源辐射区域内校正。

当进行辐照度测量时，必须报告有关双方商定的波长范围。通常使用 300～400nm 或 300～800nm 范围内的辐照度。

8.4.1.3　试验条件

人工气候暴露试验条件的选择主要包括光源、温度、相对湿度及降雨（喷水）或凝露周期等，现简单介绍它们的选择依据及一般确定方法。

（1）光源

选择原则是人工光源的光谱特性应与导致材料老化破坏最敏感的波长相近，并结合试验目的和材料的使用环境来考虑。

（2）温度

空气温度的选择，以材料使用环境最高气温为依据，可比其稍微高一些，多选 50℃；黑板温度的选择，以在使用环境中材料表面最高温度为依据，可比其稍微高一些，多选（63±3）℃。

（3）相对湿度

相对湿度对材料老化的影响因材料品种不同而异，以材料在使用环境所在地年平均相对湿度为依据，通常在 50%～70% 范围选择。

（4）降雨（喷水）或凝露周期

降雨（喷水）条件的选择，以自然气候的降雨数据为依据。国际上降雨（喷水）周期［降雨（喷水）时间/不降雨（喷水）时间］多选 18min/102min 或 12min/48min，也有选 3min/17min 及 5min/25min 的。

人工老化降雨（喷水）采用蒸馏水或去离子水。

8.4.1.4　试样

（1）形状与制备

试样的尺寸是根据暴露后测试性能有关试验方法要求确定的。某些试验，试样可以片状或其他形式暴露，然后按试验要求裁样。对粒状、粉片状、粉状或其他原料状态的聚合物树脂等，则应拟用于加工该材料的方法制样。如果受试材料是挤塑件、模塑件、片材等，试样可以从暴露后的制品上裁取。

（2）试样数量

试样数量对每个试验条件或暴露阶段而言，由暴露后测试性能的试验方法确定。以此乘以暴露阶段数并加上测定初始值的需要量，可确定所需试样总数。如果有关试验方法没有规定暴露试样数量，则每个暴露阶段的每种材料至少准备三个重复试验的试样，每个暴露试验应包括一个已知耐候性的参照试样。

（3）储存和状态调节

试样在测试前要进行适当的状态调节。对比试样应储存在正常实验条件下的黑暗处，温度为 23℃、相对湿度为 50%、气压为 86~106kPa，不低于 88h，对储存于黑暗中改变颜色的试样，暴露后要尽快目测颜色变化。

8.4.1.5 试验步骤

（1）固定试样

将试样以不受应力的状态固定于试样架上，在非测试面做标记，如果必须进行试样的颜色和外观变化试验，为了便于检查试验的进展情况，可用不透明物盖住每个试样的一部分，以比较盖面与暴露面之间的变化差异。

（2）暴露

在试样放入试验箱前，应将设备调整并稳定在选定的试验条件下，并在试验过程中保持恒定。暴露时应以一定的次序变换试样在垂直方向的位置，使每个试样面尽可能受到均匀的辐射。在试验过程中，要用干净、无磨损作用的布定时清洗滤光片，出现变色、模糊、破裂时，应立即更换。

（3）辐照量测定

使用仪器法测量辐照量，辐射仪的安装位置应使它能显示试样面的辐射。在选定的波段范围内，暴露阶段最好用单位面积的入射光能量（J/m^2）表示。

（4）试样暴露后的测定

目测或用仪器检测来评定暴露前后试样表面的龟裂、斑点、颜色变化及尺寸稳定性。按有关测试标准或有关协议，在相同条件下测定暴露前后试样的力学性能变化。

（5）试验的终止

以某一规定的暴露时间或辐射量，或性能变化至某一规定值时停止试验。

8.4.1.6 影响因素

（1）光源及滤光片的影响

氙弧灯在近红外区氙弧辐射很高，发热明显，易造成试样过热。氙弧灯与碳弧灯的玻璃滤光套（片）在使用过程中也会老化变质或积垢，应经常清洗保洁，并使用 2000h 后立即更换。

为了保证试验数据可靠，再现性好，光源发射的光谱强度应稳定。氙弧灯及荧光灯在使用过程中随点燃时间的增长而逐步老化、变质，使辐照度衰减。因此，应按有关试验方法规定定期更换新灯。光源电流或电压的变化会引起光源辐照度的波动，辐照度随电功率的增大而升高，因此要求光源的电流、电压保持稳定。

（2）受试温度

试样的辐照温度不可选得过高，特别是对易于被单纯热效应引起变化的材料。因为在此种情况下，试验表示的结果可能不是光谱暴露的效应而是热效应。选用氙弧灯要注意防止试样过热，必须有冷却装置，选用开放式碳弧灯，要加强空气流动，以免温升过分。

正确选择光源的光谱能量分布及试验温度，既能产生加速作用，又可避免由于异常主辐照度或高温而导致的反常结果。另外，由于选择的试样架不同，特别是有背板的暴露形式，对透明性的试样，试验结果会有较大影响。

8.4.2 荧光紫外灯光源暴露试验方法

荧光紫外灯人工加速老化试验时，加速倍率高，从而可缩短试验周期，通过选择合适型号的灯管可以实现对特定材料的快速筛选。但是紫外灯人工加速老化是模拟的条件，其与户外的实际条件有一定的差距。另外，由于紫外灯产生的光谱与自然光谱、氙弧灯光谱有一定的差距，试验结果与自然曝晒、氙弧灯试验有很大区别，因此其试验结果只能定性地来判断样品在户外的曝晒结果。

在 ISO 4892.3：2006《塑料　实验室光源暴露试验方法　第 3 部分：荧光紫外灯》和我国的国家标准 GB/T 16422.3—2014《塑料　实验室光源暴露试验方法　第 3 部分：荧光紫外灯》中规定了塑料在实验室紫外灯光源的暴露试验方法。

8.4.2.1 测试原理

试验时采用合适的滤光器对荧光紫外灯发出的光谱进行滤光，使其产生的辐射类似于地面日光的紫外和可见区的光谱能量分布。将试样暴露于规定条件如一定温度、湿度、喷水周期下进行曝晒试验，一定试验周期或辐射能量后进行性能测定如物理性能、分子量、质量、表面性状变化等。

8.4.2.2 测试设备

试验主要在试验箱内完成，试验箱设计可不同，但应由惰性材料构成。试验箱内安装有光源、辐照仪、黑标（黑板）温度计、润湿和控湿装置以及试样架。

（1）实验室光源

荧光紫外灯使用一种低压泵弧激发荧光物质而发射出紫外线，它能在较窄的波长区间产生连续光谱，通常只有一个波峰。荧光紫外灯是指在光谱的紫外区域（如 400nm 以下）中产生的辐射光能占总光能输出量至少 80% 的荧光灯。其辐照度数据可依据 CIE 85：1989 中表 4（表 8-5）做出计算限值，推荐用辐照仪来进行辐照度控制。该试验方法推荐使用的荧光紫外灯有三种：

① 1A 型（UVA-340）荧光紫外灯：这种灯在 300nm 下的辐射低于总光能输出的 2%，在 343nm 有发射峰，通常用来模拟 300～340nm 的日光。图 8-5 为 250～400nm 下典型的 1A 型（UVA-340）荧光灯对比日光的光谱辐照图。

② 1B 型（UVA-351）荧光紫外灯：这种灯在 300nm 下的辐射低于总光能输出的 2%，在 351nm 有发射峰，通常用来模拟经窗玻璃后日光的紫外部分。图 8-6 为 250～400nm 下典型的 1B 型（UVA-351）荧光灯对比日光的光谱辐照图。

③ 2 型（UVB-313）荧光紫外灯：这种灯在 300nm 下的辐射低于总光能输出的 10%，在 313nm 有发射峰。2 型（UVB-313）荧光灯会发射波长低至 254nm 的辐射，这会引起在实际使用环境中不会出现的老化过程。2 型（UVB-313）灯主要用于耐久性材料的快速、节省测试。图 8-7 为 250～400nm 下典型的 2 型（UVB-313）荧光灯对比日光的光谱辐照图。

值得强调的是，多数荧光灯在使用过程中输出光能会逐渐衰减。

（2）暴露试验箱

试验箱由惰性材料构成，并且温度可控。试验箱应具有黑标（黑板）温度计、凝露、喷淋或湿度控制装置。

试样可以在凝露或喷淋方式下进行湿暴露。凝露或喷淋应在试样表面均匀分布。喷到试

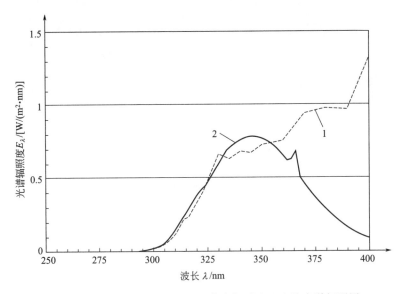

图 8-5 典型 1A 型（UVA-340）荧光灯对比日光的光谱辐照图
1—CIE 85：1989 表 4 中日光；2—典型 1A 型（UVA-340）灯的光谱辐照度

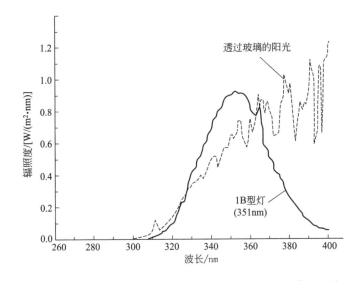

图 8-6 典型 1B 型（UVA-351）荧光灯对比日光的光谱辐照图

样表面水的电导率应低于 $5\mu S/cm$，不溶物含量小于 $1\mu g/g$，且在试样表面不留下可见的污迹或沉积物。硅含量应保持在 $0.2\mu g/g$ 以下。暴露过程中可以不控制试验箱内空气的相对湿度，也可以控制相对湿度。

8.4.2.3 试验条件

温度、试验箱内空气相对湿度、凝露和喷淋循环及暴露条件按表 8-5 的辐照条件来控制辐照度。

相对于太阳辐射、氙弧灯和碳弧灯，荧光紫外灯发射很弱的可见光和红外线。不像太阳辐射，荧光紫外设备中试样表面的加热主要靠穿过平板的热空气的对流作用。因此黑板（黑标）温度计、试样表面以及试验箱内空气的温度相差一般小于 $2℃$。

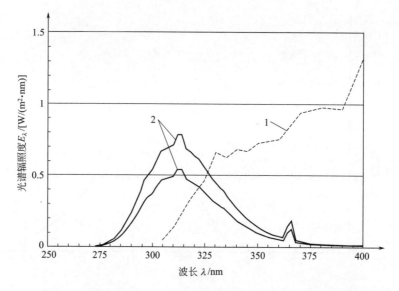

图 8-7　典型 2 型（UVB-313）荧光灯对比日光的光谱辐照图

1—CIE 85：1989 表 4 中日光；2—典型 2 型（UVB-313）灯的光谱辐照度

表 8-5　实验室荧光紫外灯人工气候老化暴露条件

循环序号	暴露周期	灯型	辐照度	黑标温度	相对湿度
1	8h 干燥 4h 凝露	1A 型（UVA340）灯	340nm 时 0.76W/(m² · nm) 关闭光源	60℃±3℃ 50℃±3℃	不控制
2	8h 干燥 0.25h 喷淋 3.75h 凝露	1A 型（UVA340）灯	340nm 时 0.76W/(m² · nm) 关闭光源	50℃±3℃ 不控制 50℃±3℃	不控制
3	5h 干燥 1h 喷淋	1A 型灯组	290nm 持续 45W/(m² · nm)	50℃±3℃ 25℃±3℃	<15 不控制
4	5h 干燥 1h 喷淋	1A 型灯组	290nm 持续 45W/(m² · nm)	70℃±3℃ 25℃±3℃	<15 不控制

8.4.2.4　试样

见 8.4.1.4，与氙弧灯光源暴露试验用到的试样一致。

8.4.2.5　试验步骤

（1）试样的安装

将试样以不受力的方式固定在设备中的试样架上。每个试样应做不易消除的标记，此标记的位置不应影响后续的试验。对用来测定色差和外观变化的试样，可在试验过程中用不透明的遮盖物来遮住试样的一部分，以比较暴露面和非暴露面。这样有利于检查试验进程，但试验数据应通过与避光保存试样的对比得到。为保证暴露条件一致，暴露区域应放满试样。如有需要，使用空白平板。

（2）暴露

按选定的试验条件对设备进行设置，使其在选定的整个暴露周期内持续运行。在试样暴露过程中定期对辐照度进行测量。

（3）辐照暴露的测量

进行辐照暴露时，暴露间隔以暴露面单位面积上所受辐照能量来表示，当波长范围为290～400nm时，其单位为焦耳每平方米（J/m²）；或者当波长为一选定值时（如：340nm），单位为焦耳每平方米纳米 [J/(m²·nm)]。

（4）暴露后性能变化的测定

暴露后性能的变化按照ISO 4582的规定进行测定。

8.4.3 开放式碳弧灯光源暴露试验方法

开放式碳弧灯光谱能量分布也较接近于阳光，但在370～390nm紫外线集中加强，模拟性不及氙弧灯，加速倍率介于氙弧灯和荧光紫外灯之间。开放式碳弧灯目前在我国应用较少。

开放式碳弧灯，以下简称碳弧灯，由上、下碳棒之间的碳弧构成，碳棒芯内含铈，表面涂覆金属层，如铜等。碳棒应不弯曲且无裂纹。弧电压交流电压范围为48～52V，设定值为(50±1)V；弧电流交流电流范围为58～62A，设定值为(760±1.2)A。

在ISO 4892.4：2006《塑料 实验室光源暴露试验方法 第4部分：开放式碳弧灯》和我国的国家标准GB/T 16422.4—2014《塑料 实验室光源暴露试验方法 第4部分：开放式碳弧灯》中规定了塑料在实验室开放式碳弧灯光源的暴露试验方法。

8.4.3.1 测试原理

碳弧光经适当的滤光器过滤后，辐射到试样表面。将试样暴露于规定条件如一定温度、湿度、喷水周期下进行曝晒试验，一定试验周期或辐射能量后进行性能测定如物理性能、分子量、质量、表面性状变化等。

8.4.3.2 测试设备

试验箱的典型结构示意如图8-8所示。试验箱中安装有一个用于放置试样、可使空气通过试样表面以便控制温度的转鼓（试样架）。转鼓绕光源转动。此外，试验箱中应包括辐射仪、黑标（黑板）温度计、喷淋装置和湿度控制装置等。

开放式碳弧灯光源通常使用三对或四对含有稀有金属盐混合物且表面镀金属（如铜）层的碳棒。碳棒之间通入电流，碳棒燃烧，释放出紫外线、可见光和红外线。几对碳棒依序燃烧，任意时刻都有一对碳棒在燃烧。目前有三种滤光器可供使用，分别为日光滤光器（1型）、窗玻璃滤光器（2型）和延展紫外线滤光器（3型）。图8-9是使用1型、2型、3型滤光器的开放式碳弧灯与日光在250～320nm的典型光谱辐照度的比较，展示了3种滤光器在短波起始波长上的差别。

试验温度由黑标（黑板）温度计检测控制。试验箱内应有测量和控制相对湿度的装置。喷水系统通过试验箱内喷嘴将试样表面均匀喷湿和迅速冷却。喷淋水的电导率应低于5μS/cm，不溶物含量小于1μg/g，硅含量应保持在0.2μg/g以下。

8.4.3.3 试验条件

典型的暴露条件如下：黑板温度为(60±3)℃；相对湿度一般为(50±5)%；每次喷水时间为18min，两次喷水之间的无水时间为102min；或每次喷水时间为12min，两次喷水之

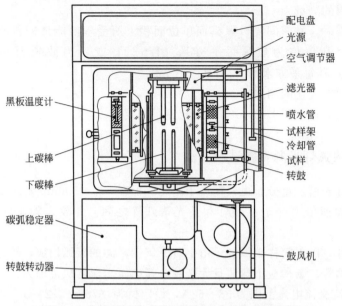

图 8-8　典型的开放式碳弧灯加速老化设备示意图

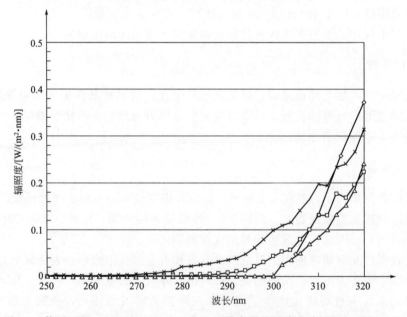

图 8-9　使用 1 型（□）、2 型（△）、3 型（×）滤光器的开放式碳弧灯与日光（◇）
在 250～320nm 的典型光谱辐照度的比较

间的无水时间为 48min。

8.4.3.4　试样

见 8.4.1.4，与氙弧灯光源暴露试验用到的试样一致。

8.4.3.5　试验步骤

（1）试样的安装

将试样以不受力的状态固定于试样架上，在非测试面处做易于辨认的标记。如果必要，当进行试样的颜色和外观变化试验时，为了便于检查试验的进展情况，可用不透明物盖住每个试样的一部分，以比较覆盖面与暴露面之间的变化差异。但试验结果应以试样暴露面与储存在暗处的对比试样的比较为准。

（2）暴露

将试样固定在光源辐射水平中心线上下的试样架上，为了使每个试样表面所受的辐照量均匀，应以一定次序变换试样在垂直方向的位置，使每个试样在各个位置有相同的暴露时间。如果暴露时间不超过 24h，则将试样固定在试样框架的上半部分。如果暴露时间不超过100h，建议每天变换试样位置一次。

（3）辐照量的测定

暴露间隔应以暴露面单位面积在所选定的通带内所受辐照能量来表示，单位为焦耳每平方米（J/m^2）。

8.4.4　其他方法的简介

8.4.4.1　玻璃过滤后日光气候老化

经玻璃过滤后的日光在 370～830nm 波长范围内的透过率大约还有 90%，因此，塑料制品在玻璃下也会因受到紫外线的作用而引起老化。本方法是通过玻璃滤光改变光谱分布来模拟建筑物或汽车窗玻璃塑料老化的间接暴露方法。塑料的耐老化性能可以用塑料在玻璃板过滤后的日光下经过一定暴露阶段后的性能变化来表示。暴露阶段可以用时间间隔表示或者用总太阳辐射量或太阳紫外辐射量表示。但是，由于地球表面结构的太阳辐射的光谱性质和强度随气候、地理位置、季节等的变化而变化，因此，若要对塑料进行比较试验，最好将其暴露在近似使用条件的场所，并同时开始暴露，以保证结果的可比性。

暴露装置由支架和暴露箱组成，其结构如图 8-10 所示。暴露箱由罩有玻璃盖的无底箱、

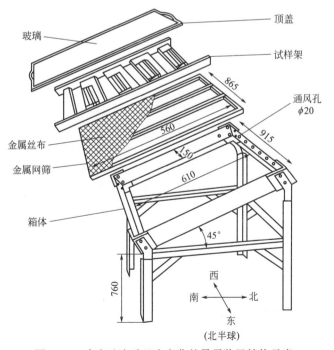

图 8-10　玻璃过滤后日光老化的暴露装置结构示意

可移动的试样架和金属网做成的支撑屏组成。暴露装置可以根据太阳高度角和方位进行调节。试样架置于金属支撑屏上，支撑屏与箱底相匹配，在暴露箱的上侧面开有通风孔。暴露箱顶盖设有玻璃板，玻璃板应平滑、透光均匀且无缺陷。例如，在模拟建筑物玻璃窗下的暴露时，推荐使用2~3mm厚的薄玻璃。试样与玻璃之间的距离至少为75mm，以保证充分的空气对流。

该方法的暴露方位和暴露场地与自然日光气候老化的暴露方法一致，即暴露方向应面向赤道，根据试验目的选择倾斜角度，暴露场地应远离树木和建筑物，推荐使用天然土壤遮盖物，例如，气候温和地区的草地，或沙漠地区稳定的沙地。除非有特殊要求，在试验过程中应确保试样所有部位离地面或其他障碍物的距离不小于0.5m。

除非另有规定，用于测定颜色和力学性能变化的试样应以无应变状态暴露。暴露期间应定期清洁暴露装置中的玻璃盖，暴风雨后应立即清洁玻璃盖上沉积的灰尘、沙石等。该方法同样通过记录试样暴露适当周期后外观、颜色、光泽和力学性能的变化来测定材料的抗老化性能。还应记录暴露过程中的气候区域和条件等。

由于光谱分布的不同及玻璃下温度和户外温度的不同，玻璃下暴露和直接大气暴露可能会产生不同的结果。例如，盛敬瑜等测试了LDPE薄膜同时暴露在自然日光气候下、2mm玻璃板下和3mm玻璃板下，发现其断裂伸长率的变化程度不同，在自然日光下直接暴露的试样比玻璃板过滤后间接暴露的试样老化速率高，但玻璃板厚度对老化速率没有明显影响，见表8-6。

表8-6　LDPE薄膜经不同方法暴露后断裂伸长率的变化　　　　　　单位：%

暴露时间/月	暴露方法		
	自然日光气候直接暴露	2mm玻璃板下间接暴露	3mm玻璃板下间接暴露
0	244	244	244
3	302.5	201	242.5
6	331	319	311
8.5	51	72	61
11.5	脆化	25	0

8.4.4.2　菲涅耳镜加速日光气候老化

该方法采用菲涅耳反射系统，以太阳辐射为紫外光源，用于塑料材料的户外加速暴露试验。采用该方法可以使太阳辐射的波长和强度随气候、地点和时间变化的影响降到最小。

菲涅耳反射系统是指为确保能将日光反射到一个模拟平面镜形状和尺寸的受照靶面上而有序排列的平面镜，如图8-11所示。常用的菲涅耳反射聚光器由10个平面镜组成，平面镜模拟抛物面的切线排列，以确保将日光均匀地反射到风冷试样区。试验装置通常按南北取向的轴线排列，以确保平面镜系统面向赤道。平面镜系统的平面应通过太阳跟踪装置保持与太阳辐射光束接近垂直的方位。菲涅耳反射试验装置所用的镜面应平滑，且在310nm波长的光谱反射率不小于65%。此外，该装置能以水喷淋的方式提供湿气。值得注意的是，喷淋用水应控制含硅量小于0.01mg/L，且固体总含量不超过20mg/L。

菲涅耳反射试验装置最好在干燥、阳光充足（即年日照时间不低于3500h）的气候下使用，且试验场地年相对湿度的日平均值小于30%。这是由于中到高湿度水平和大气中的悬浮微粒会导致太阳直接辐射的散射，进而导致紫外线被散射到半球形天顶内，因而导致该装置无法聚集直射光束。

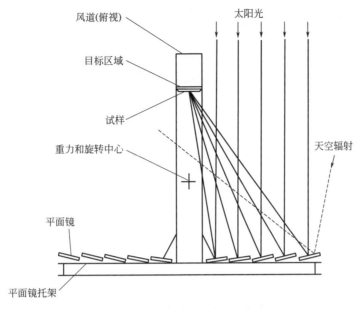

图 8-11　菲涅耳反射光学系统示意图

　　该方法可以加速塑料老化，试验得到的加速因子依赖于材料本身和试验时间。太阳辐射量中的紫外线含量具有季节依赖性，因此，与夏季试验相比，冬季试验需要更长的暴露期以获得与其等量的紫外辐射能量和等水平的老化。

　　由于太阳辐射量是老化暴露过程中塑料受损的最重要因素之一，该方法通常按照试验结构的太阳辐射量来确定暴露周期。采用该方法进行试验时，可将直接辐射表固定在太阳跟踪器上安装在风道顶端，记录试验所有阶段的太阳辐照度。也可使用全波段紫外辐射表或窄带紫外辐射表来测定暴露过程中的太阳紫外辐射。

　　试验过程中需要定期清洁所用的菲涅耳反射聚能镜，并且应每六个月测试一次在295～400nm 紫外线区域内聚光镜的镜面反射率。此外，应按照一定循环周期调节水喷淋装置。

　　将试样暴露适当周期后，测定其外观、颜色、光泽和力学性能的变化，记录暴露期内的气候条件，并计算试样接受的太阳总辐射量。

8.5　塑料在玻璃下日光、自然气候或实验室光源暴露后颜色和性能变化的测定

　　为了获得环境暴露对塑料老化影响的技术资料，本章已介绍各种不同类型的暴露方法，它们各有特点、用途及相互关系。但是，不管采用何种类型的暴露方法，被选用来评价老化的性能测试项目和方法最好能统一，以利于数据比较和结果的推广应用。塑料暴露试验主要通过颜色、外观及力学性能等变化来评价其耐老化性能，针对上述性能变化，国际标准化组织制定了力求统一的测定方法和结果表达方式，编制了国际标准 ISO 4582：2007《塑料在玻璃下日光、自然气候或实验室光源暴露后颜色和性能变化的测定》，我国相应的国家标准为 GB/T 15596—2009《塑料在玻璃下日光、自然气候或实验室光源暴露后颜色和性能变化的测定》。

8.5.1 颜色或其他外观变化的测定

为了评定因暴露引起的颜色变化级别，通常对一系列暴露阶段后的颜色变化进行测定。对颜色变化的测定应在试样暴露结束后尽快进行，以尽可能减少暗反应的影响。按规定暴露方法暴露后塑料试样的颜色变化可以通过仪器测定，也可以通过目视测定。

常用的测定仪器有色差分析仪、分光光度计等。只要基本原理相同，测试条件相似，不同测试仪器和操作者仍然可以获得很相近的色差值和呈现相同的老化变化规律。

用目测评定颜色变化时，采用灰卡进行对照评定。灰卡为五级九档，1级表示反差最大，5级表示反差为零。图 8-12(a) 所示的变色用灰卡适合于测定相对较深颜色或深暗色材料的变色，图 8-12(b) 所示的沾色用灰卡适合测定白色或接近白色试样的沾色、变黄等颜色变化。当存放样品与暴露后试样之间的观感色差相当于灰卡某等级（或接近于某两等级之间）所具有的观感色差时，该灰卡反差级别就表示材料存放样品与暴露样品间的颜色变化级别。除按照灰卡上的级别记录颜色变化的特征外，还应观测和记录颜色变化的类型，例如，色调变深或变浅、饱和度变浓或变淡、明度变亮或变暗等。

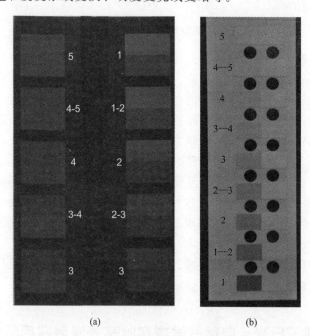

(a)   (b)

图 8-12 （a）变色灰卡和（b）沾色灰卡

总的来说，目测评级法有人为误差存在，易出现武断的评定结果，尤其不能适应于变色程度小的各试样的区别。但此法是不可缺的评定基础，既简易、直观，又能对不均色、不均质或受污垢及渗析物影响的试样变化程度做出更合实际的判定。而仪器法则无法剔除试样表面的特殊情况，如污斑、黑点等。

除了颜色变化，塑料的其他外观也会因暴露而发生变化，如光泽度、透光率、雾度、粉化度、质量、尺寸、裂纹、分层、变形、微生物生长、成分表面迁移等。若用仪器法测定性能变化，需要测量暴露前和每个暴露增量后的试样性能，并计算相应的性能变化或性能保持率。如用目测评定外观变化，可用以下等级评定：没有变化、痕量变化、稍有变化、中等变化、显著变化。目测法直观、简洁，但受主观因素影响大。

8.5.2　力学性能或其他性能变化的测定

力学性能的变化主要表示塑料老化导致的整体性能的损失。可通过拉伸性能（尤其是断裂伸长率）、弯曲性能、冲击性能、维卡软化温度、动态机械热分析以及化学结构的变化来评定。

暴露试验前，应测定试样初始性能，并对暴露后的试样性能使用相同测试方法测定。如有需要，对与暴露相同周期进行避光储存的存放样品进行相同测试。力学性能的变化可以通过被测性能的变化或被测性能的保持率来表示。

暴露后试样的性能变化 c_i，可用以下公式之一表示：

$$c_i = x_i - x_0 \tag{8-25}$$

$$c_i = x_i - x_f \tag{8-26}$$

式中　x_i——暴露后试样的性能值；

　　　x_0——性能初始值；

　　　x_f——存放样品的性能值。

暴露后试样的性能保持率 R_i，可用以下公式之一表示：

$$R_i = \frac{x_i}{x_0} \times 100 \tag{8-27}$$

$$R_i = \frac{x_i}{x_f} \times 100 \tag{8-28}$$

式中　x_i——暴露后试样的性能值；

　　　x_0——性能初始值；

　　　x_f——存放样品的性能值。

在一些测试中，试验结果依赖于试样的受暴露面。例如，在弯曲试验中，受压面是试样的暴露面还是非暴露面会得到不同的结果。因此，须保持试样测试中的一致性，通常推荐非暴露面为受压面。

塑料因自然老化会导致表面性能和整体性能都发生变化，但是表面性能的变化远比整体性能更敏感。尤其是评估硬质塑料时，测定其表面性能的变化可能更有效。

8.6　塑料耐液体化学试剂性能的测定

塑料常用于含油食物、药品、农药、酸、碱、各种溶剂等化学产品的包装和输送，在与它们接触时，塑料会被化学试剂所侵蚀。化学试剂以各种方式损坏塑料制品的性能，其中最主要的有 3 种方式：化学侵蚀、溶解和应力开裂。国家标准 GB/T 11547—2008《塑料耐液体化学试剂性能的测定》中规定了塑料试样在不受外界影响的情况下，浸泡于液体化学试剂中所引起性能变化的测定。

塑料耐液体化学试剂性能的评价方法通常采用浸渍试验。即在规定的温度和规定的时间条件下，将试样完全浸泡在测试液体中。通过测试浸泡前、浸泡后或浸泡干燥后试样在质量、尺寸、外观、力学性能、热性能和光学性能等方面的变化，评定塑料的耐化学试剂性能。若要求确定材料仍受液体作用的情况，应采用浸泡后立即测试的方法。若要求确定材料在液体（液体为挥发性的）作用的状态，则应采用浸泡干燥后测试的方法。这一方法可以测定可溶成分的影响。

在化学侵蚀中，化学试剂和塑料分子中的化学活性点反应使分子链断裂，导致机械和物理性能的降低。强氧化物的氧化作用能使分子链断裂，塑料在硝酸条件下水解就是这类反应的典型代表。

溶解是指试剂对塑料起特殊溶剂的作用。完全溶解的可能性很低，经常发生的是，化学试剂缓慢地影响塑料的结构，使其变软、膨胀或隆起，产生尺寸变化，同时硬度、拉伸强度和热变形温度降低。能对塑料起溶剂作用的化学试剂很多，其中最常见的是氯化烃类。

多数塑料与化学试剂接触时，会产生开裂或银纹，即溶剂龟裂。但往往不会有明显的外观变化。但当有应力集中或残余应力存在时，化学试剂会明显促进塑料的应力开裂。

根据试验目的，可以选用某一特定液体，也可选用规定的化工产品或其混合液，也可选用成分不明的试剂。优先选用的浸泡温度为（23±2）℃和（70±2）℃，也可以根据塑料的实际使用温度而设定浸泡温度。浸泡时间可以根据试验目的进行设定，推荐标准试验浸泡时间为1周。

试样的形状和尺寸根据塑料本身的形状（片材、薄膜、棒材等）、性质，即浸泡后的试验项目而定。试验时先对试样进行状态调节，并按预定项目测定质量、尺寸或有关性能的原始值。

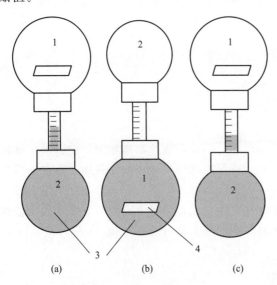

图 8-13　浸泡装置示意图
1—球形容器1（装有试样的容器）；2—球形容器2（不装试样的容器）；3—试液；4—试样

试样浸泡装置如图 8-13 所示。由带刻度的毛细管测量机连接完全密封的两个玻璃球形容器，且容器1的体积大于容器2的体积。为了避免试验过程中试液被提取物质增大浓度，所用试液量相对于试样总面积每 $1cm^2$ 至少应为 8mL，并使它们完全浸泡在试液内（必要时可系一重物）。将试样置于容器1中，试液置于容器2中，容器1在上 ［图 8-13（a）］。然后将装置翻转 180°，让球形容器1中的试样浸泡于试液中，开始试验 ［图 8-13（b）］。浸泡结束，则再次将装置翻转恢复到开始的位置 ［图 8-13（c）］。试样吸收的试液体积是开始时的试液体积和试液剩余体积之差，即图 8-13（a）中所示毛细管读数与图 8-13（c）中所示毛细管读数之差。

浸泡期结束时，迅速将试样转入室温的新鲜试液中，浸泡 15～30min，使它们恢复到室温。然后取出试样用对受试材料无影响并适应试液性质的试剂冲洗，对于浸泡在酸、碱或其他水溶剂中的试样，可直接用清水冲洗。用滤纸或无绒毛布擦拭试样。若试样浸泡在室温的丙酮或乙醇等挥发性溶剂中，可无需冲洗和擦拭。

按预定项目测定浸泡后试样的质量、尺寸和有关性能，或将浸泡后试样干燥并重新进行状态调节，然后测定预定项目。也可以用浸泡后性能相对浸泡前性能的百分比来表示测定结果，质量变化除外。质量变化百分数用浸泡后质量或浸泡干燥后质量减去浸泡前的质量相对浸泡前质量的百分比表示，并记录正负号。

试样的形状尺寸影响化学介质对塑料的侵蚀过程中的渗透和吸收作用。渗透是介质分子透过塑料表面的大分子间隙，通过塑料层的现象；吸收是介质分子留在塑料层里的现象。这些介质分子实际上在塑料内部进行"破坏活动"。而渗透和吸收的快慢显然和试样与介质的接触面积、试样的密度有关。试样越厚，介质的渗透和吸收越慢，试样与介质接触面积越大，渗透和吸收越快。因此，只有相同形状和尺寸的试样，才具有可比性。

温度升高会加速介质分子的运动，使介质分子"攻击"塑料表面的作用加剧，从而加速化学腐蚀的进行。温度升高还会加速渗透和扩散，使物理腐蚀加深。因此，塑料的耐化学性随温度升高而降低。

8.7　塑料暴露于湿热、水喷雾和盐雾中影响的测定

对某些用途的塑料制品来说，最好的做法可能是不仅评价材料在略低于饱和蒸气压的湿热环境中的性能，而且要评价液相存在下的性能。在这些条件下，不仅可以观察到水的吸收，或混合物中某些组分的浸出，而且可以观察到增塑剂的析出和由于水解引起的降解等现象。

有时还需要评价材料在高腐蚀性电解质溶液存在下的性能，如氯化钠溶液（盐雾）是海洋环境中存在的主要侵蚀剂，这对于在航海方面的应用特别重要。众所周知，氯化钠溶液对塑料的基本组分——聚合物没有显著的侵蚀作用，而且由于盐溶液的渗透压较高，塑料对盐溶液的吸收一般比对纯水吸收少，但不能就此推断盐溶液对含有填料、增强剂或颜料的复合材料没有侵蚀作用。

此外，对于一些基本上是由塑料材料组成，但含有某些金属元件的成品或半成品，评价盐雾的作用可能是很重要的。该金属元件包括嵌入模件、薄的叠合箔、用电镀或其他工序制成的表面涂层，或通过挤压、浸渍于塑料糊或流化床粉末等方法包覆塑料的金属芯等。

塑料暴露于湿热、水喷雾或盐雾等特定条件下，在给定暴露周期后，测定试样暴露前后的一项或几项性能，并观察外观变化。如有需要，可在暴露后进行干燥处理或重新进行状态调节处理，以获得同原始试样相同的、与大气湿度平衡的状态，再进行性能的测定。

湿热条件下的暴露可通过稳态试验和循环试验实现。稳态试验时，建议使用试验温度为 $(40\pm2)℃$，相对湿度为 $(93^{+2}_{-3})\%$。如需要循环试验，可按下列方法之一进行，在较高温度时相对湿度维持在 $(93\pm3)\%$，在循环内其余试剂不低于 95%：

$(25\pm3)℃\times12h\longleftrightarrow(40\pm2)℃\times12h$

$(25\pm3)℃\times12h\longleftrightarrow(55\pm2)℃\times12h$

盐雾的试验设备为盐雾试验箱，盐雾箱应由耐盐水溶液腐蚀的材料制成或衬里，为包装喷雾均匀，箱容积应不小于 $0.4m^3$。箱内应有恒温控制元件，保持箱内各部件在试验规定温度范围内。喷雾装置应由一个压缩空气供给器、一个喷雾溶液的储罐和一个或多个由耐盐水腐蚀的材料制成的喷嘴组成。此外，还应有盐雾收集装置，该装置仅用于收集喷雾液，应避免收集试板或盐雾箱部件或支架上滴下的液体。盐雾环境下的试验温度为 $(35\pm2)℃$，氯化钠溶液通过把氯化钠（分析纯）溶解在蒸馏水或去离子水中制得，要求氯化钠溶液溶度为 $(50\pm5)g/L$，pH 值在 $6.5\sim7.2$ 范围中。最少经过 $24h$ 后，在 $8000mm^2$ 的水平收集面积上收集到的"盐雾"量为 $1\sim2mL/h$。

水喷雾暴露设备与用于盐雾暴露的设备相同。用 pH 值 6～7 的蒸馏水或去离子水代替

盐溶液，试验温度为（40±2）℃。该条件与湿热稳态暴露条件的主要差别是持续存在的小水滴状液相。

当需要了解在材料暴露终止后含吸收水分的状态时，应将暴露后的试样直接试验。当需要测定仅由于暴露导致材料性能产生的变化时，应在暴露后将试样进行干燥或重新状态调节后再试验。

试验结果通常以质量变化、尺寸与外观变化以及其他物理性能变化来表示。在此类试验中，质量变化至少一部分原因是吸收了水，因此试样易受状态调节和干燥或重新状态调节的影响。质量的变化通常与试样的表面积成正比，而且受厚度的影响。因此，利用本试验比较不同塑料性能时，要求试样必须具有相同的形状和尺寸，表面、内应力等状态也要尽可能相同。结果表示可用质量变化百分数表示，也可以用单位面积的质量变化（单位为 g/m^2）表示，即试样暴露前后的质量变化和试样初始总表面积之比。

尺寸变化可能是由于水分的吸收、某些组分的浸出，或者是由于模塑内应力的松弛，或者是由于上述原因共同引起的体积变化。因此，对各向异性的试样（如挤出片材、棒材等），在成型方向和垂直成型方向线性尺寸的变化可能不同，因此必须测试两个方向的变化。为区分模塑中应力松弛和水作用的影响，也可使用一组退火试样进行比对。

此外，还应观测颜色和光泽的变化、银纹和裂纹的存在、有无气泡、增塑剂的渗出引起的发黏、固体组分的起霜、金属元件的腐蚀等情况。

其他性能的变化通常包括力学性能、光学性能和电性能。性能的变化可以用以下两种方式之一表示：性能变化百分数，即暴露前后性能变化相对于最初性能的百分比；最终性能相对于最初性能的百分比。

国际标准组织制定了 ISO 4611：1987《塑料　湿热、水溅和盐雾效应的测定》，我国根据该国际标准重新起草了 GB/T 12000—2003《塑料　暴露于湿热、水喷雾和盐雾中影响的测定》。

8.8　塑料防霉性能试验

对塑料防霉试验方法的研究已有几十年历史，早在 20 世纪 40 年代初，美国霍普金斯大学的科研人员在研究霉菌对绝缘材料性能的影响过程中，建立了霉菌实验室，并且最早制定了霉菌试验方法的标准，并用于鉴定产品的防霉性能，美国材料与试验协会后来制定了标准 ASTM G21《合成聚合物材料防霉性能测试标准惯例》，用于塑料的防霉性能的测定。我国根据该标准制定了相关国家标准 GB/T 24128—2009《塑料防霉性能试验方法》。

8.8.1　测试原理

塑料中聚合物成分不具有霉菌生长所需的碳源，对霉菌生长有抑制作用。而塑料中的其他成分如增塑剂、纤维填充剂、润滑剂、稳定剂和着色剂等往往是造成霉菌侵染的主要原因。在材料最易遭受霉菌侵染的环境温度 2～38℃ 和相对湿度 60％～100％ 下，验证其抵抗霉菌侵染的能力。

塑料及其制品受霉菌侵染后，可观察到塑料及其制品表面被腐蚀、褪色和透光性下降等现象。除去塑料中的增塑剂、改性剂和润滑剂，会导致塑料的模量增加，重量、尺寸和其他物理性能发生变化，以及电性能如绝缘性能、介电常数、功率因数和绝缘强度降低。

8.8.2　测试设备

① 恒温恒湿培养箱。温度能保持在 $(28\pm2)℃$，相对湿度能保持在 $(90\pm5)\%$。

② 高压蒸汽灭菌锅。温度设定 $105\sim126℃$，压力达到 $0.145\sim0.165MPa$。

③ 干热灭菌锅。温度能保持在 $(162\pm2)℃$。

④ 天平、pH 计、离心机、霉菌孢子液接种箱、显微镜、二级生物安全柜、冰箱及雾化器。

⑤ 培养器皿。直径小于 75mm 的样品，用 $100mm\times100mm$ 的塑料盒或者 $\phi150mm$ 有盖培养皿；直径大于 75mm 的样品，如可拉伸的和坚硬的样条，可用尺寸为 $400mm\times500mm$ 大小的器皿。

8.8.3　试样

样品为 $50mm\times50mm$ 的方片，或直径 50mm 的圆片，或者从被试验的材料上切取不小于 76mm 长的片（杆或管），薄膜材料以 $50mm\times25mm$ 的尺寸作为样品进行试验。样品试验结果仅限于观测其外观、菌生长密度、光的反射或透射，或硬度等物理性能变化的评估。

8.8.4　测试步骤

塑料的种类和塑料的使用环境不同，霉菌的侵蚀和影响也千差万别。依据国内外有关文献，对塑料影响最常见的霉菌主要是曲霉属（*Aspergillus* sp.）和青霉属（*Penicillium* sp.），其次是短梗霉属（*Aureobasidium* sp.）、根霉属（*Rhizophydium* sp.）、毛霉属（*Chaetomium* sp.）、木霉属（*Trichoderma* sp.）和交链孢属（*Alternaria* sp.）等。GB/T 24128 中选择的霉菌菌种及其侵蚀性如表 8-7 所示。

表 8-7　塑料防霉试验菌种名称及其侵蚀性

中文名称	拉丁名	侵蚀性
黑曲霉	*Aspergillus niger*	在许多材料上大量生长,对铜盐有抵抗力
绳状青霉	*Penicillium funiculosum*	侵蚀塑料、纺织物等
球毛壳霉	*Chaetomium globosum*	侵蚀皮革、纤维素等
绿粘帚霉	*Gliocladium virens*	侵蚀塑料等
出芽短梗霉	*Aureobasidium Pullulans*	侵蚀涂料与蜡克漆

将塑料试样置于固体琼脂培养基中，接种霉菌。在温度 $28\sim30℃$、相对湿度不低于 85% 的条件下培养。保持一定湿度是孢子萌芽和生长所必需的，通常，当周围空气的相对湿度超过 70% 时，孢子开始萌芽生长；当湿度超过该值向上升时，孢子生长将逐渐加快，当相对湿度达到 85% 以上时，其生长速度达到最大。试验温度对霉菌生长速度有很大影响。试验中温度偏低，通常会延缓霉菌生长；温度偏高会严重影响霉菌生长，某些霉菌的菌丝或孢子生长受阻。培养 $3\sim4$ 周后，观察样品上霉菌生长情况，并根据生长速度分级，如表 8-8 所示。

表 8-8　塑料样品上霉菌的生长情况及等级

样品上霉菌的生长情况	等级
不生长	0
痕量生长(在显微镜观察,长霉面积<10%)	1

续表

样品上霉菌的生长情况	等级
少量生长（长霉面积≥10％，并＜30％）	2
中度生长（长霉面积≥30％，并＜60％）	3
重度生长（长霉面积≥60％，并≤100％）	4

注：确定痕量生长或不生长（1级或0级）必须通过显微镜观测证实，因为在没有形成孢子的情况下，不借助显微镜很难判断。报告须记录使用显微镜的放大倍数以证实观测有效。

8.8.5 结果表示

痕量生长（1级）可定义为分散的、稀少的霉菌生长，如霉菌培养物中有一定量的孢子萌发，或含有外部的污物如指纹、昆虫的粪便等。连续的网状的生长延伸到整个样品，但未覆盖整个样品，应评价为2级。

将样品上的霉菌清洗后进行状态调节，然后测量其物理性能、光学性能和电性能的变化。塑料受霉菌侵蚀后，表面会出现腐蚀、褪色和透光性下降等现象。由于霉菌侵蚀掉材料中的部分助剂，如增塑剂、润滑剂等，会引起塑料的模量、重量、尺寸以及其他物理性能发生相应的变化。通常电性能的变化主要取决于塑料表面霉菌生长以及由于霉菌分泌代谢产物引起的湿度、pH值的变化。此外，因加工助剂的分布不均引起的霉菌优势生长也对电性能变化有影响。霉菌侵蚀材料后经常会留下离子导电通道，因此会造成仪器绝缘性能、介电常数、功率因数和绝缘强度的降低。

该方法可以快速验证和检测出塑料抗霉菌侵蚀的能力，但不能反映自然环境条件下塑料被侵蚀的程度。

8.9 塑料抗藻性能试验

塑料制品在农业上大量用于制造地膜、育秧薄膜、大棚膜和排灌管道、渔网、养殖浮标等；工业上，塑料制品的应用更加广泛，如水管、户外建筑管材、潜水泵、舰船建材等。由于在潮湿和光照的气候环境条件下，藻类能在塑料表面大量生长繁殖，藻类及其代谢产物（如酸、酶和其他化学物质）不仅影响塑料本身外观，也影响塑料或塑料制品的性能。因此，有必要对塑料的抗藻性能进行测试。

美国材料与试验协会制定了标准ASTM G29《塑料膜抗藻性能标准测试方法》，用于塑料的抗藻性能的测定。我国根据该标准制定了相关国家标准GB/T 24127—2009《塑料抗藻性能试验方法》。

8.9.1 测试原理

室温下，将测试塑料试样悬挂在玻璃烧杯里，并暴露在日光灯下，直接接触培养基中的丝状蓝绿色藻中的颤藻，每隔2~3天向样品测试瓶接种新鲜藻种。用未经处理的塑料作对照试样，试验21天后或对照样品上有密集的藻类生长时结束。

8.9.2 测试设备

① 光照恒温培养箱。温度能保持在（25±2）℃，日光灯光照强度2000~10000lx。

② 二级生物安全柜或超净工作台。

③ 电子天平。精密度 0.01g。

④ 分析天平。精密度 0.001g。

⑤ 高压蒸汽灭菌锅。压力可维持在 0.10～0.11MPa。

⑥ 均质器。转速不小于 10000r/min。

⑦ 烧杯、培养皿、三角瓶及 pH 计。

8.9.3　试样

（1）塑料试样

从待测塑料样品中随机抽取，并裁剪成 25mm×25mm 规格试片，每个样品制备 3 片。

（2）对照样品

为了验证测试藻的活性，制备 3 片同样大小的未经处理的塑料对照样品，按照测试样品相同的方法进行制备和测试。如果对照样品表面没有密集的藻类生长，则判定测试结果无效并重新试验。

8.9.4　测试步骤

在室温下将塑料试样挂在烧杯中。根据塑料种类和产品用途选择藻种，GB/T 24127 中推荐使用颤藻（Oscillatoria sp.）。将藻种接种到藻种琼脂培养基表面，在温度（25±2）℃、光照强度 2000～10000lx 条件下（每天光照 12h），培养 7～14 天后洗脱并收集藻类培养物，加入无菌水制作接种液。向挂有试样的烧杯中加入接种液和培养液，将烧杯放入恒温光照培养箱 ［温度（25±2）℃、光照强度 2000～10000lx］ 中培养。模拟自然光暗交替，每天光照 12h，继而黑暗 12h。为模拟自然条件下不断有新鲜接种液流入，每隔 2～3 天在烧杯底部加入接种液，多余培养液自顶部溢出。培养 21 天后或样品上有密集的藻类生长时结束试验。

8.9.5　结果表示

通过直观检验的方式判断藻类生长的程度，判定样品抗藻等级，如表 8-9 所示。

表 8-9　塑料样品上藻类的生长情况及评价等级

样品上藻类的生长情况	等级
未生长	0
微量生长(生长面积＜10％)	1
轻度生长(生长面积为 10％～＜30％)	2
中度生长(生长面积为 30％～＜60％)	3
重度生长(生长面积为≥60％)	4

◆ 参考文献 ◆

[1]　陈景文，全燮.环境化学.大连：大连理工大学出版社，2009.

[2]　钟世云，许乾慰，王公善.聚合物降解与稳定化.北京：化学工业出版社，2002.

［3］ 马艳秋，王仁辉，刘树华译.材料自然老化手册.第3版.北京：中国石化出版社，2004.

［4］ 翁云宣，等.生物分解塑料与生物基塑料.北京：化学工业出版社，2010.

［5］ 杨惠娣，唐赛珍.降解塑料试验评价方法探讨.塑料，1996（1）：16-22.

［6］ 郑安平，袁光任，李国鼎.可降解塑料光降解性评价方法的研究.污染防治技术，1998，11（4）：193-196.

［7］ 曾新译，陈金爱.光降解性塑料户外暴露试验标准实施方法.合成材料老化与应用，1998（1）：40-50.

［8］ 赵旭明，王建清.光降解塑料评价与分析方法.塑料包装，2009，19（3）：15-19.

［9］ 李素娟，袁英姿，彭红，谢小保，欧阳友生.塑料防霉性能测试和评价标准探讨.塑料工业，2011，39（z2）：74-77.

［10］ 刘黔明.如何提高塑料制品的耐化学侵蚀性.济南二轻科技开发与消费，1990，2：12-14.

［11］ 任圣平，张立.高分子材料老化机理初探.信息记录材料，2004，5（4）：57-60.

［12］ 黄文捷，黄雨林.高分子材料老化试验方法简介.汽车零部件，2009，9：71-74.

［13］ 盛敬瑜，曾新.塑料在玻璃板过滤后的日光下间接暴露试验方法的研究.合成材料老化与应用，1995，3：19-22.

［14］ 盛敬瑜.塑料湿热老化试验方法研讨.合成材料老化与应用，1992，2：1-3.

［15］ 谭晓倩，史鸣军.高分子材料的老化性能研究.山西建筑，2006，32（1）：179-180.

［16］ 谢建玲.国内外塑料耐候老化标准对比分析.化工标准化与质量监督，1999，7：13-15.

［17］ GB/T 7141—2008 塑料热老化试验方法.

［18］ GB/T 3681—2011 塑料 自然日光气候老化、玻璃过滤后日光气候老化和菲涅耳镜加速日光气候老化的暴露试验方法.

［19］ GB/T 16422.1—2006 塑料 实验室光源暴露试验方法 第1部分:总则.

［20］ GB/T 16422.2—2014 塑料 实验室光源暴露试验方法 第2部分:氙弧灯.

［21］ GB/T 16422.3—2014 塑料 实验室光源暴露试验方法 第3部分：荧光紫外灯.

［22］ GB/T 16422.4—2014 塑料 实验室光源暴露试验方法 第4部分：开放式碳弧灯.

［23］ GB/T 15596—2009 塑料在玻璃下日光、自然气候或实验室光源暴露后颜色和性能变化的测定.

［24］ GB/T 250—2008 纺织品 色牢度试验 评定变色用灰色样卡.

［25］ GB/T 251—2008 纺织品 色牢度试验 评定沾色用灰色样卡.

［26］ GB/T 11547—2008 塑料 耐液体化学试剂性能的测定.

［27］ GB/T 12000—2003 塑料 暴露于湿热、水喷雾和盐雾中影响的测定.

［28］ GB/T 1771—2007 色漆和清漆 耐中性盐雾性能的测定.

［29］ GB/T 24128—2009 塑料防霉性能试验方法.

［30］ GB/T 24127—2009 塑料抗藻性能试验方法.

第9章

塑料的光降解和生物降解性能

为了解决塑料制品废弃物问题，并减少其对地球环境的污染，人们研制并开发了一种具有降解性能的塑料品种——降解塑料。美国标准 ASTM D883-93 把降解材料分为可降解塑料、可生物降解塑料、可光降解塑料、可水降解塑料、可氧化降解塑料等，并为其下了定义，定义如下：

① 降解塑料：在规定环境条件下，经过一段时间和包含一个或更多步骤，导致材料化学结构的显著变化而损失某些性能（如完整性、分子质量、结构或机械强度）和/或发生破碎的塑料。应使用能反映性能变化的标准试验方法进行测试，并按降解方式和使用周期确定其类别。

② 生物降解塑料：在自然界如土壤和/或沙土等条件下，和/或特定条件如堆肥化条件下或厌氧消化条件下或水性培养液中，由自然界存在的微生物作用引起降解，并最终完全降解变成二氧化碳（CO_2）或/和甲烷（CH_4）、水（H_2O）及其所含元素的矿化无机盐以及新的生物质的塑料。

③ 光降解塑料：一类暴露于阳光或其他强光源时，构成的聚合物和其他有机物发生降解的塑料。

④ 水解降解塑料：一类由于水解作用而发生降解的塑料。

⑤ 氧化降解塑料：一类由氧化引起降解的塑料。

⑥ 环境降解塑料：一类暴露于环境条件下，在阳光、热、水、氧、污染物质（尤指工业废气）、微生物、昆虫和动物，以及机械力（风、沙、雨、交通车辆）等联合作用下发生降解的塑料。

9.1 塑料的光降解及其测试

9.1.1 塑料光降解的定义

光降解塑料一般是指塑料在日照下，受到光氧作用吸收光能（主要为紫外光能）而发生光引发断链反应和自由基氧化断链反应，降解成对环境安全的低分子量化合物。这类对光敏感的塑料称为光降解塑料。光降解过程主要存在三种形式，分别为无氧光降解过程、有氧参与的光降解过程和有光敏剂参与的光降解过程。高分子材料光降解除了发生老化作用以外，也有其实际应用的一面，典型例子是应用可降解聚合物于微电子工业的正性光致刻蚀剂，以及制备具有一定使用寿命的聚合物材料。

9.1.2 塑料光降解过程

影响光吸收的重要因素是聚合物的热历程，即聚合物材料在空气存在下受到热处理（熔融、注塑、挤出等）而使聚合物因生成羰基、氢过氧化物及不饱和基团等发色基团而易受日光的作用。在加工过程中混入聚合物的金属杂质如铁和钛等也起到生色团的作用。某些发色杂质如多核芳香化合物蒽、菲、萘基态的某些电子跃迁到较高的能态。当含有上述发色基团的聚合物吸收光能时，处于激发态。在光物理过程中，激发能通过辐射出较长波长的光（荧光和磷光）而得到耗散。能量也可消耗为热以及电子、原子、分子的拉曼振动。如果在光物理过程中激发能未被用尽，那么剩余的能量可产生光化学过程，使聚合物键解离。光物理和光化学过程引起聚合物的生色、开裂、力学性能下降等。

自然光由可见光、红外光和紫外光组成，其中紫外光仅占太阳总辐射量的 5% 左右。然而，引起塑料光降解的罪魁祸首正是这部分波长范围为 290~400nm 的紫外光。光照射到塑料制品后，一部分被其表面反射，一部分被散射，一部分被吸收，而能导致塑料光降解的，仅仅是被有效吸收的那部分。通常，具有饱和结构的塑料不能吸收波长大于 250nm 的光，因而不会被光激发引起降解。而当高分子材料中含有不饱和结构、合成过程中夹杂了残留的微量杂质（如催化剂残留物、氧化产物等）及存在结构缺陷时，会吸收大于 290nm 的光而引发光降解反应。表 9-1 列出了常见塑料对于紫外光照射的敏感波长，表 9-2 列出了各种波长光线的能量和塑料材料典型化学键的键能。由表 9-2 可知，紫外光波段内光子的能量明显高于高分子中典型化学键的键能，即到达地面的紫外光能量足以切断大多数塑料中键合力弱的化学键，导致塑料发生断键、断链等光化学降解。

表 9-1　常见塑料光降解最敏感的波长

塑料	吸收最多的波长/nm	光降解最敏感的波长/nm
PE	<150	300
PP	<200	310
PVC	<210	310
PMMA	<240	290~315
PS	<260	318
PC	260	295
PET	约290	290~320

然而，塑料材料对光的吸收能力和吸收速度有限，而且化学键断裂的量子效率非常低，要切断某些塑料中的分子链需要的光量子效率在 $10^{-2} \sim 10^{-5}$ 之间，即真正吸收光的 100~100000 个分子中，只有一个发生降解反应。

表 9-2　各种波长光线的能量和塑料材料典型化学键的键能

波长/nm	光线的能量/(kg/E[①])	化学键	化学键的键能/(kJ/mol)
290	419	C—H	380~420
300	398	C—C	340~350
320	375	C—O	320~380
350	339	C—Cl	300~340
400	297	C—N	320~330

① 1E=1爱因斯坦=1mol 光量子。

塑料的光降解反应分为光化学降解反应和光氧化降解反应。

（1）光化学降解反应

塑料的光化学降解反应有两种基本类型：无规降解和解聚。无规降解是高分子链无规则地断裂而生成自由基或小分子的降解，即链的断裂随机发生在分子链的任一点上，产生的碎片大多数要比单体单元大。生成的自由基接着进行各种复杂的反应，甚至光交联反应。

解聚反应可以看作是聚合的逆反应。解聚是指，在高分子链端或链中一经产生自由基，就从该位置一个单体接一个单体逐渐分解下去的反应，这个过程又被形象地称为"开拉链"反应。解聚反应的过程如下：

① 引发。

引发可能从链端开始，即

$$\sim\sim M—M—M—M—M \longrightarrow \sim\sim M—M—M—M· + ·M$$

引发也可能从链上的无规断裂处开始，即

$$\sim\sim M—M—M—M—M \longrightarrow \sim\sim M—M—M· + ·M—M \sim\sim$$

② 解聚反应。

$$\sim\sim M—M—M—M—M· \longrightarrow \sim\sim M—M—M—M· + M$$
$$\sim\sim M—M—M—M· \longrightarrow \sim\sim M—M—M· + M$$
$$\sim\sim M—M—M· \longrightarrow \sim\sim M—M· + M$$

解聚反应比引发反应快得多。

③ 终止反应。

$$\sim\sim M—M—M· \longrightarrow 失活$$

对进行解聚的链来说，终止反应是一级反应。终止反应可以包括和溶剂分子的终止、稳定剂引起的自由基失活，也可以是链转移反应造成的失活。

光化学降解反应的必要条件是，要有吸收光能的官能团以及必要能量的光。

（2）光氧化降解反应

光对塑料的降解，常常是光和氧共同作用的结果。光氧降解按照自由基方式进行，也是按引发反应、增长反应和终止反应三个阶段进行的。引发过程可由紫外线、离子辐射或化学品（如氧化物、纯氧、臭氧）作用引起，其反应步骤如下：

① 引发反应。

塑料在高能辐射下形成激发态，再分解为自由基，自由基与氧反应，迅速形成过氧化物：

$$RH \xrightarrow{h\nu} RH^* \longrightarrow R· + H·$$
$$R· + O_2 \longrightarrow ROO·$$

② 增长反应。

$$ROO· + RH \longrightarrow ROOH + R·$$
$$ROOH \longrightarrow R· + ·OOH$$
$$ROOH \longrightarrow RO· + ·OH$$
$$RO· + RH \longrightarrow ROH + R·$$
$$HO· + RH \longrightarrow R· + H_2O$$

300nm 的紫外光足以破坏 RO—OH 键和 R—OOH 键，前者的离解能为 176kJ/mol，后者的离解能为 293kJ/mol。但很难破坏 ROO—H 键，因为它的离解能为 377kJ/mol。

③ 终止反应。

$$ROO\cdot+ROO\cdot\longrightarrow ROOR+O_2$$
$$ROO\cdot+R\cdot\longrightarrow ROOR$$
$$R\cdot+R\cdot\longrightarrow R{-}R$$

当氧的浓度较高时，终止反应几乎全按上述的第一种方式进行。在氧浓度比较低的条件下，第一种终止方式仅在不同程度上发生，而第二种终止方式就成为重要的终止方式。如果两个过氧自由基处于邻近位置，它们还可能结合成稳定的环过氧化物或环氧化物。

此外，生成的自由基也可能发生交联反应。断裂使塑料的分子量降低，交联则产生脆性网状分子，断裂和交联可能同时发生。整个过程取决于塑料的化学和物理结构。

还应指出的是，光降解还与温度、湿度、大气组成有关。温度升高会促使热氧降解同时发生，甚至成为主要因素；空气中的水也可通过水解等作用使某些添加剂（如钛白粉等颜料）参与光化学反应；大气中的稠环芳烃、臭氧、氮氧化物和硫氧化物等也会影响光降解。

9.1.3　光降解聚合物的设计方法

目前，主要有两条途径制备可光降解聚合物。一种方法是使烯烃单体与一氧化碳和乙烯基酮等含有羰基的单体共聚；另外一种方法是把含发色基团的光敏化物质混入聚合物材料中，如金属氧化物、盐、有机金属化合物、多核芳香化合物、羰基化合物等。

9.1.3.1　共聚得到的可光降解塑料

在参与共聚的光敏基团中，羰基是最重要的一种。烯烃单体和少量含羰基的单体共聚制备可光降解的塑料，含羰基的单体一般为一氧甲基乙烯基酮（MVK）、甲基异丙烯基酮（MIPK）。

有的单体本身不带羰基，如苯乙烯、α-甲基苯乙烯、异戊二烯、醋酸乙烯酯等，它们在有氧存在时，可以与氧分子形成电子转移络合物（CTC）。如采用光聚合法制备的聚苯乙烯，在光聚合初期，苯乙烯与氧分子形成的CTC在受光照时首先形成苯乙烯过氧化物，后者光分解引发苯乙烯的聚合反应。此外，处于激发态的苯乙烯与氧分子也可能生成主链骨架上含有过氧基团的交替共聚物，这是导致聚合物光降解的潜在因素。

9.1.3.2　有添加剂的可光降解塑料

能引起聚合物光降解的光敏添加剂被称为光引发剂或光敏剂。前者能被光能激发并分解产生可引发聚合物分子降解的自由基；后者则在被激发后将吸收的能量转移给聚合物分子。通常很难区分光引发剂和光敏剂，因为对于某些添加剂，光引发和光敏作用同时存在。

（1）过渡金属化合物

过渡金属化合物以盐、氧化物、有机金属化合物的形式用作光引发剂，如乙酰丙酮化物、二硫代氮基甲酸盐、硬脂酸盐、肟等。

在过渡金属氯化物中，氯化铁是最有效的光敏剂。例如，无水$FeCl_3$对聚甲基丙烯酸甲酯、聚氯乙烯及双酚A聚碳酸酯的主链断裂速率可以产生显著的加速作用。当氯化铁受日光照射时，产生氯化亚铁和活泼的氯原子，接着氯原子从聚合物中夺取氢原子，如式(9-1)所示：

$$[Fe^{3+}Cl^-]\xrightarrow{h\nu}[Fe^{2+}Cl^-]\longrightarrow Fe^{2+}+Cl^- \tag{9-1}$$

当聚烯烃含有少量过渡金属的乙酰丙酮化物时，会发生显著的敏化作用。敏化活性取决于过渡金属的种类，其增长顺序为：Ni＜Zn＜Fe＜Co。乙酰丙酮钴具有很强的敏化作用，以致不需照射即可迅速使聚合物变脆，这样高的活性与用此添加剂加工时引入聚合物的起始高羰基含量有关。反之，乙酰丙酮镍可作为温和的稳定剂。

（2）羰基化合物

在羰基化合物中，酮和醌衍生物是常用的光敏化合物。例如，二苯甲酮、对苯醌、1,4-萘醌、1,2-苯并蒽醌醇和 2-甲基蒽醌醇等。这些化合物能有效地吸收波长长于 300nm 的紫外线，并从聚合物中夺取氢原子，如式(9-2) 所示。

$$S^* + PH \longrightarrow HS\cdot + P\cdot \qquad (9-2)$$

式中，S^* 代表激发态光敏分子；PH 代表氢给体。

（3）着色剂引起的光敏降解

着色剂引起的聚合物的光敏降解取决于以下诸因素：①聚合物本身的性质；②聚合物的形状，即薄膜、片、纤维；③聚合物的光稳定性；④着色剂的性质；⑤粒子大小、配方和界面特性。

聚合物能否发生光敏降解的首要条件是传递的光能是否足以导致受体大分子链的断裂，其关键步骤是存在于聚合物中发色基团的激发，而后产生自由基的过程。

（4）其他化合物

多核芳香化合物，如蒽、菲与六氢芘，可敏化聚合物材料的光降解。当含有这些化合物的聚合物受日光照射时，这些化合物的激发三线态把多余的能量转移给基态氧而产生单线态氧，也可转移给聚合物中的羰基或不饱和基团，然后发生激发三线态羰基的光化学过程。

9.1.4　光降解塑料的试验评价及分析方法

一般情况下，光降解塑料的降解性能通过其降解前后的物理机械性能或微观结构的变化来表征。可降解塑料的光降解试验是以非降解塑料作为对照样，测试塑料在光照条件下的降解性能。塑料光降解试验方法根据试验地点的不同可分为户外暴露试验和实验室暴露试验。

9.1.4.1　塑料自然气候暴露试验

塑料自然气候暴露试验是将塑料试样置于自然气候环境下曝晒，使其经受日光、温度、氧等气候条件因素的综合作用，通过测定其性能变化来评价塑料耐候性的方法，此法可用于各类塑料降解性评价。国际标准化组织（ISO）制定有相关的试验方法标准，ISO 877：1994《塑料　直接大气暴露、玻璃过滤日光大气暴露和 Fresnel 镜反射日光强化大气暴露试验方法》，我国相应的国家标准为 GB/T 3681—2011《塑料自然日光气候老化、玻璃过滤后日光气候老化和菲涅耳镜加速日光气候老化的暴露试验方法》。

试验方法参考本书第 8 章的 8.2.1 节自然日光气候老化试验部分。

9.1.4.2　光降解塑料户外暴露试验标准规则

光降解塑料制品被丢弃后，会受到日光、氧、热和水等环境因素的作用而发生降解，为了测定材料的这种特性，需要制订一定的试验方法标准。由于在不同地方和不同季节的环境条件、光辐射量差异较大，相同时间下聚合物达到的降解程度也会不一样，所以标准采用日光总辐射量来表示试验暴露周期。进行户外暴露试验时将样品固定在与水平面成一定角度的暴露架上，经一定试验周期或预定的辐射量暴露后将样品进行性能如力学性能、分子量、质量、表面性状变化等测定。

美国材料试验协会（ASTM）有关此方法的标准为 ASTM D5272《光解性塑料户外暴露试验标准实施方法》，我国相应的标准为 GB/T 17603—2017《光解性塑料户外暴露试验方法》。标准采用 5°暴露角，代表塑料碎片经历降解的典型环境条件。暴露所用的设备由一个适用的试验架组成。框架、支持架和其他夹持装置应该用不影响试验结果的惰性材料制成。试验首先将需曝晒的光降解塑料试样的两端固定在可移动安装棒或胶合板上。对每种材料每个暴露递增量至少需暴露三个重复试样。然后将试样安装在暴露架上进行暴露，达到产生规定的日光紫外辐射量的时间。当试样经过预期的日光紫外辐射量暴露后，测定一个或多个性能以确定降解水平。测定的典型性能是分子量、拉伸强度和伸长率、厚度、质量变化等。聚烯烃的氧化程度可用羰基指数表示。羰基指数是试样在 1715cm^{-1} 处的羰基红外吸收峰与固定特定吸收峰（例如，在接近 3000～2840cm^{-1} 处的 C—H 伸缩振动）的吸光度之比。

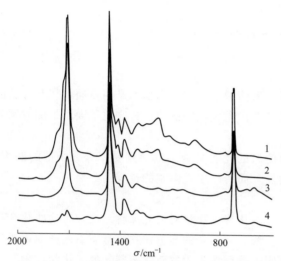

图 9-1　PE/S 试样的 FTIR 光谱图
1—光照 60d；2—光照 30d；3—光照 10d；4—原始

例如，图 9-1 为 PE/S（S 为二月桂酸二丁基锡）试样在光照降解过程中的红外谱图，可以看出，降解 30d 和 60d 的试样在 1718cm^{-1} 处的羰基峰显著增高（722cm^{-1} 处 CH$_2$ 摇摆振动峰已由仪器调校为等高），说明体系羰基含量（被氧化程度）随时间快速增长。

在不同地点、不同年份和不同季节，日光总辐射量、温度、湿度等因素不相同，所以由试验结果不能预测降解塑料的绝对降解率，只可用于比较材料在同时同地进行暴露试验的相对降解率。

9.1.4.3　实验室加速试验

降解塑料在户外暴露试验时达到规定的降解程度的试验周期有时太长，很难适应材料开发和生产对工艺控制、配方调整、质量控制等尽快获得结果的要求。实验室暴露试验用于模拟自然条件下试验的降解性能测定，属于人工气候加速老化试验，不能反映实际自然环境下塑料的降解性能，但结果可用于相对降解性能的对比。实验室暴露试验方法可按第 8 章 8.4 部分介绍的三种方法测试，即分别以氙弧灯、荧光紫外灯和开放式碳弧灯为光源进行实验室暴露试验。将试样暴露于规定条件下进行曝晒试验，一定试验周期或辐射能量后进行性能测定如力学性能、分子量、质量、表面性状变化等。

9.1.4.4　结果表示

塑料光降解结果的表示采用降解质量变化率、降解率、降解拉伸强度保留率或降解断裂伸长率保留率。

① 降解质量变化率：样品在规定试验条件下失去的质量与样品原质量的百分比。

② 降解率：样品在规定试验条件下，转化为 CO_2 的碳元素量与样品质量的百分比。（降解率的试验按 ASTM D5338 规定进行）

$$D = \frac{W_{CO_2} \times 12}{44} \times 100\% \tag{9-3}$$

$$W_{CO_2} = \frac{Gw_{CO_2}}{G_样} \tag{9-4}$$

式中　D——降解率，%；

　W_{CO_2}——单位质量样品因降解而产生的 CO_2 累积量，g/g；

　Gw_{CO_2}——CO_2 累积量，g；

　$G_样$——样品质量。

③ 降解拉伸强度保留率和降解断裂伸长率保留率按 GB/T 1040.1、GB/T 1040.2、GB/T 1040.3 规定进行测定：

$$F = \frac{F_2}{F_1} \tag{9-5}$$

式中　F——降解拉伸强度保留率或降解断裂伸长率保留率；

　F_1——产品在降解试验之前的拉伸强度或断裂伸长率；

　F_2——产品在降解试验之后的拉伸强度或断裂伸长率。

9.1.5　光降解影响因素

（1）塑料分子结构

塑料分子结构是光降解的主要影响因素。塑料分子若含有下列基团容易发生光降解反应：

$$-\overset{\overset{\displaystyle O}{\|}}{C}-，-N=N-NH-，-NH-NH-，-S-，-CN=N-，-CH=CH-$$

（2）光敏剂

添加光敏剂可促进光降解。光敏剂在初期能延续其光化学反应。经诱导期后，被光激发将其激发态能量转移给聚合物，加速其光化学反应，使塑料发生降解和氧化。

（3）光波长

根据光量子理论，光波长越短，光量子所具有的能量越大，在 290～400nm 范围的紫外线所具有的光能量一般高于引起塑料高分子链上各种化学键断裂所需要的能量。但是各种高分子结构对光波波长的敏感性各有不同。

（4）大气条件

大气中的氧、热、湿度会加速光降解。若升高温度，高分子热运动加剧，大分子碰撞次数增多，有利于与氧接触发生光氧化反应。

9.1.6　正确认识光降解塑料

降解塑料的本质是指通过一定的环境条件促使塑料材料中高聚物的分子量逐步下降，理论上一定的环境条件应该指一切环境条件，如光、空气（氧）、水、酸、碱、热、微生物。对于只含碳氢元素的聚烯烃塑料来说，水、酸、碱、微生物对聚烯烃高聚物是没有降解效果的，只有热、光对聚烯烃高聚物本身有降解效果，因此为充分利用各种环境条件，如水、酸、碱、微生物等，在降解聚烯烃塑料中添加大量淀粉、无机粉体或其他可被水、酸、碱、微生物消纳的助剂。例如，低分子量、含氧基团的高聚物及碱性无机材料等，当塑料废弃后，通过水、酸、碱、微生物等环境条件可以将聚烯烃塑料中的助剂等率先降解，此时聚烯烃塑料的形状和表面将产生较大的变化，如表面产生孔洞，当其他助剂含量较高时，甚至出现碎裂，但聚烯烃高聚物仍然保持原有的分子量。因此不添加对光、热有促进作用的助剂的无机粉体改性塑料环境友好材料对塑料本身不具备降解功能。

因此真正意义上的降解塑料，应该添加能在光、热、氧作用下促进聚烯烃高聚物分子量下降的光敏剂和热氧降解促进剂，而常规的光敏剂在光照条件下可促进聚烯烃高聚物分子量下降，一旦塑料掩埋避光后，聚烯烃高聚物分子量下降的反应会终止，若要继续促进聚烯烃高聚物分子量下降，需要依靠热氧降解促进剂来实现。

9.2　塑料的生物降解及其测试

生物降解是指在微生物的作用下，使复杂的化合物结构破坏并分解为简单物质的过程。生物降解塑料是指在自然界，如土壤和（或）沙土条件下，和（或）特定条件下（如堆肥条件），或厌氧条件下，或水性培养液中，在自然界存在的微生物作用下能发生降解或分解的塑料。其特点是在失去作为塑料的利用价值而变成垃圾后，不会破坏生态环境。对塑料具有降解作用的微生物包括细菌、真菌、放线菌、藻类等，其降解通常经过褪色或变色→开裂或龟裂→碎裂→粉化的过程，最后生成二氧化碳或（和）甲烷、水及其所含元素的矿物无机盐等。

9.2.1　生物降解过程

微生物对生物降解塑料的降解通常经历两个过程——初级生物降解阶段和最终生物降解阶段。图 9-2 表示了生物降解塑料的生物降解过程。在初级生物降解阶段，塑料分子结构发生变化，主链断裂形成分子量较低、可以被微生物摄入的碎片。分子量的降低主要是由于水解或氧化反应使聚合物链断裂。宏观上塑料呈现碎裂和粉化现象。初级生物降解产物随之被微生物摄入体内，进一步发生同化作用，在有氧环境中转化为二氧化碳、水、微生物细胞等代谢产物，或在厌氧环境中转化为以甲烷为主的代谢产物。这一阶段称为最终生物降解阶段。

生物降解塑料的生物降解过程，根据其使用用途不同而有所不同。生物降解塑料用途涉及农、林、渔、牧、建材、土木、包装、餐饮、电器、日用、纺织等领域，如包装盒、汽车内饰、农用薄膜、保水材料、垃圾袋和卫生用品等。

一些土木工程和建筑材料使用后，一般不进行回收利用，而是被弃置在自然界中，往往在土壤中进行需氧生物降解。农用地膜使用后，可进行收集和回收，但由于回收困难，往往被弃置在自然界，在土壤中进行需氧生物降解。

装生活垃圾的垃圾袋和一次性餐盒等，跟内装物一起被收集起来后往往进行堆肥化处理或厌氧消化处理。堆肥化处理时，喜温微生物在 60℃ 左右条件下对废弃物进行需氧生物降解，生物降解塑料中的碳原子被微生物作为营养源参与其新陈代谢，最终塑料被降解成二氧化碳、水和生物死体。厌氧消化处理时，复杂微生物群和厌氧微生物对废弃物进行厌氧消化处理，生物降解塑料被生物降解成甲烷、CO_2、水等。

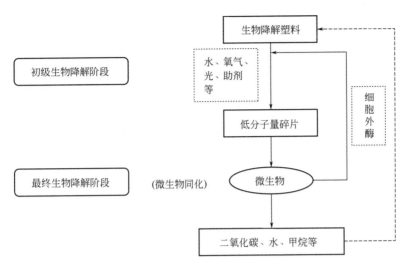

图 9-2　生物降解塑料的生物降解过程

　　而一些汽车内装饰品、日用品和一些餐盘等，则往往可以进行回收再利用。医用生物降解材料则在生物体内被生物降解。

9.2.2　生物降解机理

　　不管是哪种环境条件下的生物降解，都是在产品表面的微生物作用下进行的。确切说是在微生物产生的分解酶的作用下，把塑料分解成微生物可以摄入的水溶性低分子化合物，然后再摄入菌体内通过新陈代谢最终转化为 CO_2（需氧条件下）或甲烷（厌氧条件下）、水和微生物成分等。塑料被微生物破坏的过程主要经历三个阶段：①塑料表面被微生物黏附，产生中间降解产物。黏附方式与塑料特性（如流动性、结晶性、分子量、官能团类型等）、微生物种类及自然条件（如温度、湿度）等相关。②微生物分泌的部分酶类（如胞外酶和胞内酶），吸附于塑料表面并通过水解和氧化等反应将高分子材料降解为低分子量的单体及碎片。③在微生物作用下，这些低分子量的单体及碎片最终被降解为 CO_2、H_2O、CH_4 及腐殖质等。如图 9-3 所示。

　　塑料的生物降解通常会涉及连续的化学反应，如水解、氧化、还原等，并伴随着环境中活性微生物的作用。生物降解机理大致有三种途径：①生物物理作用，由于生物细胞增长而使聚合物组分水解，电离质子化而发生机械性的毁坏，分裂成低聚物碎片；②生物化学作用，微生物对聚合物作用而产生新物质（CO_2、H_2O、CH_4 等）；③酶直接作用，被微生物侵蚀部分导致材料分裂或氧化崩裂。酶的本质是蛋白质，由氨基酸组成。氨基酸分子里除含有氨基和羧基外，有的还含有羟基或巯基等，这些基团既可以作为电子供体，也可以作为氢受体。这些带电支点构成了酶的催化活性中心，使塑料分子进一步分解反应活化能降低，从而加速塑料的生物降解反应。

　　生物作用主要是酶作用的反应，典型的例子就是在水解酶作用下发生的水解反应和在氧化还原酶作用下发生的氧化反应。前者的反应速率要比后者快很多。水解酶主要作用于具有酯键、碳酸酯键、酰胺、内醚糖等的高分子链，水解生成低分子量的碎片；氧化还原酶主要作用在烯键、羰基、酰胺、氨基甲酸酯等，发生氧化或还原反应。

　　聚酯、聚酸酐、聚碳酸酯和聚酰胺通过水解作用在初级降解阶段降解为低分子量的碎

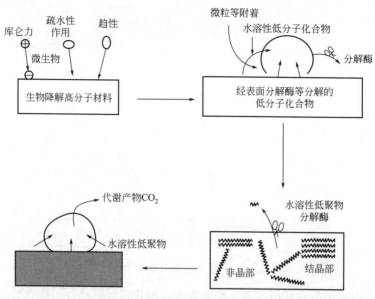

图 9-3　生物降解塑料表面在微生物作用下的生物降解机理

片，随后在微生物降解过程中被微生物消化吸收。由于大多数合成聚合物不溶于水，对水有亲和性的酶很难扩散进入塑料本体，因此，通常在表面先发生由水解酶（如解聚酶、酯酶、脂肪酶和甘油水解酶等）催化的酶降解，并伴随着非酶（如环境中的碱金属和固体酸等）催化的非酶降解。但增加塑料的水解性并不能增加塑料的生物降解性。表 9-3 为一些生物降解塑料的水解反应情况。

表 9-3　部分生物降解塑料的水解反应情况

塑料类型	水解情况
活性 C—C 结合高分子	$\{CH_2-C(CN)_2\}_n + H_2O \longrightarrow CH_2O + CH_2(CN)_2$
	$\{CH_2-C(CN)_2COOR\}_n + H_2O \longrightarrow CH_2O + CN-CH_2COOR$
聚酰胺、聚甲基丙烯酸酯类	$\{CH_2-NH-CO\}_n + H_2O \longrightarrow NH_2CH_2COOH$
聚酯、聚碳酸酯	$\{CH_2-O-CO\}_n + H_2O \longrightarrow HOCH_2COOH$
聚缩醛、缩酮、缩原酸酯	$\{CH(OR)-O-CH_2\}_n + H_2O \longrightarrow ROH + HOCH_2CH_2OH$

　　烃类化合物如聚乙烯、天然橡胶或聚异戊二烯橡胶、木质素等，氧化降解过程是其生物降解的主要机理，即材料首先在氧化还原酶（如加氧酶、羟化酶、单加氧酶、过氧化物酶和氧化酶）的作用下发生氧化反应。如长碳烃和脂肪酸的生物氧化，首先是在烃链末端甲基处被氧化为脂肪酸，接着在脂肪酸的 β-碳原子处被氧化，陆续脱去两个碳原子。合成高分子只是在大分子链末端才受微生物作用，酶对远离链端处作用较困难，烃类的生物降解既与链长有关也与分子链的规整度有关。如分子量≤450 的线型结构烃能被生物降解，而分子量＞450 的线型烃及各种支化结构烃均不能被生物降解。

　　对于很多塑料的生物降解过程，水解和氧化降解往往同时发生。此外，合适的湿度、温度、矿物质和碳源是微生物生长繁殖的必要条件，也是影响塑料生物降解的重要因素。

　　生物降解塑料在经过初级生物降解阶段后，在环境和酶的作用下生成脂肪酸，脂肪酸被微生物摄入，在有氧条件下，最终变成菌体成分和二氧化碳。微生物体内葡萄糖氧化作用可以用以下热化学方程式表示：

$$C_6H_{12}O_6 + 6O_2 \longrightarrow 6CO_2 + 6H_2O$$

在厌氧条件下，生物降解塑料分解成的脂肪酸放出二氧化碳和氢气，再转化成醋酸，最终生成甲烷。化学反应式如下。

$$3C_6H_{12}O_6 \longrightarrow 2CH_3CH_2CH_2COOH + 3CH_3COOH + 4CO_2 + 4H_2$$

$$2CH_3CH_2CH_2COOH + CO_2 + 2H_2O \longrightarrow 4CH_3COOH + CH_4$$

$$7CH_3COOH \longrightarrow 7CH_4 + 7CO_2$$

$$CO_2 + 4H_2 \longrightarrow CH_4 + 2H_2O$$

一般厌氧发酵产生的气体被称为生物气体（BIOGAS）。这种气体中含有甲烷和二氧化碳。

9.2.3 塑料生物降解试验

对塑料的生物降解性能的分析测试，最初一些研究人员提出，将塑料产品或样品埋在土壤中，通过测试试验前后外观、质量、分子量和结构等性能变化，推测试样的降解情况。但是，这些性能的变化可能是样品老化或者初级降解造成的，试样不一定在之后可以被微生物消化吸收，不能准确判断材料的生物降解性能。因此，世界各国对塑料生物降解性能的评价方法标准中，多采用将试样暴露在特定的微生物环境中，或将其埋入土壤、活性污泥中在限定的真菌和细菌混合环境下进行测试，考察其所包含的有机碳在各种降解的条件下能否转化成小分子物质，如水、CO_2、CH_4 以及生物死体等。

用于测定塑料生物降解的试验可按以下标准进行测试：GB/T 19277.1—2003《受控堆肥化条件下材料最终需氧生物分解能力的测定 采用测定释放的二氧化碳的方法 第 1 部分：通用方法》（等同于 ISO 14855-1：2005），GB/T 19277.2—2003《受控堆肥化条件下材料最终需氧生物分解能力的测定 采用测定释放的二氧化碳的方法 第 2 部分：用重量分析法测定实验室条件下二氧化碳的释放量》（等同于 ISO 14855-2：2007），GB/T 19811—2005《在定义堆肥化中试条件下塑料材料崩解程度的测定》（等同于 ISO 16929：2002），GB/T 19276.1—2003《水性培养液中材料最终需氧生物分解能力的测定 采用测定密闭呼吸计中需氧量的方法》（等同于 ISO 14851：1999），GB/T 19276.2—2003《水性培养液中材料最终需氧生物分解能力的测定 采用测定释放的二氧化碳的方法》（等同于 ISO 14852：1999），GB/T 19275—2003《材料在特定微生物作用下潜在生物分解和崩解能力的评价》（等同于 ISO 846：1997），GB/T 22047—2008《土壤中塑料材料最终需氧生物分解能力的测定 采用测定密闭呼吸计中需氧量或测定释放的二氧化碳的方法》（等同于 ISO 17556：2003）。塑料的生物降解试验结果以最大生物降解百分数表示。

9.2.3.1 水性培养液中塑料的生物降解试验

水性培养液中塑料最终生物降解能力主要可以通过两种方法测定：①测量在密封呼吸测定器中氧气的消耗量；②测定释放的二氧化碳量。

（1）通过测量在密封呼吸测定器中氧气的消耗量测定塑料在水性培养液中的最终需氧生物降解能力的方法

本方法国际标准化组织的标准为 ISO 14851，美国试验材料协会的标准为 ASTM D5209，我国相应的国家标准为 GB/T 19276.1。

生物降解过程中消耗的氧气多少反映了塑料需氧分解的能力。该方法将塑料试样置于由活性污泥、堆肥或土壤配制的水性培养液中，利用好气微生物来测定材料的生物降解率。

试验混合物包含一种无机培养基、有机碳浓度介于 $100\sim2000\mathrm{mg/L}$ 的试验材料（碳和能量的唯一来源），以及活性污泥或堆肥或活性土壤的悬浮液制成的培养液。此混合物在呼吸计内密封烧瓶中被搅拌培养一定时间，试验周期不能超过 6 个月。测试应该在黑暗或者在弱光的密闭空间进行，该空间应没有抑制微生物繁殖的蒸汽，并保持恒温。在烧瓶的上方用适当的吸收器吸收释放出的二氧化碳，测量生化需氧量（BOD）。例如，测量在呼吸计内烧瓶中维持一个恒定体积气体所需氧的体积或自动地或人工地测量体积或压强的变化（或两者兼测），可使用呼吸测定器，同时也可使用如 ISO 10708 里描述的两相密封瓶。测试过程中应使用苯胺和/或有明确定义的可生物降解聚合物（如微结晶纤维素粉末、无灰纤维素滤纸或聚 β-羟基丁酸酯）作为参比材料。

当生化需氧量（BOD）达到稳定阶段并预计没有更进一步生物降解时，测定曲线的平稳阶段的 BOD 值，确定试验材料最大生物降解率。生物降解的水平通过单位试验材料的生化需氧量（BOD_s）和理论需氧量（ThOD）的比来求得，用百分数表示，见式(9-6)。

$$D=\frac{BOD_s}{ThOD} \tag{9-6}$$

分子量为 M_r 的化合物 $C_c\,H_h\,Cl_{cl}\,N_n\,S_s\,P_p\,Na_{na}\,O_o$，如果已知它的化学组成或者可以经过元素分析测得时，可用下式计算 ThOD。

$$ThOD=\frac{16[2c+0.5(h-cl-3n)+3s+2.5p+0.5na-o]}{M_r} \tag{9-7}$$

此计算假设碳转化成二氧化碳，氢转化成水，磷转化成五氧化二磷，硫转化成正六价氧化状态，卤素以卤化氢形式脱除。此计算还假设氮成为硝酸盐、亚硝酸盐，因此在测定 BOD 的过程中必须考虑可能发生的硝化作用的影响。

此方法由于采用液相，对试样均一接触，所以得到的结果重复性较高。但是也存在一些问题，如氧的消耗量、不能观察试样本身的形状变化；水介质及试样吸附作用导致误差；试样中存在较多低分子部分或除聚合物外有添加成分时会发生早期分解现象；试样形状不同试验结果不同。

（2）通过测量降解中 CO_2 的释放量测定塑料在水性培养液中的最终需氧生物降解能力的方法

本方法国际标准化组织的标准为 ISO 14852，美国试验材料协会的标准为 ASTM D5209，我国相应的国家标准为 GB/T 19276.2。

塑料需氧生物降解的最终主要产物为二氧化碳，因此测定二氧化碳的生产量可以直接反映塑料生物降解的能力。该方法同样是将塑料试样置于由活性污泥、堆肥或土壤配制成的水性培养液中，利用好气微生物来测定材料的生物降解率。试验混合物包含一种无机培养基、有机碳浓度介于 $100\sim2000\mathrm{mg/L}$ 的试验材料，以及活性污泥或堆肥或活性土壤的悬浮液制成的培养液。混合物在试验烧瓶中搅拌并通以去除二氧化碳的空气，试验周期依赖于试验材料的生物降解能力，但不能超过 6 个月。测试应该在黑暗或者在弱光的密闭空间进行，该空间应没有抑制微生物繁殖的蒸汽，并保持恒温。微生物降解材料时释放出的二氧化碳可用合适的方法来测定，如用 $NaOH$ 吸收或用 $Ba(OH)_2$ 滴定等。

按式(9-8)计算二氧化碳的理论释放量（$ThCO_2$），

$$ThCO_2=m\times X_c\times\frac{44}{12} \tag{9-8}$$

式中，m 表示引入试验系统中试验材料的质量；X_c 表示试验材料中的含碳量，由化学式决定或由元素分析计算而得；44 和 12 分别表示二氧化碳的分子量和碳的原子量。

材料的生物降解程度用释放的二氧化碳量和二氧化碳理论释放量（ThCO₂）的比来求得，以百分数表示。由生物降解曲线的平稳阶段求得试验材料的最大生物降解率。

9.2.3.2　土壤中塑料的生物降解试验

需氧土壤条件下的生物降解性能测试根据测试方法和内容不同可以分为两大类：①实验室土壤填埋试验；②采用测定密闭呼吸计中需氧量或测定释放的二氧化碳的方法测定土壤中塑料材料最终需氧生物降解能力。本方法采用 GB/T 19275—2003《材料在特定微生物作用下潜在生物分解和崩解能力的评价》和 GB/T 22047—2008《土壤中塑料材料最终需氧生物分解能力的测定　采用测定密闭呼吸计中需氧量或测定释放的二氧化碳的方法》测试，对应的国际标准化组织的标准分别为 ISO 846：1997 和 ISO 17556：2003。

（1）实验室土壤填埋试验

在实验室内测定材料的土壤生物降解性方法，是在土壤中加入薄膜状、颗粒状或粉状等形状的材料，在一定的温度和湿度下进行培养，由于土壤中的热、水分、微生物等因素使材料发生降解，定期地用质量损失、物理性能变化或分子量变化等评价方法评价结果。

实验室内土壤填埋按照填埋的条件不同，一般可分为罐法试验和热罐试验两种方法。两种方法的设备相似，只是在试验时热罐试验采用较高的试验温度，其目的是测定在一定温度下降解材料的生物降解性和热降解性能。从田地中选取肥沃的泥土，往土壤中加入 10％砂，然后对土壤进行淋湿以维持土壤的湿度。按照要求确定样品填埋深度、土壤湿度和温度、试验时间等，一般情况下样品土埋深度为 1～10cm。试验罐要求通风良好，并能保持土壤的水分。

土壤填埋试验是与自然最接近的评价方法。在土壤中除微生物外，也可能有贡献于塑料分解的氧化还原反应，甚至是过氧化物的降解分解反应等尚未发现的作用的可能性。

测试过程中试样的降解性能可以通过计算样品的质量损失率（样品在规定试验条件下失去的质量与样品原质量的百分比）、力学性能保留率［在规定试验条件下降解后样品的拉伸强度和（或）断裂伸长率与样品原拉伸强度和（或）断裂伸长率的百分比］，以及利用红外光谱分析试样降解前后结构的变化、利用扫描电子显微镜（SEM）观察分析降解前后材料表面形态的变化，和通过分析试样降解前后分子量和热力学性能的变化来评价。

由于土壤填埋时生物降解效果与土壤中的微生物组成有直接的关系，因此在试验的同时应进行土壤组成分析与微生物的鉴定，用它来评价性能时应对土壤尽量详细报告。另外对试验前后的菌的变化情况也应掌握。土壤填埋试验方法的主要不足之处是各个地方很难采用统一的试验土壤，从而使试验的重复性较差。

（2）采用测定密闭呼吸计中需氧量或测定释放的二氧化碳的方法

将塑料材料作为唯一的碳和能量来源与土壤混合，将混合物放在细颈瓶中，测定需氧量（BOD）或释放的二氧化碳量。测试应该在黑暗或者在弱光的密闭空间进行，该空间应没有抑制微生物繁殖的蒸汽，并保持土壤的温度和湿度基本恒定。例如，通过测量在呼吸计内烧瓶中维持一个恒定体积气体所需氧的体积或测量体积或压强的变化来测定生化需氧量，或者将无二氧化碳空气通过土壤，测定试验期间塑料试样生物降解释放的二氧化碳量。

通过式(9-7)或式(9-8)计算试样的理论生化需氧量（ThOD）或理论二氧化碳释放量（ThCO₂），试样的生物降解率可以通过测得的生化需氧量和理论需氧量的比或用测得的二氧化碳释放量和理论二氧化碳释放量的比来求得，结果用百分数表示。试验周期一般不超过

6 个月。

该方法能在相当程度上反映出塑料材料在自然环境条件下的生物降解性。试验的重复性明显优于野外环境试验。尽管生物降解的最终程度同试验材料的形态和形状几乎无关，但是生物降解的速度与试验材料的形态和形状相关。因此不同材料在相同试验周期内比较时，应采用相同形态和形状的试验材料。

9.2.3.3 需氧堆肥条件下塑料的生物降解试验

本方法国际标准化组织的标准为 ISO 14855，美国试验材料协会的标准为 ASTM D5338，我国相应的国家标准为 GB/T 19277.1 和 GB/T 19277.2。

塑料在受控堆肥化条件下最终需氧生物降解和崩解能力的测定方法，是将塑料作为有机化合物，在受控的堆肥化条件下，通过测定其排放的二氧化碳的量来确定其最终需氧生物降解能力，同时测定在试验结束时塑料的崩解程度。该方法模拟混入城市固体废料中有机部分的典型需氧堆肥处理条件。试验材料暴露在堆肥产生的接种物中，在温度、氧浓度和湿度都受到严格检测和控制的环境条件下进行堆肥化。使用的接种物由稳定的、腐熟的堆肥组成，如有可能，该接种物从城市固体废料中有机部分的堆肥化过程获取。

在试验材料的需氧生物降解过程中，二氧化碳、水、无机盐及新的微生物细胞组分都是最终生物降解的产物。在试验及空白容器中连续监测、定期测量产生的二氧化碳，从而确定累计产生的二氧化碳。试验材料实际产生的二氧化碳与该材料可以产生的二氧化碳的最大理论量之比就是生物降解百分数。

通常，堆肥容器培养接种不超过 6 个月，温度要保持 $(58\pm2)℃$，这是实际堆肥处理的代表性温度。如果还不能明显地观测到试验材料的生物降解，则试验期应当延长到恒定平稳期为止。如果平稳期提前出现，则该试验期可以缩短。从试验开始起，应当定期地测量 pH 值。如果 pH 值低于 7.0，则说明容易降解的试验材料迅速降解，使堆肥酸化，因而生物降解受到障碍。此时，建议测量挥发脂肪酸含量，检查堆肥容器中组分的酸化情况。如果每千克总干固体产生的挥发脂肪酸含量超过 2g，则由于酸化及微生物活性受到抑制，该试验必须视作无效。要防止酸化，应当增加堆肥容器中堆肥的量，或者减少试验材料，增加堆肥，再重复试验。

试验混合物中的有机碳与氮的比（C/N 比）应适当，以保证进行良好的堆肥化，其值在 10 到 40 之间。堆肥容器应静置在试验环境中，用水饱和的、没有二氧化碳的空气开始进行曝气。应当采用足够大的空气流量，以保证在整个试验期间每一个堆肥容器都能维持曝气条件。应当定期检查（可采用空气流量计）每一个出口的空气流量，以保证系统任何部分都没有泄露。

按照下式计算每个堆肥容器中试验材料产生的二氧化碳理论量 $ThCO_2$，以克表示：

$$ThCO_2 = M_{TOT} \times C_{TOT} \times \frac{44}{12} \tag{9-9}$$

式中，M_{TOT} 是试验开始时加入堆肥容器的试验材料中的总干固体；C_{TOT} 是试验材料中总有机碳与总干固体的比；44 和 12 分别是二氧化碳的分子量和碳的原子量。

测量期间根据累计放出的二氧化碳的量，计算试验材料生物降解百分数 D_t：

$$D_t = \frac{(CO_2)_T - (CO_2)_B}{ThCO_2} \times 100\% \tag{9-10}$$

式中，$(CO_2)_T$ 是每只含有试验混合物的堆肥容器累计放出的二氧化碳量；$(CO_2)_B$ 是空白容器累计放出的二氧化碳量平均值；$ThCO_2$ 是试验材料产生的二氧化碳理论量。

典型的堆肥条件下生物降解曲线如图 9-4 所示，通常塑料的降解都会经过三个时期：迟滞期、生物降解期和平稳期。

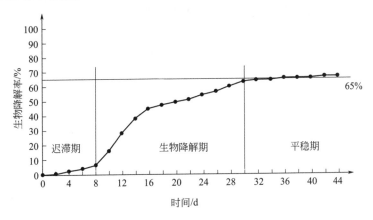

图 9-4　堆肥条件下的生物降解曲线

9.2.3.4　厌氧水性培养液条件下塑料的生物降解试验

本方法国际标准化组织的标准为 ISO 14853。

理想厌氧条件下，塑料完全降解的最后阶段，各中间产物都转化为 CH_4 或 CO_2，因此测量微生物产生的生物气体中的碳含量可以反映塑料在厌氧条件下的生物降解性能。

将有机碳浓度为 $20\sim200mg/L$ 的试验材料与消化污泥在密闭容器中培养一段时间，温度恒定在 $35℃\pm2℃$，该温度有利于厌氧消化，通常不超过 60d。使用前，洗涤消化污泥使其含有极少量无机碳，并稀释至总干固体浓度为 $1\sim3g/L$。此外，为确保厌氧条件需在试验开始前用纯氮气充满容器，去除所有的氧气。

利用压力机测量容器顶部压力的增加量或者通过容积法测量测试过程中气体体积的增加量，即由于厌氧降解产生的二氧化碳（CO_2）和甲烷（CH_4）的量。此外，试验条件下，大量二氧化碳将溶解在水中或转换成碳酸氢盐或碳酸盐。试验结束后，计算气体产物中的碳含量和液体中的无机碳含量，其总和即为降解过程中转化为气体的碳的总量。根据试验材料的含碳量计算材料中碳的质量。生物降解百分数可由转化成生物气体的碳总量和试验材料的原始碳的质量之比求得。

9.2.3.5　中试规模堆肥条件下塑料的崩解试验

崩解，即材料成为很小碎片的物理断裂。该方法将试验材料与新鲜的生物质废弃物以精确的比例混合后，置入已定义的堆肥化环境中。自然界中普遍存在的微生物种群自然地引发堆肥化过程，温度随之升高。定期监测温度、pH 值、水分含量、气体组分，它们应满足标准要求，以确保充分、合适的微生物活性。堆肥化过程一直持续到堆肥完全稳定，一般情况下，约在 12 周以后。

定时从外观上对堆肥进行观察，监测试验材料对堆肥化过程的不利影响。测定试验结束时堆肥的腐熟性，用 2mm 和 10mm 筛眼的筛子对堆肥和试验材料的混合物过筛。试验材料的崩解性通过 2mm 试验筛筛上物的试验材料碎片的量与总干固体量的比值来评价。在堆肥化过程结束时得到的堆肥还可用于更多的测试，如化学分析和毒性试验。

试验材料与生物质废弃物混合后，置入中试规模的堆肥箱中。每个堆肥箱的容积应足够大，以确保能发生自然升温。用使用的生物质废弃物作为载体基材，尽可能从主要处理城市废弃物的堆肥设备投入物中取样，也可直接取材于家庭或食品杂货商店的生物质废弃物。试验过程中应保证堆肥箱有充分、连续的通风条件。通过切碎或过筛，粉碎生物质废弃物，使其颗粒尺寸最大为 50mm。根据废弃物类型添加 10%～60% 的填充剂（结构上稳定的成分，如木屑或树皮，其颗粒尺寸在 10～50mm 之间）。为确保良好的堆肥化过程，生物质废弃物应满足生物质废弃物/填充剂的新鲜混合物的碳氮比值（C/N）在 20～30 之间，其水分含量应在质量百分比 50% 以上，且不存在游离水分，挥发性固体含量占总干固体量的质量的 50% 以上，且 pH 值在 5 以上。试验过程中应定期翻转生物质废弃物混合物以防止结块，并使水分、微生物、酶作用物再混合。

试验过程中，观察试样外观变化，包括材料的坚固性和密实性、褪色性、局部崩解迹象（如洞的存在）以及拣取试验材料的难易程度等。试验结束后，从各个堆肥箱中取同类的样品，最好是全部堆肥箱的全部物料（最少不低于 50%）。若采用了样品格网，则取整个格网的物料。经筛分后，从所有已获得的 2～10mm 尺寸的碎片中，拣出试验材料的碎片，仔细清洗并干燥至恒重。由此获得试验后收集得到的试验材料总干固体量，并按照式（9-11）计算试验材料的崩解程度，用百分比表示。

$$D_i = \frac{m_1 - m_2}{m_2} \times 100\%$$ (9-11)

式中，D_i 表示试验材料的崩解程度；m_1 表示试验开始时投入的试验材料总干固体量；m_2 表示试验后收集得到的试验材料总干固体量。

试验过程中应密切注意温度的变化，开始后的第一周内堆肥最高温度低于 75℃，以后低于 65℃，温度保持在高于 60℃ 以上的时间至少要一周，且温度保持在高于 40℃ 以上的时间至少要持续四周。

塑料的生物降解性能测试方法除了上述几种已有明确标准化规定的测试方法之外，常见的还有下述几种。

9.2.3.6　野外环境试验

这种方法是将试样直接埋在森林或耕田土壤、污泥、堆肥中，或浸没在自然水系环境中，如河流、海水中。采用的微生物源是自然环境中的微生物群。经过一段时间或每间隔一段时间，检测测试材料的质量损失、外观和各项性能变化，评价检测材料的生物降解性能。

该方法的优势是无需特殊设备，并且可以真实反映试样在自然界中的分解状况。缺点是试验时间长；因土质、微生物种类、温度、湿度等因素的变化，重复性差；同时分解程度只能间接用质量减少和形态、性能变化来表示，分解产物难以确定，不适宜对分解机理的研究。

9.2.3.7　特定酶试验

微生物将各种酶分泌于菌体外，由这种酶将聚合物中的高分子部分从末端基或分子链切断，最终矿物化为易吸收于微生物体内的碳酸和酯。因此，所谓的微生物降解即由微生物引起的酶分解。

采用该方法，对特定试样样品种类需使用特定的酶。在容器中加入缓冲液和试验样品，然后加入对测试塑料有分解作用的酶（如酯酶、脂酶、淀粉酶、纤维素酶、蛋白酶等），作用一定时间,一般 7d。通过测定质量损失、外观、结构和物理性能变化,定量测定生成产物、可溶性全有机碳量等,评价测试样品的生物降解性能。

该方法使用预先知道特性的酶,使用少量试样即可获得定量性、重复性很好的数据,且评价时间短,适用于降解产物的测定和降解机理的研究。但是,本法不能适用于所有的聚合物,其适用范围只限于目前能获得的酶的种类。另外,酶试验不能反映自然界的情况是其缺点。

9.2.3.8 特定微生物试验

这种方法的微生物源为能分解、同化测试塑料的单独分离的微生物。因此,该方法与特定酶试验类似,要使用预先知道特性的特定微生物,若不清楚特定微生物的特性,此试验的意义和作用则不太显著。表 9-4 中列出了一些合成塑料和低聚物相应的微生物分解菌或酶。

表 9-4 一些合成塑料和低聚物的微生物分解菌或酶

化合物	数均分子量	微生物(或酶)
聚乙烯醇	20000~90000	各种细菌
聚苯乙烯低聚物	400	产碱杆菌
聚丁二烯低聚物	650	不动杆菌
聚丙烯腈三聚物	160	镰刀菌,细菌
聚乙烯	5000	细菌
聚乙烯己二醇	400~20000	各种细菌
聚丙烯己二醇	约 4000	各种细菌
聚氨酯	1000~8000	各种细菌
聚 β-甲基-β-丙内酯	3000	产碱杆菌,霉菌
聚 β-丙内酯	1300,2900	产碱杆菌
聚乙烯己二酸酯	850,3000	霉菌,脂酶
聚丁烯己二酸酯	1350	霉菌,脂酶
聚乙烯壬二酸酯	4510	脂酶
聚己内酯	25000	霉菌
尼龙 6 低聚物	$n=1\sim6$	枯黄棒状杆菌,消色杆菌
聚 ε-氨基己酸-α-氨基丙酸	21800	胰蛋白酶
聚 L-谷氨酸	4000~100000	短柄帚霉,蛋白酶
聚 L-赖氨酸	75000~200000	短柄帚霉,蛋白酶

将特定微生物接种于测试样品上进行培养,一定时间后目测菌落生长情况,使用显微镜观察试样表面变化,测定其质量损失,并测定试样的分子量、化学结构和其他物理性能的变化。

这种方法的优点是降解速度快,定量性和重复性高,适用于降解机理的研究,可检测出一些用环境微生物源试验无法检测出的材料的降解性。缺点是不能反映自然环境条件下的生物降解性,只适用于有限的塑料材料。此外,试验中的低分子化合物也有作用,所以可能产生误差。

9.2.3.9 放射性^{14}C 跟踪测定法

将^{14}C 标记的塑料试样研磨成细粉,与新鲜园林土混合并装入筒内,使脱除 CO_2 经水饱和的空气通过此筒后再通入盛有浓度为 $2mol/L$ 的 KOH 溶液的容器,吸收由微生物作用所产生的$^{12}CO_2$ 和$^{14}CO_2$。经 30d 后,用 $1mol/L$ 的 HCl 溶液滴定至 pH=8.35,由此计算所产生的 CO_2 总量。将部分 KOH 滴定液加入闪烁计数器内,检测每分钟产生的^{14}C 量。通过与标记试样的原始放射性相比较，可以确定试样被分解成 CO_2 的碳质量分数。

此法不受试样或土壤中可生物降解杂质或添加剂类的干扰，故即使系统内存在其他（未标记）碳源，同样可证明微生物对塑料试样的降解作用。但是这方法由于聚合物分子链中添加 ^{14}C 元素有难度，因此应用起来有一定的难度。

9.2.4　影响塑料生物降解的因素

（1）环境因素

一般来说，环境因素在两个方面导致聚合物降解。一是环境因素直接导致聚合物降解，如水能水解酯键造成酯类聚合物材料的破坏；二是在适宜的环境条件下，微生物生长并寄居在聚合物材料上，从而导致材料的破坏。但在许多场合，很难区分这两种情况。一般认为生物降解开始是经过一个非生物的氧化阶段，然后微生物再侵蚀氧化产物。

实验室证明的各种化学因素和物理因素在自然环境中是存在的，这些因素的相互作用对微生物的生存及生长也有很大影响。

① 水。在天然聚合物和合成聚合物的环境降解中，水和微生物的联合作用是众所周知的。细菌和某些低级细菌的生长需要水的环境。较高级的真菌可在高湿度，通常为 95% 或更高的湿度下生长发育。

不溶性材料的吸湿性往往决定其生物降解的敏感性。木材是吸水性材料，易受真菌侵害。但在湿度为 20% 以下的环境中，就很少被真菌侵蚀。聚乙烯吸水性很低，故对微生物不敏感，有很高的抗生物降解性。在挥发超过降雨的干燥环境中，基本上不存在微生物降解问题。土壤环境中的高湿与低氧结合，有利于厌氧菌的生长。但厌氧菌对材料的破坏作用不太受注意，因为在缺氧条件下，能够生存的细菌种类有限，微生物的分解破坏作用缓慢。

② 温度。微生物的生长有一个范围很窄的最适温度，在该范围之外，它们的新陈代谢就会减慢，生长速度也随之降低。一般来说，真菌生长的最适温度为 20～28℃，细菌生长的最适温度为 28～37℃。也有些微生物喜欢在极端的温度范围内生长。最适温度在 20℃ 以下者称为喜冷生物，在 45℃ 以上者称为喜温生物，其余的称为适温生物。

微生物的组成中含有大量的水，因此其能生存的最低温度是水的冰冻温度。至此温度，微生物的新陈代谢作用停止，但未必死亡，许多微生物能够在冰冻温度下存活很长时间。微生物能够存活的最高温度取决于它们的基本成分——蛋白质和核酸的热稳定性。喜温生物之所以比喜冷生物的存活温度高，是因为它们的酶比喜冷生物的热稳定性高。

③ pH 值。多数微生物都有喜酸或喜碱的特性。大多数真菌宜生长在 pH 值为 4～7 的酸性环境中，而细菌一般在稍偏碱性（7.4～8.5）的条件下生长最好。但也有例外，例如一种叫肤癣菌的真菌能在 pH 值为 9 的情况下繁殖，而硫-氧化类的细菌如嗜硫杆菌，却喜好在 pH 值接近 2 的强酸条件下生长。pH 值之所以影响微生物的活性，可能与细胞壁有关。细胞壁决定进出细胞的物质，它是两性的，能随 pH 值而变化。嗜硫杆菌能耐强酸就是这种现象。有些真菌在低 pH 值时耐重金属，但当 pH 值接近中性时却可被金属所毒害。

④ 氧气。分子氧对微生物作用有特别重要的意义，因为需氧微生物是多数聚合物材料生物降解的主要原因。绝大多数丝状真菌都是需氧菌，因此空气能自由流通的环境对其生长特别有利。

根据需氧情况，细菌可分为 3 类：需氧菌、微需氧菌和厌氧菌。在需氧过程中，分子氧是氢和电子的接受体，即氧被还原成水。微需氧菌仅需要极少量的氧，但它们还需要大量的二氧化碳。厌氧菌不能利用分子氧作为电子接受体，此时另有其他含氧化合物作为电子接受体。如硫酸还原菌是利用硫酸盐，硝酸还原菌是利用硝酸盐。

（2）聚合物的分子结构

合成聚合物材料由于其憎水性而不能为微生物提供合适的湿度环境，因此生物降解进程极缓慢。但也有例外，如表 9-5 中的部分聚合物。除上述环境因素，聚合物大分子本身的性质对其生物降解特性也起着决定性的作用。

表 9-5　常见聚合物的生物降解特性

塑料类型	塑料名称	化学结构式	生物降解特性
热固性塑料	酚类树脂	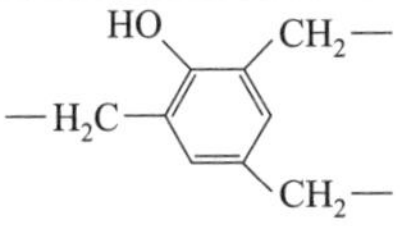	无生物降解性
	缩醛树脂	$+CR_2O+_n$	
	环氧树脂	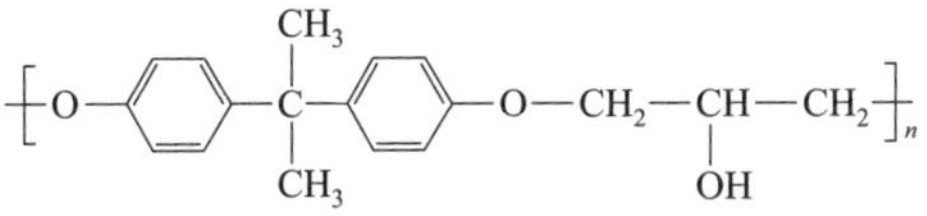	
	呋喃树脂	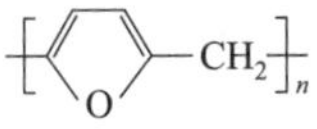	
热塑性塑料	聚苯乙烯	$+CH_2-CH+_n$ 上有 C_6H_5	无生物降解性
	聚丙烯	$+CH_2-CH+_n$ 上有 CH_3	无生物降解性
	聚乙烯	$+CH_2-CH_2+_n$	低分子量、直链可生物降解；高分子量无生物降解性
	聚氯乙烯	$+CH_2-CH+_n$ 上有 Cl	无生物降解性
	聚丙烯腈	$+CH_2-CH+_n$ 上有 CN	无生物降解性
	聚四氟乙烯	$+CF_2-CF_2+_n$	无生物降解性
	聚乙烯醇	$+CH_2-CH+_n$ 上有 OH	潮湿环境下可生物降解
	聚酯	$+O-C-CH_2+_n$ 下有 O	可生物降解
	聚酰胺	$-C-CH_2-NH-C-CH_2-NH-$	对生物降解敏感
	聚氨酯	$-NH-C-O-$	脂肪族聚氨酯对生物降解敏感

① 聚合物的结构。聚合物的化学结构影响生物降解的速度及程度。研究表明，很多情况下，分子量在化学结构对聚合物生物降解的影响方面起着重要作用，如高分子量的 PE 非常稳定，很难被生物降解；而低分子量的 PE（＜500）是可生物降解的。但任何分子量的

PS 均不能生物降解。此外，脂肪族的聚合物比芳香族聚合物较易生物降解。

② 官能团。由于—NH、—COOH、—OH、—NCO 等基团可增强聚合物的亲水性，为微生物提供适宜的湿度环境，所以，含上述基团的聚合物较易生物降解。此外，具有亲水性和憎水性混合链节的聚合物主链只有 C—C 键的聚合物对生物降解更为敏感。

③ 支化与交联。支化和交联都会降低聚合物的生物降解活性。交联限制了聚合物链的运动，阻止了生物酶进入聚合物的活性点，导致聚合物生物降解活性下降。

④ 材料的表面特征。通常发现有粗糙表面的材料比具有光滑表面的材料更易生物降解，这是因为粗糙表面的坑洼及裂缝有助于保持一定的湿度，从而促进微生物的生长。

9.2.5 可生物降解聚合物的设计与制备

（1）亲水性高分子

聚合物材料能保持一定的湿度是其可生物降解的首要的和必要的条件，因此水溶性及亲水性聚合物的开发受到普遍关注。这些聚合物的生物降解程度随制备方法及所用原料的不同而不同；例如，由马来酸酐、乙二醇、丙烯酸及对甲苯磺酸制得的亲水聚合物生物降解度为61%，而由乙二醇、二丙烯酸酯、巯基乙醇及偶氮二氧基丙烷合成的高分子生物降解度可达89%。赖氨酸、苯乙烯嵌段共聚也可制得水溶性可生物降解材料。

（2）聚氨酯、聚酯、聚酰胺、聚酸酐

上述合成高分子的主链结构与天然高分子结构部分相似，因此它们有的可以被微生物降解。例如，聚氨酯的主链与蛋白质中的肽键类似，脂肪族的聚氨酯具有较好的生物降解性能。聚酯中的聚己内酯（PCL）的生物降解性能研究比较深入，其生物降解性随分子量增大而降低。事实上，在所有化学合成的生物可降解材料中，研究最多的是脂肪族聚酯，特别是聚乳酸，由于其原料易从淀粉、蜜糖等发酵而得，因而为其广泛应用打下良好基础。

（3）微生物产生型

多种微生物能制造并在体内储藏聚羟基烷酸酯。世界各国均在广泛研究这种微生物产生型的热塑性树脂，特别是采用微生物发酵法生产的聚 β-羟基烷酸酯（简称 PHAs），成为环境友好材料的研究热点。其中 β-羟基丁酸酯（PHB）及 3-羟基丁酸与 3-羟基戊酸的共聚物（PHBV）是 PHAs 族中研究和应用最广泛的两种可生物降解聚合物。

（4）合成嵌段共聚物

利用单体的缩聚或加成反应合成的嵌段共聚物是另一大类可生物降解的材料。如用低分子量的脂肪族酯和酰胺共聚的酰胺-酯嵌段共聚物是可生物降解的。由二异氰酸酯作桥键连接的 PCL 和尼龙链段的共聚酰胺酯可以在酶的作用下水解。然而，随分子链上苯环的加入，材料的生物降解性下降。

（5）天然/合成高分子合金

天然高分子大多是可生物降解的，但它们的热及力学性能差，不能满足工程材料的性能要求，另一方面，作为工程材料使用的高分子通常又没有生物降解性。因此，通过两种高分子的共混、嵌段或接枝共聚可以得到能满足两者要求的材料。

① 多糖基复合高分子。

高分子量的碳水化合物通常指多糖，自然资源丰富的淀粉、纤维素等多糖都可用作生产生物降解高分子的原料。

a. 淀粉基系统。淀粉资源丰富，价格低廉，易被微生物侵蚀，是一种理想的生物降解材料，但其热、力学性能限制了它的使用，已有许多研究淀粉与合成聚合物的共混或共聚获得生物降解性材料的文献报道。

b. 纤维素基复合高分子。纤维素也是资源丰富的天然高分子，有良好的生物降解活性。可利用再生纤维素与聚乙烯醇共混制备生物可降解薄膜。乙基纤维素与 MMA 和丙烯酸超声波共聚的产物可被脂肪酶及一些微生物通过水解反应而破坏。

c. 木质素。木质素与纤维素一起共生于植物中，它是酚类化合物，通常是不能被生物降解的，但通过预处理可使其被纤维素酶酶解。利用木质素上的酚基与不同试剂反应可得到乙烯基的接枝共聚物。

② 蛋白质复合高分子。

蛋白质的骨架肽键对微生物降解十分敏感，通过功能基团的去除或接枝共聚可改善其热学及力学性能，但同时也降低了其生物降解性能。

9.3　塑料生物基含量测定方法

生物基塑料是指由生物体（包括动物、植物和微生物）或其他再生资源如二氧化碳直接合成的具有塑料特性的高分子材料，如聚羟基烷酸酯（PHAs、PHB、PHBV 等）；或从天然高分子或生物高分子（淀粉、纤维素、甲壳素、木质素、蛋白质、多肽、多糖、核酸等）出发，或从它们的结构单元或衍生物出发，通过生物学或化学的途径而获得的具有塑料特性的高分子材料；或者以这些高分子材料为主要成分的共混物或复合物，如聚乳酸、聚氨基酸、可热塑性淀粉、淀粉基塑料、植物纤维模塑制品、改性纤维素、改性蛋白质、生物基聚酰胺、二氧化碳共聚物等。

9.3.1　研究生物基含量测定方法的意义

生物基材料广泛应用于农业工程与土木工程材料、生活垃圾回收袋、容器包装、衣料纤维、生活用品、电子设备、办公设备、汽车零部件和医疗用品等。例如，日本富士公司研发的 PC/PLA 混合材料阻燃电子设备、办公设备外壳部件；丰田纺织公司利用洋麻纤维材料制造汽车内饰部件；资生堂公司利用生物聚乙烯材料制造包装容器。随着生物基材料产品应用逐渐推向市场，如何甄别市场上产品是否是生物基材料已成为有关发展生物基材料政策是否能够落实的主要问题，因此，研究测定材料中生物基含量的方法显得尤为重要。

美国材料试验标准协会制定了标准 ASTM D6866《用放射性碳分析法测定固体、液体和气体试样生物含量的试验方法》，该标准规定了材料中生物基质量分数的测试方法。我国在 2013 年颁布了生物基含量测试方法的国家标准，GB/T 29649《生物基材料中生物基含量测定　液闪计数器法》。

9.3.2　测试原理

活的生物体一旦死亡，就会停止摄取新的碳。所有生物体死亡时碳 12 同位素（^{12}C）和碳 14 同位素（^{14}C）的比例都是一样的，但 ^{14}C 会继续衰变，而且不会得到补充。^{14}C 按半衰期为 5730 年的速度衰变，而样本中 ^{12}C 的数量仍然保持不变。可再生资源得到的生物基材料，其^{12}C 和^{14}C 的比例与生物体死亡那一刻也是一样的，而以石油为基础的石化基材料，由于石油是生物体经过几百年的演变得到的，其所含的石化碳^{14}C 含量几乎已经为零，因此可以通过比较材料中同位素^{14}C 含量来确定其现代碳比例，从而计算生物基含量。

如式(9-12) 所示，生物基含量（C_B）的计算公式为：

$$C_B = \frac{\sum C_i \times BC_i \times w_i}{\sum C_i \times w_i} \times 100\% \tag{9-12}$$

式中，C_i 为 i 材料的有机碳含量；BC_i 为 i 材料的现代碳含量；w_i 为 i 材料的质量分数。

例如，质量比为 50/50 的聚乙烯和淀粉共混物中，淀粉的含量为 50%，但是其生物基含量不是 50%。根据聚乙烯和淀粉的化学结构可知，聚乙烯的有机碳含量为 85.7%，而淀粉中的有机碳含量为 44.4%。石化基聚乙烯中的现代碳含量为 0%，而淀粉中的现代碳含量为 100%。因此，根据式(9-12) 可计算共混物的生物基含量为：

$$C_B = \frac{85.7\% \times 0\% \times 50\% + 44.4\% \times 100\% \times 50\%}{85.7\% \times 50\% + 44.4\% \times 50\%} = 34.1\%$$

但是对于未知组分组成的塑料，测定其生物基含量就需要测定材料中的现代碳含量和碳总量。塑料的碳总量可通过元素分析仪测试得到，所以只需测得现代碳的含量，即可计算得到聚合物中生物基含量。

9.3.3 生物基含量测定方法

利用液体闪烁计数器（LSC）测定^{14}C 放射性元素技术，计数样品中^{14}C 衰变发射出的 β 粒子的办法来测定^{14}C 含量。目前大多聚合物都是固体形态，因此用液体闪烁法测定样品生物基含量，关键是要将固体形态样品中的碳转化为液体闪烁器可以测定的液态碳，然后测定样品碳中^{14}C 含量与等量碳含量的标准物质的^{14}C 含量的比。将样品在氧气条件下氧化成 CO_2，然后用 CO_2 吸收剂吸收变成溶液，加入闪烁剂，用液体闪烁器进行计数。样品中^{14}C 含量与等量有机碳含量的参比物质的^{14}C 含量的百分比，即为生物基含量。测定具体流程如图 9-5 所示。

9.3.3.1 测试仪器及试剂

（1）焚烧炉

样品中的有机碳在有氧条件下焚烧转化为二氧化碳，并用装有吸收液和闪烁液的吸收瓶吸收，吸收液吸收的二氧化碳的样品碳回收率应≥98%。

（2）低本底液体闪烁计数器

液闪计数器应具有低本底的铅屏蔽、独立于样品检测器的防护计数器、光密封的样品测量室和送样器、高效低本底和谱稳定性光电倍增管、自动连续谱稳定器，能很好地屏蔽宇宙射线和环境中的伽马射线，具有屏蔽监测功能。

（3）吸收闪烁瓶

20mL 低钾玻璃瓶。

（4）二氧化碳吸收液与闪烁液

用于吸收焚烧产生的二氧化碳的吸收液及用于液体闪烁计数测量的闪烁剂液。

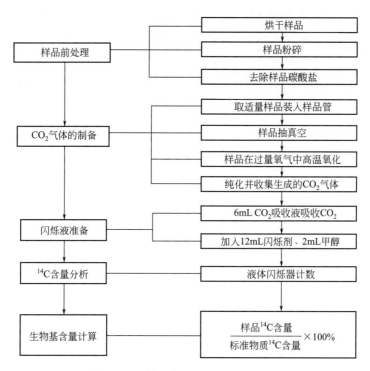

图 9-5 生物基含量测定流程示意图

9.3.3.2 测试

试验前根据已知化学结构式或通过元素分析仪测定样品的有机碳含量，以便选择等量碳的参比材料。称取少量的样品和参比材料放入焚烧炉后，放入通以氧气的焚烧石英管炉中充分燃烧，在焚烧炉末端用二氧化碳吸收液吸收二氧化碳，并装入低钾玻璃测量瓶中，加入闪烁液。闪烁液和吸收液的加入量根据试验目的和样品不同来加入。通过液闪计数器测量样品放射性活度（DPM_s）和参比材料放射性活度（DPM_r）。

9.3.3.3 生物基含量的计算

生物基含量等于样品每克有机碳放射性活度和现代碳每克有机碳放射性活度的比值，即

$$C_{Bt} = \frac{E_s}{E_r} \times 100\% = \frac{DPM_s/(M_s \times C_s)}{DPM_r/(M_r \times C_r)} \times 100\% \tag{9-13}$$

式中，E_s 为样品单位有机碳放射性活度；E_r 为参比材料单位有机碳放射性活度；DPM_s 为样品放射性活度；DPM_r 为参比材料放射性活度；M_s 为样品质量；M_r 为参比材料质量；C_s 为样品有机碳含量；C_r 为参比材料有机碳含量。

◆ 参考文献 ◆

[1] 陈景文，全燮. 环境化学. 大连：大连理工大学出版社，2009.

[2] 张玉龙，邢德林. 环境友好塑料制备与应用技术. 北京：中国石化出版社，2008.

[3] 钟世云，许乾慰，王公善. 聚合物降解与稳定化. 北京：化学工业出版社，2002.

［4］ 翁云宣，等.生物分解塑料与生物基塑料.北京：化学工业出版社，2010.

［5］ 戈进杰.生物降解高分子材料及其应用.北京：化学工业出版社，2002.

［6］ Ray Smith. Biodegradable polymers for industrial applications. Cambridge: Woodhead Publishing Limited，2005.

［7］ 徐祖民.光降解塑料和生物降解塑料.黔西南民族师范高等专科学校学报，2002（2）：77-81.

［8］ 范远强.国内外光降解塑料研究开发状况.合成材料老化与应用，1994（3）：17-21.

［9］ 杨惠娣，唐赛珍.降解塑料试验评价方法探讨.塑料，1996（1）：16-22.

［10］ 郑安平，袁光任，李国鼎.可降解塑料光降解性评价方法的研究.污染防治技术，1998，11（4）：193-196.

［11］ 曾新译，陈金爱.光降解性塑料户外暴露试验标准实施方法.合成材料老化与应用，1998（1）：40-50.

［12］ 赵旭明，王建清.光降解塑料评价与分析方法.塑料包装，2009，19（3）：15-19.

［13］ 张汉民，秦安慰.紫外吸收剂抗光氧化降解机理初探.武汉纺织工学院学报，1997，10（3）：21-29.

［14］ Pierre Y, Dapsens Cecilia Mondelli, Javier Perez-Ram í rez. Biobased chemicals from conception toward industrial reality: Lessons learned and to be learned. ACS Catalysis, 2012（2）: 1487-1499.

［15］ 翁云宣，金兰英，许国志.中国生物基与生物分解塑料现状及发展建议.现代化工，2010，30（1）：2-5.

［16］ US Department of Agriculture. Guidelines for designating biobasedproducts for federal procurement. Federal Register, 2005, 70（7）: 1792-1812.

［17］ 翁云宣，杨惠娣，舒继岗，刘万蝉，李字义，赵俊会.材料生物降解能力评价方法的研究.中国塑料，2005（4）：82-87.

［18］ 翁云宣.国内外生物降解材料标准现状.中国塑料，2002（4）：71-74.

［19］ 冯静，施庆珊，欧阳友生，陈仪本.几种高分子材料的生物降解研究进展.塑料科技，2011，39（2）：94-99.

［20］ 应宗荣.降解性高分子材料的研究开发进展.现代塑料加工应用，2011（1）：40-43.

［21］ 杨军，宋怡玲，秦小燕.聚乙烯塑料的生物降解研究.环境科学，2007，28（5）：1165-1168.

［22］ 郑安平，袁光柱，李国鼎.可降解塑料生物降解性测试方法研究.上海环境科学，1998，17（12）：49-51.

［23］ 巢维，袁兴中，曾光明.普通聚烯烃类塑料生物降解研究进展.塑料工业，2005（33）：24-27.

［24］ 陈松茂，赵建青，黄涛，沈家瑞.生物降解塑料分解性能和表征的研究.广东化工，1994（2）：23-27.

［25］ 杨振平.生物降解性塑料的降解机理及开发现状.惠州大学学报（自然科学版），1996，16（4）：104-106.

［26］ 施跋，吴奇方.生物降解性塑料可生物降解性能测试方法探讨.上海环境科学，1993，12（7）：41，21.

［27］ 翁云宣，李字义，刘万蝉，杨惠娣.受控堆肥条件下材料需氧生物分解能力试验方法的研究.中国塑料，2003，17（9）：80-84.

［28］ 薛福连.塑料的生物降解性及其检测方法.上海塑料，2003（1）：18-20.

［29］ 翁云宣，刁晓倩.液闪计数器法测定材料中生物基含量.现代化工，2013，33（6）：136-141.

［30］ GB/T 17603—1998 光解性塑料户外暴露试验方法.

［31］ GB/T 19275—2003 材料在特定微生物作用下潜在生物分解和崩解能力的评价.

［32］ GB/T 19276.1—2003 水性培养液中材料最终需氧生物分解能力的测定　采用测定密闭呼吸计中需氧量的方法.

［33］ GB/T 19276.2—2003 水性培养液中材料最终需氧生物分解能力的测定　采用测定释放的二氧化碳的方法.

［34］ GB/T 19277.1—2011 受控堆肥条件下材料最终需氧生物分解能力的测定　采用测定释放的二氧化碳的方法　第1部分:通用方法.

［35］ GB/T 19277.2—2013 受控堆肥条件下材料最终需氧生物分解能力的测定　采用测定释放的二氧化碳的方法　第2部分:用重量分析法测定实验室条件下二氧化碳的释放量.

［36］ GB/T 19811—2005 在定义堆肥化中试条件下塑料材料崩解程度的测定.

［37］ GB/T 22047—2008 土壤中塑料材料最终需氧生物分解能力的测定　采用测定密闭呼吸计中需氧量或测定释放的二氧化碳的方法.

［38］ GB/T 28206—2011 可堆肥塑料技术要求.

［39］ GB/T 29649—2013 生物基材料中生物基含量测定　液闪计数器法.

第10章

电性能

塑料在电工领域有着广泛的应用。根据使用电场的高低，塑料可分为弱电材料和强电材料。用于通信设备、家电、印制电路、高频绝缘、各种民用电子设备等的电子材料属弱电材料；用于电动机、变压器、发电机等电器及电力输送线路的材料为强电材料。弱电材料的主要电性能指标是介电常数和介质损耗角正切；强电材料主要应满足绝缘性、耐电压和长期使用性能。

从研究材料结构与性能关系看，通过测量介电常数及介质损耗角正切值，可以确定高聚物中含有的极性杂质；从体积电阻率随绝对温度的变化可确定材料的单体残余量及活化能等。从工程设计角度看，制造电容器时，希望选择介电常数大而介质损耗小的高分子材料；制造高压电器时，希望选择耐电弧性好、耐电压高而介质损耗小的材料；用于绝缘场合时，要求电阻率高而介质损耗小的材料等等。

电绝缘的目的通常是防止在不同电势的电导体之间发生有害的接触。例如，使用绝缘体将电极之间保持分离。因此，绝缘材料必须能够防止导体之间电流的明显流动，且具备足够的物理强度以承受导体可能施加的机械破坏。绝缘材料中的电流应该小到不会引起任何有害现象。绝缘体对直流电的绝缘能力与对交流电的绝缘能力不同。对直流电而言，材料的电阻率是最重要的。而交流电则更多地与功率因数和介电常数有关。因为功率因数和介电常数决定材料在交流电场中的功率损耗，这种损耗会随所用频率的不同而产生变化，一般将这两种性能合称为介电性能。功率因数是由于交流电场中带电离子的运动和偶极的取向所造成的。在很多绝缘应用中，都希望功率损耗和介电常数都小一些。一般而言，电容和介电常数成正比，在大多数情况下，可使用具有低介电常数的材料以保持低的电容。例如，在屏蔽电缆中，直径小而绝缘层薄的电缆通常采用多孔塑料材料的介电性来减小电容，使得材料有效介电常数值可能接近于空气的介电常数。具有高介电常数的介电材料主要应用于电容器方面。塑料材料作为电容器的介质，其介电常数的合适范围为 $2\sim20$。

本章叙述的电性能测试试验以材料试验为主，主要介绍与塑料密切相关的静电、电阻率、电击穿及介电强度、介电常数与介质损耗角正切、耐电弧性能和电磁屏蔽效能的测试原理、样品要求、测试仪器及影响因素等。

10.1 静电

任何物体通常所具有的正负电荷是等量的，即呈现电中性。两个不同物体经摩擦、接触等机械作用，电荷就会通过接触界面移动，在一个物体上造成正电荷过剩，在另一个物体上则负电荷过剩，并在界面上形成双电荷层，而两物体之外的空间并不呈现静电现象。但当在此接触界面上施加任何机械作用而使两个物体分离，则在各个物体上分别产生静电，并在外部形成静电场。当塑料带电体所带静电量较大时，有时会发生放电现象，往往会成为引燃和引爆源，故应引起重视。下面主要介绍聚合物的静电起电机理及其测试方法。

10.1.1　聚合物静电起电机理

静电是经过接触、电荷迁移、双电荷层形成和电荷分离等过程而产生的。带电体的周围存在着电场。相对于观察者为静止的带电体所产生的电场，称为静电场。静电和静电场有三种重要的作用和物理现象，即力的作用、放电现象和静电感应现象。

10.1.2　测试方法

10.1.2.1　静电电荷的测量

静电电荷量的测量包括带电物体全电荷量的测量和静电荷产生量的测量等。

（1）带电物体全电荷量的测量

绝缘体由于摩擦等原因带上电荷后，由于电荷不能任意流动，各点的电位也不相等，因此不能简单地用接触式或非接触式仪表直接测量带电量，而必须利用静电感应原理，借助法拉第筒来测出绝缘体上的全电荷量。法拉第筒由两个相互绝缘的金属封闭曲面或金属筒组成。为了对内金属筒进行静电屏蔽，外金属筒必须接地。内、外两金属筒间的绝缘电阻要达到 $10^{15}\,\Omega$ 以上，一般可用聚四氟乙烯等绝缘材料。当把带有全电荷为 Q 的被测物体放到内金属筒时，内筒内壁上会感应产生等量的异性电荷，内筒外壁上和外筒内壁上又分别感应出等量的同性和异性电荷。根据高斯定理：

$$Q' = \iint \varepsilon_0 E_n \, dS = Q \tag{10-1}$$

式中　Q'——法拉第筒外壁上的感应电荷；

　　　ε_0——筒内空气的介电常数；

　　　E_n——电场强度矢量在 dS 法线方向 n 上的投影；

　　　dS——金属封闭曲面法拉第筒的面积元。

这样就能通过测量感应电荷 Q'，测出带电物体的全电荷 Q。

实际测量时，使用如图 10-1 所示的装置。要求筒底较深，能把被测物体充分包围。无论用静电计还是振簧电容式微电流电位仪等作电位计，其输入阻抗都要大于 $10^{15}\,\Omega$。电容器可用消耗电阻为 $10^{12}\,\Omega$ 以上的 0.1μF 陶瓷或 PS 电容器。室温、湿度要控制在（20 ± 5）℃和相对湿度 40% 的条件下。经前处理后，读出电位计上的读数，按下式求出试样的带电量：

$$Q = CU \tag{10-2}$$

式中　C——电容器的静电电容，F。

　　　Q——电容器两个极板上所带的电量，C。

　　　U——电容器的两个极板间的电压，V。

（2）静电荷产生量的测量

静电荷产生量的测量即静电电流的测量，在许多易产生静电的工业生产过程中判断静电

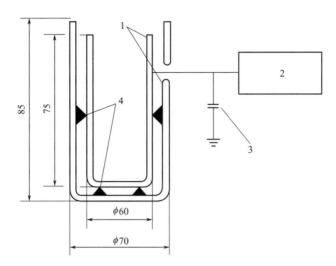

图 10-1　法拉第筒测定带电物体的全电荷量装置图

1—厚度为 5mm 的金属双层圆筒（法拉第筒）；2—电位计；3—电容器；4—绝缘垫

灾害有很大的实用价值。当物体通过摩擦或剥离产生静电时，单位时间的静电荷产生量 dQ/dt 就是静电电流 I。当带电物体是绝缘体时，可用法拉第筒金属封闭曲面将绝缘体包围起来，则整个绝缘体每秒钟内产生的静电荷就等于金属封闭曲面内流动的感应电流：

$$I = \frac{dQ}{dt} = \iiint_V - \mathrm{div}\vec{j}\,dV = \iint_S jn\,dS \qquad (10\text{-}3)$$

式中　$\vec{j}$——电流密度矢量；

　　　dS——与 dV 微区相对应的微面积元。

　　　n——单位长度的线圈匝数。

　　静电电流 I 值一般很小，在 $10^{-12} \sim 10^{-6}\,\mathrm{A/m^2}$ 范围内，故要采用高灵敏的直流电流计来测量。另外，由于被测电流很小，很易受到外界干扰，所以电流测量仪表的连线都应使用有屏蔽的高绝缘线。

　　可用图 10-2 所示的装置来测定液体在导体管路中流动时的静电产生量，即液体与管子内壁摩擦产生的静电量。因为管子为导体，应在管子两端分别接一段绝缘管或绝缘接头，将管子与电流计 A_1 相连，就能测出管子的静电电流 I_1。另外，用法拉第筒接收液体，筒体外层与电流计 A_2 相连，就能测出液体的静电电流 I_2。当管子没有其他静电荷产生源时，管子的电荷产生量 I_1 应等于液体的电荷产生量 I_2，而符号相反，即 $I_1 + I_2 = 0$。上述的测量方法也适用于用高压空气输送粉体时产生的静电电流测量。

　　薄膜、胶卷等加工处理或卷绕时，与绝缘的金属滑轮、轧辊等物件摩擦所产生的静电荷产生量，可用图 10-3 所示的装置进行测量。

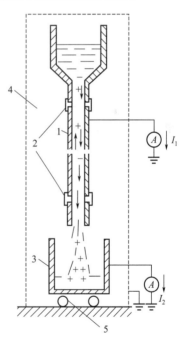

图 10-2　液体在导体管路中流动时
静电荷产生量的测量装置图

1—金属管；2—绝缘接头；

3—法拉第筒；

4—屏蔽；5—绝缘垫

　　各滑轮或轧辊上测得的静电电流之和在数值上就等于薄膜的静电电荷产生量，但符号相反。某些绝缘体材料因剥离带电时，电荷产生量随时间变化很大，有时还会在短时间内没有静电产生，这时就不能用电流计来测量静电电流，而要用能测量静电电流瞬时值的同步示波器。

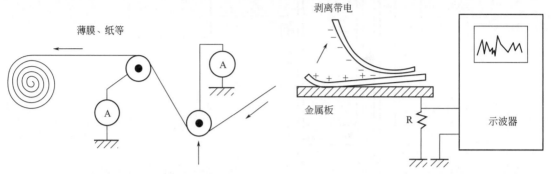

图 10-3　薄膜等静电荷产生量测量装置示意图　　　　图 10-4　静电电流瞬时值的测量装置示意图

如图 10-4 所示，将金属板贴紧被测物体，再接上示波器，图中测量用电阻 R 的阻值决定着示波器的灵敏度，一般选用 $1\sim 10\text{k}\Omega$ 为宜。

10.1.2.2　带电物体表面静电电位的测量

带电体表面放电是造成爆炸、火灾、静电电击等灾害的主要因素，因此表面静电电位的测量是静电测量中最常用的测量方法之一。静电电位的高低反映物体带电量的多少，也是衡量防止静电灾害的重要指标。表面电位 $V_s \leqslant 10\text{kV}$ 才能防止静电电击，$V_s \leqslant 0.1\text{kV}$ 可防止产生表面放电。

表面静电电位的测量原理如图 10-5 所示，从静电计得到 V_p 的读数，就可求出带电物体的表面电位 V_s。在实际测量时，因被测物体表面可能凹凸不平，测量电极的尖端效应不同，V_s 和 V_p 往往不能满足线性关系，而且测定距离越近偏离线性越大。此外，为了测量电极上的感应电位，必须采用输入电阻大的静电计。但即使这样，测量电极上的感应电位值通常也很小，特别是为了增大灵敏度而缩小电极面积时，感应电位值更小。实际测量时都要将测定值进行放大，因此最终灵敏度往往取决于仪器的信噪比。

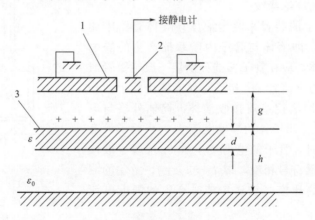

图 10-5　表面静电位测量原理示意图
1—保护电极；2—测量电极；3—带电物体

在生产或实际生活中，被测物体不一定都是理想的表面带电物体，从防止静电灾害的角度出发，还必须对静电基本测量中的表面电位测量做进一步分析研究。

10.1.2.3　静电电荷衰减半衰期的测量

高分子材料上产生的静电荷要达到全部泄漏通常需要很长时间，有些材料甚至几乎不可能把静电荷全部泄漏掉。实际衡量高分子材料静电荷衰减的能力，常用半衰期 $\tau_{1/2}$ 来表示，它表示当外界作用撤除后，试样静电电压（或静电电场强度）衰减至峰值的一半时所需的时间（s）。即 $\tau=\tau_{1/2}$ 时，$Q/Q_0=1/2$。所以：

$$\tau_{1/2}=0.693\varepsilon_0\varepsilon\rho_{\mathrm{v}}=0.693RC \tag{10-4}$$

因此在指定环境条件下，$\tau_{1/2}$ 值与该材料体积电阻率或绝缘电阻和对地的分布电容 C 有关。因为 $C=Q/V$，所以在一定带电量 Q 下，$\tau_{1/2}$ 与 ρ_{v} 和静电电压有关。例如，一般物体的 $C=200\sim300\mathrm{pF}$，若取 $C=300\mathrm{pF}$，对 $R=1\times10^8\Omega$ 的物体来说，$\tau_{1/2}\approx0.02\mathrm{s}$，即可认为具有优良的抗静电性能。

10.2　电阻率

电阻率是描述材料导电性能的物理量。对导体而言其电阻率低于 $10^4\Omega\cdot\mathrm{cm}$，半导体在 $10^6\sim10^9\Omega\cdot\mathrm{cm}$ 之间，而高于 $10^9\Omega\cdot\mathrm{cm}$ 称绝缘体。塑料材料绝大多数为绝缘体，其测试方法与导体及半导体截然不同。

导电和抗静电塑料制品，一般有板材、管材、片材、容器、包装材料、各种家用电器的外壳、特殊环境下的桌椅、壁材、窗材等。高分子材料的电性能都是用其体积电阻率（ρ_{v}）或表面电阻率（ρ_{s}）或电导率（κ）的大小来表示。作为导电和抗静电高分子材料，当其 ρ_{v} 在 $10^6\sim10^{10}\Omega\cdot\mathrm{cm}$ 之间时称为高分子抗静电材料，ρ_{v} 在 $10^0\sim10^6\Omega\cdot\mathrm{cm}$ 之间称为半导体材料，当 ρ_{v} 小于 $10^0\Omega\cdot\mathrm{cm}$ 时称为高分子导电材料。一般抗静电塑料要求其 ρ_{v} 在 $10^{10}\Omega\cdot\mathrm{cm}$ 以下，半衰期（$\tau_{1/2}$）在 $1\mathrm{s}$ 以下。而在煤矿井或接触易燃、易爆物料及军事工业等应用领域中，则要求塑料制品的 ρ_{s} 小于 $10^8\Omega$。体积电阻率 ρ_{v} 通常都大于表面电阻率 ρ_{s}，不同高分子材料，ρ_{v} 与 ρ_{s} 之差不相同，对于塑料来说 ρ_{v} 与 ρ_{s} 之差为 $1\sim2$ 个数量级。

当在塑料制品上施加一较小的或适度的直流电压时，就有电流流过物体，若要把电流减至最小，制品必须有较高的电阻率。当涉及的性能是体积电阻率时，电流主要通过的是材料的体积。另外，电流可能主要通过材料不同部位的表面层，涉及的性能就是表面电阻率。

10.2.1　定义

（1）体积电阻

在与试样的两个相对面相接触的两个电极之间施加的直流电压与流过这两个电极之间的稳态电流之商。不包括沿着试样表面的电流，在两电极上可能出现的极化忽略不计。

（2）体积电阻率

在绝缘材料里面的直流电场强度和稳态电流密度之商，即单位体积内的体积电阻，单位是 $\Omega\cdot\mathrm{m}$。

（3）表面电阻

在试样一个表面上的两个电极间施加的直流电压施加一定时间后与两个电极之间所形成

的电流的商。其中不包括可能产生的极化效应。

（4）表面电阻率

平行于材料表面上电流方向的电位梯度与表面单位宽度上的电流之比，单位是 Ω。如果电流是稳定的，表面电阻率在数值上即等于正方形材料两边的两个电极间的表面电阻，且与该正方形的大小无关。

10.2.2 测试原理

通过测量流经试样的稳定直流电流（I）和试样上对应电压电极刃口之间的电压（V），计算体积电阻率。通常的测试原理可以由一个双终端电阻的简单例子来说明。一般将未知电阻与跨接高压电源的电流测量计串联在一起，高电压可以确保必需的灵敏度，一般为 100～150V 的直流电压，现在常用电子管或固态电路来测量输入电阻两端的小电压降。这种电阻和已知固定值的电阻器有关（实际上可以等于此固定值），电阻器可以切换，以提供宽的量程。外加电压除以输入电阻即为电流值，未知电阻常常由外加电压除以电流计算得到。

对材料进行测试时，样品一般选用圆形或正方形的板状试样。每面带有合适电极的圆盘双端子，试样较易测量，将称作保护环的第三电极同心地放在其中一个现有电极的周围，可以直接测量出体积电导率。此外，用一个简单的接线转换，还可以用同一试样测出表面电阻。这种电极，电流流动的理论电路见图 10-6～图 10-8。符号 R_v、R_s、R_g 分别表示体积电阻、表面电阻、保护电阻，R 为测量仪的输入电阻。

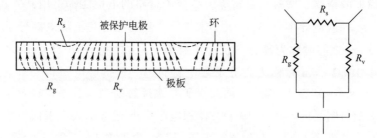

图 10-6 电极装置和等效电路

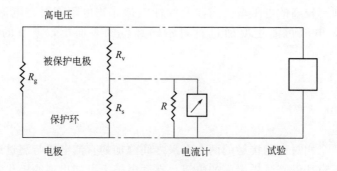

图 10-7 体积电阻率-理论电路

图 10-9 为高阻测量原理图。现以体积电阻 ρ_v 测量为例予以说明。

按欧姆定律，电路电流 I_v 为：

$$I_v = \frac{E}{R_v + R_0} \tag{10-5}$$

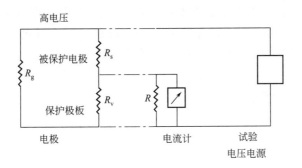

图 10-8　表面电阻率-理论电路

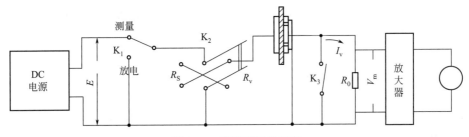

图 10-9　高阻测量原理图

$$I_v = \frac{V_m}{R_0} \tag{10-6}$$

显然　　　　　　　　　　　$$R_v = \left(\frac{ER_0}{V_m}\right) - R_0 \tag{10-7}$$

当 $R_v \gg R_0$ 时，有 $R_v = \dfrac{ER_0}{V_m}$ 则

$$\rho_v = \frac{ER_0}{V_m} \times \frac{S}{d} \tag{10-8}$$

式中　　ρ_v——体积电阻率，$\Omega \cdot cm$；

　　　　E——加于试样上的电压，V；

　　　　R_0——高阻计输入端标准电阻，Ω；

　　　　V_m——标准电阻间电压降，V；

　　　　S——测量电极有效面积，cm^2；

　　　　d——试样厚度，cm。

高阻计输入端的振动电容，是该元件将标准电阻流经的直流信号变为交流信号，再经多次放大、相敏检波，最终显示出标准电阻的电压降。这就克服了直流放大中零点漂移严重的问题，从而提高测试精度。

10.2.3　测试方法

测量导电和抗静电塑料电阻率的方法有多种。例如，用 CGz-17B 高阻仪来测量塑料板材的表面电阻率，具体方法是先将被测样品水洗，将测试样品浸泡在去离子水中 1h 后，用布在水中擦洗样品两面若干次，然后取出样品在 $45 \sim 50 \, ℃$ 真空干燥器中烘干，在恒定相对湿度 30% 下在高阻仪上进行测量。重复三次取平均值。

下面主要介绍国家标准 GB/T 15662—1995《导电、防静电塑料体积电阻率测试方法》的测量仪器和测试步骤。该测试方法参照采用 ISO 3915：1981 导电塑料体积电阻率测试方法。该标准适用于体积电阻率小于 $10^6\,\Omega\cdot m$ 的塑料。

10.2.4　试样、仪器及测试环境

（1）试样

用刀或冲模在试片上截取纵横两个方向的试样各三块。试样长 70～150mm、宽 10mm、厚度 3～4mm。同一试样各点厚度偏差不应大于±0.2mm。

试样的表面要求平滑、清洁、无裂纹、无气泡和杂质等缺陷。试样不得拉伸或弯曲，其表面不得抛光或打磨。试样表面的油污等杂质，可用对被测材料无腐蚀作用的溶剂擦净。测试前，试样须进行预处理。

（2）仪器

电源：采用输出电压波动系数不大于 0.2%、输出电压 0～1000V、对地绝缘电阻大于 $10^{12}\,\Omega$ 的直流稳压电源。

电流表：采用精度为 1 级、量程为 $10^{-8}～10^{-1}$ A 的直流电流表。

静电电压表：采用精度为 1 级、量程为 0～100V、输入阻抗大于 $10^{12}\,\Omega$ 的静电电压表。

电流电极如图 10-10 所示，它由电极板、绝缘板及夹紧螺母、螺栓组成。

电极板：电极板用黄铜制作。其尺寸为 70mm×14mm×3mm，表面镀铬处理。

绝缘板：绝缘板采用电阻率大于 $10^{12}\,\Omega\cdot m$ 的绝缘材料制作。建议尺寸为：长 84～150mm、宽 70mm、厚 14mm。

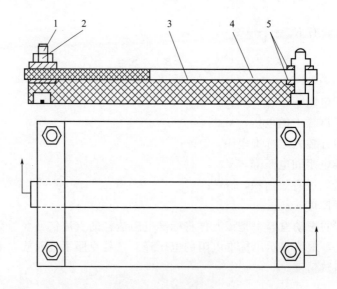

图 10-10　电流电极

1—螺栓；2—夹紧螺母；3—绝缘板；4—试样；5—电极板

夹紧螺栓、螺母：采用黄铜制的 M5×25 螺栓和 M5 螺母。

电压电极：电压电极如图 10-11 所示，它由主电极、绝缘板、接线柱组成，其质量为 60g，电极两刃口应保持平行，两刃口间的绝缘电阻不得小于 $10^{12}\,\Omega$。

恒温干燥箱：采用温度控制范围为 25～100℃、测温误差为±2℃的恒温干燥箱。

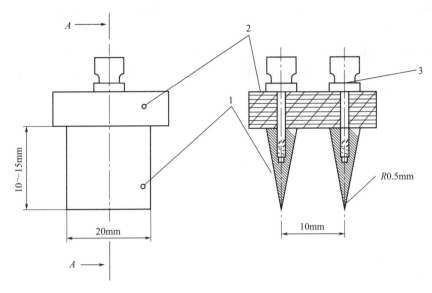

图 10-11　电压电极

1—主电极；2—绝缘板；3—接线柱

（3）测试环境

温度（23±2）℃；相对湿度（50±5）%。

从处理环境中取出试样至试验完毕不应超过 5min。

受潮或浸渍液体媒质处理的试样，应用滤纸吸去表面液滴，去除试样表面的油污等杂质。

10.2.5　测试步骤

将截取的试样用硅藻土和水擦洗，再用蒸馏水清洗、干燥；不得用有机溶剂清洗。将经以上处理过的试样两端夹紧在电流电极两端电极板中间。将带有试样的电流电极置于恒温箱中，在（70±2）℃的温度下恒温 2h。将经恒温处理过的带试样的电流电极取出，在测试标准环境条件下放置 2h，然后进行测试。按图 10-12 连接测试线路，将电压电极放在试样上，使其刃口与流经试样的电流方向垂直接触，但电压电极刃口与电极板距离不得小于 20mm。接通电源，通电 1min 后，分别读取电流表和静电电压表上的电流值和电压值。但在试样内

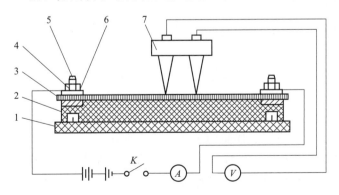

图 10-12　测试线路原理图

1,2—绝缘板；3—试样；4—夹紧螺母；5—螺栓；6—电极板；7—电压电极

的功耗不得超过 0.1W。在每一试样长度方向上不同位置按以上步骤测试 3 次。用同样方法测试另外 5 个试样。

通过测量流经试样的稳定直流电流（I）和试样上对应电压电极之间的电压（V），计算出试样的体积电阻率。按式(10-9)计算出在试样三个不同位置上的电阻值，取其算术平均值作为该试样的电阻值。

10.2.6　结果处理

根据欧姆定律：

$$R = U/I \qquad (10\text{-}9)$$

式中　R——电阻，Ω；

　　　U——电压电极两刃口间的电压，V；

　　　I——流经试样的电流，A。

体积电阻率公式：

$$\rho_v = RS/L = Rbd/L$$

$$(10\text{-}10)$$

式中　ρ_v——体积电阻率，$\Omega \cdot m$；

　　　S——垂直于电流的试样截面积，m^2；

　　　b——试样宽度，m；

　　　d——试样厚度，m；

　　　L——电压电极两刃口间的距离，m。

在计算时，电阻值及体积电阻率值取两位有效数字。取六个试样电阻率的均值作为测试结果。

10.2.7　直流四探针法

如果将上述两个电流电极和两个电压电极改成探针形式，就是目前较为常用的四探针法。相比较上述的测试方法，四探针法具有一些自身的特点及测量优势。下面简要介绍四探针法的测试条件、测试原理及步骤。

10.2.7.1　四探针法测试条件

使用直流四探针法测量电阻率时，必须满足以下测试条件：

① 测量区域应是均匀的。

② 样品表面应平整，使四根探针处于同一平面的同一条直线上。

③ 四探针与样品表面应有良好的接触。因此探针应当比较尖，与样品的接触点应为半球形，使电流入射状发散（或汇拢），且接触半径应远远小于针距。此外，针尖应有一定压力。

④ 电流通过样品时不应引起样品的电导率发生变化。因为由探针流入半导体样品中的电流往往是以空穴方式注入的。例如 N 型材料样品，电流往往不以电子从样品流出进入到探针，而是以空穴向 N 型样品注入。这种空穴注入效应随电流密度增加而加强，当电流密度较大时，注入样品的空穴浓度得以增加，以致使样品在测量区域的电导率增加。因此，应在小电流弱电场情况下进行测量，具体地说，样品中的电场强度应小于 1V/cm。

⑤ 空穴注入效应一方面与电流密度有关，另一方面还与注入处的表面状况和样品本身电阻率有关。因为注入进去的空穴是非平衡载流子，依靠杂质能级和表面复合中心与电子相复合，因此如果材料本身的电阻率低，那么非平衡空穴寿命也低。若表面又经过粗磨或喷砂处理，产生很多复合中心，这样注入样品中的空穴就在探针与样品接触点附近很快复合，减小了空穴对测量区电导率的影响，从而保证电阻率测量的正确性。

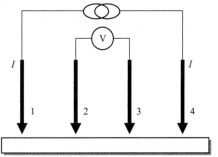

图 10-13　四探针法测量原理示意图

10.2.7.2　四探针法测量原理

将四根排成一条直线的探针以一定的压力垂直地压在被测样品表面上，在 1、4 探针间通以电流 $I(\mathrm{mA})$，2、3 探针间就产生一定的电压 $V(\mathrm{mV})$（如图 10-13 所示）。

测量此电压并根据测量方式和样品的尺寸不同，可分别按以下公式计算样品的电阻率、方块电阻、电阻：

（1）薄圆片（厚度≤4mm）电阻率

$$\rho = \frac{V}{I} \times F(D/S) \times F(W/S) \times W \times F_{\mathrm{sp}} \qquad (10\text{-}11)$$

式中　D——样品直径，cm 或 mm，注意与探针间距 S 单位一致；

　　　S——平均探针间距，cm 或 mm，注意与样品直径 D 单位一致；

　　　W——样品厚度，cm，在 $F(W/S)$ 中注意与 S 单位一致；

　　F_{sp}——探针间距修正系数；

$F(D/S)$——样品直径修正因子；

$F(W/S)$——样品厚度修正因子；

　　　I——1、4 探针流过的电流值，mA；

　　　V——2、3 探针间取出的电压值，mV。

（2）薄层方块电阻 $R_{\square}$

$$R_{\square} = \frac{V}{I} \times F(D/S) \times F(W/S) \times F_{\mathrm{sp}} \qquad (10\text{-}12)$$

式中　D——样品直径，cm 或 mm，注意与探针间距 S 单位一致；

　　　S——平均探针间距，cm 或 mm，注意与样品直径 D 单位一致；

　　　W——样品厚度，cm，在 $F(W/S)$ 中注意与 S 单位一致；

　　F_{sp}——探针间距修正系数（四探针头合格证上的 F 值）；

$F(D/S)$——样品直径修正因子；

$F(W/S)$——样品厚度修正因子；

　　　I——1、4 探针流过的电流值，mA；

　　　V——2、3 探针间取出的电压值，mV。

其中薄层方块电阻中又有两种特殊情况，先分述如下：

双面扩散层方块电阻 $R_{\square}$：

可按无穷大直径处理，此时 $F(D/S)=4.532$，由于扩散层厚度 W 远远小于探针间距，故 $F(W/S)=1$，此时：

$$R_\square = 4.532 \times \frac{V}{I} \times F_{sp} \tag{10-13}$$

单面扩散层、离子注入层、反型外延层方块电阻：

由于扩散层、注入层厚度 W 远远小于探针间距，故 $F(W/S)=1$，此时有：

$$R_\square = \frac{V}{I} \times F(D/S) \times F_{sp} \tag{10-14}$$

（3）棒材或厚度大于 4mm 的厚片电阻率 ρ

当探头的任一探针到样品边缘的最近距离不小于 $4S$ 时，测量区的电阻率为：

$$\rho = \frac{V}{I} \times C \tag{10-15}$$

$$C = 2\pi S$$

$$1/S = 1/S_1 + 1/S_3 - 1/(S_1 + S_3) - 1/(S_2 + S_3)$$

式中　C——探针系数，cm（四探针头合格证上的 C 值）；

　　　S_1——1、2 探针的间距，cm；

　　　S_2——2、3 探针的间距，cm；

　　　S_3——3、4 探针的间距，cm；

　　　I——1、4 探针流过的电流值，mA；

　　　V——2、3 探针间取出的电压值，mV。

（4）电阻的测量

应用恒流测试法，电流由样品两端流入，同时测量样品两端压降。样品的电阻为：

$$R = \frac{V}{I} \tag{10-16}$$

式中　I——样品两端流过的电流值，mA；

　　　V——样品两端取出的电压值，mV。

10.2.7.3　四探针法测试步骤

以下以 RTS-8 型四探针测试仪为例，说明四探针测试仪测试的方法。

图 10-14　RTS-8 型四探针测试仪

首先按后面板说明用连接电缆将四探针探头与主机连接好，接上电源，再按以下步骤进行操作：

① 开启主机电源开关，此时"$R_\square$"和"I"指示灯亮。预热约 10min。

② 估计所测样品方块电阻或电阻率范围：

按表 10-1 和表 10-2 选择适合的电流量程对样品进行测量，按下 K1（$1\mu A$）、K2（$10\mu A$）、K3（$100\mu A$）、K4（1mA）、K5（10mA）、K6（100mA）中相应的键选择量程。如无法估计样品方块电阻或电阻率的范围，则可先以"$10\mu A$"量程进行测量，再以该测量值作为估计值按表 10-1 和表 10-2 选择电流量程得到精确的测量结果。

表 10-1　方块电阻测量时电流量程选择表

方块电阻/（Ω/□）	电流量程	方块电阻/（Ω/□）	电流量程
<2.5	100mA	200～2500	$100\mu A$
2.0～25	10mA	2000～25000	$10\mu A$
20～250	1mA	>20000	$1\mu A$

表 10-2 电阻率测量时电流量程选择表

电阻率/Ω·cm	电流量程	电阻率/Ω·cm	电流量程
<0.03	100mA	30～300	100μA
0.03～0.3	10mA	300～3000	10μA
0.3～30	1mA	>3000	1μA

③ 确定样品测试电流值。

放置样品，压下探针，使样品接通电流。主机此时显示电流数值。调节电位器 W1 和 W2，即可得到所需的测试电流值。推荐按以下方法，根据不同的样品测试类别计算出样品的测试电流值，然后调节主机电位器使测试电流为此电流值，即可方便地得到需要测试样品的精确测试结果。

a. 测试薄圆片（厚度≤4mm）的电阻率：

按以下公式计算：

$$\rho = V/I \times F(D/S) \times F(W/S) \times W \times F_{sp} \times 10^n \tag{10-17}$$

选取测试电流 I：$I = F(D/S) \times F(W/S) \times W \times F_{sp} \times 10^n$

式中，n 是整数，与量程档有关，然后按此公式计算出测试电流数值。

在仪器上调整电位器 "W1" 和 "W2"，使测试电流显示值为计算出来的测试电流数值。

按以上方法调整电流后，按 "K8" 键选择 "$R_\square/\rho$"，按 "K7" 键选择 "ρ"，仪器则直接显示测量结果（Ω·cm）。然后按 "K9" 键进行正反向测量，正反向测量值的平均值即为此点的实际值。

b. 测试薄层方块电阻 $R_\square$：

按以下公式：

$$R_\square = V/I \times F(D/S) \times F(W/S) \times F_{sp} \times 10^n \tag{10-18}$$

选取测试电流 I：$I = F(D/S) \times F(W/S) \times F_{sp} \times 10^n$

式中，n 是整数，与量程档有关，然后计算出测试电流值。

在仪器上调整电位器 "W1" 和 "W2"，使测试电流显示值为计算出来的测试电流数值。

按以上方法调整电流后，按 "K8" 键选择 "$R_\square/\rho$"，按 "K7" 键选择 "$R_\square$"，仪器则直接显示测量结果（Ω/□）。然后按 "K9" 键进行正反向测量，正反向测量值的平均值即为此点的实际值。

c. 测试棒材或厚度大于 4mm 的厚片电阻率 ρ：

按以下公式计算：

$$\rho = V/I \times C \times 10^n \tag{10-19}$$

选取测试电流 I：$I = C \times 10^n$

式中，n 是整数，与量程档有关，然后得出测试电流值。

在仪器上调整电位器 "W1" 和 "W2"，使测试电流显示值为计算出来的测试电流数值。

按以上方法调整电流后，按 "K8" 键选择 "$R_\square/\rho$"，按 "K7" 键选择 "ρ"，仪器则直接显示测量结果（Ω·cm）。然后按 "K9" 键进行正反向测量，正反向测量值的平均值即为此点的实际值。

d. 测试电阻 R：

按以下公式计算：

$$R = V/I \times 10^n \tag{10-20}$$

选取测试电流 I：$I=1\times10^n$。显示器显示电流数为 10000。

在仪器上调整电位器"W1"和"W2"，使测试电流显示值为计算出来的测试电流数值。

按以上方法调整电流后，按"K8"键选择"$R_\square/\rho$"，按"K7"键选择"ρ"，仪器则直接显示测量结果（Ω）。然后按"K9"键进行正反向测量，正反向测量值的平均值即为此点的实际值。

e. 低阻测量。

当样品电阻率≤0.0100Ω·cm 或方块电阻≤0.100Ω/□或电阻≤0.0100Ω 时，为提高测量的准确性，请使用低阻扩展按键"SPOH（K10 键）"。

测试步骤如下（假设低阻扩展按键未按下，此时 SPOH 上方指示灯灭；如该指示灯亮则为低阻扩展测试）：

a）计算电流。按照"使用方法"四种测试类别的测试电流计算公式得出样品测试电流值。

b）调整电流。仪器选择"100mA"电流挡，放置样品并使探头与之接触，调整电流使电流数为计算电流值。

c）测量取数。仪器选择"$R_\square/\rho$"测量位，如仪器显示值仅为 2 位或 1 位有效数字，此时可把低阻测量按键按下，获得样品的电阻率或方块电阻值。

应该注意：低阻测量按键只对 100mA 量程挡有效。

f. 高阻测量。

当样品电阻率≥199.99kΩ·cm 或方块电阻≥1999.9kΩ/□或电阻≥199.99kΩ 时，定义为高阻。

高阻测试步骤如下：

计算电流。按照"使用方法"四种测试类别的测试电流计算公式得出样品测试电流值。

a）调整电流。

b）测量取数。在仪器上选择"$R_\square/\rho$"测量位，这时仪器显示值乘以 10 为本次测试的样品电阻率或方块电阻或电阻值。

10.3 电击穿及介电强度

在较强电场的作用下，塑料无论在形状或是性能方面，都会发生永久变化，而且在连续应力下，会出现降解并最后导致破坏。材料的电气强度是材料承受高电压能力的量度。通常用电极的圆形边缘来控制放电，这对高电压的应用是很重要的，材料的耐表面放电、耐漏电起痕和耐电弧等试验涉及表面击穿而不是体积击穿，强调的是各种类型放电对试片表面的影响。在高电压导体附近，由于局部的高电场强度而产生空气电离。绝缘体由于受到长时间的放电作用影响，产生降解或腐蚀而被破坏。多数高分子材料在电场作用下没有容易移动的荷电粒子，如电子、离子或空穴等。然而各种各样的高分子材料却具有微弱的导电性，这与其导电机理有关。

塑料发生电气击穿的机理是个复杂问题，其中全部或部分击穿在给定情况下是产生破坏的原因。击穿是一种破坏现象，与绝缘体宏观的甚至微观的结构有很大关系。由于介电发热，可能会引起温度急剧上升，许多材料的功率因数随温度升高而增长，引起进一步加热和巨大的"热失控"，电压应力可以高到使材料内部的电子运动加速，碰撞频繁，引起电子雪崩；材料内气体的离子化引起对材料的轰击，导致材料降解；应力甚至还可以高到足以使高聚物结构中的化学键断裂，并使之分解成电阻较小的材料等等。试验表明，这种击穿与温度有关，在低于某一温度时，其介电强度与温度无关，但当高于这一温度时，随温度增加而介电强度迅速降低。通常把材料不随温度变化的击穿称为电击穿，把随温度变化的击穿称为热击穿。

10.3.1　定义

（1）电击穿

高分子材料在一定电压范围内是绝缘体，但随着施加电压的升高，性能会逐渐下降。当电压升到一定值时变成局部导电，此时称材料被击穿。

电击穿的特点是介电强度受温度的影响不大，作用时间对结果无影响，与周围介质的电性能有关，击穿点常常出现在电极边缘甚至电极以外。由于在固体介质中，有一些自由电子存在，它们在外电场作用下被加速而撞击中性原子，致使原子电离，在这种作用下造成材料击穿。

（2）热击穿

热击穿的外部表现是介电强度随温度升高而迅速下降，与电压作用的长短有关，与电场畸变及周围介质的电性能关系不大，击穿点多发生在电极内部。

其原因在于介质在电场中发生的热量大于它能散发的热量，使其内部温度不断升高。温度升高导致其电阻下降，流经试样的电流增大，产生的热量更多，如此循环，致使介质转变为另一种聚集态，失去了耐电压能力，材料被破坏。

而在实际应用中，任何一种塑料材料，很难说击穿过程一定是某种击穿。一般来说，工作温度高散热条件差，介质电导及损耗大的材料，发生热击穿的概率高。

塑料在一定电压范围内是绝缘体，但是随着施加电压的升高，绝缘性能会逐渐下降。电压升到一定值变成局部导电，此时称塑料材料被击穿，许多塑料广泛用于低压或高压电器，因此研究和了解塑料材料电击穿性能十分必要。

（3）耐电压值

迅速将电压升高到规定值，保持一定时间试样未被击穿，称此电压值为试样的耐电压值，以 kV 表示。

（4）击穿电压

试样在某一电压作用下被击穿，此时的电压值称击穿电压，以 kV 表示。

（5）介电强度（击穿强度）

介电强度指造成聚合物材料介电破坏时所需的最大电压，一般以单位厚度的试样被击穿时的电压数表示，单位为 kV/mm 或 MV/m，有时也称此量为电气强度或击穿强度。通常介电强度越高，材料的绝缘质量越好。

按公式计算介电强度：

$$E = \frac{V_B}{d} \tag{10-21}$$

式中　E——介电强度，kV/mm；

　　　V_B——击穿电压值，V；

　　　d——试样厚度，mm。

10.3.2 测试方法

（1）短时法

施加于试样的电压从零开始，以均匀速率逐渐增加到材料发生介电破坏。

（2）低速升压法

将预测击穿电压值的一半作为起始电压，然后以均匀速率增加电压直到发生击穿。

每级升压值为击穿电压的 5%～10%。

需要注意的是，在交变电场中，介电损耗而发热，会造成介电强度试验时所用电场的频率不同，介电损耗也不同。

在交流电场中使用的材料，应在规定频率的交流电下进行。

在直流场合使用的材料，试验要在直流电下进行。

介电强度试验方法有 ASTM D149-97a、GB/T 1695—2005。

10.3.3 试样、仪器及测试环境

（1）试样

试样的形状和尺寸见表 10-3。

表 10-3 试样的形状和尺寸

项目	试样	尺寸/mm	适用范围
一般试验	板状型材	方形:边长≥100 圆形:直径≥100	包括薄片、漆片漆布、板材以及型材试样
	管状型材	长:100～300	
	带状型材	长≥150,宽≥5	
沿层试验	板状	长100,宽25	板对板电极
		长60,宽30	针销对板电极及锥销电极
	管棒状	高25±0.2的一段环	板对板电极
		长100	锥销电极
		高30	针销电极
表面耐压试验	管棒状	长150±5	

试样表面需用对材料无任何作用的溶剂擦净，装入仪器内两电极之间，保持良好接触。试样厚度不大于 3mm，可以单面或双面加工成（2±0.1）mm。测量试样的厚度时，应在电极面积下沿直径方向至少测量三个点，或在击穿部位附近测量其厚度，然后求平均值。

（2）主要仪器

① 工频电源。

工频电源频率为 50Hz 的正弦波，其波形失真率不大于 5%。

② 高压变压器。

高压变压器的容量应保证次级额定电流不少于 0.1A，保证设备在击穿瞬间不被烧坏。为保证电压能均匀上升，并能控制升压速度，应采用自动升压装置。

③ 调压变压器。

调压变压器应能均匀地调节电压，其容量与试验变压器容量相同。电压测定可在高压侧

用不大于 2.5 级高压静电伏特计、球隙测压器或通过电压互感器来测量。也可以在低压侧用不大于 1.5 级的伏特计测量，其测量误差为 ±4%。

④ 过电流继电器。

过电流继电器的动作电流应使高压试验变压器的次级电流小于其额定值。

⑤ 电极。

板状试样电极材料是黄铜，管状试样电极内电极材料为铝箔、铜棒、导电粉末等，外电极材料为铝箔、铜箔。

板状试样上、下电极尺寸如图 10-15 所示，管状试样电极尺寸如图 10-16 所示。

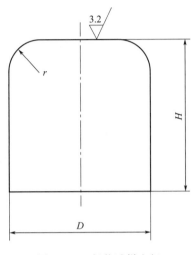

图 10-15　板状试样电极

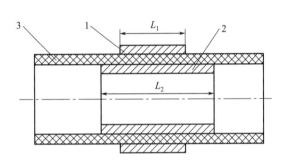

图 10-16　管状试样电极
1—外电极；2—内电极；3—试样

（3）测试标准环境

常态，(20±5)℃，相对湿度 (65±5)%。

热态或潮湿环境，按产品标准规定调节。

10.3.4　测试步骤

以自动升压装置为例，说明测试步骤，自动升压装置线路如图 10-17 所示。T_1 为自耦变压器，T_2 是升压变压器。T_2 变压比不同，其输出最高电压不同。当 T_1 升压时，T_2 高压输出也升高，直至试样被击穿。

① 准备：装好试样接通电源，电源电压表应指示电源电压，直流电压表指示直流电压。合上高压开关电流继电器 J_1 动作，红灯亮。

② 升压：按升压按钮，升压继电器 J_2 动作，蓝灯亮且直流电动机带动调压变压器均速升压。当试样击穿时，过电流继电器动作，J_{4-1} 常闭触头断开，切断 J_1、J_2，红灯灭（高压断开）蓝灯灭（电机停转）。当试样未击穿时，上限行程开关 B_1 动作，其常闭触头断开，动作同上。

若进行耐电压试验，按升压按钮其动作同前，当达到规定电压时按停止按钮，电压便恒定于规定值。

③ 降压：如自动降压接头短接时，试样被击穿后或上限行程开关动作的瞬间降压继电器 J_3 动作，绿灯亮，电机换向旋转使调压变压器电压降至零位置。B_2 下限行程开关动作，

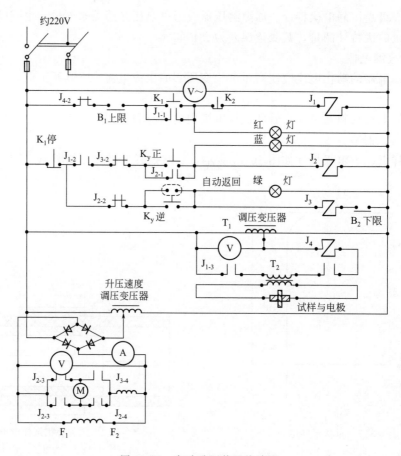

图 10-17　自动升压装置线路图

切断 J_3，电机停转。进行击穿试验时按此操作，若进行耐压试验，不接通自动降压接头，当达到规定耐压时间后，按降压按钮使电压降到零。

④ 以逐级升压方式进行试验时，线路本身已设定好程序将能自动逐级升压和降压。

⑤ 按公式(10-22)计算介电强度：

$$E=\frac{V_B}{d} \tag{10-22}$$

式中　E——介电强度，kV/mm；

　　　V_B——击穿电压值，V；

　　　d——试样厚度，mm。

10.3.5　影响因素

（1）升压速度对介电强度的影响

试验中直接反映出升压速度不同及升压方式不同对介电强度有着一定影响。表 10-4 列出了这种影响，升压速度对处于电击穿形式的试样影响不大；对处于热击穿形式的试样，基本上随升压速度的提高介电强度也增大。因此，一般规定试样击穿电压低于 20kV 时升压速度为 1.0kV/s；大于或等于 20kV 时升压速度为 2.0kV/s。假如介质损耗主要是因电导造成的，则：

$$V_B = \sqrt{\frac{Q_S R}{0.24}} = \sqrt{\frac{Q_S R_0}{0.24}} \cdot e^{-\frac{d}{2r}} \qquad (10\text{-}23)$$

式中　R——温度为 0℃时的电阻值，Ω。

表 10-4　升压速度对介电强度的影响

试样	升压速度/(kV/s)						
	0.5	1.0	1.5	2.0	2.7	2.9	4.0
	介电强度 E/(kV/mm)						
聚氯乙烯电缆料	25.6 26.8	27.3 26.0				26.8 25.7	
酚醛纸基层压板	16.9	15.6 16.6	18.5	16.8	21.9		19.2

（2）温度对介电强度的影响

显然击穿电压是与温度有关的，图 10-18 示出几种高分子材料的温度特性。

（3）试样厚度对介电强度的影响

经验公式表明，介电强度 E 与试样厚度 d 间有如下关系：

$$E = A d^{-(1-n)} \qquad (10\text{-}24)$$

式中　A，n——与材料、电极和升压方式有关的常数，一般 n 在 $0.3\sim1.0$ 之间。

（4）湿度的影响

因水分浸入材料而导致其电阻降低，必然降低击穿电压 V_B 值。如有机硅玻璃布板。常态下 $E = 18\text{kV/mm}$，受潮后 $E = 12\text{kV/mm}$。

从以上所述可以看到，介电强度受许多变量的影响，没有一个绝对"正确"的值可以使用，只有交互试验变量才能达到试验间结果的一致。

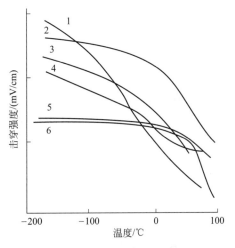

图 10-18　几种高分子材料的温度特性
1—PVAL；2—PMMA；3—VC-VAc 共聚物；
4—CPE；5—PS；6—PE

10.4　介电常数和介质损耗角正切

10.4.1　定义

（1）介电常数

在电磁学里，介电质响应外电场的施加而电极化的衡量，称为电容率。在非真空中由于介电质被电极化，在物质内部的总电场会减小；电容率关系到介电质传输电场的能力。电容率衡量电场怎样影响介电质，怎样被介电质影响。电容率又称为"绝对电容率"，或称为"介电常数"。

采用国际单位制，电容率的测量单位是法拉/米（F/m）。真空的电容率称为真空电容率，或"真空介电常数"，标记为 ε_0。在国际单位制里，真空介电常数等于 8.854×10^{-12} F/m。

（2）相对介电常数

电容器的电极之间及电极周围的空间全部充以绝缘材料时，其电容与同样电极构形的真空电容之比，称为相对介电常数。

注：标准大气压下，不含二氧化碳的干燥空气的相对介电常数等于 1.00053，因此，实际上以空气为介质的电容器能用作测定相对介电常数的基准，并能达到足够的准确度。

按照介电常数或偶极矩的大小，可将高聚物大致分为如下三类：

① 非极性高聚物，如聚乙烯（PE）、聚异丁烯、聚四氟乙烯、聚丙烯（PP）等，其永久偶极矩为零，$\varepsilon_r = 1.8 \sim 2.22$；

② 极性高聚物，如聚苯醚、聚碳酸酯、乙基纤维素、PET、PVC、PMMA、锦纶 6、锦纶 66 等，永久偶极矩大于零小于 0.7D，$\varepsilon_r = 2.2 \sim 4.03$；

③ 强极性高聚物，如聚偏氯乙烯、聚偏氟乙烯、酚醛树脂、硝化纤维素、聚乙炔等，其永久偶极距大于 0.7D，ε_r 大于 4。

（3）介质损耗

当电介质处于交变电场中时，由于电介质中导电载流子产生电流时的电能损耗，永久偶极子转向时克服分子间相互作用而产生的松弛损耗，以及当电场的频率与原子或电子的诱导极化固有振动频率相同时所产生的共振吸收损耗等，所有这些损耗的电能变成热能而使介质发热，这种电能的损耗称为介电损耗或介质损耗，即置于交流电场中的介质，以内部发热（温度升高）形式表现出来的能量损耗。

（4）介质损耗角

对电介质施加交流电压，介质内部流过的电流相量与电压相量之间的夹角的余角。

（5）介质损耗角正切

对电介质施以正弦波电压，外施电压与相同频率的电流之间相角的余角（δ 角）的正切值 $\tan\delta$，称为介质损耗角正切，也称为介质损耗因数。其物理意义是每个周期内介质损耗的能量/每个周期内介质储存的能量。介质损耗角正切越大，则介质损失在发热方面的能量越大。

引起介质损耗的主要原因如下：由电导引起极性分子偶极弛张，极化引起的能量损耗；因结构不均匀引起的；游离式电介质损耗等。

10.4.2 测试原理

（1）工频高压电桥法

这种方法俗称高压西林格电桥法，其原理图如图 10-19 所示。被测样品与无损耗标准电容 C_0 是电桥的两相邻桥臂，桥臂 R_3 是无感电阻，与它相邻的臂由电容 C_4 和恒定电阻 R_4 并联构成。在电阻 R_4 的中点和屏蔽间接有一可调电容 C_a 来完成线路的对称操作。

线路的对称在这里理解为使"臂 R_3 对屏蔽"及"臂 R_4 对屏蔽"的寄生电容固定相等。由于电阻线圈 R_3 中的金属线比电阻 R_4 长得多，臂 R_3 的寄生电容也将大于臂 R_4 的寄生电容，附加电容 C_4 可以增大臂 R_4 的电容泄漏，使其数值与臂 R_3 的泄漏相等。臂 C_a 和 C_0 的寄生电容不大，因此不用对它们加以平衡。

保护电压 e 的作用是消除顶点 A 与 B 处可能存在的泄漏电流。为此 e 是一个将桥顶点 A 的电位（若电桥平衡也就是顶点 B 的电位）引向地电位的装置。

这类电桥平衡后必然有：

$$Z_Z Z_4 = Z_5 Z_S \tag{10-25}$$

$$Z_X = j/(\omega C_X) \tag{10-26}$$

$$Z_S = j/(\omega C_S) \tag{10-27}$$

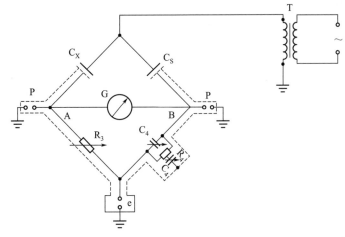

图 10-19　高压西林格电桥法原理图

T—试验变压器；C_S—标准电容器；C_X—试样与电极；R_3—可变电阻；

C_4—可变电容；R_4—固定电阻；G—电桥平衡指示；P—放电器

$$Z_3 = R_3 \tag{10-28}$$

$$Z_4 = 1/(1/R_4 + j\omega C_4) \tag{10-29}$$

由平衡条件及 $\tan\delta$ 定义可计算出：

$$\tan\delta = 2\pi f C_4 R_4 \times 10^{-12} \tag{10-30}$$

当 $f = 50\text{Hz}$、$R_4 = 10000/\pi\Omega$ 时，有 $\tan\delta = C_4 \times 10^{-6}$，显然，用 C_4 直接表示出 $\tan\delta$ 值。根据前面两式可得出：

$$C_X = C_n \frac{R_4}{R_3}\left(1 + \frac{1}{\tan^2\delta}\right) \tag{10-31}$$

$$\varepsilon = \frac{C_X}{C_0} \tag{10-32}$$

式中　f——频率，Hz；

　　　C_4——标准电容器电容，pF；

　　　C_X——试样电容，pF；

　　　R_4——$1000/\pi$，Ω；

　　　C_n——试样几何电容，pF；

　　　ε——介电常数。

（2）变电纳法测量

图 10-20 呈现变电纳法测量原理，高频信号电压通过电感 L 的反馈送至谐振电路，以电子管电压表指示谐振电压的大小。这样一个谐振回路，其谐振曲线（见图 10-21）有如下的特性：第一，谐振曲线是对称的，除谐振点对应一个谐振电容 C_r 外，其他任一电压对应两个电容，即 C_a 及 C_b；第二，这个谐振曲线的形状随回路的电导而变化，如果电导大，曲线平缓，电导小则曲线尖锐。因而电导直接与 $C_a - C_b$ 之值有关，且有如下关系式：

$$G = \frac{\omega(C_a - C_b)}{2\sqrt{q-1}} - \frac{\omega \Delta C}{2\sqrt{q-1}} \tag{10-33}$$

式中　q——选取失谐电压情况；

　　　ΔC——失谐至同一 V 值时的电容差值；

　　　G——等效电导；

　　　ω——角频率。

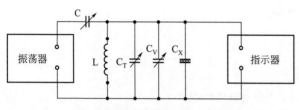

图 10-20　变电纳法测量原理图

L—谐振线圈；C_T—管形微调电容；

C_V—主电容；C_X—试样

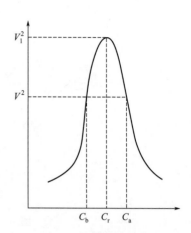

图 10-21　谐振曲线

V_1^2—共振时电压平方；V^2—电压平方；

C_b、C_r、C_a—电密度值

由此可知试样的电导为：

$$G_2=\frac{\omega(\Delta C_1-\Delta C_0)}{2\sqrt{q-1}} \tag{10-34}$$

式中　ΔC_1——有试样时两次失谐至 V 值时电容的变化量；

　　　ΔC_0——无试样时两次失谐至 V 值时电容的变化量。

因此

$$\tan\delta=\frac{G_x}{\omega C_X}=\frac{\Delta C_1-\Delta C_0}{2C_X\sqrt{q-1}} \tag{10-35}$$

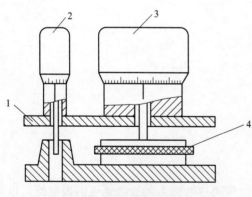

图 10-22　测微电极

1—接地板；2—微调圆柱管形电容器；

3—主电容器；4—试样

为了准确测量 ΔC_1 与 ΔC_0，一般都用带有微调的线性管状电容的测微电极，其示意图如图 10-22 所示。在实际测定中取 $q=2$，上式变为：

$$\tan\delta=\frac{\Delta C_1-\Delta C_0}{2C_X} \tag{10-36}$$

采用测微电极，除了可以减小接线的电容、电阻及电感对被连接元件的影响外，而且利用这种电极既可采用接触式测量，也可采用非接触式测量。

当采用接触方式时，试样两面应附上一层接触电极，一般贴上金属箔，最好使用锡箔。因为锡箔不易氧化，不因残阻太大而影响 $\tan\delta$ 的测试结果，特别是在频率高时更应注意。此时，C_X 是这样求取的：

夹具间有试样时：

$$C_r=C_0+C_e+C_g \tag{10-37}$$

无试样时，旋转测微头，回路重新谐振，则：

$$C_r' = C_X + C_e + C_g \qquad (10\text{-}38)$$

由此得出
$$C_X = C_r' - C_r + C_0 \qquad (10\text{-}39)$$

式中　C_r——有试样时极板间的校准电容；

　　　C_r'——无试样时极板间的校准电容；

　　　C_e——边缘电容；

　　　C_g——不接地电极的接地电容。

当采用无接触方式时，试样无须贴电极。根据 ASTM D1673—73 的方法，试样一面与电极接触，另一面与电极极板间间隙约为试样厚度的 10%，测量过程与接触式电极方法相同。其结果按下式计算：

$$\tan\delta = D_c \frac{C_X}{C_1} \qquad (10\text{-}40)$$

$$\varepsilon_x = \frac{d}{d - (d_0 - d_0')} \qquad (10\text{-}41)$$

$$D_c = \frac{\Delta C_1 - \Delta C_0}{2C_0} \qquad (10\text{-}42)$$

式中　D_c——试样与空气串联组合的介电常数；

　　　C_X——试样与空气串联组合的电容；

　　　d——试样厚度；

　　　d_0'——有试样时平板电极间距离；

　　　d_0——无试样时回路重新谐振平板电极间的距离。

对泡沫塑料来说，这类方法较好。

（3）谐振升高法

利用这种方法进行测量的典型仪器是 Q 表，图 10-23 是这类仪器的原理图。假如保持回路电流不变，那么当回路发生谐振时，其谐振电压比输入电压高 Q 倍，即 $V_2 = QV_1$。

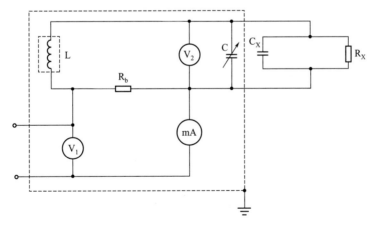

图 10-23　Q 表测量原理图

V_1—输入电压表；mA—毫安表；R_b—耦合电阻；L—辅助线圈；V_2—电压表（用 Q 值标度）

C—标准电容；C_X—试样电容；R_X—试样电阻

$$G_X = gS/100 \qquad (10\text{-}43)$$

显然，如果固定 g，则由 S 的变化直接可读出试样的电导 g，同时由 C_S 的减量直接读出 C_X 值。在并联回路中根据 $\tan\delta_X$ 定义，可直接算出介质损耗角正切值及介电常数，即

$$\tan\delta_X = G_X/(\omega C_X) \tag{10-44}$$
$$\varepsilon = 11.3 \mathrm{d}x/S \tag{10-45}$$

式中　ε——介电常数；

　　C_X——试样电容量，F；

　　G_X——试样电导率，S；

　　$\mathrm{d}x$——试样厚度，mm；

　　S——测量电极有效面积，cm^2。

目前利用这类原理已制成全自动电桥，与计算机系统相接，可直接报出 $\tan\delta_X$ 及 ω 值。

10.4.3　测试方法

下面主要介绍国家标准 GB/T 1409—2006《测量电气绝缘材料在工频、音频、高频（包括米波波长在内）下电容率和介质损耗因数的推荐方法》。

测量介电常数和介质损耗因数的方法可分成两种：零点指示法和谐振法。

零点指示法适用于频率不超过 50MHz 时的测量。测量电容率和介质损耗因数可用替代法，也就是在接入试样和不接试样两种状态下，调节回路的一个臂使电桥平衡。通常回路采用西林电桥、变压器电桥（也就是互感耦合比例臂电桥）和并联 T 形网络。变压器电桥的优点：不需任何外加附件或过多操作就可采用保护电极；它没有其他网络的缺点。

谐振法适用于 10kHz 到几百兆赫兹的频率范围内的测量。该方法为替代法测量，常用的是变电抗法。但该方法不适合采用保护电极。

10.4.4　试样、电极、测试仪器及测试环境

（1）试样

测定材料的电容率和介质损耗因数，最好采用板状试样，也可采用管状试样。

在测定电容率需要较高精度时，最大的误差来自试样尺寸的误差，尤其是试样厚度的误差，因此厚度应足够大，以满足测量所需要的精确度。厚度的选取决定于试样的制备方法和各点间厚度的变化。对 1% 的精确度来讲，1.5mm 的厚度就足够了，但是对于更高精确度，最好是采用较厚的试样，例如 6～12mm。测量厚度必须使测量点有规则地分布在整个试样表面上，且厚度均匀度在 ±1% 内。如果材料的密度是已知的，则可用称量法测定厚度。选取试样的面积时应能提供满足精度要求的试样电容。测量 10pF 的电容时，使用有良好屏蔽保护的仪器。由于现有仪器的极限分辨能力约 1pF，因此试样应薄些，直径为 10cm 或更大些需要测低损耗因数值时，很重要的一点是导线串联电阻引入的损耗要尽可能地小，即被测电容和该电阻的乘积要尽可能小，同样，被测电容对总电容的比值要尽可能地大。在测量回路中，与试样并联的电容不应大于约 5pF。

（2）电极系统

① 加到试样上的电极。

如果不用保护环，而且试样上下的两个电极难以对齐时，其中一个电极应比另一个电极大些。已经加有电极的试样应放置在两个金属电极之间，这两个金属电极要比试样上的电极稍小些。对于介质损耗因数的测量，这种类型的电极在高频下不能满足要求，除非试样的表

面和金属板都非常平整。

② 试样上不加电极。

表面电导率很低的试样可以不加电极而将试样插入电极系统中测量，在这个电极系统中，试样的一侧或两侧有一个充满空气或液体的间隙。

空气填充测微计电极和流体排出法的电极装置特别合适。空气填充测微计电极是指当试样插入和不插入时，电容都能调节到同一个值，不需进行测量系统的电气校正就能测定电容率。电极系统中可包括保护电极。流体排出法是指在电容率近似等于试样的电容率，而介质损耗因数可以忽略的一种液体内进行测量，这种测量与试样厚度测量的精度关系不大。当相继采用两种流体时，试样厚度和电极系统的尺寸可以从计算公式中消去。

试样为与试验池电极直径相同的圆片，或对测微计电极来说，试样可以比电极小到足以使边缘效应忽略不计。在测微计电极中，为了忽略边缘效应，试样直径约比测微计电极直径小两倍的试样厚度。

此外，为了避免边缘效应引起电容率的测量误差，电极系统可加上保护电极。保护电极的宽度应至少为两倍的试样厚度，保护电极和主电极之间的间隙应比试样厚度小。假如不能用保护环，通常需对边缘电容进行修正。在一个合适的频率和温度下，边缘电容可采用有保护环和无保护环的（比较）测量来获得，用所得到的边缘电容修正其他频率和温度下的电容也可满足精度要求。

③ 构成电极的材料。

a. 金属箔电极。用极少量的硅脂或其他合适的低损耗黏合剂将金属箔贴在试样上。金属箔可以是纯锡或铅，也可以是这些金属的合金，其厚度最大为 $100\mu m$，也可使用厚度小于 $10\mu m$ 的铝箔。但是，铝箔在较高温度下易形成一层电绝缘的氧化膜，这层氧化膜会影响测量结果，此时可使用金箔。

b. 喷镀金属电极。锌或铜电极可以喷镀在试样上，它们能直接在粗糙的表面上成膜。这种电极还能喷在布上，因为它们不穿透非常小的孔眼。

c. 导电漆。无论是气干还是低温烘干的高电导率的银漆都可用作电极材料。因为此种电极是多孔的，可透过湿气，能使试样的条件处理在涂上电极后进行，对研究湿度的影响特别有用。此种电极的缺点是试样涂上银漆后不能马上进行试验，通常要求 12h 以上的气干或低温烘干时间，以便去除所有的微量溶剂。否则，溶剂可使电容率和介质损耗因数增加。同时应注意漆中的溶剂对试样应没有持久的影响。

使用刷漆法得到边缘界限分明的电极较困难，但使用压板或压敏材料遮框喷漆可克服此局限。但在极高的频率下，因银漆电极的电导率会非常低，此时不能使用。

d. 石墨。一般不推荐使用石墨，但是有时候也可采用，特别是在较低的频率下。石墨的电阻会引起损耗的显著增大，若采用石墨悬浮液制成电极，则石墨还会穿透试样。

④ 电极的选择

a. 板状试样。对于相对电容率为 10 以上的无孔材料，可采用沉积金属电极。对于这些材料，电极应覆盖在试样的整个表面上，并且不用保护电极。对于相对电容率在 3～10 之间的材料，能给出最高精度的电极是金属箔、汞或沉积金属，选择这些电极时要注意适合材料的性能。若厚度的测量能达到足够精度，试样上不加电极的方法方便而更可取。假如有一种合适的流体，它的相对电容率已知或者能很准确地测出，则采用流体排出法是最好的。

b. 管状试样。对管状试样而言，最合适的电极系统将取决于它的电容率、管壁厚度、直径和所要求的测量精度。一般情况下，电极系统应由一个内电极和一个稍微窄一些的外电极及外电极两端的保护电极组成，外电极和保护电极之间的间隙应比管壁厚度小。对小直径和中等直径的管状试样，外表面可加三条箔带或沉积金属带，中间一条用作外电极（测量电极），两端各有一条用作保护电极。内电极可用汞，沉积金属膜或配合较好的金属芯轴。

高电容率的管状试样，其内电极和外电极可以伸展到管状试样的全部长度上，可以不用保护电极。

大直径的管状或圆筒形试样，其电极系统可以是圆形或矩形的搭接，并且只对管的部分圆周进行试验。这种试样可按板状试样对待，金属箔、沉积金属膜或配合较好的金属芯轴内电极与金属箔或沉积金属膜的外电极和保护电极一起使用。如采用金属箔作内电极，为了保证电极和试样之间的良好接触，需在管内采用一个弹性的可膨胀的夹具。

对于非常准确的测量，在厚度的测量能达到足够的精度时，可采用试样上不加电极的系统。对于相对电容率不超过 10 的管状试样，最方便的电极是用金属箔、汞或沉积金属膜。相对电容率在 10 以上的管状试样，应采用沉积金属膜电极；瓷管上可采用烧熔金属电极。电极可像带材一样包覆在管状试样的全部圆周或部分圆周上。

（3）仪器

高压电桥、低压西林电桥、变压器电桥、Q 表。

（4）测试环境

常态时使用的环境温度为（20±5）℃，相对湿度为（65±5）%。热态或潮湿态，视具体需要选取。

热态预处理后的试样须在温度（20±5）℃、相对湿度（65±5）%的条件下冷却到（20±5）℃后方能进行常态试验。

10.4.5　影响因素

（1）湿度的影响

极性材料（甚至是不纯的非极性材料）在低频率时，受湿度影响很大。例如，在前处理过程中，材料吸收了 0.5% 的水分，可使介电常数增加 20%，损耗指数增加 30 倍。

（2）温度的影响

高分子材料具有多重转变，非极性材料的性能随温度和频率的变化很小。但对于极性聚合物来说变化会很大。

（3）杂散电容

许多高频下的测试都采用两电极系统，其杂散电容对结果是有影响的。为消除杂散电容，对板状试样通常采用测微电极系统。

（4）测试电压

对板状试样，电压高至 2kV 对结果影响不大，但电压过大，会使周围空气电离而增加附加损耗。对薄膜材料，当测试的平均场强超过 $10\sim20kV/mm$ 时，$\tan\delta$ 值有明显增大。发生这种现象，主要是因为周围空气发生电离。从试验中发现，当薄膜浸入油中进行试验，因周围介质尚未发生电离，故在较高的电场强度下 $\tan\delta$ 值变化也很小。一般测试薄膜电压低于 500V 为宜。

（5）接触电极材料

在工频和音频下，无论是板状试样、管状试样还是薄膜，凡是体积电阻率测量时所用的电极系统及电极材料皆可使用。

在高频下，由于频率的提高，电极的附加损耗变大，因而要求接触电极材料本身的电阻一定要小。

（6）薄膜试样层数的影响

对于极薄的薄膜，如 $5\mu m$ 厚，在测试时不能像板状试样那样采用单片，而往往采用多层。试验结果表明：随着层数增加，介电常数略有上升趋势，介质损耗角正切值略有下降，且分散性变小。

10.5 耐电弧性

10.5.1 定义

（1）耐电弧性

耐电弧性是在规定的试验条件下，绝缘材料耐受沿着它的表面电弧作用的能力。通常用电弧焰在材料表面引起炭化至表面导电所需的时间表示。

（2）失效

当被试材料内形成导电通道时，认为材料已经失效。如果电弧引起某一材料燃烧和电弧被切断后材料还继续燃烧，则也认为材料已经失效。

10.5.2 测试原理

借助高压小电流或低压大电流在两电极间产生的电弧作用于材料表面使其产生导电层。其测试原理如图 10-24 所示。线路是根据表 10-5 的通电程序设计的，最大可产生 40mA 的连续电流。

10.5.3 测试方法

下面主要介绍国家标准 GB/T 1411—2002《干固体绝缘材料　耐高电压、小电流电弧放电的试验》的推荐方法。

耐电弧试验大致分两类，一类是低压大电流，一类是高压小电流。塑料材料用得较多的是高压小电流，其线路原理已示于图 10-24。

测定耐电弧时，置试样于电极装置内并调节电极间距至（6.35±0.1)mm。

接通试验回路并观察起始电弧、漏电起痕进展和被试材料的任何奇特现象。如果任何试验阶段的第一次试验进展正常，则随后的试验就不必再仔细观察。

观察起始电弧以便确定它是否仍然保持水平且紧靠试样表面。如果电弧顶部处于试样表面上方约 2mm 或者电弧爬向电极上方而不再保持在电极尖端处或者发生不规则的闪烁，则表明回路常数不正确或者材料正在以极大速率释放出气体产物。

每次 1min 试验结束时，通电程序如表 10-5 所示顺序增加，直至发生失效。失效时，应立即切断电弧电流并停止计时。记录 5 次试验每一次到达失效的时间（s）。

失效破坏的判定原则如下：

① 在材料表面上，两电极间产生了细线状的导电通路，此时电弧声音明显变化，弧光发亮，电弧立即熄灭；

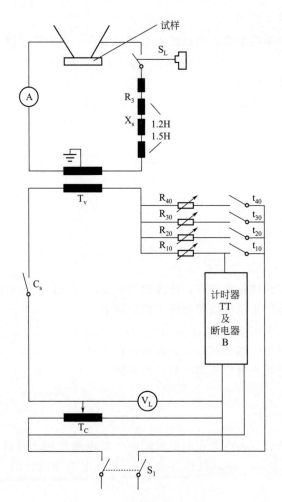

图 10-24   耐电弧测试原理图

② 由于材料表面产生了足够的炭而形成了导电通路；

③ 有些有机绝缘材料电弧作用呈火焰状，在材料表面虽没有形成明显的导电通路，但应认为已被破坏；

④ 有些材料在电弧作用下产生龟裂而破坏。

注：本方法不适用于不能使材料表面形成破坏的材料。

表 10-5   通电程序

阶段	电流/mA	时间周期[①]/s	总时间/s
1/8	10	1/8 通，7/8 断	60
1/4	10	1/4 通，3/4 断	120
1/2	10	1/4 通，1/4 断	180
10	10	连续	240
20	20	连续	300
30	30	连续	360
40	40	连续	420

① 在开头的三个阶段规定了中断电弧，目的是使试验不如连续电弧那么严酷。电流规定为 10mA，因为电流再小可能会使电弧不稳定或闪烁。

10.5.4　试样、电极及测试仪器

（1）试样

试样厚度应是 $33_0^{+0.4}$ mm，应用其他厚度时应予以报告。

对材料作正规比较时，应在每一材料的试样上至少做 5 次试验。每一试样应具有必要的尺寸，使试验在平坦表面上进行并可使电极装置既应距试样边缘不少于 6mm，又应距先前试验过的地方不少于 12mm。试验薄的材料时，要预先把它们夹在一起，使形成的试样厚度尽可能接近推荐的厚度。

当试验模塑样品时，应施加电弧于被认为最有意义的位置。部件的比较试验应在类似的位置进行。

试验前应使用合适的方法去除粉尘、湿气和指印等。

除另有规定外，试样应在（23±2）℃、（50±5）% 相对湿度（按 IEC 60212 中的标准大气 B）标准大气中至少暴露 24h。

（2）电极

安装在把柄内的电极及电极装置示意图如图 10-25 和图 10-26 所示。用没有龟裂和损伤的钨棒制成，电极的一端要磨成一个和轴线成 30°角的椭圆面。电极应处在与试样面相垂直的平面内，和水平面间夹角为 35°，电极椭圆面短轴应水平且对着样品，两电极尖端间距离为（6.0±0.1)mm。

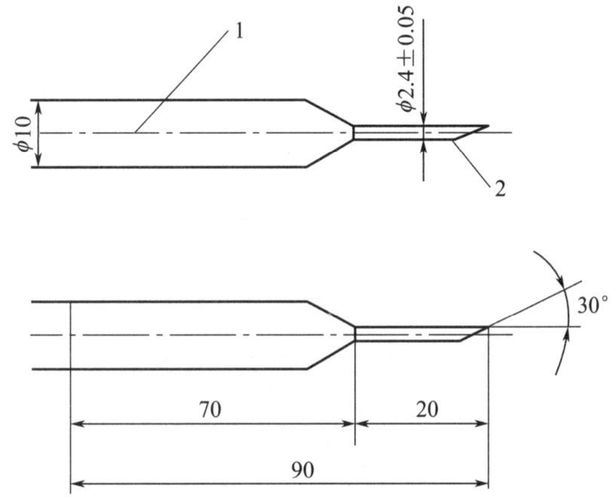

（3）测试仪器

① 试验回路。

需要注意的是次级回路接线杂散电容应小于 40pF。大的杂散电容可能会干扰电弧的形状并影响试验结果。

图 10-25　安装在把柄内的电极
1—把柄；2—电极

a. 变压器，T_v。该变压器的额定次级电压（开路）为 15kV，额定次级电流（短路）为 60mA，线路频率为 48～62Hz。

b. 可变比自耦变压器，T_c。额定容量为 1kV·A 且与线路电压匹配。

注：推荐初级电压电源变化保持±2%。

c. 电压表，V_L。AC 电压表，其准确度为±0.5%，能读出电源电压的 $^{+10}_{-20}$%。

d. 毫安表，A。一种精确的有效值 a.c. 毫安表，能读出 10～40mA，准确度为±5%。由于该毫安表仅当进行设定或改变回路时才用到，因此，不用时可通过一个旁路开关使其短路。

注：尽管已经采取措施抑制电弧电流的射频分量，但当试验设备进行第一次组装时，可能还是需要检查射频分量是否存在。最好的做法是应用一个合适的热电偶射频（r.f.）型毫安表暂时与该毫安表串联起来。

e. 电流控制电阻器，R_{10}、R_{20}、R_{30} 及 R_{40}。需要四个电阻器与变压器 T_v 的初级串联。这些电阻器必须在一定范围内可调，以便在校正过程允许对电流进行准确设定。R_{10} 总是接在回路中以便提供 10mA 电流。

f. 抑制电阻器，R_3。额定电阻为（15±1.5）kΩ 并至少 24W。该电阻器与电感（见 g.）一起用于抑制电弧电路中的寄生高频。

g. 空芯电感器，X_s，1.2H～1.5H。用单个线圈构成的这种电感器是不实用的，常用

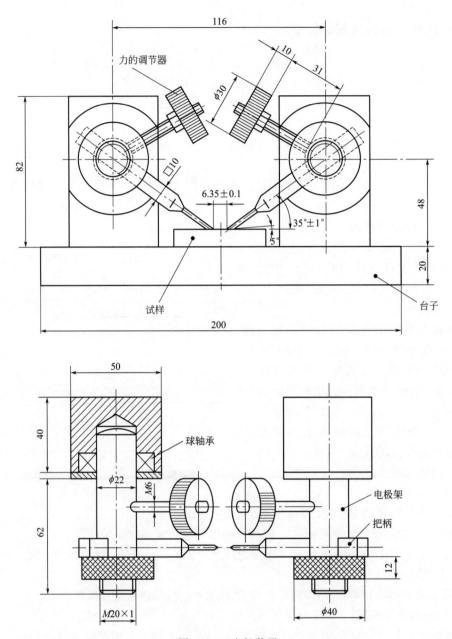

图 10-26　电极装置

的电感器由将导线绕在直径约 12.7mm 和内长 15.9mm 的绝缘非金属芯子上的 8 个 3000～5000 匝的线圈串联而成。

　　h. 断电器，B。由电机驱动或电子仪器操作的断电器用于按预定程序进行切断和接通初级回路，以便获得该试验的三个较低阶段所需要的周期。断电器的准确度为 ±0.008s。

　　i. 计时器，TT。秒表或电动计时器，准确至 ±1s。

　　j. 接触器，C_s。当罩在电极装置上的通风防护罩降至设定位置时，该通风防护罩触动常开（NO）微型开关，而微型开关又使接触器 C_s 动作并将变压器 T_v 与回路接通，使得高压 HV 施加于电极上。当通风防护罩升起时，变压器断开，操作者得到保护。

　　② 试验箱。为防止通风，试验箱应是不通风的密闭箱，其尺寸不小于 300mm×150mm

×100mm。

10.5.5　结果

（1）本试验的结果是以秒表示的失效时间

许多材料常常是在严酷程度发生变化后的开头几秒内失去抵抗能力的。当对材料的耐电弧做比较时，两者差异处于两个阶段交替的那几秒要比处于单个阶段内所经过的相同的那几秒时间重要得多。因此，耐电弧在 178s 与 182s 之间和耐电弧在 174s 与 178s 之间存在着很大的差异。

（2）已经观察到的四种通常的失效类型

第一种类型，由于许多无机电介质变成白热状态，致使它们能够导电。然而，当冷却时，它们又恢复到其原先绝缘状态。

第二种类型，某些有机复合物突然发生火焰，但在材料内不形成明显的导电通道。

第三种类型，另外一些材料可见到当电弧消失时，在电极间形成一条细金属丝似的线。

第四种类型是表面发生炭化直至出现足够的炭而形成导电。

10.5.6　报告

试验报告应包括下述内容：
① 被试材料的鉴别和厚度。
② 试验前的清洗和条件处理的细节。
③ 耐电弧时间的中值、最小值和最大值。
④ 观察到的特殊现象，如燃烧和软化。

10.6　电磁屏蔽效能

电磁波是电磁能量传播的主要方式，高频电路工作时，会向外辐射电磁波，对邻近的其他设备产生干扰。另外，空间的各种电磁波也会传输到电路中，对电路造成干扰。电磁屏蔽是抑制干扰、增强设备的可靠性及提高产品质量的有效手段。合理地使用电磁屏蔽，可以抑制外来高频电磁波的干扰，也可以避免作为干扰源影响其他设备。

下面主要介绍电磁屏蔽效能的相关测试方法。

10.6.1　定义

（1）电薄

试样的厚度远小于（<1/100）试样的导电波长。

（2）屏蔽效能（SE）

在同一激励下的某点上，有屏蔽材料与无屏蔽材料时测量到的电场强度、磁场强度或功率之比。

$$SE = 20\lg(E_2/E_1) \tag{10-46}$$

或
$$SE = 20\lg(H_2/H_1) \tag{10-47}$$

或 $$SE = 10\lg(P_2/P_1) \qquad (10\text{-}48)$$

式中　SE——屏蔽效能，dB；

　　　H_1——无屏蔽材料时的磁场强度；

　　　H_2——有屏蔽材料时的磁场强度；

　　　E_1——无屏蔽材料时的电场强度；

　　　E_2——有屏蔽材料时的电场强度；

　　　P_1——无屏蔽材料时的功率；

　　　P_2——有屏蔽材料时的功率。

注：屏蔽效能通常为负值，但习惯用其绝对值。

10.6.2　测试方法

下面主要介绍国家标准 GB/T 30142—2013《平面型电磁屏蔽材料屏蔽效能测量方法》中的推荐方法。

法兰同轴装置法适用于电薄材料的屏蔽效能测量，根据测量频率范围分为 30MHz～1.5GHz 法兰同轴装置法、30MHz～3GHz 法兰同轴装置法。

屏蔽室法适用于屏蔽材料在 10kHz～40GHz 频率范围的屏蔽效能测量。屏蔽室屏蔽效能应大于被测材料屏蔽效能至少 6dB。也可采用屏蔽半暗室或屏蔽全暗室方法。

10.6.2.1　法兰同轴装置法

（1）测量条件

测量条件应满足以下要求：

① 环境温度：（23±5）℃；

② 环境相对湿度：（40～75）%；

③ 大气压力：86～106kPa；

④ 试样测量前应在上述环境中保持 48h；

⑤ 环境电磁噪声对测量结果不应产生影响。

（2）测量设备

① 法兰同轴装置。

法兰同轴装置技术指标应满足以下要求：

a. 频率范围：30MHz～1.5GHz 或者 30MHz～3GHz；

b. 特性阻抗：50Ω；

c. 电压驻波比：<1.2；

d. 传输损耗：<1dB。

② 信号发生器。

信号发生器技术指标应满足以下要求：

a. 频率范围：根据测量需求选择；

b. 输出阻抗：50Ω；

c. 电压驻波比：<2.0；

d. 最大输出功率：约 13dBm。

③ 频谱分析仪。

频谱分析仪技术指标应满足以下要求：

a. 频率范围：根据测量需求选择；

b. 特性阻抗：50Ω；

c. 频谱分析仪最小分辨率带宽：≤1kHz。

④ 带跟踪信号源的频谱分析仪。

带跟踪信号源的频谱分析仪技术指标应满足以下要求：

a. 频率范围：根据测量需求选择；

b. 跟踪信号源最大输出功率：≥0dBm；

c. 跟踪信号源电压驻波比：<2.0；

d. 频谱分析仪最小分辨率带宽：约 1kHz。

⑤ 网络分析仪。

网络分析仪技术指标应满足以下要求：

a. 频率范围：根据测量需求选择；

b. 特性阻抗：50Ω；

c. 电压驻波比：<2.0；

d. 中频带宽：约 1kHz。

⑥ 衰减器。

衰减器技术指标应满足以下要求：

a. 频率范围：根据测量需求选择；

b. 特性阻抗：50Ω；

c. 驻波比：<1.2；

d. 衰减量：≥6dB（额定功率多 1W）。

⑦ 电缆及连接线。

电缆及连接线技术指标应满足以下要求：

a. 特性阻抗：50Ω；

b. 连接器：N 型。

（3）测量频率点

采用法兰同轴装置法开展测量时，推荐在 30MHz、80MHz、300MHz、450MHz、915MHz、1GHz、1.5GHz、1.8GHz、2.45GHz、3GHz 等频率点给出测量结果，并尽量满足对测量频率范围和频率点的要求。

（4）被测试样要求

用法兰同轴装置测量屏蔽效能的被测试样应满足以下要求：

① 被测试样分参考试样和负载试样，参考试样和负载试样应是电薄材料。

② 参考试样和负载试样的材质应相同，30MHz～1.5GHz 法兰同轴装置法对被测试样的形状和尺寸要求见图 10-27，30MHz～3GHz 法兰同轴装置法对被测试样的形状和尺寸要求见图 10-28。图 10-27(a)、图 10-28(a) 中参考试样分为两部分（画有网纹部分），测量时，中间圆形部分安装在装置的中心导体上，环形部分安装在装置的外导体法兰上。

③ 被测试样应在温度（23±5)℃、相对湿度（40～75)% 的条件下存放 48h 后，立即开展测量。

④ 参考试样和负载试样厚度应相等（当两种试样平均厚度之差小于 $25\mu m$ 时，本方法认为参考试样和负载试样厚度相等），各自表面各点厚度之差应小于平均厚度的 5%。

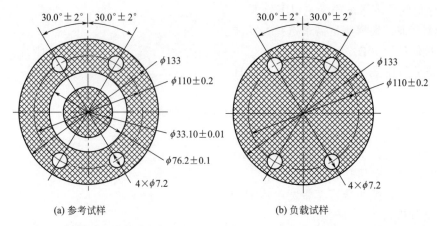

图 10-27　参考试样和负载试样的尺寸要求（30MHz～1.5GHz 法兰同轴装置法）

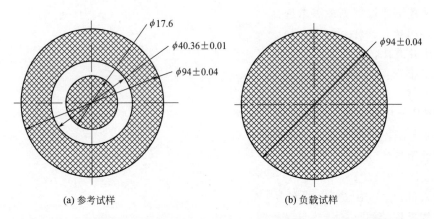

图 10-28　参考试样和负载试样的尺寸要求（30MHz～3GHz 法兰同轴装置法）

⑤ 将被测试样夹放在法兰同轴装置中，并夹紧被测试样，使被测试样与装置法兰面紧密接触，避免因接触不良而引起的测量误差。

⑥ 由于噪声电平会影响接收机的灵敏度，因此测量屏蔽效能值高于 60dB 以上的待测试样时应使用双层屏蔽或半刚性电缆。

（5）测量方法

用法兰同轴装置对平面型电磁屏蔽材料的屏蔽效能开展测量时，常用的测量方法有：信号发生器/频谱分析仪测量方法、带跟踪信号源的频谱分析仪测量方法、网络分析仪测量方法。

① 信号发生器/频谱分析仪测量方法。

使用信号发生器/频谱分析仪测量方法的步骤如下：

a. 按图 10-29 连接测量系统，将信号发生器通过衰减器接入该装置的一端，装置的另一端通过衰减器与频谱分析仪相连接，测量时注意测量电缆应尽量短；

b. 接通测量设备的电源，待设备工作稳定后进行测量；

c. 将参考试样固定于法兰同轴装置中，采用 30MHz～1.5GHz 法兰同轴装置时，用力矩改锥拧紧尼龙螺钉，采用 30MHz～3GHz 法兰同轴装置时，拧紧旋钮固定并标记至某一个刻度；

d. 信号发生器调到 30MHz 频率点上，输出电平置于 0dBm，调节频谱分析仪频率至

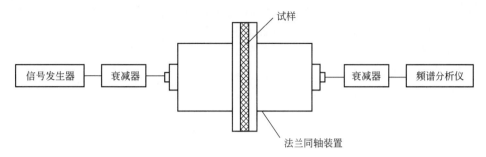

图 10-29 信号发生器/频谱分析仪测量系统示意图

30MHz，读取最大值，并记下此读数 P_1（dBm）；

e. 保持信号发生器输出电平不变，改变信号发生器的输出频率，测量参考试样在不同频率点上的 P_1（dBm）；

f. 调松法兰同轴装置，取出参考试样，将负载试样固定于装置中，采用 30MHz～1.5GHz 法兰同轴装置时，用力矩改锥以 c 中相同力矩拧紧尼龙螺钉，采用 30MHz～3GHz 法兰同轴装置时，拧紧旋钮至 c 步骤的同一刻度；

g. 保持信号发生器频率和输出电平不变，观察频谱分析仪读数，如果读数大于它的噪声电平至少 10dB，记下此时频谱分析仪的读数 P_2（dBm）；

h. 保持信号发生器的电平输出不变，改变信号发生器的输出频率，测量负载试样在不同频率点上的 P_2（dBm）；

i. 被测试样屏蔽效能应按公式(10-49)计算：

$$SE = P_1 - P_2 \tag{10-49}$$

② 带跟踪信号源的频谱分析仪测量方法。

使用带跟踪信号源的频谱分析仪测量屏蔽效能的步骤如下：

a. 按图 10-30 的要求连接测量系统，将带跟踪信号源的频谱分析仪的输出端与法兰同轴装置的一端连接，输入端与装置的另一端连接；

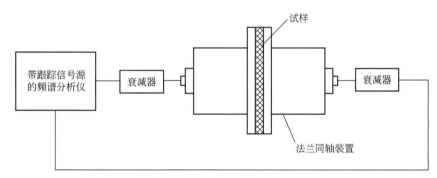

图 10-30 跟踪信号源/频谱分析仪测量系统示意图

b. 接通测量设备的电源，待设备工作稳定后进行测量；

c. 将参考试样固定于法兰同轴装置中，采用 30MHz～1.5GHz 法兰同轴装置时，用力矩改锥拧紧尼龙螺钉，采用 30MHz～3GHz 法兰同轴装置时，拧紧旋钮固定并标记至某一个刻度；

d. 对测量系统做传输校准；

e. 调松法兰同轴装置，取出参考试样，将负载试样固定于装置中，采用 30MHz～

1.5GHz 法兰同轴装置时，用力矩改锥以步骤 c. 中相同力矩拧紧尼龙螺钉，采用 30MHz～3GHz 法兰同轴装置时，拧紧旋钮至步骤 c. 的同一刻度；

　　f. 测量负载试样的屏蔽效能。

　　③ 网络分析仪测量方法。

　　使用网络分析仪测量屏蔽效能的步骤如下：

　　a. 按图 10-31 的要求连接测量系统，将网络分析仪输入端与法兰同轴装置的一端相连接，输出端连接装置另一端；

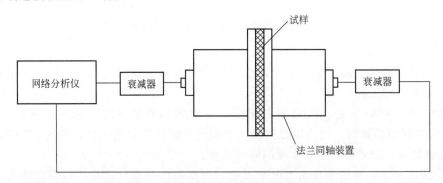

图 10-31　网络分析仪测量系统示意图

　　b. 接通测量设备的电源，待设备工作稳定后进行测量；

　　c. 将参考试样固定于法兰同轴装置中，采用 30MHz～1.5GHz 法兰同轴装置时，用力矩改锥拧紧尼龙螺钉，采用 30MHz～3GHz 法兰同轴装置时，拧紧旋钮固定并标记至某一个刻度；

　　d. 对测量系统做传输校准；

　　e. 调松法兰同轴测量装置，取出参考试样，将负载试样固定于装置中，采用 30MHz～1.5GHz 法兰同轴装置时，用力矩改锥以 c 中相同力矩拧紧尼龙螺钉，采用 30MHz～3GHz 法兰同轴装置时，拧紧旋钮至 c 步骤的同一刻度；

　　f. 测量负载试样的屏蔽效能。

10.6.2.2　屏蔽室法

　　(1) 测量条件

　　测量条件应满足以下要求：

　　a. 环境温度：(15～30)℃；

　　b. 环境相对湿度：低于 80%；

　　c. 大气压力：(86～106)kPa；

　　d. 试样测量前应在上述环境中保持 48h；

　　e. 环境电磁噪声对测试结果不应产生影响。

　　(2) 测量设备

　　① 屏蔽室。

　　屏蔽室测试窗为正方形，边长不小于 0.6m，适用频率范围为 10kHz～40GHz，方形孔中心距屏蔽室地面高度不小于 1m，方形孔边界距侧墙不小于 0.5m。方形孔边沿法兰宽度不小于 25mm，法兰应做导电处理。

　　如仅用于 1～40GHz 屏蔽效能测量，测试窗尺寸可为 0.3m×0.3m，边界距侧壁不小于

0.1m，方形孔边沿法兰宽度不小于 25mm，法兰应做导电处理，应保证屏蔽室内天线沿距侧壁不小于 0.1m。也可使用屏蔽暗箱。

② 信号发生器。

信号发生器应满足以下要求：

a. 频率范围：10kHz～40GHz；

b. 输出阻抗：50Ω；

c. 电压驻波比：＜2.0；

d. 最大输出功率：约 13dBm。

③ 频谱分析仪。

频谱分析仪应满足以下要求：

a. 频率范围：9kHz～40GHz；

b. 特性阻抗：50Ω；

c. 频谱分析仪最小分辨率带宽：≤1kHz。

④ 前置放大器

前置放大器应满足以下要求：

a. 频率范围：10kHz～40GHz；

b. 增益：30dB。

⑤ 测量天线

各频段推荐使用的天线见表 10-6。

表 10-6　各频段推荐使用的天线

场型	频率范围	天线类型	场型	频率范围	天线类型
磁场	10kHz～30MHz	环天线	电场	100～1000MHz	偶极天线
电场	10kHz～30MHz	垂直极化单极天线	电场	200～1000MHz	对数周期天线
电场	20～200MHz	双锥天线	电场	1～40GHz	喇叭天线

（3）测量频率点要求

一般在每 10 倍频程内选择不少于 3 个频率点，推荐优先选择表 10-7 中的测量频率点，并尽量满足对测量频率范围和频率点的要求。测量时应避开屏蔽室的谐振频率点，谐振频率点的计算见表 10-8。

表 10-7　推荐的测量频率点

场型	频率点
磁场	10kHz、14kHz、200kHz、1MHz、15MHz、30MHz
电场	10kHz、14kHz、200kHz、1MHz、15MHz、30MHz、80MHz、300MHz、450MHz、915MHz、1GHz、1.5GHz、1.8GHz、2.45GHz、3GHz、6GHz、10GHz、18GHz

表 10-8　常见屏蔽室的谐振频率点

a/m	b/m							
	2	4	6	8	10	12	14	16
	f/MHz							
2	106.1	83.9	79.1	77.3	76.5	76.0	75.8	75.6
4	83.9	53.0	45.1	41.9	40.4	39.5	39.0	38.7

a/m	b/m							
	2	4	6	8	10	12	14	16
	f/MHz							
6	79.1	45.1	35.4	31.3	29.2	28.0	27.2	26.7
8	77.3	41.9	31.3	26.5	24.0	22.5	21.6	21.0
10	76.5	40.4	29.2	24.0	21.2	19.5	18.4	17.7
12	76.0	39.5	28.0	22.5	19.5	17.7	16.5	15.6
14	75.8	39.0	27.2	21.6	18.4	16.5	15.2	14.2
16	75.6	38.7	26.7	21.0	17.7	15.6	14.2	13.3
18	75.5	38.4	26.4	20.5	17.2	15.0	13.6	12.5
20	75.4	38.2	26.1	20.2	16.8	14.6	13.1	12.0

（4）被测试样要求

用屏蔽室法测量屏蔽效能的被测试样应满足以下要求：

a. 被测试样的面积应大于屏蔽室测试窗的尺寸，被测试样表面应平整；

b. 如被测试样表面不导电，应将被测试样边沿不导电表面部分除去，露出导电表面，保证被测试样安装时被测试样四周边沿与测试窗有良好的导电连接。

（5）测量配置

将被测试样放置在屏蔽室测试窗时，测试窗的法兰面上应安装导电衬垫，导电衬垫的屏蔽效能应大于试样屏蔽效能10dB以上。被测试样的边沿用导电胶带封贴，将被测试样贴在测试窗上，用压力钳夹紧被测试样或用螺钉固定被测试样，保证被测试样与屏蔽室测试窗良好的电连接，避免因电接触不良引入测量偏差。

发射天线放置在屏蔽室外部，接收天线放置在屏蔽室内部。屏蔽室内尽量不放置与测量无关的金属物体。在测量过程中，天线、仪器、屏蔽室内的其他物体位置保持不变。10kHz～30MHz频率范围内测量磁场屏蔽时环天线采用共轴法布置；10kHz～30MHz频率范围内测量电场屏蔽时天线采用垂直放置，天线放置高度要保证天线杆底部与测试窗底部平行；在30MHz～40GHz频率范围内，测试天线应垂直极化放置，发射、接收天线对准屏蔽室测试窗的中心；在200～1000MHz频率范围内，优先选择偶极天线。天线距屏蔽材料的距离应满足表10-9的要求。

表10-9 天线距屏蔽材料的距离

场型	频率范围	距离
磁场	10kHz～30MHz	0.3m
电场	10kHz～30MHz	0.3m
电场	30～1000MHz	1.0m
电场	1～18GHz	0.6m
电场	18～40GHz	0.3m

（6）测量步骤

屏蔽效能测量步骤如下：

a. 按图10-32或图10-33连接测量设备，测量设备按说明书要求预热；

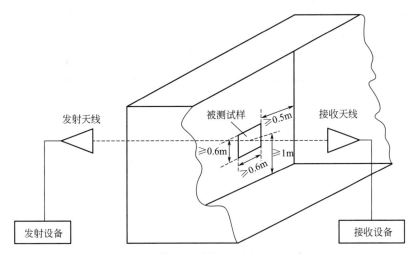

图 10-32　屏蔽室法测量配置图（0.6m 窗口）

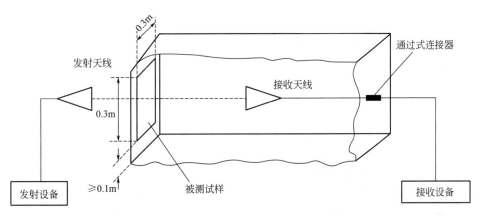

图 10-33　屏蔽室法测量配置图（0.3m 窗口）

b. 打开屏蔽室测试窗；

c. 设置发射设备合适的输出电平，读取频谱分析仪上所有测量频率点的电平指示值；

d. 将被测试样安装在测试窗上，并将所有的压力钳（或专用螺钉）锁紧；

e. 保持信号发生器各频率点输出电平与 c 中相同，读取频谱分析仪上所有测量频率点的电平指示值；

f. 计算各测量频率点被测试样的屏蔽效能。

10.6.2.3　波导法

除了上述两种方法外，还可以使用波导管对材料的电磁屏蔽性能进行测试。下面主要介绍国家标准 GB/T 35679—2017《固体材料微波频段使用波导装置的电磁参数测量方法》中使用波导装置测试塑料类制品电磁屏蔽性能的相关内容。

（1）波导法 S 参数测量原理

测量原理见图 10-34。将一个被测样品放置在波导测量装置内，波导装置两端通过波导同轴转换器连接至经过校准的网络分析仪。分别测量 S_{11}、S_{21}、S_{12}、S_{22} 四个 S 参数。电磁屏蔽效能可以通过公式(10-50)计算获得。

$$SE = -10\lg(|S_{21}|^2) \tag{10-50}$$

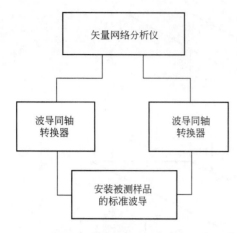

图 10-34　波导法测量原理图

除了电磁屏蔽效能外，还应选择合适的数据处理方法代入 S 参数，通过计算获得材料的复相对介电常数和复相对磁导率。

被测样品要求根据标准波导尺寸精密加工。将被测样品装入波导测量装置后，如果被测样品边沿与波导测量装置内壁存在缝隙，会引起测量结果的偏差。

一般选用矩形波导及适合于波导尺寸的样品，也可选用圆形波导及适合圆形波导尺寸的样品。

（2）样品制备、测试环境及测试装置

① 样品制备。

样品制备应满足以下要求：

a. 样品分为参考样品和被测样品，参考样品为已知电磁参数的样品，被测样品为需要获取电磁参数的样品。

b. 样品应为材质结构均匀的样品。

c. 样品为长方体类型，样品的宽度和高度与测试用标准波导口径尺寸一致，见图 10-35。

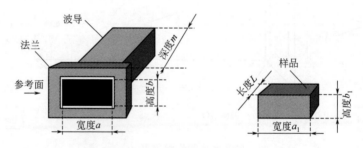

图 10-35　样品指标示意图

d. 样品的长度不能过长，应小于标准波导的深度。

e. 样品长度方向引入的插入损耗不能过大，样品插入损耗分贝值应小于测量系统动态范围分贝值至少 20dB。

② 环境条件如下：

温度：$(23\pm5)℃$；

相对湿度：$\leqslant65\%$；

供电电源：$(220\pm10)V$，$(50\pm1)Hz$；

其他：周围无影响测量工作的电磁干扰和机械振动。

③ 测试装置。

a. 矢量网络分析仪：

频率范围：$100MHz\sim40GHz$；

动态范围满足测试要求。

b. 波导测试装置：

频率范围：$100MHz\sim40GHz$（由一系列波导组成）；

波导插入损耗：$\leqslant0.1dB$；

波导电压驻波比：$\leqslant1.05$。

c. 波导同轴转换器：

频率范围：100MHz～40GHz（由一系列波导同轴转换器组成）；

波导同轴转换器驻波比：≤1.25。

d. 波导校准件：

频率范围：100MHz～40GHz；

校准件包括：开路器、短路器、负载、1/4 波长偏移片、通过式连接器。

e. 同轴电缆：

推荐选用矢量网络分析仪自带校准用特性阻抗 50Ω 的稳幅稳相电缆，或选用特性阻抗 50Ω 的稳幅稳相电缆；

相位稳定性：≤±7°。

f. 长度测量器具：

螺旋测微器最大允许误差：±0.001mm；

游标卡尺最大允许误差：±0.02mm；

其他长度测量器具最大允许误差：±0.1mm。

（3）测试步骤

矢量网络分析仪校准步骤如下：

a. 将网络分析仪按照仪器说明要求预热；

b. 按图 10-36 所示连接测试同轴电缆和波导同轴转换器；

c. 设置矢量网络分析仪的起始频率、终止频率、测试频率点数、中频带宽、测量平均次数等，一般要求网络分析仪设置中频带宽不大于 30Hz，或测量平均次数不小于 200 次；

d. 使用 SOLT 校准时，校准面 A 分别连接短路器、开路器、标准负载，在校准面 B 分别连接短路器、开路器、标准负载，校准面 A 和校准面 B 直接连接，分别完成各项校准，最终完成所有 SOLT 校准；

e. 使用 TRL 校准时，在校准面 A 连接短路器，在校准面 B 连接短路器，在校准面 A 和校准面 B 之间连接 1/4 波长偏移片，校准面 A 和校准面 B 直接连接，分别完成各项校准，最终完成所有 TRL 校准。

（4）样品安装

样品安装步骤如下：

a. 用螺旋测微仪或游标卡尺测量波导内壁高度、样品高度、样品长度；

b. 将样品从波导端口装入波导中，装入样品时应小心，避免样品损坏，装入后样品一侧表面应与波导法兰平面齐平；

c. 装有被测样品的波导与波导同轴转换器连接，如图 10-37 所示。

（5）参考样品电磁参数测量

参考样品电磁参数测量步骤如下：

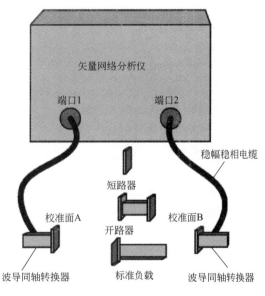

图 10-36　网络分析仪校准连接示意图

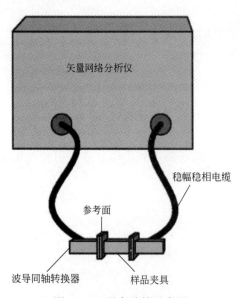

矢量网络分析仪

稳幅稳相电缆

参考面

波导同轴转换器　样品夹具

图 10-37　设备连接示意图

a. 选择一个已知电磁参数的样品作为参考样品，如聚苯乙烯或聚四氟乙烯；

b. 进行矢量网络分析仪校准；

c. 将参考样品装入波导装置中；

d. 设置矢量网络分析仪的参数；

e. 分别测量参考样品的 S_{11}、S_{21}、S_{12}、S_{22} 四个 S 参数。如果参考样品测量时间距网络分析仪校准时间的间隔大于 1h，应对网络分析仪重新进行校准，校准完成后对 S_{11}、S_{21}、S_{12}，S_{22} 四个 S 参数进行测量；

f. 根据测量的 S_{11}、S_{21}、S_{12}、S_{22} 四个 S 参数计算参考样品的复相对介电常数、复相对磁导率；

g. 由 f 得到的参考样品复相对介电常数、复相对磁导率和参考样品已知的复相对介电常数、复相对磁导率比较，如果数值差异较大（如超过 20％），可能测量系统或测试过程存在问题。应检查以下方面：波导装置的连接是否正确、连接用同轴电缆是否存在问题、S 参数测量方法是否有问题、电磁参数计算方法是否存在问题等。

（6）被测样品电磁参数测量

被测样品电磁参数测量步骤如下：

a. 制备被测样品；

b. 进行网络分析仪校准；

c. 将被测样品放入测量装置中；

d. 设置矢量网络分析仪的参数；

e. 测量被测样品的 S_{11}、S_{21}、S_{12}、S_{22} 四个 S 参数。如果被测样品测量时间距网络分析仪校准时间的间隔大于 1h，应对网络分析仪重新进行校准，校准完成后对 S_{11}、S_{21}、S_{12}、S_{22} 四个 S 参数进行测量；

f. 根据测量的 S_{11}、S_{21}、S_{12}、S_{22} 参数计算被测样品的复相对介电常数和复相对磁导率。

（7）电磁参数的计算

a. 传输反射计算法。根据网络分析仪测量得到的 S_{11}、S_{21}，使用 NRW 计算方法直接计算被测样品复相对介电常数和复相对磁导率。

b. 简化传输反射计算法。当已知被测样品为非磁性材料，可采用简化传输反射计算法计算被测样品复相对介电常数。

c. 迭代四参数计算法。迭代四参数计算方法是在选定频率点上设定被测样品的复相对介电常数和复相对磁导率初始值，根据被测样品 S 参数测量值，通过迭代的算法得到被测样品的复相对介电常数和复相对磁导率最终值。

d. 迭代单参数计算法。当认为被测样品是非磁性样品且较易估计复相对介电常数时，可采用迭代单参数法计算复相对介电常数。迭代单参数计算方法是在选定频率点上设定被测样品的复相对介电常数初始值，根据被测样品 S 参数测量值，通过迭代的算法得到被测样品的复相对介电常数最终值。

电磁参数四种计算方法的特点见表 10-10。

表 10-10　电磁参数四种计算方法比较

计算方法	S 参数	计算参数	特　点
传输反射计算法	S_{11}、S_{21}	ε_r、μ_r	要求被测样品在波导中准确定位放置,不需要被测样品电磁参数预估值
简化传输反射计算法	S_{11}、S_{21}	ε_r	适用于非磁性材料,要求被测样品在波导中准确定位放置,不需要被测品电磁参数预估值
迭代四参数计算法	S_{11}、S_{21}、S_{12}、S_{22}	ε_r、μ_r	需要先设定比较准确的被测样品电磁参数值,不要求被测品在波导中准确定位放置
迭代单参数计算法	S_{21}	ε_r	适用于非磁性材料,需要先设定比较准确的被测样品电磁参数值,不要求被测样品在波导中准确定位放置

10.6.3　报告

测量报告应包括被测试样的主要信息：

① 被测试样的标识,如试样名称、生产厂家、型号、编号等信息；

② 测量设备的标识,如商标、型号、序列号等信息；

③ 被测试验的环境条件,如温度、湿度等信息；

④ 试验方法；

⑤ 测量的频率点和屏蔽效能值。

必要时,被测试样测量报告应给出所测屏蔽效能值的不确定度。不确定度的来源分析应考虑材料、传输线的失配、测量系统的动态范围及辅助设备的影响等。

◆ **参考文献** ◆

［1］　林明宝,朱宗锐,陈禹,王静.塑料测试方法手册.上海：上海科学技术文献出版社,1994.

［2］　赵泽卿,陈小立.高分子材料导电和抗静电技术及应用.北京：中国纺织出版社,2006.

［3］　GB/T 14447—1993 塑料薄膜静电性测试方法　半衰期法.

［4］　GB/T 33728—2017 纺织品 静电性能的评定　静电衰减法.

［5］　GB/T 1411—2002 干固体绝缘材料　耐高电压、小电流电弧放电的试验.

［6］　GB/T 1695—2005 硫化橡胶 工频击穿电压强度和耐电压的测定方法.

［7］　GB/T 30142—2013 平面型电磁屏蔽材料屏蔽效能测量方法.

［8］　GB/T 35679—2017 固体材料微波频段使用波导装置的电磁参数测量方法.

第11章

结 构 测 试

塑料由于具有优异的性能而广泛地应用于各个领域中，这些优异的性能都是由塑料自身的结构决定的。本章主要介绍关于塑料取向度、结晶度、接枝率、交联度及支链长度的测试原理、测试方法及其各种方法的优缺点及对测试样品的要求等。

11.1 取向度

高分子链细而长，具有明显的不对称性，在外场作用下，高分子链将沿外场方向平行排列，这就是取向。降低温度可使已取向的结构固定下来，以得到高聚物的取向态。许多高聚物材料的加工成型都有一个外力场在起作用，如薄膜的吹塑、管材及棒材的挤塑、合成纤维的拉伸及包装膜的双向拉伸等。显然，高分子链的取向，或晶带、晶片、晶粒的有序排列对高聚物材料性能有很大的影响，它不但提高了取向高聚物的机械强度和模量，而且高分子链的取向还有利于高聚物的结晶，从而进一步影响高聚物的物理机械性能。一般说来，取向和结晶都是使高分子链有序排列，但它们仍然有本质的区别，那就是结晶得到的有序排列在热力学上是稳定的，而通过外场作用"迫使"高分子链有序排列的取向在热力学上是不稳定的非平衡态，只能说是相对稳定，一旦除去外场，高分子链就会自发解取向。

11.1.1 取向度定义

聚合物取向结构是指在某种外力作用下，分子链或其他结构单元沿着外力作用方向择优排列的结构。取向指结构单元关于特定方向排列的倾向性。如果对各个方向没有倾向性，就可以说结构单元是无规排列的，体系是各向同性的；而如果关于某个方向具有倾向性，就是发生了取向，体系就呈各向异性。取向是具体结构单元的取向，可以是基团，可以是链段，也可以是整个分子链。取向可以是一维的，也可以是二维的。取向结构对材料的力学、光学、热学性能影响显著。通常用赫尔曼（Hermans）取向因子 f 来表征取向程度：

$$f = \frac{1}{2}(3\overline{\cos^2\theta} - 1) \qquad (11-1)$$

式中，θ 为分子链主轴方向与取向方向之间的夹角，称为取向角，如图 11-1 所示。

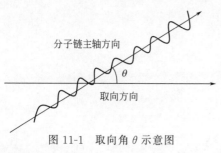

分子链主轴方向

θ

取向方向

图 11-1　取向角 θ 示意图

对于理想的单轴取向，所有分子链都沿着取向方向平行排列，平均取向角 $\bar{\theta}=0$，$\overline{\cos^2\theta}=1$，因此 $f=1$；对于完全未取向的材料，可以证明，$\overline{\cos^2\theta}=\dfrac{1}{3}$，$\bar{\theta}=54.73°$，$f=0$。

一般情况下，$0<f<1$，$\bar{\theta}=\arccos\sqrt{\dfrac{1}{3}(2f+1)}$。

用来测定取向度的方法很多，因为聚合物中有各种不同的取向单元，所以，采用不同取向度的测定方法，得到结果的意义是不同的。

测定取向度就是测定取向因子 f，有双折射法、声速法、红外二色法和广角 X 射线衍射法等。

11.1.2　双折射法表征纤维的取向度

各向异性材料在平行于参考方向与垂直于参考方向上的折射率不同，二者之差称为双折射率：

$$\Delta n=n_\perp-n_{/\!/} \tag{11-2}$$

取向因子 f 与双折射率 Δn 成正比：

$$f=\frac{\Delta n}{\Delta n^0} \tag{11-3}$$

式中，Δn^0 为理论上的双折射率最大值。

取向前，材料各向同性，$\Delta n=0$；取向后，$n_\perp$ 与 $n_{/\!/}$ 不再相等，Δn 增加。由于高分子链并不是沿轴成理想取向状态，取向程度愈高，$n_\perp$ 与 $n_{/\!/}$ 相差愈大，即 Δn 值愈大，因此 Δn 可作为衡量取向度的指标。测定双折射率的方法有浸油法和光程差法等，下面以浸油法为例介绍测定纤维双折射率的方法。

首先配备一组折射率已知的液体，把纤维浸入液体介质中，通过偏光显微镜观察纤维与液体的界面，并比较它们折射率的相对大小。如果纤维和液体的折射率相等，则光线在它们的界面上不产生折射现象，在偏光显微镜下观测不到它们之间的界线，好像纤维"溶解"在液体里一样。如果纤维与液体的折射率不同，在偏光显微镜下可观察到纤维与液体的界面有一条明亮的光带，即贝克线。如果纤维的折射率大于浸油，光线通过纤维的边缘时，向纤维一侧倾斜，自纤维边缘倾斜的光线和通过纤维中部未发生倾斜的光线，在纤维上部相交，使得纤维边缘靠近纤维（折射率较大的）的一侧光被增强了，而纤维边缘本身的光却变弱了，因此显微镜下可以清楚地看到纤维的黑暗边缘以及一条亮线，当提高镜筒时，亮线向折射率较大的纤维方向移动；反之，则向相反方向移动。也就是说，不管哪种介质的折射率高，提高镜筒时，贝克线总是向折射率高的介质移动，如图 11-2 所示。依此就很容易判断纤维与

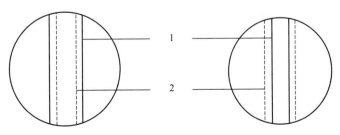

图 11-2　偏光显微镜中纤维的贝克线

1—纤维轮廓线；2—贝克线

浸油折射率的相对大小，利用这一特点，可以找到折射率与纤维相同的液体（也就是分别找到折射率与纤维 $n_\perp$ 与 $n_{/\!/}$ 相同的液体），该液体的折射率就是纤维的折射率。液体，即浸油的折射率用阿贝折射仪来测定，阿贝折射仪是通过测定全反射临界角来计算折射率的。

11.1.3　声速法

沿分子链方向传播的声波是通过分子内键合原子的振动完成的，速度较快。在垂直于分子链的方向，声波的传播要靠非键合原子间的振动，速度较慢。声波在未取向高分子聚合物中的传播速度与其在小分子液体中的传播差不多，为 $1\sim2\mathrm{km/s}$。在取向高分子聚合物的取向方向上，声波的传播速度可以达到 $5\sim10\mathrm{km/s}$。如声波在未取向试样的传播速度为 c_u，在取向试样中沿取向方向的传播速度为 c_0，则高分子聚合物的取向度：

$$f=1-\left(\frac{c_\mathrm{u}}{c_0}\right)^2 \tag{11-4}$$

$$\langle\cos^2\theta\rangle=1-\left(\frac{c_\mathrm{u}}{c_0}\right)^2 \tag{11-5}$$

式中，c_u 为声波在未取向试样的传播速度；c_0 为声波沿取向方向试样的传播速度。

11.1.4　红外二色法

聚合物分子中的基团受红外辐射作用时，会发生伸缩、扭转、摇摆等运动，同时吸收红外辐射的能量。吸收能量 A 依赖于电场矢量与跃迁矩矢量间的夹角 κ：

$$A\sim[\,|E|\cdot|M|\cdot\cos\kappa\,]^2 \tag{11-6}$$

当电场矢量平行于跃迁矩矢量时，产生的吸收最大；当电场矢量垂直于跃迁矩矢量时，吸收为零。图 11-3 演示了这种关系。

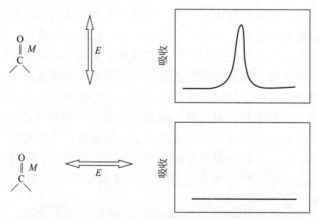

图 11-3　羰基红外吸收与电场方向的关系

当红外光在聚合物取向参考方向偏振时，平行与垂直于参考方向上的吸收会有显著的不同，二者的比值称作二色比：

$$D=\frac{A_{/\!/}}{A_\perp} \tag{11-7}$$

式中，$A_{/\!/}$ 与 $A_\perp$ 分别为平行与垂直于参考方向上的吸收。二色比代表了分子链上某种基团的取向程度，实际上也代表了该基团附近链段的取向程度。二色比与取向因子 f 的关系为：

$$f = \frac{D-1}{D+2} \tag{11-8}$$

11.1.5 广角 X 射线衍射法

通过广角 X 射线衍射，可以定性地或定量地表征取向程度。定性表征采用平板照相法。各向同性材料的平板衍射图由一系列同心圆环组成。如果样品发生取向，同心圆就会发生间断，退化为圆弧。取向度越高，圆弧越短。取向度很高时，圆弧就退化为点。图 11-4 是高倍拉伸的聚丙烯纤维的照片。拉伸比等于 20 时，衍射图案就已经退化为短弧，然后随拉伸比的增大收缩为衍射点。取向度可用衍射仪方便地测定。设有一组晶片的晶面间距为 d，由 Bragg 方程就规定了入射角与衍射角 θ。欲测定这组晶片的取向度，可以在衍射仪上固定这一几何配置（图 11-5），让样品在平面上旋转，测定不同方位角上的光强并对方位角作图，一般可得到如图 11-6 所示的曲线。由于样品中的晶片各有不同取向，当固定方位角时只有部分晶片符合 Bragg 条件。而当样品转动时，取向不同的晶片会依次与 Bragg 条件相符，并给出光强。同一方位角上，符合 Bragg 条件的晶片越多，光强越强。

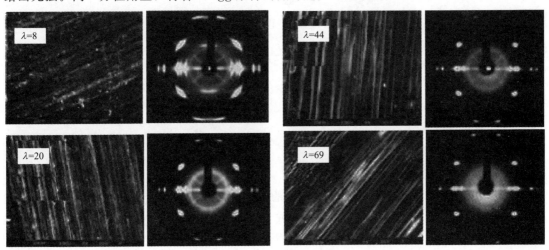

图 11-4　聚丙烯纤维的形态（左）与 X 射线衍射图（右）

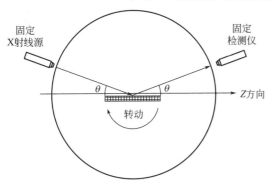

图 11-5　衍射仪法测定取向度

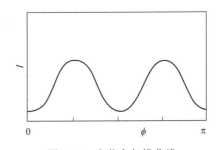

图 11-6　方位角扫描曲线

以上方法都只能表征晶片或链段的取向度，不能表征分子整链的取向程度，后者尚无直接的表征手段，只能通过一些间接方式进行描述。

11.2 结晶度

同一种单体，用不同的聚合方法或不同的加工成型条件可以制得结晶的或不结晶的高分子材料。结晶度是表征聚合物性质的重要参数，聚合物的一些物理性能和力学性能与其结晶度有着密切的关系。结晶度愈大，尺寸稳定性愈好，其强度、硬度、刚性愈高；同时耐热性和耐化学性也愈好，但与链运动有关的性能如弹性、断裂伸长率、抗冲击强度、溶胀度等降低。因而高分子材料结晶度的准确测定和描述对认识这种材料是很关键的。目前测试材料结晶度的方法主要有四种：①密度法；②广角 X 射线衍射法（WAXD）；③差示扫描量热法（DSC）；④红外光谱法（IR）等。

11.2.1 结晶度定义

结晶就是指材料中的原子、离子或分子按一定的空间次序排列形成长程有序的过程。结晶度就是材料中结晶部分含量的量度，通常以质量分数 f_c^w 或体积分数 f_c^v 表示。

$$f_c^w = \frac{W_c}{W_c + W_a} \times 100\% \tag{11-9}$$

$$f_c^v = \frac{V_c}{V_c + V_a} \times 100\% \tag{11-10}$$

式中，W 表示质量；V 表示体积；下标 c 表示结晶；下标 a 表示非晶。

11.2.2 密度法

11.2.2.1 测试原理及方法

在聚合物的聚集态结构中，分子链排列的有序状态不同，其密度就不同。有序程度愈高，分子堆积愈紧密，聚合物密度就愈大，或者说比体积愈小。密度法测定结晶度的思路是晶区密度必然高于无定形区。结晶度可以为质量结晶度 w_c 和体积结晶度 ϕ_c，这两个结晶度的定义分别为：

$$w_c = \frac{m_c}{m_c + m_a} \times 100\% \tag{11-11}$$

$$\phi_c = \frac{V_c}{V_c + V_a} \times 100\% \tag{11-12}$$

式中，m 和 V 分别代表聚合物的质量和体积；下标 c 和 a 分别代表晶区和无定形区。聚合物总体积为：

$$V = V_c + V_a \tag{11-13}$$

总质量：

$$m = m_c + m_a \tag{11-14}$$

不带下标的量代表待测样品。式(11-14) 可写成密度 ρ 与体积乘积的形式：

$$\rho V = \rho_c V_c + \rho_a V_a \tag{11-15}$$

代入 $V_a = V - V_c$ 并整理：

$$\frac{V_c}{V} = \frac{\rho - \rho_a}{\rho_c - \rho_a} = \phi_c \tag{11-16}$$

质量结晶度的定义为：

$$w_c = \frac{m_c}{m} = \frac{\rho_c V_c}{\rho V} \tag{11-17}$$

$$w_c = \frac{\rho_c(\rho - \rho_a)}{\rho(\rho_c - \rho_a)} \tag{11-18}$$

由式(11-16) 和式(11-18)，只需了解三个密度，即待测样品的密度 ρ、晶区密度 ρ_c 以及无定形区密度 ρ_a 就能够方便地得到两个结晶度。晶区的密度可通过晶格知识计算获得。无定形区密度 ρ_a 可用淬冷法制备完全无定形聚合物进行测定。待测样品密度可用悬浮法测定，即在恒温条件下，在加有聚合物试样的试管中，调节能完全互溶的两种液体的比例，使聚合物试样不沉也不浮，悬浮在混合液体中部。根据阿基米德定律可知，此时混合液体的密度与聚合物试样的密度相等，用密度瓶测定该混合液体的密度，即可得聚合物试样的密度。以聚乙烯为例，其试样密度的测试步骤为：

① 样品处理。为了除去聚合物表面的杂质及表面吸附的空气，预先将样品放置在盛有甲醇的烧杯内渍煮数次，备用。

② 在量筒中加入 95％乙醇 15mL，然后加入数粒聚乙烯试样，用滴管加入蒸馏水，同时上下搅拌，使液体混合均匀，直至样品不沉也不浮，悬浮在混合液中部，保持数分钟，此时混合液体的密度即为该聚合物样品的密度。试验装置如图 11-7 所示。

③ 混合液体密度的测定。先用电子天平称得干燥的空密度瓶的质量 W。(图 11-8 为密度瓶示意图)，然后取下瓶塞，灌满被测混合液体，盖上瓶塞，多余液体从毛细管溢出。然后用卷筒纸擦去溢出的液体，称得装满混合液体后密度瓶的质量 W_1。之后倒出瓶中液体，用蒸馏水洗涤数次后再装满蒸馏水，擦干瓶体，称得装满蒸馏水后密度瓶的质量 $W_水$，若已知实验温度下蒸馏水的密度 $\rho_水$，则混合液体的密度可按式(11-19) 求得：

$$\rho = \frac{W_1 - W_0}{W_水 - W_0} \rho_水 \tag{11-19}$$

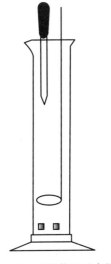

图 11-7　试验装置示意图

瓶塞
毛细管
瓶体

图 11-8　密度瓶示意图

④ 取另外一只干燥的密度瓶，换一种聚乙烯试样，重复步骤②和步骤③。

⑤ 最后得到的混合液体的密度即为聚乙烯试样的密度。

11.2.2.2 方法的优缺点

由于在实际的聚合物中不存在两个完全确定的相——晶相和非晶相，而是另外还存在不同的过渡态，密度法不能把晶区和非晶区区分开来。由于动力学因素，往往不能生成结构完善的大晶体，而是停留在有序程度各不相同的中间阶段。因此，实际测出的结晶度并不像它的定义那样具有明确的物理意义，其只能是一个相对的数值。

但其方法简单，操作方便省时，与其他方法相比，密度法所采用的仪器价廉、精度高且数据准确可靠。

11.2.3 广角 X 射线衍射法

11.2.3.1 测试原理及方法

X 射线衍射基本原理是当一束单色 X 射线入射到晶体时，由于晶体是由原子有规则排列的晶胞所组成，而这些有规则排列的原子间距离与入射 X 射线波长具有相同数量级，迫使原子中的电子和原子核成了新的发射源，向各个方向散发 X 射线，这是散射。不同原子散射的 X 射线相互干涉叠加，可在某些特殊的方向上产生强的 X 射线，这种现象称为 X 射线衍射。

每一种晶体都有自己特有的化学组成和晶体结构。晶体具有周期性结构，如图 11-9 所示。一个立体的晶体结构可以看成是一些完全相同的原子平面网按一定的距离 d 平行排列而成，也可看成是另一些原子平面按另一距离 d' 平行排列而成。故一个晶体必存在着一组特定的 d 值（如图 11-9 中的 d，d'，d''，…），结构不同的晶体其 d 值都不相同。因此，当 X 射线通过晶体时，每一种晶体都有自己特征的衍射，其特征可以用衍射面间距 d 和衍射光的相对强度来表示。面间距 d 与晶胞的大小、形状有关，相对强度则与晶胞中所含原子的种类、数目及其在晶胞中的位置有关。可以用它进行相分析，测定结晶度、结晶取向、结晶粒度、晶胞参数等。

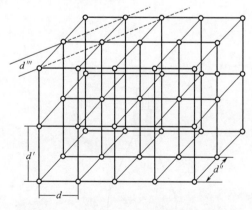

图 11-9 原子在晶体中的周期性排列

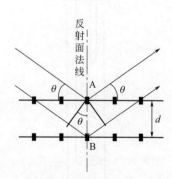

图 11-10 原子面网对 X 射线的衍射

假定晶体中某一方向上的原子面网之间的距离为 d，波长为 λ 的 X 射线以夹角 θ 射入晶体（如图 11-10 所示）。在同一原子面网上，入射线与散射线所经过的光程相等；在相邻的

两个原子面网上散射出来的 X 射线有光程差，只有当光程差等于入射波长的整数倍时，才能产生被加强了的衍射线，即

$$2d\sin\theta = n\lambda \tag{11-20}$$

这就是 Bragg 公式，式中 n 是整数。知道了入射 X 射线的波长和实验测得了夹角，就可以算出面间距 d。

在结晶高聚物体系中，结晶和非结晶两种结构对 X 射线衍射的贡献不同。结晶部分的衍射只发生在特定的 θ 角方向上，衍射光有很高的强度，出现很窄的衍射峰，其峰位置由晶面距 d 决定，非晶部分会在全部角度内散射。可以通过分峰法在衍射谱图中划分晶相和无定形相各自贡献的衍射峰面积 A_c 和 A_a，用下列公式计算质量结晶度：

$$w_c = \frac{A_c}{A_c + A_a} \tag{11-21}$$

图 11-11 为等规聚苯乙烯的衍射图。最简单的分峰法是将曲线上的谷用光滑曲线连接，所得曲线即被视为无定形区的拱，其余的尖峰部分就是晶相的贡献。当前的 X 射线衍射仪都配有分峰程序，可自动完成分峰并计算出结晶度。

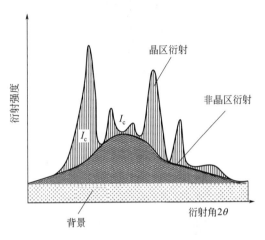

图 11-11　结晶聚合物的广角 X 射线衍射图

11.2.3.2　方法的优缺点

某些结晶衍射峰会由于弥散而部分重叠在一起，结晶峰与非晶峰的边缘也是完全重合或大部分重合的，结晶衍射峰和无定形弥散散射峰的分离困难，虽然已经尝试应用电子计算机分离高聚物衍射图形，使精确度大为提高，但作为常规测试方法，仍有它的局限性，因此误差较大，结晶度的绝对值并非真正具有绝对的意义。

衍射法不仅可以测定结晶部分和非晶部分的定量比，还可以测定晶体大小、形状和晶胞尺寸，是一种被广泛用来研究晶胞结构和结晶度的测试方法。

11. 2. 4　差示扫描量热法

11.2.4.1　测试原理及方法

聚合物在熔融结晶过程中会吸收热量，将吸热量与标准熔融焓相比较即可得到质量结晶度。热焓法测定塑料结晶度的测定方法参照标准 GB/T 19466.3—2004《塑料　差示扫描量热法（DSC）第 3 部分：熔融和结晶温度及热焓的测定》。结晶聚合物熔融时会放热，DSC 测定其结晶熔融时，得到的熔融峰曲线和基线所包围的面积可直接换算成热量。此热量是聚合物中结晶部分的熔融热 ΔH。聚合物熔融热与其结晶度成正比，结晶度越高，熔融热越大。如果已知某聚合物百分之百结晶时的熔融热为 ΔH^0，那么部分结晶聚合物的结晶度 w_c 可按下式计算：

$$w_c = \frac{\Delta H}{\Delta H^0} \tag{11-22}$$

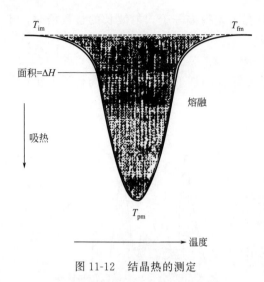

图 11-12　结晶热的测定

式中，w_c 为结晶度；ΔH 是试样的熔融热；ΔH^0 为该聚合物结晶度达到 100％时的熔融热。

熔融热可以用差示扫描量热计（DSC）方便地测定，只需对样品进行程序升温至熔融峰以上某个温度（一般为峰值温度以上 30～50℃），从仪器读出熔融热即可求得质量结晶度。这种测定可以得到当前样品的结晶度。但由于样品在被测前经历了复杂的热历史，结晶度也随之变化，故直接测定不能反映具体材料的结晶能力。欲测定样品的结晶能力，可以将样品升温至熔点以上 30～50℃，保温 5～10min 以消除热历史，再进行程序降温。降温过程中会出现一个放热的结晶峰（图 11-12），测定结晶热 ΔH，将其与标准熔融焓的比值确定为质量结晶度。有些实验室中的做法是结晶刚刚完成时立即进行升温扫描，重新测定熔融热，以此熔融热与标准熔融焓的比值作为质量结晶度。

11.2.4.2　方法的优缺点

一方面，通常所认为的熔融吸热峰的面积实际上包括了很难区分的非结晶区黏流吸热的特性；另一方面，试样在等速升温的测试过程中，还可能发生熔融再结晶，所以所测的结果实际上是一种复杂过程的综合，而绝非原始试样的结晶度。

但其具有试样用量少、简便易行的优点，成为近代塑料测试技术之一，在高聚物结晶度的测试方面得到了广泛应用。

11.2.5　红外光谱法

11.2.5.1　测试原理及方法

高聚物结晶时，会出现非晶态高聚物所没有的新的红外吸收谱带——晶带，其强度随高聚物结晶度的增加而增加，也会出现高聚物非晶态部分所特有的红外吸收谱带——非晶带，其强度随高聚物结晶度增加而减弱。

可见，测定晶带和非晶带的相对强度，便可以确定其结晶度。

由红外光谱法测得结晶度，通常表达式如下：

$$W_{c,i} = \frac{1}{a_c \rho l} \lg(i_0/i) \tag{11-23}$$

式中，i_0、i 分别为在聚合物结晶部分吸收带处入射及透射光强度；a_c 为结晶材料吸收率；ρ 为样品整体密度；l 为样品度。

11.2.5.2　方法的优缺点

这种方法在样品达到熔融时的测定方式很不好处理，即其值不易测得，所以此方法理论上可行，但实际操作有难度，即很难测出聚合物熔融态的吸光度 D 值，故从发展的角度来看，此方法有局限性。

11.2.5.3　样品要求

① 样品必须预先纯化，以保证有足够的纯度。

② 样品需预先除水干燥，避免水峰对样品谱图的干扰。

11.2.6　各种测结晶度方法的对比

高聚物结晶结构的基本单元具有双重性，即它可以整个大分子链排入晶格，也可以是链段重排堆砌成晶体。然而链段运动的形成极其复杂，它的运动又不能不受大分子长链的牵制，因此，这样的结晶过程很难达到完整无缺，即高聚物结晶往往是不完全的。

由于各种测定结晶度的方法涉及不同的有序状态，测定结果常常有较大的出入，即使不同方法所测得的结果有时是相互一致的，但并不是一切条件下各种方法的结果都符合。而且，所谓结晶度并不真正反映试样中晶相的百分比。

① 密度法依据的原理是分子链在晶区与非晶区有序堆积的差异，晶区密度大于非晶区，此法测得的晶区密度值实际上是晶相与介晶相的加和。

② WAXD 是基于晶区与非晶区电子密度差，晶区电子密度大于非晶区，根据相应产生结晶衍射峰及非晶弥散峰的强度来计算。

③ DSC 测得的结晶度，是以试样晶区熔融吸收热量与完全结晶试样的熔融热相对比计算的结果，此法仅考虑了晶区的贡献。

④ IR 则测定晶带和非晶带的相对强度，便可以确定其结晶度。

另外还有一些间接测试聚合物结晶度的方法，例如水解法、甲酰氯法等，一般是基于晶相和非晶相中发生化学反应或物理变化的差别来进行测量的。

11.2.7　研究材料结晶度的意义

同一种单体，用不同的聚合方法或不同的成型条件可以制得结晶的或不结晶的高分子材料。虽然结晶高聚物与非晶高聚物在化学结构上没有什么差别，但是它们的物理机械性能却有相当大的不同。下面分几个方面来讨论。

① 力学性能：一般情况下，随着聚合物结晶度的增加，材料的脆性增强，韧性降低，延展性变差。

② 密度与光学性能：晶区中的分子链排列规整，其密度大于非晶区，因而随着结晶度的增加，高聚物的密度增大。从大量高聚物的统计发现，结晶和非晶密度之比的平均值约为 1.13。因此，只要测量未知样品的密度，就可以利用下式粗略地估计结晶度 $f\dfrac{v}{c}$。

$$\frac{\rho}{\rho_a}=1+0.13f\frac{v}{c} \tag{11-24}$$

式中，ρ 和 ρ_a 是结晶和非晶密度。

物质的折射率与密度有关，因此高聚物中晶区与非晶区的折射率显然不同，光线通过结晶高聚物时，在晶区界面上必然发生折射和反射，不能直接通过。所以两相并存的结晶高聚物通常呈乳白色，不透明。

③ 热性能：当结晶度达到 40％以后，晶区互相连接，形成贯穿整个材料的连续相，因此，在玻璃化转变温度（T_g）以上仍不软化，高聚物最高使用温度可提高到结晶熔点。

④ 其他性能：由于结晶中分子链作规整密堆积，与非晶区相比，它能更好地阻挡各种试剂的渗透。因此，高聚物结晶度的高低将影响一系列与此有关的性能，如耐溶剂性，对气体、蒸汽或液体的渗透性，化学反应活性等。

11.3　接枝率

聚合物改性的方法很多，有共混改性、填充改性、接枝及嵌段共聚改性等。与传统的合成新型聚合物相比，对已有的聚合物进行改性来获取具有优良新性能的聚合物，工艺简单，可操作性强，生产周期短，接近于实际生产。聚合物通过接枝改性，可用作黏合剂、相容剂，改善聚合物与其他极性材料的相容性等，进一步拓宽其应用领域。聚合物接枝率的检测方法有化学滴定法、红外光谱法、核磁共振光谱法、X 射线衍射法及元素分析法等。

11.3.1　化学滴定法

化学滴定法指用酸碱滴定的方法来定量分析接枝率大小的方法。对于接枝单体来讲，水解后一般都能产生酸根或碱根基团，因此采用酸碱滴定的方法，测得的数据重复性较好，结果较准确。但是，接枝物纯化和接枝率测定需要大量溶剂及其他仪器设备，整个过程烦冗费时。高永芝等人采用酸碱滴定的方法，分析了取样量、KOH-乙醇标准溶液浓度、滴定温度等因素对接枝率的影响。结果表明，取样量达到 2g 时测试结果的重现性好；KOH-乙醇标准溶液浓度为 0.10mol/L 时，实际消耗的 KOH-乙醇标准溶液体积与理论消耗值相差最小；最适宜的标定温度为（23±2）℃。与无机酸碱滴定不同的是，高聚物滴定过程中，冷却后溶液中会出现聚烯烃的沉淀或悬浮物，可能有过量的碱液残留其中而无法被返滴定的酸中和，导致接枝率偏高。因此，越来越多的学者采用了趁热反滴定的方法，确保了接枝率的可信度。

11.3.2　傅里叶红外光谱法（FTIR）

红外图谱是最常见的定性和定量分析接枝基团的方法。对于定性分析，如羰基，接枝物比未接枝物在 $1700 \sim 1900 cm^{-1}$ 波数间多了羰基的伸缩振动特征峰，只要在 FTIR 谱图中能找出接枝单体的特征官能团吸收峰，就说明单体确实接枝到聚合物上；对于定量分析，在用滴定或核磁共振等其他方法得到标准曲线的前提下，将此法和化学滴定法结合做出工作曲线后，可快速简便地测出接枝率。

11.3.3　核磁共振光谱法（NMR）

核磁共振光谱法作为定性分析接枝基团的方法，不仅可反映出接枝单体的结构，也能反映出单体接枝到聚合物的什么位置。核磁共振光谱法包括[1]H NMR 光谱法和[13]C NMR 光谱法。^{1}H NMR 光谱法可以灵敏地鉴定出接枝单体，因为接枝单体的 H 化学环境不同于聚合物中的 H 化学环境；^{13}C NMR 光谱法不仅可检测出接枝单体，而且 Heinen 等利用[13]C NMR

光谱法表征出 MAH 在 HDPE、LLDPE、PP 上的接枝点。

11.3.4　X 射线衍射法（XRD）

通过 X 射线衍射，对照标准谱图分析，可以获得材料的成分、材料内部原子或分子的结构或形态等信息（粒径、结晶度等）。对某些聚烯烃来讲，接枝前后的分子结构发生改变，因此，XRD 能够用于定性分析是否发生接枝反应。

11.3.5　元素分析法

对于某些接枝单体，如甲基丙烯酸缩水甘油酯（GMA），通过测定接枝单体以及纯化之后的接枝产物中氧原子的含量，假定测得值分别是 A 和 B，则 B/A 的数值大小就代表了 GMA 的接枝率。

11.3.6　X 射线光电子能谱（ESCA）

近十几年来，光电子能谱被越来越多地应用于均聚物、共聚物及高分子共混物的结构鉴定、聚合物价带和聚合物表面改性等研究。可通过对表面接枝样品用 ESCA 进行分析测试，以谱图中氮（或氧）原子 1s 内壳层电子和碳原子 1s 内壳层电子谱线的积分强度相对比值来表征接枝程度。

11.3.7　不饱和度分析法

对于许多聚合物来讲，大分子主链或侧链上都含有不饱和键，不饱和度直接影响聚合物接枝率的大小。根据接枝前后不饱和度的变化，也可以计算聚合物的接枝率。一些实验结果表明，随着接枝单体的增加，不饱和度减小，接枝率增大，不饱和度能够用于计算接枝率。

虽然上述方法可以获得接枝率的一些信息，但是在实际测试过程中，如何准确测定接枝率仍存在一些困难，一般采用多种分析方法联用以获取准确可靠的接枝率。

11.4　交联度

高分子链之间通过化学键或链段连接成一个三维空间网状大分子，即为交联高分子。交联是改善聚合物性能的一种非常重要的方法，交联度的大小与塑料制品的性能直接相关。聚合物交联密度的表征分为定性和定量表征。对于低交联密度的聚合物，可以用简便的溶胀法定量表征；对于高交联密度的聚合物，当形变较小时，可以用动态热机械分析法和玻璃化转变温度定量表征；聚合物交联密度的定性表征包括：热学性能表征、力学性能表征、流变学表征、化学方法表征和功能应用表征；其中热学性能表征（差示扫描量热分析法）可以区分分子内交联和分子间交联；通过流变学表征（频率扫描试验）可以有效控制凝胶点，让黏流体转变为凝胶体。

11.4.1　溶胀平衡法测定交联聚合物的交联度

交联聚合物在溶剂中不能溶解，升高温度也不熔融，但可以吸收溶剂而溶胀，形成凝胶。在溶胀过程中，一方面溶剂分子力图渗入高聚物内使其体积膨胀；另一方面，由于交联高聚物体积膨胀导致网状分子链向三维空间伸展，使分子网受到应力而产生弹性收缩能，力图使分子网收缩。当这两种相反的倾向相互抵消时，就达到了溶胀平衡。交联高聚物在溶胀平衡时的体积与溶胀前的体积之比称为溶胀度 Q。

交联高聚物在溶剂中的平衡溶胀比与温度、压力、高聚物的交联度及溶质、溶剂的性质有关。交联高聚物的交联度通常用相邻两个交联点之间的链的平均分子量 $\overline{M_c}$（即有效网链的平均分子量）来表示。

从溶液的似晶格模型理论和橡胶弹性统计理论出发，可推导出溶胀度 Q 与 $\overline{M_c}$ 之间的定量关系为：

$$\ln \varphi_1 + \varphi_2 + \chi_1 \varphi_2^2 \frac{\rho_2 V_1}{\overline{M_c}} \varphi_2^{1/3} = 0 \tag{11-25}$$

上式就是溶胀平衡方程。

式中，ρ_2 是高聚物溶胀前的密度；V_1 是溶剂的摩尔体积；χ_1 是高分子与溶剂之间的相互作用参数；φ_1 是溶胀体中溶剂的体积分数；φ_2 是溶胀体中高聚物的体积分数，也就是平衡溶胀度的倒数。

$$\varphi_2 = Q^{-1} \tag{11-26}$$

溶胀平衡时，Q 达一极值。当橡胶交联程度不高时，即 $\overline{M_c}$ 较大时，在良溶剂中，Q 可以大于 10，此时 φ_2 很小，将式(11-25) 中的 $\ln \varphi_1 = \ln(1 - \varphi_2)$ 展开，略去高次项，可得如下的近似式：

$$Q^{5/3} = \frac{\overline{M_c}}{\rho_2 V_1}\left(\frac{1}{2} - \chi_1\right) \tag{11-27}$$

所以，在已知 ρ、χ_1 和 V_1 的条件下，只要测出样品的溶胀度 Q，就可利用上式计算求得交联聚合物在两交联点间的平均分子量 $\overline{M_c}$。显然，$\overline{M_c}$ 的大小表明聚合物交联度的高低。$\overline{M_c}$ 越大，交联点间分子链越长，表明聚合物的交联程度越低；反之，$\overline{M_c}$ 越小，交联点间分子链越短，交联程度就越高。

采用两种方法测定溶胀度，两方法基本原理相同。一种是仪器测试，即用 ZRJ-300 型溶胀仪直接得到样品溶胀过程的质量-时间曲线和溶胀度 Q；另一种方法是质量法，即跟踪溶胀过程，对溶胀体称量，隔一段时间测定一次，直至溶胀体两次质量之差不超过 0.01g，此时认为溶胀体系达到溶胀平衡。溶胀度按下式计算：

$$Q = \frac{\dfrac{w_1}{\rho_1} + \dfrac{w_2}{\rho_2}}{\dfrac{w_2}{\rho_2}} \tag{11-28}$$

式中，w_1 和 w_2 分别为溶胀体中溶剂和聚合物的质量；ρ_1 和 ρ_2 分别为溶剂的密度和聚合物溶胀前密度。

注：由于聚合物达到溶胀平衡的时间很长，通常要好几天时间，这期间保持恒温水槽正常工作特别重要，主要是高分子-溶剂分子相互作用参数随温度变化而变化，因此必须保证水槽恒温和恒温精度。

11.4.2　动态热机械分析（DMA）定量表征聚合物交联度

根据橡胶弹性理论，结合 DMA 测试技术，以温度高于 T_g 下的储能模量来评价聚合物的交联密度，交联密度与平衡弹性模量的关系按下式计算：

$$\rho = \frac{G'}{RT} = \frac{E'}{3RT}$$ (11-29)

式中，ρ 为交联密度；G' 为高于玻璃化转变温度（通常为 T_g+40）下的剪切储能模量；E' 通常为 T_g+40 下的固化树脂储能模量；R 为理想气体常数；T_g 为玻璃化转变温度。

11.4.3　玻璃化转变温度定量表征

随着交联点密度的增加，分子链活动受到约束的程度也增加，所以交联作用使 T_g 升高。交联密度与 T_g 的关系按下式计算：

$$T_g = T_g(\infty) + K_x \rho$$ (11-30)

式中，ρ 为交联密度；T_g 和 $T_g(\infty)$ 分别为交联和未交联相同化学组成聚合物的玻璃化转变温度；K_x 为常数。

此外，T_g 除定量表征外，还可以定性表征。用于 T_g 测定的热分析方法主要为动态热机械分析仪（DMA）、差热分析（DTA）和差示扫描量热分析法（DSC）。随交联网完善，聚合物交联密度增加，分子链运动降低，玻璃化转变温度、脆化温度和分解温度都升高。随着交联密度增加，聚合物刚性增加，热变形温度和维卡温度增加。实验发现，氢氧化镁和聚乙烯在辐射下发生交联时，链热变形温度变高。随着交联密度增加，聚合物没有黏流态，因此没有黏流温度。随着交联密度增加，聚合物通常结晶熔点下降，甚至消失。

11.4.4　普通回流法

对于交联聚乙烯而言，当其交联度达到较高程度时，材料才能有良好的电气性能、耐热变形性和耐环境变化性。下面以交联聚乙烯为例，说明交联度的主要测试方法。

对于交联聚乙烯而言，交联度是由凝胶率来衡量的，因此凝胶率是反映聚乙烯交联程度的一项重要指标。凝胶含量是指经过交联的聚乙烯在二甲苯中高温回流，使没有交联的聚乙烯分子溶于二甲苯，溶解不掉的即为交联聚乙烯凝胶，凝胶占用于回流的聚乙烯试样的质量百分比就是凝胶含量。

ISO 国际标准、FN、ASTM 国外标准和国内各家对聚乙烯凝胶率的测定方法各不相同，主要区别为制样方法、交联温度及交联时间、萃取方式和萃取时间。虽然上述方法条件稍有差别，但对聚乙烯凝胶率的测定结果影响很大。使用热塑性塑料压塑试样的制备方法制取样片（厚度为 0.5mm）。将制好的样片于 85℃水浴中煮 10h，使聚乙烯进行交联反应，反应后取出样片，将样片切成 0.5mm×0.5mm 大小的颗粒。

将试样置于烘箱中在 105～110℃下烘 2h，取出放在干燥器中冷却 30min。用分析天平称取 0.2～0.3g（精确至 ±0.0001g）样品，用定量滤纸包好，装于小铜网袋中，封口。放入 105～110℃烘箱中烘 30min，取出放在干燥器中冷却 30min，用分析天平称网包重。将试样包放入烧瓶中，加入二甲苯浸没样包，回流 6h 取出，放在通风橱中风干。将样包放入烘箱，在 105～110℃下烘 2h 取出，放在干燥器中冷却 30min，称重。

计算公式：

$$凝胶率（\%) = \left(1 - \frac{W - W_1}{G}\right) \times 100\%$$ (11-31)

式中　W——网包质量；

W_1——萃取后网包质量；

G——试样质量。

试样表面上的溶质（未交联 PE）容易被溶剂溶解，而当溶质在试样内层特别是被不溶性固体所包围时，溶剂则须渗入到固体内部将溶质溶解，然后再扩散出来。若将试样粉碎或切成薄片，增加与溶剂接触的表面积，将使溶解速度提高。ISO 10147、FN 579 等规定管材切样为 0.1～0.2mm 薄片，ASTM 2765 要求 30～60 目粒度的颗粒。由于国内普遍采用手工切取试样，故粒度太小不易制取，为制样方便，通常试验采用 0.5mm×0.5mm 大小的颗粒回流 6h 可萃取完全。

11.4.5　索氏回流法

为防止在萃取过程中不锈钢网减重，正式试验前，不锈钢网需用萃取剂二甲苯长时间萃取。不锈钢网以 100 目为宜，既可保证一定的萃取剂流速，又可防止凝胶的渗漏。交联聚乙烯的分子尺寸大于 $2\mu m$。使用中速滤纸完全可将穿过不锈钢网的小尺寸凝胶挡在里面。为了提高萃取效率和实验准确程度，样品应切成 1mm 以下的薄片，尺寸在 5mm×5mm 以内，样品区 2～3g 为宜。

将待测试样切成薄片，连通不锈钢网，滤纸一同放入真空干燥箱 4h［50℃，760mmHg（1mmHg＝133.322Pa）］。取出放在干燥器中备用。减量法准确称取 0.2～0.3g（精确至 0.1mg）待测样薄片，依次用不锈钢网、滤纸包裹，最后用不锈钢丝缠紧。准确称量样品包的质量，将样品包用不锈钢网相互隔离、包裹放入索氏萃取室中部，以二甲苯为萃取剂萃取 24h。然后将样品包自然沥干，放入真空干燥箱中（60℃，760mmHg）真空干燥至恒重，准确称量萃取后样品包的质量。凝胶含量按照下面的公式进行计算：

$$凝胶含量(\%) = \left(1 - \frac{W_3 - W_4 - W_0}{W_2 - W_1}\right) \times 100\% \qquad (11\text{-}32)$$

式中，W_0 为滤纸损失质量；W_1 为不锈钢网质量；W_2 为不锈钢网与样品质量；W_3 为样品包质量；W_4 为萃取、干燥后样品包质量。

11.5　支链长度

聚合物中支链结构的引入会影响材料的热学和力学性能，从支链的长度来看，可分为短支链和长支链两种。短支链是指含有 3～5 个碳原子的支链，它的存在主要影响聚合物的结晶性能，大量无规分布的短支链破坏了聚合物分子的规整性，使其结晶度大大降低，其含量一般可通过红外光谱或核磁共振等手段来确定。与短支链不同，流变学认为长支链是指支链分子量大到足以引起缠结（即支链分子量 M_a 大于缠结点间的平均分子量 M_e）。少量长支链的引入就能强烈地影响材料的流动性能和加工性能，因此有效测试长支链的存在和含量有着重要意义。目前用于检测支链长度的方法主要有核磁共振（^{13}C NMR）、凝胶渗透色谱-多角激光散射联用（GPC-MALLS）及流变学等方法。

凝胶渗透色谱（GPC）与示差折光指数检测器（DRI）、在线黏度计（VD）和光散射（LS）三组检测器联用，能够检测高分子每个淋洗级分的绝对分子量 M_w 和均方旋转半径 r_g，进而确定聚合物均方根回转半径 $<r_g^2>^{1/2}$ 与分子量 M 之间的标度关系（$<r_g^2>^{1/2} = KM^\alpha$），从而可对支化聚合物进行表征。运用 GPC-MALLS 联用测定聚合物支化程度的原理是将聚合物分子按其流体力学体积进行分离的同时，通过 DRI 提供分子量分布情况，VD 测定特性黏度，LS 测定淋出组分的绝对分子量以及均方旋转半径。

对于支化聚合物，均方旋转半径 r_g 可用以反映其分子尺寸和柔顺性，r_g 通常与分子量之间存在如公式所示的关系：

$$r_g = KM^\alpha \tag{11-33}$$

式中，α 用来衡量聚合物的支化程度，介于 $0.33 \sim 1.0$ 之间，α 越小表示支化程度越高；K 为常数。线型聚合物的 M 与 r_g 的关系曲线是一条直线，而长链支化聚合物则会发生偏离。

长支链的含量的检测可通过均方旋转半径 $<r_g^2>$ 和特性黏度 $[\eta]$ 得到，对于相同分子量的支化和线型聚合物，支化聚合物的均方旋转半径 $<r_g^2>_B$ 小于线型聚合物的均方旋转半径 $<r_g^2>_L$，因此根据二者的比值可计算出支化率 g：

$$g = \frac{\langle r_g^2 \rangle_B}{\langle r_g^2 \rangle_L} \tag{11-34}$$

对于支化聚合物，其 g 值小于 1，g 值越小，则支化程度越高。

◆ 参考文献 ◆

[1]　励杭泉，张晨，张帆. 高分子物理. 北京：中国轻工业出版社，2009.
[2]　周智敏. 高分子化学与物理实验. 北京：化学工业出版社，2011.
[3]　殷敬华，莫志深. 现代高分子物理学：上册. 北京：科学出版社，2001.
[4]　童彬. 聚合物交联密度定性和定量表征的讨论. 高分子通报，2015（12）：112-115.
[5]　梁全才，成建强，邱桂学. 聚合物接枝改性及接枝率的表征. 塑料助剂，2009（6）：15-18.
[6]　郑世容. 低密度聚乙烯的接枝改性及性能研究. 成都：西南石油大学，2012.
[7]　梁晓坤，袁霞，魏江涛，等. 聚合物长支链的表征. 塑料，2015，44（6）：23-28.
[8]　娄立娟，刘建叶，俞炜，等. 聚合物长支链的流变学表征方法. 高分子通报，2009（10）：15-23.
[9]　Rubin Irvin I. Handbook of plastic materials and technology. Wiley，1990.
[10]　GBT 19466.3—2004 塑料　差示扫描量热法（DSC）第 3 部分：熔融和结晶温度及热焓的测定.
[11]　梁全才，成建强，邱桂学. 聚合物接枝改性及接枝率的表征. 塑料助剂，2009（06）：15-22.

第12章

形态及表面分析

塑料的结构形貌分为微观结构形貌和宏观结构形貌。微观结构形貌指的是塑料在微观尺度上的聚集状态，如晶态、液晶态或无序态（液态），以及晶体尺寸、纳米尺度相分散的均匀程度等。宏观结构形貌是指在宏观或亚微观尺度上高分子聚合物表面、断面的形态，以及所含微孔（缺陷）的分布状况。随着表征技术的进步，宏观性能测试已不能满足对材料的认知。例如，塑料的老化、韧性和断裂等行为都与其形貌、表面层或几个原子层以内原子尺度上的化学成分和结构有着密切的关系。从某种意义上说，塑料的微观结构状态决定了其宏观上的力学、物理性质，并进而限定了其应用场合和范围。因此，需要从微观的，甚至是分子和原子的尺度去研究、分析塑料的形态和表面。通过观察聚合物的表面、断面的形貌及内部的微相分离结构，微孔及缺陷的分布，晶体尺寸、性状及分布，以及纳米尺度相分散的均匀程度等形貌特点，为改进聚合物的加工制备条件、共混组分的选择、材料性能的优化提供数据。同时，通过对其表面形貌、组成、结构进行精准表征，获知其结构与性能的关系，有利于探索塑料及其复合材料在聚合、修饰、复配、成型加工等实际应用各个阶段微观形态变化及相关机理研究，有利于开发新的功能高分子材料。

本章主要介绍偏光显微镜、扫描电子显微镜及能谱、透射电子显微镜、扫描探针显微镜、X 射线光电子能谱、接触角测试仪、表面粗糙度测试仪的构造、测试原理及其在塑料形貌、结构测试中的应用。

12.1 偏光显微镜

偏光显微镜（polarizing microscope）是一种常用的对材料光学特性进行研究和鉴定的重要光学仪器之一，主要用于研究透明与不透明各向异性的材料。检测偏振光通过透明光学晶体材料后偏振态的变化，获取样品的偏振特性，以鉴别某一物质是单折射性（各向同性）或双折射性（各向异性），进而确定样品的结构。

12.1.1 构造

偏光显微镜的类型较多，但它们的构造及光学结构基本相似。偏光显微镜的构造如图 12-1所示。

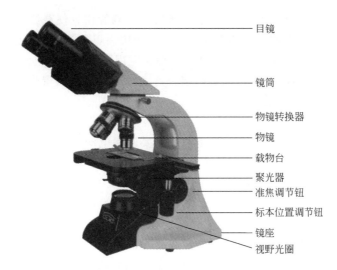

目镜

镜筒

物镜转换器

物镜

载物台

聚光器

准焦调节钮

标本位置调节钮

镜座

视野光圈

图 12-1　偏光显微镜的构造

偏光显微镜的构造主要包括机械部分和光学部分。其机械部分主要包括：

① 镜座。是整个显微镜的基座，用以支持整个镜体的平稳。现在的显微镜在镜座内通常装有照明装置（钨灯）。

② 镜筒。连在镜臂前方的圆筒。在镜筒上端装有目镜，下端连接物镜转换器。

③ 物镜转换器（旋转盘）。接在镜筒下端可自由旋转的圆盘，上面装有 3～5 个不同放大倍率的物镜，转动旋转盘可调换不同放大倍率的物镜。当物镜转到工作位置时，转换器上的卡锁会发出"咔嚓"一声，进入到卡锁内。否则在目镜中就可见光路不正常的图像，无法观察样品。

④ 调节器。是装在镜臂上的大小两种套在一起的旋钮，大的为粗调旋钮，小的为微调旋钮。转动时可使载物台上下移动，以调节物镜和样品之间的距离，即调节焦距。粗调旋钮转动时上下移动范围较大，能迅速调节物镜与样品的距离使物像呈现于视野中。微调旋钮转动时升降幅度小，一般在用粗调旋钮调焦的基础上或在使用高倍镜时，用它做比较精确的调节，从而得到完全清晰的物像，并能观察样品不同层次和不同深度的结构。

⑤ 载物台。镜筒下方的平台，用以放置样品。平台中央有一圆形的通光孔，来自下方的光线经此孔照射到样品上。载物台上装有样品位置调节器，其左侧弯形的弹簧夹是用来固定样品的，转动右侧两个螺旋能前后左右移动样品。有的推进器上还有刻度，可以计算样品移动的距离和确定样品的位置。

12.1.2　偏光显微镜的操作

显微镜在使用前，一般都应进行必要的清洁，然后进行聚光器的定心，最后观察样品，同时做好记录。

（1）聚光器的定心

现在的显微镜都具有可以卸下的聚光器，所以，在每次使用显微镜的时候，需要把光路调整到中心状态或聚光器处于中心状态。

① 用手转动粗调旋钮使载物台下降，然后转动物镜转换器使低倍镜（10 倍）对准载物台的通光孔（此时物镜与基座应扣合），把孔径光圈开到最小，同时把视野光圈开到最小。

② 两眼从目镜进行观察，同时，用手慢慢转动粗调旋钮，使载物台上升，当视野中出现光圈的 8 边形物像时，再调节微调旋钮，直至视野中出现光圈 8 边形的清晰物像为止。

③ 旋转聚光器定心的 2 个调节钮，使光圈像移至视野的中心部位。

④ 慢慢打开视场光阑，使其与视野内接，这表示视场光阑（聚光器）已经定心。在实际观察时，可以调节光圈与视野正好外接。

（2）显微镜的使用

① 打开电源开关 ON。在打开电源开关之前要确保电源的电压控制器（调光钮）处在 0V 的状态（最基部），然后，再逐渐调高电压到需要的位置，一般调到中间状态，即 6V 左右或打开光预置开关 ON。

② 转动物镜转换器，将 10× 物镜转到工作位置，转换器上的卡锁会发出"咔嚓"一声，进入到卡锁内。

③ 在载物台上放置样品，转动样品位置调节器，使样品移入光路。

④ 通过右眼，在右侧的目镜观察，同时调节粗调旋钮，对准样品的焦点，大体对准焦点以后，再通过微调旋钮进行微调，使图像达到最清楚的状态。调整两目镜的目距，使两眼都能够观察图像。

⑤ 通过左眼观察，调节左侧目镜上的调整环，对准样品的焦点。此调节是为两眼视力不一致的使用者，调节到两眼都能清楚地观察样品的图像而设计的。

⑥ 先低倍镜（10 倍）观察，后高倍镜观察。在低倍镜下观察到样品物像后，如果需要，再把需要放大的部分移至视野正中，并通过微调器，把物像调节到最清晰的状态。

⑦ 将使用的物镜放入光路后，将光量度再调节到最适合观察的程度，然后对准焦点。

⑧ 调节视野光圈，将光圈调节到与视野外接的程度，这样可以遮断余光，从而获得反差较好的图像。

⑨ 调节聚光器上的孔径光圈，使物镜的孔径数与孔径光圈的数值吻合，一般是调到孔径光圈的数值为物镜孔径数的 60%～70%。

⑩ 显微镜使用完毕，转动粗调旋钮下降载物台，取下样品，转动物镜转换器使物镜离开通光路，然后再上升载物台使其接近物镜。

⑪ 把电压控制器（调光钮）调到 0V 的状态（最基部），然后关闭电源开关。

（3）油镜的使用

油镜的清晰度略高于普通光学显微镜，使用油镜时一般应遵循以下步骤：

① 在高倍镜下（40 倍）找到所要观察的样品后将需要进一步放大的部分移至视野中心。

② 把集光器上升到最高位置，孔径光阑开到最大。

③ 转动物镜转换器，移开高倍镜（40×）。在要观察部位的盖玻片上滴加一滴香柏油作为介质（因香柏油的折射率和玻璃的折射率大致相同）。

④ 用眼观察目镜，转换到油镜位置，转动微调旋钮，稍微上升载物台，即能清楚地观察到物像。切忌使用粗调旋钮，或在视野中看不到模糊的图像时，一直单方向转动微调旋钮使载物台上升，这样会压碎盖玻片样品或损坏镜头。

⑤ 油镜使用完毕，必须把镜头上的香柏油擦净。先用擦镜纸蘸少许二甲苯将镜头上的大部分油去掉，再用干擦镜纸擦拭。擦拭时要顺镜头的直径方向，不要沿镜头的圆周擦。

（4）显微镜的清洁

保持显微镜的清洁，当发现有灰尘或操作中不慎使镜头和载物台沾上染料、水滴等，应及时用擦镜纸擦去。光学玻璃镜面只能用擦镜纸或用擦镜纸沾上少量的乙醚和乙醇（体积比为 7：3）的混合液轻轻擦拭，以免磨损镜面。

12.1.3　用偏光显微镜观察聚合物球晶及其生长过程

结晶聚合物的性能与其结晶形态等有着密切的关系。聚合物的结晶受外界条件影响很大，在不同条件下可以形成不同的结晶，比如单晶、球晶、纤维晶等。其中球晶是聚合物结晶时最常见的一种形态，它是由晶核开始，片晶辐射状生长而成的球状多晶聚集体，基本结构单元是具有折叠链结构的片晶。球晶可以长得比较大，直径甚至可以达到厘米数量级。在偏光显微镜下球晶通常呈现 Maltese 黑十字消光图样。下面以偏光显微镜观察聚合物球晶及其生长过程为例，说明偏光显微镜在聚合物研究中的应用。聚丙烯球晶增长过程的偏光显微镜照片如图 12-2 所示，球晶的消光黑十字现象如图 12-3 所示。

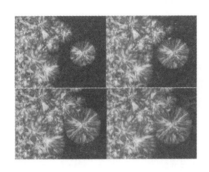

图 12-2　聚丙烯球晶增长过程的偏光显微镜照片　　　图 12-3　球晶的消光黑十字现象

12.1.3.1　显微镜调整

① 预先打开汞弧灯 10min，以获得稳定的光强，插入单色滤波片。

② 去掉显微镜目镜，起偏片和检偏片置于 90°，边观察边调节灯和反光镜的位置，如需要可调整检偏片以获得完全消光（视野尽可能暗）。

12.1.3.2　聚丙烯的结晶形态观察

① 切一小块聚丙烯薄膜，放于干净的载玻片的中间位置，在试样上盖上一块盖玻片。

② 预先把热台加热到 200℃，将聚丙烯样品在热台上熔融，然后迅速转移到 50℃ 的另一热台使之结晶，在偏光显微镜下观察球晶，并使用 CCD 进行拍照，把同样的样品在熔融后于 100℃ 和 0℃ 条件下结晶，分别拍摄结晶形态。

12.1.3.3　测定聚丙烯球晶大小

把聚丙烯球晶放在显微镜下观察，用显微镜目镜分度尺测量球晶直径，测定步骤如下：

① 将带有分度尺的目镜插入镜筒内，将载物台显微尺置于载物台上，使视区内同时见两尺；

② 调节焦距使两尺平行排列，刻度清楚使两零点相互重合，即可算出目镜分度尺的值；

③ 取走载物台显微尺，将样品置于载物台视域中心，观察并记录晶形，读出球晶在目镜分度尺上的刻度，即可算出球晶直径大小。

12.1.3.4 球晶生长速度的测定

① 将聚丙烯薄膜样品在 200℃下熔融，然后迅速放在 25℃的热台上每隔一定时间把球晶的形态拍摄下来，直到球晶的大小不再变化为止。

② 整理照片，并进行放大，测量不同时间球晶的大小，用球晶半径对时间作图，最终得到球晶生长速度。

12.2 扫描电子显微镜及能谱

扫描电子显微镜（scanning electron microscope，SEM）自从 1965 年问世以来得以迅速发展，现已在高分子科学、高分子材料科学和高分子工业中成为一种必备的分析研究手段和重要的原料与产品的检验工具。它是介于透射电子显微镜和光学显微镜之间的一种微观形貌观察手段，在表面、断面和颗粒的形貌观察、成分分析和晶体结构研究等方面得到了广泛的应用，可以研究聚合物树脂粉料的颗粒形态，填充剂和增强材料在聚合物基体中的分布与结合状况，高分子多相体系的微观相分离结构，泡沫聚合物的孔径与微孔分布，黏合剂的黏结效果以及聚合物涂料的成膜特性等。

12.2.1 SEM 的结构

常用的 SEM 的主机结构如图 12-4 所示。可以把它分解为 5 个部分：电子光学系统、扫描系统、信号检测系统、显示系统和试样放置系统。

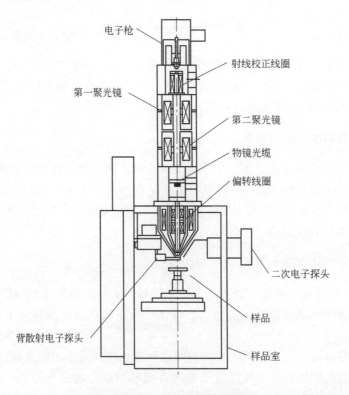

图 12-4 SEM 主机结构示意图

12.2.2　SEM 用聚合物试样的制备技术

相对而言，SEM 的样品制备较为简单，主要是因为 SEM 是通过接收从样品中"激发"出来的信号而成像的，不要求电子透过样品，即不要求样品很薄，可以使用块状样品。SEM 主要用于观测材料的表面形貌和对样品表面进行化学成分分析。表面形貌观察的一个主要应用是看断口形貌，不同材料有不同的性质，这些性质会反映在断口的形貌上，根据断裂面的形貌，可观察材料的晶界（小角或大角）、有无塑性形变、塑性如何。观察断口的形貌，只要将样品在液氮中低温淬断，将断面放到 SEM 下观察即可。SEM 样品可以是粉末状的，也可是块状的，只要能放到 SEM 样品台上即可。

导电样品不需要特殊制备，要求尺寸不得超过仪器规定的范围，用导电胶将样品粘贴在铜或铝制的样品座上，即可放到 SEM 中直接观察。对于导电性差或绝缘的材料，由于在电子束作用下会产生电荷堆积，形成局部充电现象，影响入射电子束斑形状和样品表面发射的二次电子运动轨迹，使图像质量下降。因此，这类试样粘贴到样品座之后要进行喷镀导电层处理。通常采用二次电子发射系数比较高的金、银或炭真空蒸发膜作导电层，涂层厚 $0.01 \sim 0.1 \mu m$，并使喷涂层与试样保持良好的接触。形状比较复杂的试样在喷镀过程中要不断旋转，才能获得较完整和均匀的导电层。此外，为了减少塑料表面的充电现象，还可采用降低工作电压的方法。

12.2.3　SEM 的操作

（1）SEM 的操作流程

下面以 JEOL JSM-6700（如图 12-5 所示）为例，说明具体的操作流程。

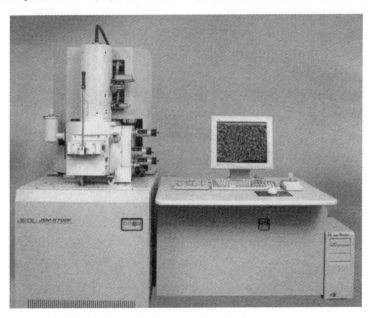

图 12-5　JEOL JSM-6700 照片

① 将待观测样品安装在样品台上，对其表面蒸镀金属。

② 双击桌面上的 "JEOL PC-SEM 6700" 图标，进入扫描程序界面。

③ 点击工具栏中的 "Tool" 按钮，弹出 "Maintenance" 窗口，打开 "Gun/PMT/Vac" 标签，查看真空室和过渡室的真空度是否在指定范围，打开 "InstrumentFlash" 标签，点击 "NormalFlash" 选项，清除枪表面吸附的气体等杂质。

④ 确认工具栏中的加速电压按钮 "HT" 为蓝色，选择 "Stage" 菜单下的 "Exchange"（或点击工具栏中的 "Speciman Exchange" 按钮），打开 "Sample Exchange" 窗口，选择要使用的样品夹，点击 "Exchange"。

⑤ 旋转工作距离旋钮使 WD 为 8mm，倾斜角为 $0°$，当屏幕左下角指示的样品台的位置显示为 "X=35.0，Y=25.0，R=0" 且样品室操作面板上的 "EVAC" 和 "EXCHPOSN" 指示灯亮时，按 "VENT" 指示灯，该灯闪烁，氮气进入样品交换室。

⑥ 当样品室操作面板上的 "VENT" 指示灯停止闪烁保持一直亮的状态时，打开样品交换室。

⑦ 将样品固定到样品夹上，滑动进入样品夹夹具中，关闭样品交换室。

⑧ 按样品室操作面板上的 "EVAC" 指示灯，开始抽真空，该指示灯闪烁，等样品交换室达到一定真空度后，该指示灯停止闪烁保持一直亮的状态。

⑨ 倾斜样品交换杆使其保持水平，然后插到样品室，当样品室操作面板上的 "HLDR" 指示灯变亮时，表明样品已经进入样品室。

⑩ 水平抽出样品交换杆至杆末端完全离开导槽后，倾斜样品交换杆，此时工具栏中的加速电压按钮 "HT" 变为黑色。

⑪ 当加速电压按钮 "HT" 变为蓝色时，打开加速电压，按钮 "HT" 变为绿色。根据试样设置加速电压（$0.5\sim30kV$）、工作距离（1.5mm，2mm，3mm，6mm，8mm，15mm）、探针电流值。

⑫ 当发射电流值为 $10\mu A$ 时，打开枪阀，扫描开始。

⑬ 调节操作面板上的放大倍数、焦距、亮度、对比度、像散等旋钮，获得清晰的图像。

⑭ 按操作面板上的 "Freeze" 按钮，锁住图像。

⑮ 点击 "File" 菜单下的 "Image File Handling" 选项，打开 "Load/Save/PrintImage" 窗口。

⑯ 点击 "Export" 或 "Save" 按钮，输入文件名及有关信息后，点击 "Save" 按钮，则样品的图像被存储在文件中。

⑰ 停止扫描要先关闭枪阀，再关闭加速电压。

⑱ 确认工具栏中的加速电压按钮 "HT" 为蓝色，选择 "Stage" 菜单下的 "Exchange" 选项，打开 "Sample Exchange" 窗口，选择使用的样品夹，点击 "Exchange1"。

⑲ 旋转工作距离旋钮使 WD 为 8mm，倾斜角为 $0°$，当屏幕左下角指示的样品台的位置显示为 "X=35.0，Y=25.0，R=0" 且样品室操作面板上的 "EVAC" 和 "EXCHPOSN" 指示灯亮时，按 "VENT" 指示灯，该灯闪烁，氮气进入样品交换室。

⑳ 当样品室操作面板上的 "VENT" 指示灯停止闪烁保持一直亮的状态时，打开样品交换室，取出样品夹。

㉑ 按样品室操作面板上的 "EVAC" 指示灯，使样品交换室保持真空状态。

㉒ 选择菜单栏中的 "File" 菜单下的 "Exit" 选项，退出扫描程序。

㉓ 关闭电脑。

（2）注意事项

① 做完 "Flash" 30s 后才可以进行扫描操作；先做 "Normal Flash"，再做 "Strong-

Flash"，且两次 Flash 之间要间隔 30s 以上。

② 做完"Flash"后首次开加速电压，电压值应从 0.5kV 开始逐步加大，步长小于 4kV，并且要等发射电流值为 $10\mu A$ 时，才能改变加速电压。

③ 样品表面最高不能超过样品台 6mm，并且在超过样品台表面一定高度后，设置的工作距离要相应加上该高度值。例如：想观察一定电压下工作距离为 3mm 时的图像，而样品表面高过样品台 2mm，则要调节工作距离旋钮，使工作距离值为 5mm。

④ 扫描样品时要先开加速电压，等发射电流值为 $10\mu A$ 时再开枪阀，扫描结束后要先关闭枪阀，再关加速电压。

⑤ 测试弱磁性的样品，放样品和取样品时要打开操作面板上的"LOW MAG"按钮以减小物镜磁性，并且工作距离要在 8mm 以上。

⑥ 测试样品一定要固定好以防掉入样品室。

12.2.4 能谱仪的操作

能谱仪（energy dispersive spectrometer，EDS）是利用特征 X 射线能量不同来展谱的能量色散谱仪。EDS 本身不能独立工作，而是作为附件安装在 SEM 上。它由探测器、前置放大器、脉冲信号处理单元、模数转换器、多道分析器、小型计算机及显示记录系统组成，实际上是一套复杂的电子仪器。

下面以 SEM 附件 X 射线能谱仪（Horiba）为例，说明其操作规程。

（1）确认能谱能否工作

Si（Li）探测器必须在低温环境下才能正常工作，所以在做 EDS 之前，需要检查能谱的杜瓦瓶中是否还有液氮。如果杜瓦瓶中没有液氮，则需补充。在刚加入液氮的 $1\sim2h$ 内，由于探测器还未完全冷却，EDS 不能工作。这时打开 EDS 的控制电脑，会发现机箱上的 HVBias 灯为红色。等待至探测器完全冷却，灯变绿色，此时 EDS 可以正常工作。

（2）样品制备及装入

EDS 的制样及装入与 SEM 相同，但对样品的制备有较高的要求。EDS 的样品一般应满足以下条件。

① 样品要尽量平。

② 样品须导电。

③ 非导电样品，需要喷镀金膜的，要确保金或铂在谱图上的峰位不会影响被测样品本身所含元素的峰位。

（3）在 SEM 中观察图像

① 在 SEM 中设定条件。

在做 EDS 时，扫描条件的设定主要包括加速电压、发射电流、探针电流和工作距离的设定。

加速电压一般设为元素激发能量的 $2\sim3$ 倍，常用范围为 $15\sim20kV$，一般来说，原子序数越大，电压越高。

发射电流通常设定在 $7\sim20\mu A$ 之间。

探针电流设置为"High"模式。

工作距离一般设定为 15mm。

聚光镜 C1 电流选大一些，数字越小，电流越大。

② 在 SEM 中根据 SEM 的操作流程把图像调清晰。

（4）谱图观察

① 图像获取（EDS 自动启动外部扫描控制）。

在采集图像前，先根据 SEM 的加速电压、放大倍数和工作距离，在 EDS 中输入相同的加速电压、放大倍数和工作距离，并按回车确定。同时设定时间常数（Amp Time），使死时间（Dead Time）维持在 20%～40%。

在这两个参数设定后，点击图像采集"Collect Image"，采集图像，这时 EDS 自动启动外部扫描控制，SEM 中不再有图像显示。

② 选择所需要的功能。

EDS 可以对所选区域进行点、面扫描，线扫描和面分布。

点、面扫描分析所选区域中所有未知元素（主要是原子序数在 Na～U 之间的元素）在该区域中的含量（半定量），此功能在"Image"选项卡中进行。线扫描和面分布是对已知元素所做的分析。线扫描分析，在一条水平线上，各已知元素的含量变化情况；面分布分析，在整个图像上（不能选定区域），各已知元素的分布位置；这两个功能在"Maps/Line"选项卡中进行。

③ 扫描区域选择。

在点、面扫描时，可在图像上选择自己感兴趣的区域进行信号采集，区域可以是任何形状的。在线扫描时，可选择不同位置的水平线进行信号采集。可以在采集的图像上选择任意位置的水平线。面分布是对整个图像的分析，不能选区。

④ 谱图采集。

开始信号采集，采集完成后自动停止。

（5）谱图处理

① 点、面扫描所产生的谱图需要进行峰标定和定量计算。

峰标定可以通过设备进行自动标定，但往往不够准确。也可以手动标定，只要把光标移动到谱图中某峰的位置，在 Possible 列表中就会出现该峰处所有可能的元素，选中自己认为合理的元素，点击 Add，就可以实现峰的手动标定。

点击定量分析键，就可得到无标样定量分析结果。

② 线扫描和面分布在谱图采集结束后，数据会根据预设值存储。

（6）结束观察

结束观察后，能谱仪释放外部扫描控制，重新出现 SEM 图像，可以选择另一个区域进行能谱成分分析。

（7）关机

点击 EDS 主窗口的关闭键，在整个软件关闭后，关闭 Windows。整个 EDS 的操作结束。

12.2.5　SEM 的应用

SEM 主要用来表征聚合物的表面形貌、微观结构和进行微区化学成分分析。下面以表面修饰前后的植物纤维和聚合物的多相复合体系为例，说明 SEM 在聚合物研究中的应用。

（1）研究表面修饰对纤维形貌的影响

从图 12-6 中可以看出，修饰前后的甘蔗纤维表面具有明显不同的表面特征。甘蔗纤维表面具有植物纤维典型的特征，数根平行状排列的条带状纤维成为一束，而表面修饰聚苯胺后的植物纤维具有较为粗糙的表面，证明聚苯胺已经成功地修饰在甘蔗纤维的表面。

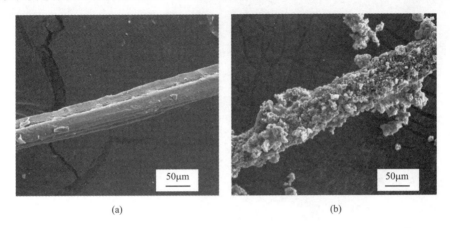

(a)　　　　　　　　　　　　　　(b)

图 12-6　(a) 甘蔗纤维、(b) 甘蔗纤维表面包覆掺杂聚苯胺的 SEM 图片

（2）聚丙烯/尼龙 6 复合物的两相分布

为了分辨出聚丙烯/尼龙 6 复合物中两相的分布，使用甲酸为刻蚀剂对其进行选择性刻蚀。经刻蚀后，由于尼龙 6 可以被甲酸溶解，留下空洞，如图 12-7 所示，从而可以把两相结构在复合物中的分布进行区分。

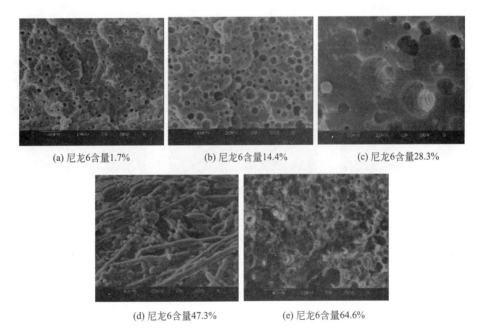

(a) 尼龙6含量1.7%　　　(b) 尼龙6含量14.4%　　　(c) 尼龙6含量28.3%

(d) 尼龙6含量47.3%　　　(e) 尼龙6含量64.6%

图 12-7　聚丙烯/尼龙 6 复合物经甲酸刻蚀后的 SEM 图片

（3）$LiMn_2O_4$，PEDOT:PSS，羟甲基化纤维素，导电炭黑复合物（LMO_{comb}）的元素分布

使用 SEM 和 EDX 面扫描相结合的方式研究 LMO_{comb} 材料的形貌及元素分布状态。从图 12-8 中可以看出，LMO_{comb} 复合材料的结构较为均匀，且主要元素均匀地分散在材料内部。

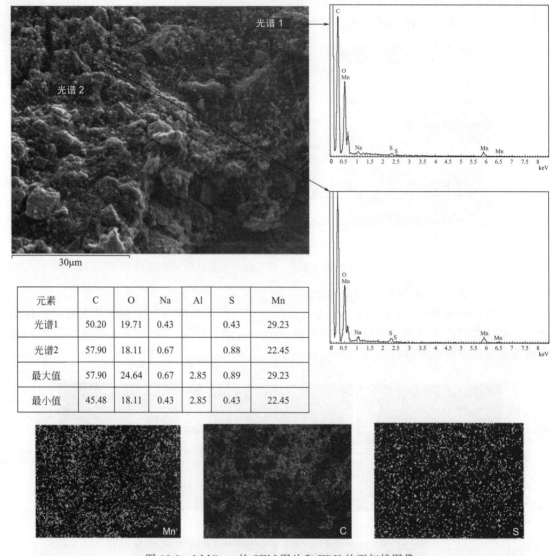

元素	C	O	Na	Al	S	Mn
光谱1	50.20	19.71	0.43		0.43	29.23
光谱2	57.90	18.11	0.67		0.88	22.45
最大值	57.90	24.64	0.67	2.85	0.89	29.23
最小值	45.48	18.11	0.43	2.85	0.43	22.45

图 12-8　LMO_{comb} 的 SEM 图片和 EDX 的面扫描图像

　　此外，SEM 还广泛用于研究聚物材料作为涂层、黏合剂、薄膜时，形成聚合物膜的结构及其黏结状态等。

12.3　透射电子显微镜

　　透射电子显微镜（transmission electron microscope，TEM）是一种具有高分辨率、高放大倍数的电子光学仪器，在高分子研究中有着重要的应用。TEM 与光学显微镜的成像原理基本一样，不同的是 TEM 用电子束作光源，用电磁场作透镜。另外，由于电子束的穿透力很弱，用于电镜的样品须制成厚度小于 50nm 的超薄切片（一般使用超薄切片机制作）。高速的电子的波长比可见光的波长短（波粒二象性），而显微镜的分辨率受其使用波长的限制，并且电子的德布罗意波长非常短，因此，TEM 可以用于观察样品的精细结构，甚至可以观察到原子的结构。

TEM 把经加速和聚集的电子束投射到样品上，电子与样品中的原子碰撞而改变方向，从而产生立体角散射。散射角的大小与样品的密度、厚度相关，可以形成明暗不同的影像，影像在放大、聚焦后在成像器件（如荧光屏、胶片以及感光耦合组件）上显示出来。在放大倍数较低的时候，TEM 成像的对比度主要是由于材料的厚度和成分对电子的吸收不同造成的。而当放大率倍数较高时，复杂的波动作用会造成成像亮度的不同，因此需要专业知识来对所得到的图像进行分析。TEM 可用来观察高分子晶体的形貌和结晶结构，研究高分子材料的网络，测定高分子的分子量分布和多孔高分子薄膜的微孔大小与分布，还可对高分子晶体的晶格甚至高分子本身直接成像。

下面将着重介绍 TEM 的基本知识，包括系统组件、电子显微像的衬度形成原理、TEM 和选区电子衍射的基本操作，以及一些常用的 TEM 制样技术及其在聚合物研究中的应用。

12.3.1 TEM 试样的制备技术

TEM 的试样载网很小，其直径一般约为 3mm，常规 TEM 的加速电压为 100～200kV，电子穿透试样的能力很弱。因此聚合物试样必须很薄，最厚一般不得超过 200nm。薄的试样放在一个多孔的载网上容易变形，尤其是当试样尺寸只有微米量级时，试样比网眼的尺寸还小，因此必须在载网上再覆盖一层散射能力很弱的支持膜。这样，薄样品或微细粉末颗粒样品不至于从网孔漏掉，才可能放到电镜中去观察。

（1）粉末颗粒样品的制备及重金属投影

① 支持膜的制备。

塑料支持膜——将 0.5～1.5g 的固体火棉胶溶入 100mL 的乙酸异戊酯中（24h 可全部溶解），置于密封的滴液瓶中。在一个直径为 20～30cm 的结晶皿中注满蒸馏水，静置片刻，待水面完全平静后，轻轻地将 1～2 滴火棉胶溶液滴到水面上，当膜形成后用针挑掉以清洁水面，再用同样方法制出第二张膜，滴液时滴管要小心靠近水面。将铜网轻轻地整齐地逐一排放在膜的中间（无皱褶处），剪一块滤纸片，尺寸略大于铜网，但必须小于膜的尺寸，小角度地轻轻贴近膜，按入水中，待全部湿润后提起，铜网就整齐地排列在膜与滤纸之间了。将该滤纸片放在培养皿中置于 50～60℃ 的烘箱里烘干。该种方法所制备的膜透明性好，但在电子束轰击下易损坏。

碳支持膜——近来常用的是蒸镀一层 20nm 厚的碳膜，在真空镀膜机中蒸发碳，形成约 20nm 厚的膜，设法捞在铜网上。因为碳的原子序数低，碳膜对电子束的透明度高，又耐电子轰击，其强度、导电、导热和迁移性均很好。

将载玻片清洁干净后放在钟罩内喷碳，厚度以呈浅银灰色为佳。用解剖针将碳膜划成铜网大小的方块，慢慢地将载玻片浸入蒸馏水中，碳膜方块将浮于水面，用镊子夹住铜网，小心地浸入水中，慢慢放在碳膜下面，水平地提出水面，去掉多余的边缘，放在滤纸上干燥。也可以点上 3% 火棉溶液烘干后再喷碳，最后将载玻片浸入乙酸戊酯溶液，数分钟后将火棉胶膜溶解脱落，碳膜就可捞起了。真空喷涂仪的结构由扩散泵、机械泵和玻璃钟罩组成。钟罩内有两对电极，一对喷金属，一对喷碳。抽真空到 $10^{-5} \sim 10^{-3}$ Torr（1Torr ＝ 133.322Pa），在装有碳棒的两极间加上 15～30V 的电压，先通小电流预热 20s，再加电流至 35～45A，碳棒接触点受热呈白炽状态，碳开始蒸发。通常用两根碳棒，一根固定为平头，另一根被削为尖头的碳棒在弹簧压力作用下可自动推进。被削为尖头的碳棒，在装上喷涂机之前，削过的地方要擦干净，以免碳粉末掉在载网上。

塑料-碳支持膜——塑料支持膜虽制备简单，但它导热、导电性差。为此将火棉胶膜捞在铜网上，然后再在火棉胶膜上蒸发一层 5～10nm 厚的碳层。这种支持膜性能好，应用最多、最方便。

微栅膜——为了避免由支持膜产生的背景噪声使图像分辨率下降，甚至淹没有用的结构信息，特别是在高分辨电子显微像的研究工作中，发展了一种微栅支持膜。现在的制备方法已能获得 0.05 微米至几个微米孔径的微栅膜。

② 样品的分散。

为了获取高质量的 TEM 图片，粉末状样品在支持膜上必须有良好的分散性，同时又不过分稀疏。具体方法有悬浮液法、喷雾法、超声波振荡分散法等，可根据需要选用。

③ 重金属投影。

有机高分子材料对入射电子的散射能力很弱，在利用质量厚度衬度成像时图像的衬度很差。利用重金属投影的方法可使衬度大为提高。投影工作在真空镀膜机上进行。具体做法是选用重金属材料作为蒸发源，金属受热成原子状态蒸发，以一定倾斜角投到样品表面，由于样品表面凹凸不平，形成与表面起伏状况有关的重金属投影层。面向蒸发源的区域沉积上一层重金属，背向蒸发源的区域会被凸出部分挡掉，沉积不上金属层，从而形成对电子束透明的"阴影区"，使图像反差大增，立体感加强。如果在投影时记下投影角度，可根据照片中的阴影长度计算出凸起部分的高度。

一般来说，可根据试样的表面状态来选择投影操作时的角度。对于粗糙的表面要用大角度，起伏较小的表面则选用小角度。实际所选的投影角一般在 $15°～45°$ 的范围之内。

投影使用的金属材料和蒸发量的多少要根据试样表面状况和对电子显微像的要求而定。当要显示的细节尺寸在 10nm 量级时，金属蒸发量可以多一些。在要表现更小的细节时，金属投影的量也要少一些，使镀层薄一点。

（2）直接薄膜样品的制备

可以将欲研究的高分子试样制成电子束能穿透的薄膜样品，直接在 TEM 中进行观察。薄膜的厚度与试样的材料及电镜的加速电压有关。对于 100kV 的加速电压，有机物或聚合物材料的厚度可控制在 $1\mu m$ 以内。可以直接对薄膜样品内部的结构、形貌、结晶性质及微区成分进行综合分析；还可以对这类样品进行动态研究（如在加热、冷却、拉伸等过程中观察其变化）。制备薄膜样品的方法很多，使用时应根据样品的性质和研究的要求选用不同的方法。下面介绍几种常用的制膜方法。

① 真空蒸发法。

在真空蒸发设备中，使被研究材料蒸发后再凝结成薄膜。

② 溶液凝固（或结晶）法。

选用适当浓度的溶液滴在某种平滑表面上，待溶剂蒸发后，溶质凝固成膜。

③ 离子轰击减薄法。

用离子束将试样逐层剥离，最后得到适于 TEM 观察的薄膜。这种方法很适用于聚合物材料。

④ 超薄切片。

用超薄切片机可获得较薄的试样。如果要研究大块聚合物样品的内部结构，可采用此法制样。为研究高分子树脂颗粒的形态及其分布，有时也可以采用先包埋后超薄切片的办法制样。要指出的是，该方法用于制备聚合物试样时切好的超薄小片从刀刃上取下时会发生变形或弯曲。为克服这一困难，可以先把样品在液氮或液态空气中冷冻，或者把样品先包埋在一种可以固化的介质中（如环氧树脂）。可以选择不同的配方来调节介质的硬度，使之与样品的硬度相匹配。经包埋后再切片就不会因切片过程而使超微结构发生变形。

一般说来，因为其衬度较低，由超薄切片得到的试样还不能直接用来进行 TEM 的观察。需要通过染色或蚀刻的方法来改善切片试样的图像衬度。但不要采用投影的方法，因为切片的表面总有刀痕，投影以后会引入假象。

（3）染色

通常的聚合物由轻元素组成，在用质量厚度衬度成像时图像的反差很弱，通过染色处理后反差可以得到改善。所谓染色处理实质上就是用一种含重金属的试剂对试样中的某一个相或某一组分进行选择性的化学处理，使其结合上或吸附上重金属，而另一部分则没有，从而导致它们对电子的散射能力的明显差异，提高超薄切片样品图像的衬度。常用的金属有锇、钨、银、铝等，不同聚合物可用不同的染色方法。

（4）蚀刻

投影和染色是通过把重金属引入试样表面或内部，使聚合物的多相体系或半晶聚合物的不同微区之间的质量差别加大。而蚀刻的目的在于通过选择性的化学作用、物理作用或物化作用，加大上述聚合物试样表面的起伏程度。

常用的蚀刻方法有化学试剂蚀刻和离子蚀刻，用作蚀刻的化学试剂有氧化剂和溶剂两类，所用的氧化剂有发烟硝酸和高锰酸盐试剂等。它们的蚀刻作用是使试样表面某一类微区容易发生氧化降解作用，使反应生成的小分子物更容易被清洗掉，从而显露出聚合物体系的多相结构来。需要注意的是，蚀刻条件要选得适当，以免引入新的缺陷或伴生应力诱导结晶等结构假象。溶剂蚀刻利用的是不同组分或不同相在溶解能力上的差异。有时会出现在非晶区被溶解的同时，晶区被溶胀甚至少量溶解的现象，有时还会出现溶剂诱导和应力诱导作用使试样表面形成新的结晶，所以蚀刻的时间要适当，不宜过长。需要注意，在用化学试剂蚀刻法改善半结晶聚合物试样的衬度时，化学试剂对同一种聚合物的晶区和非晶区的作用差异是作用速率的不同，而不是能作用与不能作用的问题。

离子蚀刻利用的是半晶聚合物中晶区和非晶区或利用聚合物多相体系中不同相之间耐离子轰击程度上的差异。具体做法是在低真空系统中通过辉光放电产生的气体离子轰击样品表面，使其中一类微区被蚀刻掉的程度远远大于另一类微区，从而造成凹凸起伏的表面结构。

由于蚀刻一般是对较厚和较大的样品进行的一种表面处理，故这种样品不能直接放入TEM 中观察，因此往往采用复型技术来进一步制样。但在对蚀刻试样的图像进行解释时，务必格外小心。因为试样很容易在蚀刻时或随后的处理阶段发生变形，所以有时候仅根据电子显微像推测得到的蚀刻前的试样结构并不能反映其真实状态，应该用其他研究技术加以旁证。

（5）冷冻脆断

除了切片以外，块状聚合物样品的内部结构还可以通过冷冻脆断的方法来显示。具体做法是先将样品在液氮中浸泡一段时间，然后将样品取出，迅速折断。折断后如果断面粗糙，可用 SEM 观察。如果断面不太粗糙，也不能直接放入 TEM 中观察，只能先复型，后观察。

（6）表面复型制样技术

一般而言，TEM 观察用的试样尺寸小、厚度薄，在一定程度上限制其使用范围。可通过使用表面复型制样技术弥补这一缺陷。复型是通过使用能耐电子束辐照并对电子束透明的材料对样品的表面进行复制，然后对复制品进行观察，从而间接了解聚合物的表面形貌。但这种方法一般只能研究材料表面的形貌特征。

为了研究块状聚合物的内部结构，一般可以通过冷冻脆断和蚀刻技术把材料的内部结构显露出来，然后使用复型和投影相结合的技术，把材料的内部结构转移到复型膜上，再进行观察。由于该方法是对复型膜进行观察，因此无法对材料的晶体结构进行电子衍射研究。

复型可分为一级复型和二级复型。一级复型依据制膜材质的不同又分为塑料膜一级复型和碳膜一级复型。塑料膜一级复型可使用聚乙烯醇缩甲醛、火棉胶、聚苯乙烯或聚乙烯醇等来制塑料膜。一级复型具体做法是将某种塑料的溶液滴在清洁的样品表面、断面或蚀刻面上，待干燥后将其剥离下来待用。在用这种方法制得的复型膜上与样品接触的一面形成和样品表面、断面或蚀刻面上凹凸起伏正好相反的印痕，另一面则基本上是平的。但这种方法的实际剥离操作比较困难。所得的电子显微像的衬度起因于复型膜各部位的厚度差，因此，照片上亮的部位对应着复型膜上薄的部位，即样品上凸起的部位。照片上暗的地方则对应于样品上凹下的地方。碳膜一级复型的制作有两种不同的操作顺序。一种是先用重金属在样品表面投影，再蒸发上一层 20～30nm 的碳膜；另一种是先蒸碳后投影。由于碳颗粒的迁移性很好，所以蒸上去的碳膜基本上是等厚的。如果样品的表面或断面粗糙，应在蒸碳时让样品不断旋转，使样品表面上的各个部位都能均匀地蒸上一层碳膜。该方式制备的复型膜表面形貌的分辨率较高，操作较为简单。

二级复型有塑料碳膜和碳塑料膜两种方式。塑料碳膜二级复型可用醋酸纤维素膜（AC膜），也可用火棉胶等其他塑料先制成一级复型，剥下后再在内侧制碳膜二级复型。AC 膜制膜的具体方法是先用醋酸甲酯冲洗样品表面、断面或蚀刻面数次，然后滴上适当的醋酸甲酯，使其均匀散开，及时把一张比样品表面略大的 AC 膜贴上，如果样品表面起伏较小，可用 0.2mm 厚的 AC 膜。表面粗糙的样品则选用较厚的 AC 膜（如 0.3mm）。AC 膜在醋酸甲酯的作用下发生软化，紧贴在样品表面上，使其上的微细形貌在 AC 膜上留下印痕。待溶剂挥发后，把 AC 膜揭下，在其印痕面内侧先投影，然后蒸碳膜。最后再将其置于铜网上，AC 膜面朝下，使用溶剂的蒸气把 AC 膜慢慢溶掉，最终只剩下有投影的碳复型膜。制备这种二级复型膜时，使用的 AC 膜不能太厚，否则在溶解 AC 膜的过程中，AC 膜发生溶胀，而使碳膜断开。碳塑料膜二级复型的制作过程如下：先在样品表面上蒸一层碳膜，并用重金属投影，再将聚丙烯酸滴在上述一级复型膜上，制成二级复型。待溶剂挥发后将复型膜揭下，把碳膜朝上聚丙烯酸膜朝下置于蒸馏水面上，将聚丙烯酸膜溶去，剩下碳膜，捞在电镜用载网上。溶去聚丙烯酸膜的水温不宜过高或过低。温度过高，聚丙烯酸会交联，过低，聚丙烯酸又不能全部溶解掉。一般常用的水温可保持在 45℃。

在制备二级复型和对其图像进行分析时要特别注意的是剥离复型膜时有可能使其变形并留下痕迹。还应该注意复型可达到的分辨率不会超过直接观察试样时所能达到的程度。

表面装饰法则适用于仅存在几个晶胞高度的表面。当用于聚合物晶体时，可在晶体表面蒸上一层薄金，再将试样稍微加热使部分金颗粒迁移到台阶处集结，从而把台阶的边缘显示清楚。

12.3.2　TEM 的操作注意事项

注意事项：

① 使用电镜时，首先要观察电镜的状态。

② 有黄色背景的按钮要谨慎。

③ 观察一系列数值，包括：最佳电流值、束斑尺寸、样品各坐标是否都归零等。

12.3.3　选区电子衍射（SADF）模式操作方法及标定

样品制备是获得好的电子衍射照片最重要的前提。一般而言，工作目的不同，对样品制备的要求也不同。对粉末分散样品，总的原则是：

① 颗粒状样品应充分分散，尽量避免团聚。颗粒尺寸大小适中，过大电子束难以穿透，过小容易得到非晶颗粒或产生辐照非晶化。

② 切片样品应保证观察样品密度适中。在电镜下，应选择外形较为规整、无明显缺陷的样品，以位于铜网中部，支持膜（碳膜、微栅）无破损的样品为佳。

一般应选择双倾台 EM31630 的样品台。装上铜网时有样品的一面向下。

电子衍射操作步骤如下。

① 选择感兴趣的区域，按下 STDFOCUS，用高度将图像聚焦清楚，一般选择 1 号聚光镜，当样品颗粒较小或出现较强的非晶圆晕时选择 2 号聚光镜可以减少非晶衍射。

② MAG1 模式下，将光斑聚至最小，移至中心。再在 SADIFF 下看是否出现菊池线，找到菊池线交叉较多的交点（此类交点一般是低指数面的交点），通过踩 T_x、T_y，使菊池线的交点移至透射斑的中心，如看不到菊池线的交点在哪里，可沿着一条细的菊池线（对应低指数晶面）方向踩踏板试，看是否会出现菊池线交点。

③ 再改为 MAG1 模式，光斑散开，调节样品高度，加入选区光阑 2 号或 3 号，SADIFF 模式下将光强度调整至最小，调节 DIFFFOCUS 聚焦，使衍射谱图中的透射斑点亮度调至最尖锐。观察荧光屏上的衍射斑点是否在透射斑点两边对称，通过微踩 T_x、T_y，使衍射斑点在透射斑两边对称。

④ 如果透射斑点的亮度很强，则要加上挡针，如果透射斑点的亮度很弱，则不需要加上挡针。最后翻屏，选择合适的曝光时间（一般设为 0.5s 或 1s），拍照。衍射斑点位置不在中心时，按 PLA，用 DEF 多功能键调节光斑位置至合适区域即可。

⑤ 在衍射模式下，可通过中间镜消像散（ILSTIG＋DEFX/Y）使透射斑变圆。该步骤可将光斑移动到样品空白区域进行。Brightness 顺时针旋到底，点 SADIFF，左转 DIFF FOCUS 出现的圆，用 DEF 调圆。

上述方法虽然简单，但是在调节过程中照射在样品上的电子束的强度太大，容易损伤样品，而且如果样品太薄以致不出现菊池线，此时可选择下述第二种方法。

① 选择感兴趣的区域，样品不能太厚，按下 STD FOCUS，用高度将图像聚焦清楚，一般选择 1 号聚光镜，当样品颗粒较小或出现较强的非晶圆晕时，选择 2 号聚光镜可以减少非晶衍射。

② 加入选区光阑，在 SADIFF 模式下将观察到衍射斑点和透射斑点，若观察到的衍射斑点呈圆弧形，则踩轴的方向应该是透射斑指向圆弧的方向，若看不出来圆弧可以先沿一个方向踩试再判断。踩轴过程中，圆弧所在圆的半径将越来越小，直至透射斑在衍射斑的中心为止，即衍射斑在透射斑的两边对称分布。回到图像模式，用高度将图像聚焦清楚，再回到 SADIFF 模式。

③ 将光强度调整至最小，调节 DIFF FOCUS 聚焦，使衍射谱图中的透射斑点亮度调至最尖锐。观察荧光屏上的衍射斑点是否在透射斑点两边对称，通过微踩 T_x、T_y，使衍射斑

点在透射斑两边对称。

④ 如果透射斑点的亮度很强，则要加上挡针，如果透射斑点的亮度很弱，则不需要加上挡针。最后翻屏，拍照。衍射斑点位置不在中心，按 PLA，用 DEF 多功能键调节光斑位置至合适区域即可。

电子衍射谱图的标定：

① 用软件打开电子衍射谱图；

② 标定电子衍射斑点的中心，即透射斑点；

③ 打开 Showresults，将出现显示结果的框；

④ 选中衍射点，这时在 Results 框中将出现第一个点，第一个点作为其他将要标定的衍射点的标准点。再以此为标准点，继续标定衍射点。

12.3.4　TEM 的应用

和 SEM 的应用相似，TEM 可用于研究高分子的结构及形态、高分子结晶的聚集态及聚合物和共混物等。TEM 在聚合物研究中的应用主要包括对形貌的观察，研究颗粒（晶粒）的形状、形态、大小、分布等。结构观察包括两相间相互之间的关系、杂质相的分布等。与 SEM 不同，TEM 还可用于使用电子衍射技术进行晶体结构分析、物相鉴定、晶体取向分析等。下面简单介绍 TEM 在聚合物研究中的应用。

（1）分析固体颗粒的形状、大小、粒度分布等

凡是粒度在 TEM 观察范围内的粉末颗粒样品，均可用 TEM 对其颗粒形状、大小、粒度分布等进行观察。例如，通过研究聚合物乳胶粒子的 TEM 照片，可以在聚合的不同阶段取样，观察颗粒的大小及均匀度，研究聚合工艺条件及聚合机理。

（2）研究材料的微观结构

材料的某些微观结构特征能由表面的起伏现象表现出来，或者通过某种腐蚀的方法（化学腐蚀、离子刻蚀等），将材料内部的结构特点转化为表面起伏的差异，然后用复型的方法在 TEM 中显示试样表面或断面的特征。将组织结构与加工工艺联系起来，可以研究材料性质、工艺条件与性能的关系。

同理，用 TEM 可以研究各种纤维的结构和缺陷等。如从各种聚合物纤维（聚丙烯腈、黏胶、酚醛等）转化为各种碳纤维过程结构的变化与工艺条件的关系，以及各种碳纤维结构特征与性能的关系。

（3）研究聚合物的结晶结构

用 TEM 可以观察到聚合物在不同条件（如不同浓度、不同温度等）下从溶液中或熔体中结晶时的各种形态，如单晶体、树枝晶、球晶等，以及组成球晶的晶片之间存在许多微丝状的连接链等，为聚合物结晶动力学及结晶结构提供实验证据。

下面列举实例说明 TEM 在聚合物研究中的具体应用。

使用 TEM 对聚乙烯醇包覆前后的炭黑纳米颗粒进行观测，通过对比图 12-9（a）和（b），可以看出，聚乙烯醇均匀地包覆在炭黑纳米微粒的表面，形成典型的核-壳结构。并且可以通过统计计算，比较包覆前后微粒的尺寸变化，进而获得聚乙烯醇包覆层的厚度。

图 12-10（a）是 TEM 的投影图像，因为磁盘状或圆柱体也呈现同样的 TEM 图像，尽管乳胶颗粒是球体，但仅凭图 12-10（a）所示，无法确认图中所示的乳胶粒子是球形。为了精确地研究乳胶颗粒的具体形状，可以使用投影的方式予以确认，即以倾斜角度蒸发薄的重金

属（Au 或 Au-Pd）涂层，用以增强局部电子散射能力。如图 12-10（b）所示。重金属投影阴影的形状揭示了乳胶粒子的真实形状，并且明显提高了图像的衬度。

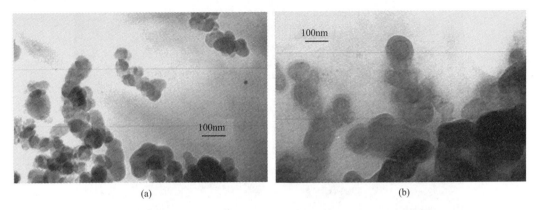

（a）　　　　　　　　　　　　　　（b）

图 12-9　（a）炭黑纳米微粒的 TEM 图片和（b）聚乙烯醇包裹的炭黑纳米微粒的 TEM 图片

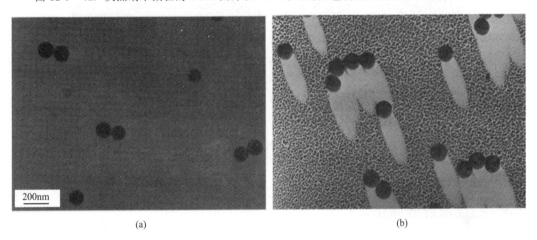

（a）　　　　　　　　　　　　　　（b）

图 12-10　（a）胶乳颗粒的 TEM 图像和（b）使用投影方式获得的 TEM 图片

使用重金属对聚合物进行染色，重金属富集在具有不饱和键的相中，使之呈现在较暗相中，两相可以明显区分开，如图 12-11 所示。

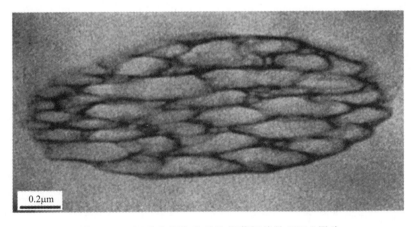

图 12-11　经重金属染色后的超薄切片的 TEM 图片

为了更加全面地评估有机蒙脱土结构的改性，图 12-12 显示了在上述不同曝光时间下样品的电子衍射图。电子束与有机蒙脱土样品的相互作用导致有机蒙脱土的结构改变，直至在120s后完全非晶化。

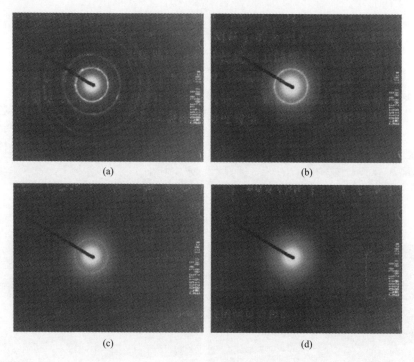

图 12-12　有机蒙脱土的电子衍射图片

曝光时间：（a）0s；（b）30s；（c）60s；（d）120s

12.4　扫描探针显微镜

扫描探针显微镜（scanning probing microscope，SPM）是一个较为庞大的家族。1981年，IBM 公司苏黎世研究所的物理学家 G. Binning 和 H. Rohrer 发明了扫描隧道显微镜（scanning tunneling microscope，STM），观察到了 Si（111）表面清晰的原子结构，使人类第一次进入原子世界，直接观察到了物质表面上的单个原子，并在 1986 年获得诺贝尔物理学奖。1985 年，G. Binning 在 STM 的理论基础上，发明了原子力显微镜（atomic force microscope，AFM），将观察对象由导体、半导体扩展到绝缘体。IvanAmato 将 AFM 比作"纳米世界的选拍照相机"。在 STM 和 AFM 的理论基础上，又相继发明了力调制显微镜（FMM）、相位检测显微镜（PDM）、静电力显微镜（EFM）、电容扫描显微镜（SCM）、热扫描显微镜（SThM）和近场光隧道扫描显微镜（NSOM）等各种系列的显微镜。由于以上显微镜均是基于探针在被测试样表面上进行纵、横向扫描引起相关检测量变化的原理研制的设备，因此，国际上称以上各系列显微镜为 SPM。

SPM 作为新型的显微工具与以往的各种显微镜和分析仪器相比有着以下优势：

首先，SPM 具有极高的分辨率，甚至可以达到原子级的分辨率，这是一般显微镜甚至电子显微镜难以达到的。

其次，SPM 不同于某些分析仪器通过间接的或计算的方法来推算样品的表面结构，它可以获得实时的、真实的样品表面的高分辨率图像，并且可以获得三维的样品表面图像，还可对材料的各种不同性质进行研究。

再次，SPM 的使用环境较为宽松。电子显微镜等仪器对工作环境要求比较苛刻，一般而言，样品必须安放在高真空条件下才能进行测试。而 SPM 既可以在真空中工作，又可以在大气中、低温、常温、高温，甚至在溶液中使用。因此 SPM 可适用于各种工作环境下的科学实验。

最后，SPM 不仅作为一种测量分析工具，而且还可成为一种加工工具，使人们有能力在极小的尺度上对物质进行改性、重组、再造。

SPM 也有一些不足之处，比如扫描速度不快，测试效率较其他显微技术低。压电效应在保证定位精度的前提下运动范围较小，而机械调节精度又无法与之衔接，不能做到大范围连续变焦，定位和寻找特征结构比较困难。SPM 中广泛使用管状压电扫描器的垂直方向伸缩范围比平面扫描范围一般要小一个数量级，扫描时扫描器随样品表面起伏而伸缩，如果被测样品表面的起伏超出了扫描器的伸缩范围，则会导致系统无法正常工作甚至损坏探针，因此，SPM 对样品表面的粗糙度有一定的要求。此外，由于 SPM 是通过检测探针对样品进行扫描时的运动轨迹来测试表面形貌的，因此探针的几何宽度、曲率半径及各向异性都会引起成像的失真。

12.4.1　SPM 的图像处理

为了获得所需的图像，需要对图像进行相应的处理，然后进行图像数据分析。下面以 AFM 所获取的原始图像为例，介绍一些通用的图像处理的方法。

12.4.1.1　Flatten

对于高度图来说，由于扫描管 Z 电压的漂移，样品本身的倾斜，以及扫描管 Bow 等原因，扫描获得的原始高度数据实际上偏离了样品的实际形貌。所以必须对这种情况进行纠正。Flatten 采用 X 方向逐条处理扫描线的方式对图像进行纠正。

① 打开相应的图像文件。

② 点击 Flatten 按钮。

③ 选择相应的 Flatten Order。

a. 去除 Z 方向的漂移，将 Z 中心调整到 0 点附近。

b. 纠正样品和探针之间的倾斜。

c. 纠正扫描管造成的大范围扫描的曲面。

d. 更复杂的曲面纠正，可能会造成图像假象。

高阶的 Flatten 包含低阶的 Flatten，例如 2 阶处理时就包含了 1 阶和 0 阶 Flatten。

④ 点击 Execute 完成 Flatten。

12.4.1.2　Plane Fit

有时也可以采用 Plane Fit 对图像 X、Y 方向同时进行纠正，一般是构成比较简单的图。Plane Fit 的作用跟 Flatten 类似，但拟合使用的多项式更复杂。

Plane Fit 的基本步骤如下：

a. 打开相应的图像文件。

b. 点击 Plane Fit 按钮。

图 12-13　聚苯乙烯-聚丙烯酸
胶束的 AFM 图片

c. 选择相应的 Plane Fit Order。

d. 在图像上选择相应的区域定义 Plane Fit 的区域。

e. 点击 Execute 完成 Plane Fit。

12.4.2　SPM 的应用

下面以 AFM 测量聚合物的形貌和力曲线测试为例，说明 SPM 在聚合物分析中的应用。

（1）AFM 表征聚合物形貌

使用选择性溶剂法，将嵌段共聚物自组装成胶束。以云母为基底，使用溶液旋涂的方式制备样品。从图 12-13 可以看出，该胶束呈现典型的球形形貌，且大小较为均匀。

（2）聚合物与不同基底间的相互作用力表征

将聚苯乙烯修饰在 AFM 的探针表面，然后使用 AFM 力测量的模式，测试其在甲苯中与不同基底间的相互作用力，然后对其进行高斯统计。从图 12-14 可以看出，聚苯乙烯与云母间的相互作用力最大，与碳膜间的相互作用力最小。

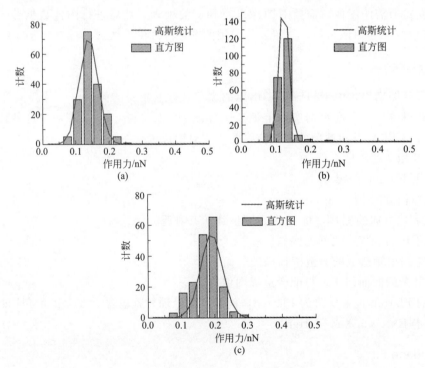

图 12-14　聚苯乙烯与（a）高定向热解石墨、（b）碳膜、（c）云母间的相互作用力

12.5　X 射线光电子能谱

X 射线光电子能谱（X-ray photoelectron spectroscopy，XPS）不但可以提供分子结构

和原子价态方面的信息，还能提供各种化合物的元素组成和含量、化学状态、分子结构、化学键方面的信息，XPS 是表面分析能谱中获得化学信息最多的一种方法。在分析材料表面特征时，不但可提供总体方面的化学信息，还能给出表面、微小区域和深度分布方面的信息。另外，这种检测方法对样品的破坏性非常小，对分析有机材料和高分子材料非常有利，是高分子材料表面化学分析最有力的方法之一，它对聚合物表面性能进行表征以及从分子水平上了解固体聚合物表面的结构有着重要的意义。XPS 不但可以研究均聚物和共聚物，还可研究交联聚合物和共混聚合物。此外，XPS 在黏结、聚合物表面改性、等离子体表面的改性等工艺技术方面的应用，以及了解其效果、过程和机理等方面的应用也日益重要。

XPS 作为一种高灵敏超微量现代表面分析技术，具有如下特点：

① 可以分析除 H 和 He 以外的所有元素，对所有元素的灵敏度具有相同的数量级。

② 相邻元素的同种能级的谱线相隔较远，相互干扰较少，元素定性的标识性强。

③ 能够观测化学位移。化学位移同原子氧化态、原子电荷和官能团有关。化学位移信息是 XPS 用作结构分析和化学键研究的基础。

④ 可作定量分析。既可测定元素的相对浓度，又可测定相同元素的不同氧化态的相对浓度。

12.5.1　XPS 能谱分析实验方法

12.5.1.1　样品的制备和预处理

聚合物样品的制备方法主要有以下四种：

（1）聚合物粉末样品

若样品是不溶不熔的固体粉末样品，可直接将粉末贴于双面胶带上，安装在样品托上。但要注意样品需要表面平整和完全覆盖双面胶带，否则常导致增大实验误差、干扰数据分析。

（2）溶液成膜

如果聚合物能完全溶解，可用浸渍法、涂层法或浇铸法等在金片上形成聚合物膜进行测试。由于 XPS 是一种灵敏的表面分析技术，要求使用的装置干净无污染；制膜用的溶剂纯度要高；被研究的体系若易于氧化，或者与环境水形成氢键等，制样过程则必须保持在一种惰性气体中，让溶剂慢慢地挥发干净。

（3）加压或挤出成膜

为消除溶剂成膜的污染问题，许多聚合物采用加压或挤出成膜。如将聚合物粉末热压成膜。成膜过程中注意防止样品发生表面污染、表面化学反应或发生热分解等。

（4）块状样品

可直接夹在样品托上或用导电胶粘在样品托上测定。也可将少量样品研磨在金箔上（块状或粉末状聚合物）使其形成一薄层，然后进行测定。

目前商品化的 XPS 能谱仪可对固体样品进行直接分析。XPS 信息来自样品表面几个至十几个原子层，在实验技术上要保证所分析的样品表面能代表样品的固有表面。样品表面清洁的预处理方法有如下几种：

① 溶剂清洗（萃取）或长时间抽真空，以除去表面污染物。

② 氩离子刻蚀，但要注意表面是否可能发生氧化或还原反应引起表面化学性质的变化。

③ 打磨、刮剥和研磨。如果样品表里成分相同，则可以通过打磨或用刀片刮剥表面污染层的方法，使之裸露出新的表面层；如果是粉末样品，则可用研磨法使之裸露出新的表面层。

④ 真空加热。一般能谱仪都配有加热样品托装置，最高加热温度可达 1000℃。

12.5.1.2　带电校正

由于大多数聚合物材料是一种非导体（绝缘体），样品中因大量电子逸出而带正电荷，使光电子动能减小，因而测得的电子结合能大于真空值。必须对这种带电效应产生的误差加以校正或消除。常用的方法有以下几种。

（1）消除法

一般是用电子中和枪来消除电荷效应。中和枪产生的低能电子中和样品表面上的正电荷，直至样品捕获低能电子的速率等于产生空穴的速率，此时谱图的分辨率将显著提高。另一种消除样品荷电效应的方法是在导电样品托上制备超薄层样品，可使表面电荷减少到 0.1eV 以下。

（2）校正法

校正法的适用条件是样品表面的稳态静电荷对 XPS 谱图中所有谱线的影响相同，校正用的参考元素具有完全确定的结合能值，且不随样品的不同而变化。

通常使用的样品荷电校正方法有：

① 镀金法。

样品表面镀金一般采用真空沉积法，金沉积的最佳厚度为 6Å（$1Å = 10^{-10}$ m）。但镀金法不适用于氰化物和卤化物的盐类样品，因为金能同这些物质起反应。

② 外标法。

用 XPS 分析的样品，在制备过程中很易受外来烃类化合物以及样品室中残留的扩散泵油的污染。这种污染物中的碳的 C 1s 结合能可用于荷电校正。

③ 内标法。

如果分析的有机化合物或高分子化合物样品中含有共同的含碳基团，而且该基团的C 1s 结合能又不随系列样品的不同而变化，就可选用样品本身所含共同基团中的 C 1s 峰作内标，用以校正其他的谱峰。

12.5.1.3　XPS 的采样深度

XPS 的采样深度与光电子的能量和材料的性质有关。一般定义 XPS 的采样深度为光电子平均自由程的 3 倍。根据平均自由程的数据可以大致估计各种材料的采样深度。一般对于金属样品为 0.5~2nm，对于无机化合物为 1~3nm，而对于有机物则为 3~10nm。

12.5.1.4　未知样品的扫描步骤

如果样品表面组成是未知的，为了快速有效地获取信息，一般首先进行全扫描，获得全谱以鉴定存在的元素，然后再对所选择的谱峰进行窄扫描，以鉴定化学状态。

（1）全扫描

在 0~1100eV 范围内扫描。这种录谱法只要求出峰，以便鉴定样品中存在的元素。

（2）窄扫描

了解元素组成后，对元素的化学状态进行鉴定和对样品中组分的含量进行定量时，再选择谱峰进行窄扫描，以便测定出有关谱峰的位置和形状。

12.5.2 XPS谱图的解析

12.5.2.1 坐标

XPS能谱图为试样表面所含元素的内壳电子的光电子能谱图。谱图坐标的意义如下：

纵坐标：光电子强度（cps/cm）；

横坐标：相对于原子核的光电子结合能（eV）。

12.5.2.2 谱线信号强度

对于均匀材料，测得内层能级信号强度可表示为

$$I_i^\infty = Fa_iN_iK_i\lambda \tag{12-1}$$

式中 F——X射线源光通量，光子数/(cm² · s)；

a_i——i元素光电离截面积（用X射线激发光电子，称光电离截面积），表示一定能量的某种射线在与原子作用时，从某个能级激发出一个电子的概率；

N_i——单位体积元中i元素的原子数；

K_i——谱仪的因素；

λ——光电子平均自由程，即电子在物质内部二次非弹性碰撞之间的平均距离，是电子动能的函数；

$$\lambda_i(E_k) = \frac{E_k}{a(\ln E_k + b)} \tag{12-2}$$

式中，a和b取决于样品的性质。MgK_α和AlK_α X射线激发光电子的平均自由程：金属为5～20Å，氧化物为20～40Å，有机聚合物为40～100Å。

根据谱线信号强度，可作元素定量分析。

如果一种材料的表面存在一层厚度为d的覆盖层，这时本体层和表面层的内层能级的信号强度还与表面层的厚度及光电子发射角有关。

相对强度谱参数：为了消除谱线信号强度受X射线源、平均自由程、电子能量分析器种类等的影响，以氟原子的F 1s为基准，使用相对强度这一谱参数。

综上所述，由光电子结合能及其化学位移，可以鉴别物质表面的元素及化学结合状态，即确定官能团的种类和数量。在C 1s能谱的化学位移比较大的场合，当分析含有多官能团的高分子材料表面的情况时，C 1s谱峰变为宽而平缓的曲线，确认各官能团较为困难，可以根据需要进行波形解析。通常用于波形解析的基本波形是高斯函数、洛伦兹函数或它们的混合函数，可以使用专门的函数分析器进行波形解析。

为了正确地解析谱图，还必须识别伴峰问题。XPS谱图中主要产生的伴峰有：

（1）俄歇电子峰

XPS谱图中的俄歇电子峰有两个特征：一是俄歇电子的能量同激发源能量无关，改变激发源能量时，光电子峰将发生位移，而俄歇电子峰位置不变；二是俄歇电子峰以谱线群的形式出现，从谱图中很容易识别。

（2）振激和振离峰

光电效应的过程中常伴随着电子振激和振离两种过程。当一个内层光电子发射时，原子的有效电荷发生突变，从而引起电离或激发，这样就会使该原子的外壳层的电子从它所在的

轨道上跃迁到外层束缚能级的激发态轨道上（如 2p→3p），这时在 XPS 谱峰的低动能侧出现一系列小峰，称为振激伴峰。

如果外层电子不是被激发到外层的束缚能级上，而是跃迁到自由电子能级（2p→自由电子能级），即发生电离效应，称为振离，此时在主峰低动能侧出现平滑的连续谱而使基线发生变化。

（3）其他

此外，还有光电子能量损失峰、X 射线伴线产生的伴峰、多重分裂峰等伴峰。

12.5.3　XPS 的应用

12.5.3.1　表面元素定性分析

表面元素定性分析是一种 XPS 的常规分析方法，一般利用 XPS 谱仪的宽扫描程序。为了提高定性分析的灵敏度，一般应加大分析器的能量，提高信噪比。在分析谱图时，首先必须考虑的是消除荷电位移。一般来说，只要该元素存在，其所有的强峰都应存在，否则应考虑是否为其他元素的干扰峰。激发出来的光电子依据激发轨道的名称进行标记。由于 X 射线激发源的光子能量较高，可以同时激发出多个原子轨道的光电子，因此在 XPS 谱图上会出现多组谱峰。大部分元素都可以激发出多组光电子峰，可以利用这些峰排除能量相近峰的干扰，以利于元素的定性标定。由于相近原子序数的元素激发出的光电子的结合能有较大的差异，因此相邻元素间的干扰作用很小。

12.5.3.2　表面元素的半定量分析

首先应当明确的是 XPS 并不是一种很好的定量分析方法。它给出的仅是一种半定量的分析结果，即相对含量而不是绝对含量。由 XPS 提供的定量数据是以原子百分比含量表示的。在定量分析中必须注意的是，XPS 给出的相对含量也与谱仪的状况有关。因为不仅各元素的灵敏度因子不同，XPS 谱仪对不同能量的光电子的传输效率也是不同的，并随谱仪受污染程度而改变。XPS 仅提供表面信息，其组成不能反映体相成分。此外，样品表面的 C、O 污染以及吸附物的存在也会大大影响其定量分析的可靠性。

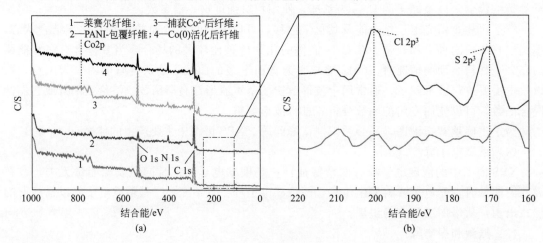

图 12-15　(a) 莱赛尔纤维、聚苯胺包覆纤维、捕获 Co^{2+} 及 Co（0）活化后纤维的 XPS 宽扫描谱图，(b) 莱赛尔纤维和聚苯胺包覆纤维的 XPS 窄扫描谱图

通过对比图 12-15 中的谱峰位置及强弱，可以看出与初始的塞莱尔纤维相比，C/O 的相对原子含量在聚苯胺包覆纤维中从 3.05％增长到 6.32％，表明聚苯胺已包覆在纤维表面。

12.5.3.3　表面元素的化学价态分析

表面元素化学价态分析是 XPS 的最重要的一种分析功能。在进行元素化学价态分析前，首先必须对结合能进行正确的校准。因为结合能随化学环境的变化较小，而当荷电校准误差较大时，容易标错元素的化学价态。此外，有一些化合物的元素不存在标准数据，要判断其价态，必须用标样进行对比。还有一些元素的化学位移很小，用 XPS 的结合能不能有效地进行化学价态分析，在这种情况下，可以从线形及伴峰结构进行分析，可以获得化学价态的信息。

12.5.3.4　元素沿深度方向的分布分析

XPS 可以通过多种方法实现元素沿深度方向分布的分析，这里介绍最常用的两种方法，它们分别是 Ar 离子剥离深度分析和变角 XPS 深度分析。

（1）Ar 离子剥离深度分析

Ar 离子剥离深度分析方法是一种使用广泛的深度剖析的方法，是一种破坏性分析方法，会引起样品表面晶格的损伤。优点是可以分析表面层较厚的体系，深度分析的速度较快。其分析原理是先把表面一定厚度的元素溅射掉，然后再用 XPS 分析剥离后的表面元素含量，就可以获得元素沿样品深度方向的分布。由于普通的 X 光枪的束斑面积较大，离子束的束斑面积也相应较大，因此，其剥离速度很慢，深度分辨率也不是很好，其深度分析功能一般很少使用。此外，由于离子束剥离作用时间较长，样品元素的离子束溅射还原会相当严重。为了避免离子束的溅射坑效应，离子束的面积应比 X 光枪束斑面积大 4 倍以上。而新型的 XPS 谱仪，由于采用了小束斑 X 光源（微米量级），XPS 深度分析变得较为现实和常用。

（2）变角 XPS 深度分析

变角 XPS 深度分析是一种非破坏性的深度分析技术，但只适用于表面层非常薄（1～5nm）的体系。其原理是利用 XPS 的采样深度与样品表面出射的光电子的接收角的正弦关系，可以获得元素浓度与深度的关系。在运用变角深度分析技术时，必须注意下面因素的影响：单晶表面的点阵衍射效应；表面粗糙度的影响；表面层厚度应小于 10nm。

综上所述，谱图解析的一般步骤为：

首先鉴别出 XPS 能谱图中比较明显的 C 1s 等的谱峰；

鉴别各种伴线；

先确定最强、较强的光电子峰，然后再鉴定弱的谱线；

对含有多官能团的宽而平缓曲线的峰进行波形解析；

核对所得结论。

12.6　接触角

接触角是最容易观测到的界面现象，是固液、固气和气液分子相互作用的直接体现。通过对接触角的研究可获得固液相互作用的许多信息，是衡量润湿性能，获得聚合物表面结构及其变化最有效、最敏感的方法之一。

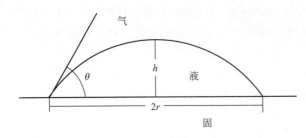

图 12-16　接触角示意图

在气、液、固三相的交界处作气液界面与固液界面的切线，如图 12-16 所示，两切线通过液体内部所成的夹角 θ 即称为接触角。接触角是衡量液体对固体浸润能力的一个重要指标，是润湿程度的量度。一般而言，液体与固体接触时，通常以 $\theta = 90°$ 作为润湿的界限；当 $\theta < 90°$，可润湿；$\theta > 90°$，不润湿；$\theta = 0°$ 称为完全润湿，即铺展现象。

12.6.1　常用接触角测量方法

接触角的测量主要通过测角、测高或测力来实现，根据不同的实验原理，主要有以下操作方法。

12.6.1.1　光反射法

Langmuir 和 Schaeffer 提出通过液滴的镜面反射来测量接触角。光反射法测定液滴在固体表面的接触角主要根据光反射的几何关系，采用量角的方法测量，如图 12-17 所示。

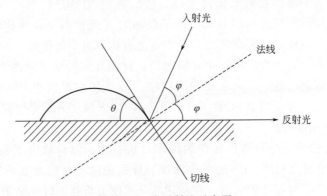

图 12-17　光反射法示意图

测量方法为采用强的光源通过狭缝，照射到三相交界处，改变入射光的方向，当反射光刚好沿着固体表面发出时，可以根据法线与气固界面的夹角 φ 计算接触角，即 $\theta = \dfrac{\pi}{2} - \varphi$。

Fort 和 Patterson 改进了此法，并开发成产品，使其精度可达到 $\pm 1°$，装置如图 12-18 所示。操作中，在反射光沿固体表面射出时，入射光点处观测会产生暗斑。可绕固定点旋转的杠杆末端装有光源，产生单束光，紧靠着光源有一窥视孔观测光线，杠杆的旋转通过螺杆的运动实现。操作的关键是

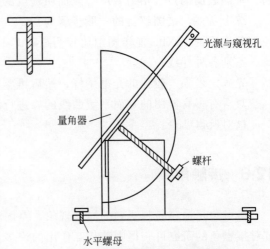

图 12-18　Fort 和 Patterson 开发的装置

要使被测液滴底面和杠杆的旋转轴共面，保证单束光入射到液滴边缘三相接触点处，入射光垂直气液接触线返回，三相接触点处光斑消失。实际操作上有一定难度，且只能测试小于 90°的接触角。

12.6.1.2　插入法

插入法是通过观察浸入液体中的直立或倾斜样品，通过高度或倾斜角度，获得接触角。

（1）垂片法

将薄片或带状、丝状、棒状固体衬底竖直插入到浸润液体中，由于毛细作用，液体会沿着固体衬底上升，如图 12-19 所示。

液体沿薄片上升的高度 h 与接触角 θ 之间有如下关系：

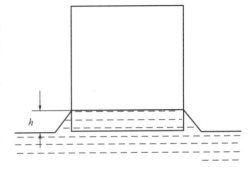

图 12-19　垂片法

$$\sin\theta = 1 - \frac{\rho g h^2}{\sigma_{LV}} \qquad (12\text{-}3)$$

式中，h 为液体上升的高度；ρ 为液体密度；g 为重力加速度；σ_{LV} 为液体表面张力。

测试时测量出液体上升的高度 h，就可以由公式(12-3) 计算出浸润液体与固体衬底的接触角，在实际测量中，固体衬底宽 1cm 以上即可。

（2）斜板法

在实际测量时亦可将固体平板斜插入待测液体中，因表面张力的作用在三相交界处会产生弯月面，保持一定的接触角；改变插入的角度，直到液面与平板接触之处不产生液面弯曲，此时板面与液面之间的夹角即为接触角。如图 12-20 所示。

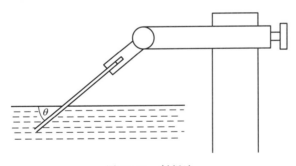

图 12-20　斜板法

12.6.1.3　滴外形法（亦称座滴法、躺滴法）

（1）切线法

座滴法的示意图如图 12-21 所示，是将液滴滴在固体表面上，通过作气液界面切线，量取待测液体和固体的接触角。早期是通过带有量角装置的望远镜或显微镜直接测量，人工操作、视觉分辨是引起误差的主要原因，使用高倍显微镜可改善测量，将误差控制在±2°。

（2）大滴法（液饼高度法）

大滴法（"液饼法"）的示意图如图 12-22 所示，是将液体置于固体表面上形成液滴，不断增加液滴量，当液体高度达某一最大值时，继续增加液量，会扩大固液界面面积，在均匀的固体表面上，将形成固定高度的圆形"液饼"。接触角 θ 可通过下式计算：

$$\cos\theta = 1 - \frac{\rho g h_{\mathrm{m}}^2}{2\sigma_{\mathrm{LV}}} \qquad (12\text{-}4)$$

式中，h_{m} 为液滴最大高度；g 为重力加速度；ρ 为液滴密度；σ_{LV} 为液体的表面张力。

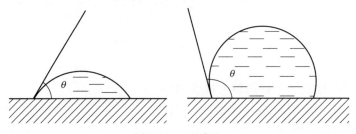

图 12-21　座滴法

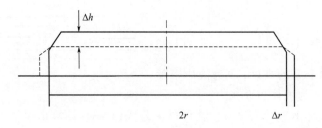

图 12-22　大滴法示意图

（3）小滴法（小球冠高度法）

将液滴滴在固体表面上，当液滴足够小时，重力可以忽略，液滴是理想的球冠形，如图 12-23 所示。测量在固体平面上小液滴的高度（h）和宽度（$2r$），根据几何关系有：

$$\sin\theta = \frac{2hr}{h^2 + r^2} \qquad (12\text{-}5)$$

$$\tan\frac{\theta}{2} = \frac{h}{r} \qquad (12\text{-}6)$$

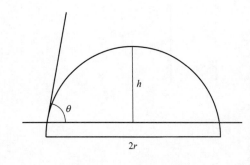

图 12-23　小球冠高度法

式中，r 为球形液滴底面圆的半径；h 为液滴的高度。

大小滴法属于测高类，由于不需要作切线，测量结果受操作者的影响比切线量角法小。但测高法在推导接触角与高度参数的关联方程时，往往有一些假设条件。而实际测量中又不能完全满足这些条件，如液滴的体积不是非常小，重力的影响不能忽略，液滴不是球形的一部分，或液滴在粗糙表面、多相表面的接触角并不是轴对称的，此时用高（长）度测量计算接触角就会给测量结果带来误差。

滴外形法/座滴法是较为常用的测量接触角的方法，测试液体需求量小，被测固体表面尺寸只需要几个平方厘米大小即可。座滴法可测量滞后现象中的静态接触角及其前进接触角和后退接触角。随着计算机技术的发展，可以通过对液滴在固体表面上的图像进行处理，拟合液滴表面轮廓，采用切线法、量高法、椭圆拟合法、多项式拟合法与 Young-Laplace 拟合法等算法求取接触角，精度也大大提高。

12.6.1.4　悬泡法

悬泡法测定接触角，一般是将固体样品放置在玻璃槽上，槽中加入接触液体。在液体下方吹一气泡，使气泡附在样品表面上，如图 12-24 所示，用量角器直接量取接触角。

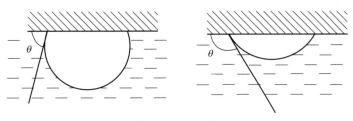

图 12-24　悬泡法

12.6.1.5　Wilhelmy 法

根据 Wilhelmy 吊片法原理，当一固体部分浸入液体时，液体会沿着固体的垂直壁上升或下降，Wilhelmy 法就是先测量液体对固体的拉力（推力）来计算润湿力，然后根据润湿力、液体表面张力、润湿周长及接触角之间的关系计算接触角，从而判定润湿性能。Wilhelmy 吊片法通过保持三相接触线的恒定移动速率，可以测量液体与固体之间的动态接触角。测量原理如图 12-25 所示。

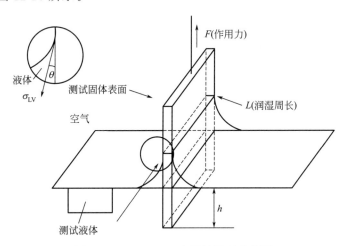

图 12-25　Wilhelmy 法测量原理示意图

由图 12-25 可知，置零后天平拉力 F、浮力 F_b 和润湿力 $L\cos\theta\sigma_{LV}$ 应满足：

$$F = L\cos\theta\sigma_{LV} - F_b \tag{12-7}$$

$$F_b = \rho g S h$$

式中，L 为待测固体润湿周长；θ 为接触角；σ_{LV} 为液体表面张力；ρ 为液体密度；S 为固体底面积；h 为固体浸入液体深度。由此通过测力的方法计算出接触角，当三相接触线以恒定的速率前进和后退时，测量动态接触角为：

$$\theta = \arccos\big[(F + F_b)/(L\sigma_{LV})\big] \tag{12-8}$$

12.6.1.6　毛细管法

测量静态接触角时，表面张力已知，根据 Laplace 方程有：

$$\cos\theta = \frac{\Delta\rho ghR}{2\sigma} \qquad (12\text{-}9)$$

$$\Delta\rho = \rho_{液} - \rho_{气}$$

式中，h 为达平衡时液柱高度；R 为曲率半径；g 为重力加速度；σ 为表面张力；ρ 为密度。

采用毛细管法也可以通过对液体施加外力，让液体弯月面在毛细管中以恒定速度前进或者后退，通过对弯月面直接照相并对高度、角度进行图像处理，测量动态润湿过程中的前进接触角和后退接触角，如图 12-26 所示。

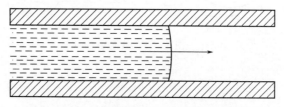

图 12-26　毛细管法测试动态接触角示意图

12.6.1.7　旋转圆柱法

旋转圆柱法是使固体圆柱在测试液体的液面以一定速度旋转，通过对弯月面照相求取接触角，如图 12-27 所示。但这种方法属于测角范围，操作误差受人为影响比较大，而且对圆柱固体有要求，不宜采用受力弯曲的固体。

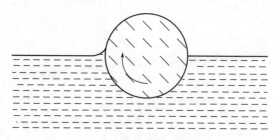

图 12-27　旋转圆柱法测试示意图

12.6.2　特殊固体材料接触角测量

对粉体和纤维束特殊固体接触角的测定，可根据流体在固体中的毛细现象求取接触角，有静态法和动态法。

（1）静态法

静态法的装置如图 12-28 所示。

将粉末（纤维束）均匀填入管中形成一个多孔塞，测定刚好能阻止液体渗入孔塞的压力，结合 Laplace 公式：

$$\Delta P = \frac{2\sigma_{LV}}{R}\cos\theta \qquad (12\text{-}10)$$

式中，R 为孔塞粉末（纤维束）间孔隙的平均半径，此时可用已知接触角为零的液体测出。这时浸润液体在粉体（纤维束）上的接触角有如下关系：

$$\cos\theta = \sigma_{LV1}\Delta P_2 / (\sigma_{LV2}\Delta P_1) \qquad (12\text{-}11)$$

式中，σ_{LV1} 为与样品接触角为 0 的液体表面张力；σ_{LV2} 为待测液体表面力；ΔP_1 和 ΔP_2 为两次渗入孔塞的压力。

此法对于刚度小的纤维束测量效果较难保证。

（2）动态法

动态法是通过测液体渗入毛细孔的速度来计算液体在固体粉末或纤维束上的接触角。当液体渗入一半径为 R 的毛细管时，其渗入深度与时间的关系可用 Washburn 方程表示。

用天平称量相同质量的同一种样品，并分别加入装有滤纸的两个玻璃样品管内，使用振荡器或人工振荡不少于 100 次。颗粒（纤维）间隙视为有效半径为 R 的一束毛细管柱，可润湿液体通过毛细作用渗入样品，如图 12-29 所示。

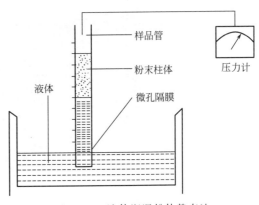

图 12-28　液体润湿粉体静态法测量接触角装置示意图

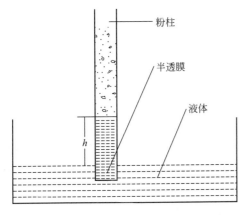

图 12-29　动态法测试颗粒接触角装置示意图

由 Washburn 方程可知，在 t 时间内渗入的高度 h 可用如下方程表示：

$$h^2 = [\sigma_{LV} R \cos\theta / (2\,\eta)] t \tag{12-12}$$

式中，σ_{LV} 为液体的表面张力；R 为粉末柱（纤维束间）的有效毛细管半径；η 为液体的黏度；θ 为润湿接触角。作出 h^2-t 的关系图，将得到一条近似的直线，求出斜率 k，得到 $k = \sigma_{LV} R \cos\theta / (2\,\eta)$。从而可知：

$$\theta = \arccos\left(\frac{2k\,\eta}{\sigma_{LV} R}\right) \tag{12-13}$$

式中，η、σ_{LV} 已知，关键是确定 R 值。一般用一种对样品润湿接触角为 0° 的液体先确定出 R 值，再反过来测定在同等实验条件下其他液体的 θ 数值。实验中，每间隔一段时间（t）测量一次液体在粉末柱中（纤维束间）上升的高度（h），并拟合出 h^2-t 的近似直线的斜率 k。

12.6.3　接触角测量仪的基本操作

下面以 SCA20 接触角测量仪为例（图 12-30），说明其基本操作流程及注意事项。

12.6.3.1　常规操作

在开始测试接触角前，请先确认以下几点：

① 进行一系列测试的目的是什么；

② 样品要如何制备；

③ 在测试过程中需要哪些测试液；

④ 测量装置如何设置。

（1）样品的准备

固体的表面或液体样品对实验结果的准确性非常关键，因此除了需要测试不同样品之间

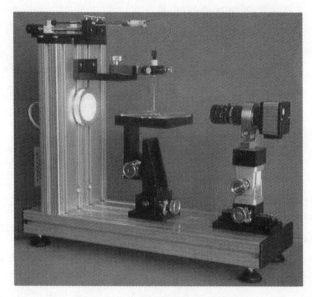

图 12-30 SCA20 接触角测量仪图片

的差异外，都必须确保使用相同的方式对样品进行处理。

对于固体样品，如果实验的结果作为参照平行实验，则需要用完全相同的方式准备样品。

（2）测试液的准备

在依据 WORK 原理测试固体的表面自由能时，需要选择合适的测试液体。必须保证所用的测试液体不会与固体样品发生反应、蚀刻或吸收。在注射器中加入液体时，必须保证液体的清洁性，在使用表面活性物质时要尤其注意，任何微小的污染都可能降低液体的表面张力，尤其是水的表面张力。注意，任何微小的表面活性物质对固体表面的污染，都会降低液体的表面张力。

（3）测试装置的设置

实验装置的设置与安装对实验结果的准确性和重复性有重要影响。请关注以下提示：

① 使用正确的样品台试配器（斜板、圆台、温度控制单元）；

② 光源的亮度；

③ 注射器的选取；

④ 测试液的黏性与所使用的计量管和注射针的内径是否匹配；

⑤ 注射针的外径与所选择的测试方法是否匹配；

⑥ 注射针与样品的位置是否在视野范围内；

⑦ 依据工作距离和放大率调整焦距。

12.6.3.2　注意事项

① 水的纯度或清洁度一定要有保证。通常而言，测试水滴接触角值时采用二次蒸馏水更好。

② 尽量保证室温的稳定性。众所周知，水的表面张力值受温度影响而有变化。但对于超疏水或超亲水表面，接触角值影响并非很大，约在 2° 之内。

③ 测试水滴角前，一定要做进液系统及水的清洁度的判断。方法为：测试之前，采用

基于 ADSA-RealDrop 算法的 Young-Laplace 方程拟合法对水的表面张力值进行测试。

ADSA-RealDrop 法由于不受针头直径的影响，因而是目前最为理想的测试水的表面张力值的方法。如果测得的表面张力值符合文献值，即 20℃时可以达到 72.75mN/m，则说明测试用探针水和进液系统是干净的；如果测试值低于 70mN/m，则说明体系是不干净的；如果高于 75mN/m，则说明测试方法有问题。

④ 对于小于 10°接触角值的体系而言，一定要采用遮光板和 UV 过滤技术，否则测量精度、自动化程度会大大降低，特别是对 LCD、OLED、空调铝箔等。同时，在测试方法上，尽量采用全自动圆拟合技术。

⑤ 对于大于 10°，或大于 120°的水滴角的测试，测试方法采用 ADSA-RealDrop 法的 Young-Laplace 方程拟合法，此时的样品极可能是非轴对称的，如果采用基础的 Young-Laplace 方程拟合法，由于其为轴对称的，测值结果会偏大；如果采用圆拟合法或双圆拟合法，测值结果偏小，无法拟合轮廓曲线；如果采用椭圆拟合法，对于大于 120°的水滴，轴中心的上下两部分为非轴对称，同样无法拟合。而 ADSA-RealDrop 法为非轴对称，两侧水接触角分别计算，且可以修正重力系数对水滴角测值的影响，具有重复性好、不受液体体积影响、测值精度高的优点，因而是理想的测值方法。

⑥ 3D 接触角测试。在有条件时，可以采购 3D 接触角模块，可以非常快速地判断材料表面的清洁度。出现左、右水滴接触角值偏离 2°，即认为是不干净的材料。

12.6.4　接触角对玻璃纤维/树脂体系的应用

纤维/树脂复合体系是一种纤维增强复合材料，一般是由高性能纤维与合成树脂基体、固化剂采用适当的成型工艺所形成的材料。树脂对纤维的浸润性对其性能具有重要影响。下面以玻璃纤维为例，说明接触角在玻璃纤维/树脂体系中的适应性。

应用光反射法可以测量液滴与平面固体的接触角。但由于极细的纤维上难以形成稳定的液滴，且玻璃纤维透光，通过人为操作很难确定三相接触点。因此，上述方法对于极细、呈圆柱状且透光的玻璃纤维并不适用。

插入法测量玻璃纤维/树脂体系接触角需要将纤维直立或倾斜浸入液体中，通过测量出液体沿纤维上升的高度或纤维倾斜的角度，从而测出其润湿性。但要准确地测量纤维/树脂体系的接触角存在很大的困难。因为纤维是细度极细的圆柱形固体，液面是复杂的曲面，对细小的纤维产生的弯月面的测量与判断有很大的难度；另外，纤维十分柔软，接触点会随着插入纤维的转动或倾斜而发生移动，导致前后浸润的跳动，实验条件异常严格。

悬泡法是一种较简单和易操作的测量接触角的方法，和座滴法一样是接触角测量广泛使用的方法，但实验精度难以保证，适于测量平面固体，对玻璃纤维/树脂体系，固液两相之间无法形成稳定的气泡。

毛细管法主要测量管形固体与液体的接触角，不适用于玻璃纤维/树脂体系的接触角测量。

对于玻璃纤维/树脂体系，由于玻璃纤维十分柔软，不适宜用旋转圆柱法对其接触角进行测量。

对单纤维液体体系的接触角测量，可以用三角函数和普通函数的方法推导出液滴形状法的基本公式，以角度测量法或量高法计算液滴与纤维的接触角，这是一种传统的测量方法，但准确性和重现性都较差，如图 12-31 所示。

　　将聚合物以液滴形式悬挂在单根纤维上，并将纤维固定于悬挂装置，采用光学显微镜和矢量计算相结合的方法，结合计算机技术，分析液滴的特征尺寸和形状，计算接触角，如图12-32所示。该法测得的接触角与液滴的表面形状关系密切，对于接触角大于90°的玻璃纤维/树脂体系，液滴很难附着在细小的纤维上，测量范围有限。需要指出的是，通过座滴法可以测量玻璃纤维/树脂体系的静态接触角，静态接触角可以表征在三相平衡时，玻璃纤维和树脂的润湿是一个动态过程，动态接触角不仅与静态接触角关系密切，还与许多因素有关，至今尚没有通用的表达式可以清晰地描述动态接触角的物理本质。在判断润湿性能的过程中，多以实验方式获得固液两相的表面结构和均一性等信息并对两相结合性能进行研究。座滴法本身不适于测量动态接触角，因接触线移动速率与液滴体积增加速率并非线性关系，很难控制接触线移动速率保持恒定，表征动态信息。

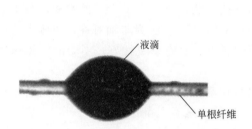

图 12-31　纤维表面悬挂液滴图片

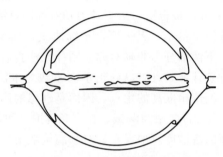

图 12-32　纤维表面液滴矢量化处理效果

　　对于玻璃纤维/树脂体系，Wilhelmy吊片法可以通过静态法测量表面张力和动态法测量接触角。接触角的测量需要将纤维固定于夹持结构中，让纤维垂直浸入待测液体中，同时因为纤维多是极细且柔软的，测试时需要根据纤维的特点采用合适的浸入液体深度和三相接触线移动速率来提高数据测量的重现性，以表征纤维与树脂的润湿性能，获取固液两相的相关性质。目前采用Wilhelmy测力法测量单一纤维与浸润液体的接触角方法中，通常忽略浮力、黏滞力的影响，测试时考虑接触角随纤维浸入液体深度的变化表征润湿信息，准确性很难保证。而采用线性回归方法并结合高精度天平则可以有效地测量纤维与浸润液体的接触角。

　　通过Washhurn平衡法测量玻璃纤维/树脂体系的接触角，操作较烦琐，需要保证两次测量状态的完全一致性。测量时用天平称量纤维样品，并分别加入装有滤纸的两个样品管内。测量分两步完成：第一步使用完全润湿纤维束的液体来测量纤维束的毛细管系数值，选择完全润湿液体（通常是正己烷），其参数包括密度、表面张力和黏度，测量完毕后，选择吸收曲线的斜率，计算毛细管系数值；第二步，根据Washhurn方程计算纤维束动态接触角。需要注意的是，实验受样品的堆积密度的影响，前后两次实验待测液体不同，玻璃纤维条件要完全一致；测试过程中须使用振荡器或人工振荡百次以上使玻璃管内样品致密度均匀，且两次测量的样品质量和振荡次数必须是相同的，才能得到相近的纤维束样品堆积密度。实验条件要求较高，测量接触角的范围为0～90°。

　　需要注意的是，接触角的测量方法有多种，而且还在不断地发展完善。这些方法各有其使用范围和优缺点，没有一种技术能够测量所有固体表面的接触角。在实际操作中应该根据具体情况，选择合适的测量方法。静态接触角是在平衡条件下测试得到的，主要反映平衡时的润湿性，很难反映润湿过程的动态信息。而动态接触角可以反映润湿过程中的动力学信息。

12.7　表面粗糙度

用任何方法获得的材料表面，总会存在着由较小间距的峰和谷组成的微观高低不平，难以获得绝对的光滑平整的表面。这种材料表面上具有的微观几何形状误差称为表面粗糙度。材料在加工后的表面粗糙度轮廓是否符合要求，应由测量和评定它的结果来确定。测量和评定表面粗糙度轮廓时，应规定取样长度、评定长度、中线和评定参数。为了合理评定加工后材料的表面粗糙度，GB/T 3505—2009、GB/T 1031—2009 规定了轮廓法评定表面粗糙度的术语定义、参数及其数值。下面主要介绍与表面粗糙度相关的基本术语及评定参数。

12.7.1　表面粗糙度轮廓参数的检测

表面粗糙度测量是对微观几何量的评定，与一般长度测量相比较，具有被测量值小、测量精度要求高等特点。测量时，当图样上注明了表面粗糙度参数值的测量方向时，应按规定的方向测量。如未指定测量截面的方向，则应在幅度参数最大值的方向上进行测量。一般来说，也就是在垂直于表面加工纹理的方向上进行测量。对于无一定加工纹理方向的表面，应在几个不同的方向上测量，然后取最大值作为测量结果。另外，测量时还要注意不要把表面缺陷如气孔、划痕等也测量进去。测量表面粗糙度的仪器形式多种多样，从测量原理上看，表面粗糙度的测量方法基本上可分为接触式测量和非接触式测量两类。

在接触式测量中主要有比较法、印模法、针描法等。下面分别介绍这几种方法。

12.7.1.1　比较法

比较法是将被测表面与已知幅度参数值的表面粗糙度标准样块直接进行比较，通过人的感官（肉眼看、手摸、指甲划动）来判断、估计被测表面的粗糙度值的一种方法。比较时，应尽可能选用与被测表面材料、形状、加工方法、纹理方向等相同的表面粗糙度样块，以减少检测误差，提高判断的准确性，还可借助放大镜、比较显微镜等工具进行比较测量。当材料批量较大时，可以从加工材料中选出样品，经过检定后作为表面粗糙度比较样板使用。

比较法测量表面粗糙度简单易行，但测量精度不高，其判断的准确性在很大程度上取决于检验人员的经验。这种方法适合在车间条件下使用，仅适用于评定表面粗糙度参数值较大、要求不严格的表面的近似评定。当有争议或进行工艺分析时，可用仪器进行测量。

12.7.1.2　印模法

利用某些塑性材料作块状印模，贴合在被测表面上，取下后在印模上存有被测表面的轮廓形状，然后对印模的表面进行测量，得出原来材料的表面粗糙度。某些大型材料的内表面不便使用仪器测量，可用印模法来间接测量，但这种方法的测量精度不高且过程烦琐。

12.7.1.3　针描法

针描法又称触针法，是利用触针划过被测表面，把表面粗糙度轮廓放大描绘出来，经过计算处理装置直接给出 Ra 值，是一种接触式测量方法。采用针描法的原理制成的表面粗糙度轮廓测量仪称为触针式轮廓仪，最常用的仪器是电动轮廓仪（又称表面粗糙度检查仪），该仪器可直接测量显示 Ra 值，也可用于测量 Rz 值。适合于测量 $0.02\sim 6.3\mu m$ 范围内的

Ra 值和 $0.1 \sim 25 \mu m$ 范围内的 Rz 值。通过数值处理机或记录图形，还可获得 RSm 和 Rmr（c）值。

电动轮廓仪的测量原理框图如图 12-33 所示。测量时，仪器的驱动箱以恒速拖动传感器沿工件被测表面轮廓的 X 轴方向移动，传感器测杆上的金刚石触针搭在工件上，触针针尖与被测表面轮廓垂直接触，触针的移动通过杠杆把轮廓上的微小峰、谷转换为垂直位移，该微量位移通过传感器转换成电信号，再经过滤波器消除（或减弱）表面形状误差和波纹度的影响，留下表面粗糙度轮廓的曲线信号，经放大器、计算器由指示表直接显示出 Ra 值，也可经放大器驱动记录装置，记录出实际表面粗糙度轮廓，画出被测的轮廓图形，经过数学处理得出 Ra 值。

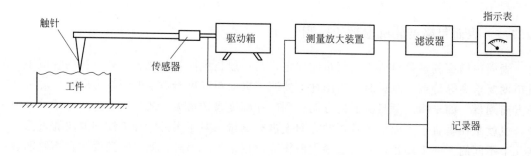

图 12-33　电动轮廓仪的测量原理框图

电动轮廓仪的优点是：

① 使用简单、方便、迅速，能直接读出 Ra 等参数值，测值准确度高，测量效率高。

② 仪器配有各种附件，以适应平面、内外圆柱面、圆锥面、球面、曲面以及小孔、沟槽等形状的材料的表面测量。可以直接测量某些难以测量的材料表面（如孔、槽等）的粗糙度。

③ 可以给出被测表面的轮廓图形。

接触式粗糙度测量仪的缺点是：

a. 测量探针的硬度一般很高，易划伤工件，不适宜测量高质量和软质材料表面。

b. 受触针圆弧半径的限制，难以探测到表面实际轮廓的谷底，影响测量精度，且被测表面可能被触针划伤。

c. 测量微观表面轮廓时，为了保证扫描路径方向上的精度和横向分辨率，测量速度不高。

除上述电动轮廓仪外，还有光学触针轮廓仪，它适用于非接触测量，以防止划伤材料表面，这种仪器通常直接显示 Ra 值，其测量范围为 $0.02 \sim 5 \mu m$。

随着测量技术的进步，已成功利用激光反射法、激光全息法测量表面粗糙度，同时国内外也在致力于研究开发三维几何表面测量技术，现已将光纤法、微波法和用电子显微镜等测量方法成功地应用于三维几何表面的测量。

非接触测量方式中常用的有光切法、干涉法、散斑法、像散测定法、光外差法、飞光学传感器法等。下面以光切法和干涉法为例，说明非接触测量方式的基本原理。

12.7.1.4　光切法

光切法是利用光切原理测量表面粗糙度的方法，属于非接触测量方法。采用光切原理制成的表面粗糙度轮廓测量仪称为光切显微镜（或称双管显微镜）。

光切显微镜测量仪有两个轴线相互垂直的光管，左光管为观察管，右光管为照明管。由光源 1 发出的光线经狭缝 2 后形成平行光束，该光束（亦叫光切面）以与两光管轴线夹角平分线成 45°的入射角投射到被测表面上，把表面轮廓切成窄长的光带。该被测轮廓峰顶与谷底之间的高度为 h。该光线再由被测平面反射进入观察管，经物镜在分划板上成像。通过目镜便可看到一条经放大的凸凹不平的光带影像（即放大的被测轮廓影像），它的高度为 h'，用测量仪测微装置测出 h'，即可计算出 h 值。在一个取样长度范围内，找出同一光带所有轮廓峰中最高的峰顶和所有轮廓谷中最低的谷底，测出该峰顶与该谷底之间的距离，便可求解 Rz 值。

12.7.1.5　干涉法

干涉法是指利用光波干涉原理和显微系统测量精密加工表面粗糙度轮廓的方法，属于非接触测量的方法。通常用于测量极光滑的表面，它适宜测量 Rz 值为 $0.8\sim0.025\mu m$ 的平面、外圆柱面和球面。干涉显微镜的测量原理是：由测量仪光源发出的一束光线，经反射镜、分光镜分成两束光线，其中一束光线投射到材料被测表面，再经原光路返回；另一束光线投射到测量仪的标准镜，再经原光路返回。这两束返回的光线相遇叠加，产生干涉而形成干涉条纹，在光程差每相差半个光波波长处就产生一条干涉条纹。由于被测表面轮廓存在微小峰、谷，而峰、谷处的光程差不相同，因此造成干涉条纹的弯曲，干涉条纹弯曲量的大小反映被测部位微小峰、谷之间的高度。通过目镜观察这些干涉条纹（被测表面粗糙度轮廓的形状），在一个取样长度范围内，测出同一条干涉条纹所有轮廓峰中最高的一个峰顶至所有轮廓谷中最低的一个谷底之间的距离，便可求解出被测表面的 Rz 值。

12.7.2　粗糙度仪的基本操作

下面以使用针描法的三丰 Mitutoyo 粗糙度仪 SJ-310 为例，说明粗糙度仪的基本操作。

图 12-34　三丰 Mitutoyo 粗糙度仪 SJ-310

12.7.2.1　电源开启/关闭

开启：按［POWER/DATA］键；关闭：按［REMOTE］键，电源自动关闭。

12.7.2.2　进行校正（增益调整）

① 按下［CAL/STD/RANGE］键，显示目前登录的校正基准值，将显示值与粗糙度标准片的数据进行对比。

② 数值相同时，按下［n/ENT］，准备测量粗糙度标准片。数值不同时，需要更改校正基准值。使用方向键进行更改。

③ 安装粗糙度标准片。

④ 按下 [START/STOP] 键测量。

⑤ 测量结束后按下 [n/ENTP] 终止校正操作。

12.7.2.3 进行测量

正确安放测试样品，按下 [START/STOP] 键，开始测量。

12.7.2.4 查看各种参数的测量结果

按下 [PARAMETER] 键，则转换至各种参数的测量结果。

12.7.2.5 更改测试条件

① 更改截取值：在测量模式的状态下按 [CUTOFF] 键，转换截取值。

② 更改区间数：测量结束后按下 [n/ENT] 键，转换区间数。

12.7.2.6 更改测量曲线的设置

① 在测量状态下，按 [CURVE/FILTER/TCL/CUST] 键，转换至测量曲线设置模式。

② 按上、下方向键转换测量曲线的设置。

③ 按下 [n/ENTP] 键，确定更改内容。

12.7.2.7 注意事项

① 表面粗糙度测量的要点是将检测器平行于测量面，以确保探针正确地接触测量面。

② 牢固固定驱动部分及测量物牢固地固定驱动部分和工件，以便在测量中确保驱动部分不发生偏移。

◆ 参考文献 ◆

［1］ 冯玉红. 现代仪器分析实用教程. 北京: 北京大学出版社, 2008.

［2］ David B. Williams, C. Barry Carter. Transmission Electron Microscopy, Springer, 2009.

［3］ 王晓春, 张希艳. 材料现代分析与测试技术. 北京: 国防工业出版社, 2010.

［4］ GB/T 1031—2009 产品几何技术规范（GPS）表面结构　轮廓法　表面粗糙度参数及其数值.

［5］ GB/T 3505—2000 产品几何技术规范（GPS）表面结构　轮廓法　术语、定义及表面结构参数.

［6］ 杨浩邈, 刘娜, 孙静, 李文娟, 何建明, 谢卫东. 接触角测量方法及其对纤维/树脂体系的适应性研究. 玻璃钢/复合材料, 2014（1）: 17-23.